全国电力行业「十四五」规划教材

电路理论基础

学习指导 第二版

主编　梁贵书

编写　董华英　冉慧娟　郭海朝

主审　颜湘武

U0254282

中国电力出版社

CHINA ELECTRIC POWER PRESS

内 容 提 要

本书为全国电力行业"十四五"规划教材。

本书是华北电力大学梁贵书、董华英和王涛编写的《电路理论基础（第四版）》的配套学习指导书。书中各章体系与主教材相同，每章包含五部分：本章知识点思维导图、知识点归纳与学习指导、重点与难点、本章习题选解、拓展阅读。本书简明扼要地归纳总结了各章要点，并提出了相应的学习方法，指导读者更有效地掌握相关内容；给出了主教材中大部分习题的解题方法或提示，部分配有微视频，所用解析方法与教材中各章节讲述内容密切配合，注重阐述解题思路、方法、步骤、特点和技巧，有些习题还提供了多种解法。书中提供了五套阶段自测题，以便读者考查自己对知识的掌握情况。

本书既可作为从事电路教学的教师和学习电路课程的本科生的参考书，也可作为硕士研究生入学考试的辅导书。

图书在版编目（CIP）数据

电路理论基础学习指导/梁贵书主编 . -- 2 版 . --北京：中国电力出版社，2024.9
ISBN 978 - 7 - 5198 - 8903 - 6

Ⅰ.①电… Ⅱ.①梁… Ⅲ.①电路理论－高等学校－教学参考资料 Ⅳ.①TM13

中国国家版本馆 CIP 数据核字（2024）第 099021 号

出版发行：中国电力出版社
地　　址：北京市东城区北京站西街 19 号（邮政编码 100005）
网　　址：http://www.cepp.sgcc.com.cn
责任编辑：冯宁宁（010 - 63412537）
责任校对：黄　蓓　王海南
装帧设计：赵姗姗
责任印制：吴　迪

印　　刷：固安县铭成印刷有限公司
版　　次：2011 年 1 月第一版　2024 年 9 月第二版
印　　次：2024 年 9 月北京第一次印刷
开　　本：787 毫米×1092 毫米　16 开本
印　　张：19.25
字　　数：475 千字
定　　价：58.00 元

前　言

　　本书是与华北电力大学梁贵书、董华英和王涛编写的《电路理论基础（第四版）》配套的学习指导书。各章体系与主教材相同，每章包含本章知识点思维导图、知识点归纳与学习指导、重点与难点、习题选解、拓展阅读五部分。知识点思维导图对本章知识点之间的内在联系进行了重新梳理，有利于读者掌握本章的脉络；知识点归纳与学习指导部分简明扼要地归纳总结了本章的要点，融入了课程思政元素，并提出了相应的学习方法，指导读者更有效地掌握相关内容；重点与难点部分指明了本章的学习重点和难点，便于读者有的放矢；习题选解部分给出了主教材中大部分习题的解题方法或提示，部分配有微视频，所用解析方法与教材中各章节讲述内容密切配合，注重阐述解题思路、方法、步骤、特点和技巧，有些习题还提供了多种解法；拓展阅读部分是对主教材的扩展和加深。全书共有五套阶段检测题，穿插在一定章节之后，并配有参考答案。读者可通过阶段自测题自行检测，通过对照答案，考查自己对本阶段内容的掌握情况，做到心中有数。

　　电路课程的特点是内容广泛，内涵丰富，习题类型多且计算量大。要学好电路，仅凭课堂听讲是不够的，需要认真做一定数量的练习题。做练习题有助于加深理解和巩固电路的基本概念和基本理论，而理解基本概念又有助于问题的求解。因此，只有通过一定数量的练习和训练，才能比较牢固地掌握并熟练运用有关的基本概念和基本分析方法。

　　做习题要养成"题后反思"的好习惯。题后反思是电路学习过程中培养思维能力必不可少的手段之一。要学会反思，需注意下列几点：

　　1. 反思联系

　　现代认知理论认为，人们掌握和理解知识，就是将所接受的知识经过人脑加工编码，使新旧知识联系起来，从而认知新旧知识的内在联系，达到对新知识的理解和掌握。电路的基本概念、基本原理、基本定律与其他事物一样，并不是孤立的，而是普遍联系的。解题后，若能把解题中所联系到的基础知识与各知识有机地"串联"成知识线，"并联"成知识网，同时快速整理一下本题中总结出的规律、技巧或者出错的原因，并将它们与"知识线""知识网"有机统一起来，则有利于提高分析和归纳的反思能力。

　　2. 反思多解

　　一道电路习题即使能完全做对，也不要"完成任务""一笑而过"，它往往会有多种解法。因而解完一道题后，应充分运用所学知识，从不同角度出发，利用不同方法进行求解，可拓展思路，开阔视野，不但可得到最佳解法，而且还可使思维得以深化，有助于发散思维的展开。

　　3. 反思规律

　　解题后，回想解题方法有无规律可循。从特殊题引申到一般题目的解答，有利于强化知识的应用，提高知识迁移水平。

4. 反思演变

解题后，试着自己改变原题的结构或其他方面，从而可使一题变一串儿题，有利于开阔眼界，拓展思路，提高应变能力，防止定势思维的负面影响。而且，"一题多变"的学习方法是培养学生创造性思维所不可缺少的手段之一。

5. 反思同类

解题后，要反思与该题同类的问题。进行对比，分析其解法，找出解答这一类题的方法和技巧。

6. 反思错误

解题后，要总结和反思解答中易错的地方，通过找出导致错误的原因，扫除或纠正思维中的盲点和错误，使自己从错误中悟理，借以发展思维能力。

本书虽属配套学习指导书，但对从事电路教学的教师和学习电路课程的学生都有一定的参考价值。既可在电路教学过程中使用，也可在复习、准备硕士研究生入学考试时使用。

本书由华北电力大学梁贵书、董华英、冉慧娟和郭海朝共同编写，并由梁贵书统稿。

限于编著者的水平和工作中的疏忽，书中可能留有不妥之处，恳请读者批评指正，以便加以改进。

通信地址：河北省保定市华北电力大学 19 号信箱　邮编：071003

E-mail：gshliang@263.net

编　者

2024 年 5 月

目　　录

0 绪 论

通过学习绪论，了解电路课程的作用和地位以及电路理论发展概况，了解电路课程的主要内容（见图 0-1）和相互关系，提高对电路习题作用的认识，明确学习的目的性。电路理论的组成如图 0-2 所示，本科电路课程只介绍电路分析的一些基本内容。电路分析知识的结构是"以模型为基础，以两类约束为基本依据，运用不同的方法对各种类型的电路进行分析"。电路课程与其他电气工程主要课程的联系如图 0-3 所示。绪论中特别强调了学习过程中注重电路学科能力培养的问题。由于绪论中提到了一些电路术语，只有在学习了相关内容后才能完全理解它们，因此，在学习过程中，需要在适当的时候回过头来阅读主教材绪论三、四、五中的内容。

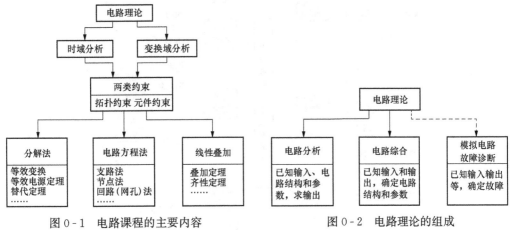

图 0-1 电路课程的主要内容　　　　　图 0-2 电路理论的组成

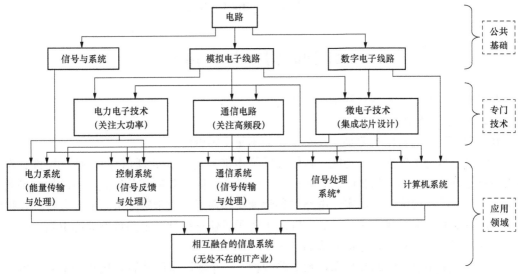

* 指各类信号处理课程，包括某些专业的专门课程（如生物医学工程、核电子学等）。

图 0-3 电路课程与其他电气工程主要课程的联系

第1章 电路模型及其基本规律

1.1 本章知识点思维导图

第1章的知识点思维导图见图1-1。

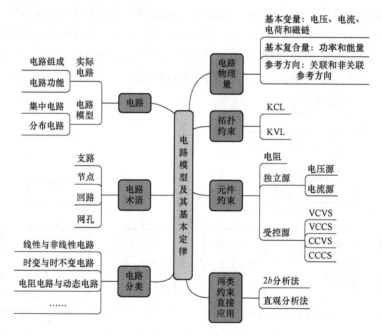

图1-1 第1章的知识点思维导图

1.2 知识点归纳与学习指导

本章涉及电路的基本概念和基本定律。

1.2.1 电路模型

电路理论研究的直接对象是电路模型，而不是实际电路。

实际电路是为了实现某种功能（传输和转换电能或传递和处理信号），把电器件、设备按照一定的方式连接而成的整体。它由电源、负载和中间环节三部分组成。电路模型是通过对实际电路建模获得的，是对实际电路的科学抽象和逼近。由于实际电路的复杂性，建模时需要根据研究的问题，忽略次要矛盾，针对主要矛盾建立模型。电路模型简称电路，它是由电路元件（元件也是模型）连接而成的整体。

电路分为集中参数电路和分布参数电路两种。一个实际电路能否采用集中电路建模，关键是看它是否满足集中化假设条件：$d \ll \lambda$，即其几何尺寸 d 远远小于电路工作时电磁波波长 λ。

实际电路是否满足集中化假设条件，关键因素之一是电路工作频率 f（$\lambda = c/f$，c 为光速）的大小。实际电路的工作频率 f 较低时可采用相对简单的集中电路模型；随着 f 的增高，一些次要矛盾也上升为主要矛盾，就需要对模型添加元件进行修正。但当 f 超过一定值时，集中化假设条件不再满足，电路发生了质变，就需要采用分布参数电路。

任何事物的运动都离不开时间和空间。集中参数电路实际是忽略了空间效应，只考虑时间因素。

电路模型的概念非常重要，初学电路者应时刻牢记分析的电路是模型。电路模型与实际电路是有差别的，模型中出现的少数一些现象在实际电路中并不发生。例如，模型中的电源可提供无限大的功率等。如果没有模型的概念，将无法理解这些现象。

1.2.2 常用的物理量

1. 电压、电流和功率

常用的三个物理量：电压、电流和（电）功率的定义见表 1-1。

表 1-1 常 用 的 物 理 量

名称	符号	主单位	定义	方向	普遍关系式	备注
电流	$i(t)$	A（安）	电荷的定向移动形成电流。单位时间内通过导体截面的电量定义为电流（强度）	正电荷移动的方向	$i=\dfrac{dq}{dt}$	q 为电荷
电压	$u(t)$	V（伏）	单位正电荷在电场力作用下从一点移到另一点所做的功	电压降的方向	$u=\dfrac{d\psi}{dt}$	ψ 为磁链
功率	$p(t)$	W（瓦）	单位时间内一段电路消耗或者产生的能量	—	$p=\dfrac{dW}{dt}=ui$	W 为能量

物理量分为直流量（dc 或 DC）和时变量两种。直流量一般用大写字母表示，如直流电流 I；时变量用小写字母表示，如时变电流 i。电路理论中的直流量是指恒定直流量，在数学上为常数。除此之外，直流量还有直流输电中的脉动直流量，其方向不变，但大小有微小变化。

物理量及电气参数的主单位及构成辅助单位的常用词头需要在学习过程中记忆。

2. 参考方向

电路图中电压和电流的方向均指参考方向。在指定参考方向下，计算结果大于 0，表明参考方向与实际方向一致；计算结果小于 0，表明参考方向与实际方向相反。

对于一个元件或一段电路，电压、电流二者的参考方向要么是关联的［见图 1-2（a）］，要么是非关联的［见图 1-2（b）］。关联是指电流由"＋"极性（高电位）端流向"－"极性（低电位）端，即沿电压降方向流动；非关联正好相反。

电路中的功率是守恒的。在参考方向下，一般功率公式的物理含义见表 1-2。

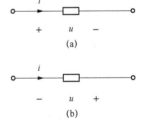

图 1-2 参考方向
（a）关联；（b）非关联

表 1-2　　　　　　　　　　　　　　　一般功率公式的物理含义

功率公式	关联参考方向	非关联参考方向
$p=ui$	按吸收功率计算	按发出功率计算
$p=-ui$	按发出功率计算	按吸收功率计算

注　吸收负功率表明实际为发出功率，发出负功率表示实际为吸收功率。

由功率公式可知，求功率实际上是求电压和电流。应用功率公式时要注意电压和电流的参考方向是否关联，以及要求的是吸收的功率，还是发出的功率，这些都会影响计算结果的正负符号。

参考方向说起来简单，但正确应用却存在相当的困难，初学者应引起足够的重视。特别要养成习惯，解题过程中出现的电压和电流都必须在电路图中标出其参考方向，且在整个计算过程中不能变动。只有采用关联参考方向时，电压和电流的参考方向才能只标出其中一个。要随时正确判断采用的是关联参考方向，还是非关联参考方向，正确使用记忆的（关联参考方向下）元件特性方程和有关的公式。

1.2.3　基尔霍夫定律

1. 常用术语

支路、节点、回路、网孔、支路电压和支路电流是几个重要的常用术语。对于同一电路，支路规定的不同，节点和回路（或网孔）的数目也可能不同。注意，理想导线（即短路线）相连的点为同一个节点，初学电路者有时误当作两个节点。网孔是一种特殊的回路，且只适用于平面电路。

2. 基尔霍夫定律

电路连接结构的约束称为拓扑约束或结构约束。基尔霍夫定律是概括这种约束关系的基本定律。基尔霍夫定律分为 KCL 和 KVL 两个定律，它们有多种等价的陈述形式。

在本章中，KCL 给出了针对节点和闭合面（又称广义节点）的两种陈述；KVL 给出了针对回路和假想回路的两种陈述，见表 1-3。

表 1-3　　　　　　　　　　　　　　　基 尔 霍 夫 定 律

名　称	基尔霍夫电流定律（KCL）	基尔霍夫电压定律（KVL）
内容陈述	对于集中参数电路中的任一节点（或广义节点），在任一时刻，通过该节点的所有支路电流的代数和等于零	对集中参数电路中的任一回路（或假想回路），在任一时刻，该回路中所有支路电压的代数和等于零
方　程	$\sum i_k = 0$（KCL 方程）	$\sum u_k = 0$（KVL 方程）
方程类型	线性齐次代数方程（各个支路电流所受的线性约束关系）	线性齐次代数方程（各个支路电压所受的线性约束关系）
说　明	在列写 KCL 方程时，除了标注各支路电流的参考方向外，还应规定是流出节点的电流前面取正号，还是流入节点的电流前面取正号。当规定某一方向的电流取正号时，另一方向的电流则取负号。两种不同的规定下列写的 KCL 方程是等价的	在列写 KVL 方程时，除了标注各支路电压的参考方向外，还应选取回路的绕行方向，并规定沿回路绕行方向，支路电压为电压降的取正号，还是电压升的取正号。规定某一方向的电压取正号时，另一方向的电压则取负号。两种不同的规定下列写的 KVL 方程是等价的

名　　称	基尔霍夫电流定律（KCL）	基尔霍夫电压定律（KVL）
物理意义	电荷守恒	能量守恒
适用范围	集中参数电路	
备　　注	与元件的性质无关	

支路电压与节点电压之间关系也是 KVL 的一种等价形式。电路中非参考点 p 到参考点的电位 u_p 称为节点电压［规定其参考极性以参考点处为低电位（负极性）］，它是相对量，与参考点的选择有关；电路中任意两节点 a 和 b 之间的电压是绝对量，与参考点的选择无关。二者之间的关系为

$$u_{ab} = u_a - u_b$$

基尔霍夫定律虽然形式简练，但内容极其丰富，充分体现了"大道至简"的中国传统哲学观念。掌握该定律的关键是正确地写出不同形式的 KCL 方程和 KVL 方程。

对于图 1-3 中的节点，电流 i_1、i_2 为流入节点，i_3、i_4 为流出节点。流出节点取正的 KCL 方程为

$$-i_1 - i_2 + i_3 + i_4 = 0$$

对于图 1-4 所示回路和假想回路中标出的回路，沿顺时针的回路方向，电压 u_1 为电压升（u_1 的参考方向与回路方向相反），u_2 和 u_3 为电压降（u_2 和 u_3 的参考方向与回路方向相同），取电压降为正，则 KVL 方程为

$$-u_1 + u_2 + u_3 = 0$$

图 1-3　节点

对图 1-4 中的假想回路有

$$-u_2 + u_4 - u_0 = 0$$

结论：对于 b 条支路、n 个节点的电路，有且仅有 $n-1$ 个独立的 KCL 方程，$b-n+1$ 个独立的 KVL 方程。

$n-1$ 个独立的 KCL 方程可对任意 $n-1$ 个节点应用 KCL 获得；独立的 KVL 方程需要选取独立回路列写。所谓独立回路是指能提供独立的 KVL 方程的回路。如果所选回路包含前面已选回路不含有的新支路，则该回路是一个独立回路。读者应能正确地选出全部的独立回路。对于平面电路，除外围网孔以外的全部内网孔是一组独立回路。

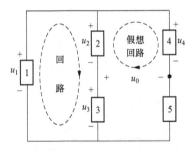

图 1-4　回路和假想回路

1.2.4　二端元件和受控源

元件是电路的（最小）基本构造单元，是由端钮上的电压和电流之间的数学关系描述的。表征元件的电压与电流之间关系的方程称为元件的电压电流关系（VCR）或伏安关系（VAR）。元件的特性方程与元件的性质有关，与元件接入的电路和接入方式无关。因此，元件约束方程与拓扑约束方程是彼此独立的。"不以规矩，不能成方圆"，正如一个人既要彰显自我个性，又要遵守社会约束一样，元件在电路中，其电压电流既要满足自身的特性方程，又要服从拓扑约束。

本章介绍了线性电阻、电压源和电流源等 3 个二端元件和 1 个多端元件—受控源。其他元件将在后续相关章节介绍。

　　线性电阻、独立电源和受控源的定义及特性见表1-4～表1-6。在学习电路元件时，需要掌握线性与非线性、时变与时不变、有源与无源几个基本概念，并重点掌握和记忆元件的电路符号、伏安关系（VAR）等。

表1-4　　　　　　　　　　　　　　　线性电阻的定义及特性

元件名称	线性电阻
电路符号	
定义式（伏安关系）	$u_R = R i_R$（流控型），$i_R = G u_R$（压控型）
特性曲线	$u \sim i$ 平面上过原点的一条直线
功率公式	$p_R = u_R i_R = R i_R^2 = G u_R^2$
性质	①正值电阻消耗能量（耗能元件）；②无记忆元件
无源性	正值电阻无源，负值电阻有源
备注	$R=0$ 时，短路（$u \equiv 0$）；$G=0$ 时，开路（$i \equiv 0$）

表1-5　　　　　　　　　　　　　　　独立电源的定义和特性

分类	电压源	电流源
电路符号		
定义式	$u = u_s(t)$	$i = i_s(t)$
基本特性	（1）电压源的端电压是确定量（直流量或确定的时间函数），与流过它的电流及其他支路的电压和电流无关 （2）电压源的电流是任意的，由电压源和外接电路共同决定	（1）电流源提供的电流是确定量（直流量或确定的时间函数），与其端电压及其他支路的电压和电流无关 （2）电流源的端电压是任意的，由电流源和外接电路共同决定
功率公式	$p = u_s i$（需要求出电压源的电流 i）	$p = u i_s$（需要求出电流源的电压 u）
无源性	有源元件（注：有源元件在电路中可以提供功率，也可以吸收功率，视具体外部电路而定）	
特例	$u_s(t)$ 为直流量时，称为直流电压源	$i_s(t)$ 为直流量时，称为直流电流源
备注	$u_s(t)=0$ 时，短路	$i_s(t)=0$ 时，开路

注　对于直流电压源，有时也用电池符号表示。

表1-6　　　　　　　　　　　　　　　受控源的定义和特性

分类	受控电压源		受控电流源	
	电压控制电压源	电流控制电压源	电压控制电流源	电流控制电流源
缩写	VCVS	CCVS	VCCS	CCCS
电路符号				

续表

分类		受控电压源		受控电流源	
		电压控制电压源	电流控制电压源	电压控制电流源	电流控制电流源
伏安关系	控制支路	$i_1=0$（开路）	$u_1=0$（短路）	$i_1=0$（开路）	$u_1=0$（短路）
	受控支路	$u_2=\alpha u_1$	$u_2=r i_1$	$i_2=g u_1$	$i_2=\beta i_1$
功率公式		$p=u_2 i_2$（受控支路的功率）			
无源性		有源元件（受控源不是电路的激励，其发出功率是独立电源通过受控源间接对电路起作用）			
特　点		受控支路的输出完全取决于控制量。只有控制量为 0 时，输出才为 0			

学习元件部分内容时应注意以下几点：

（1）记忆的元件方程是关联参考方向下的方程，非关联参考方向下加"一"才能使用。不同参考方向下，正确使用元件的伏安关系是电路的基本功之一。

（2）独立电源和受控源的特性方程不能死记硬背。电压源和受控电压源的 VAR 应根据 KVL 写出，电流源和受控电流源的 VAR 需根据 KCL 写出。

（3）受控源具有两条支路，受控支路存在时，控制支路必须存在。

（4）把受控源当作一个二端元件处理。通常先将受控源视为独立源进行分析，然后再进一步处理控制量。

（5）注意器件与元件的区别。元件是有严格数学定义的，不论电压、电流为何值，包括 $\pm\infty$，元件的 VAR 都成立。相应的，元件的功率可为任意值，包括 $\pm\infty$。而实际器件能够承受的电压、电流以及功率都是有限值，超过时会造成损坏；并且在大电压、大电流情况下，器件一般呈现非线性，需采用非线性模型模拟；另外，对于同一个器件，电路的频率不同，采用的器件模型可能不同。

1.2.5　直接用两类约束分析电路

1. $2b$ 分析法

分析任何一个电路的基本依据都是电路的两类约束。以支路电流和支路电压为电路变量，直接依据两类约束建立电路方程进行分析计算的方法称为 $2b$ 分析法，简称 $2b$ 法。其方程可概括为：

$n-1$ 个独立的 KCL 方程、$b-n+1$ 个独立的 KVL 方程、b 个元件或支路的特性方程。

由于 $2b$ 法建立的方程较多，所以实际中很少使用。

2. 直观分析法

直接利用两类约束求解电路时，往往需将所求电压或电流转化为求其他电压、电流，常用下列的表示方法：

表示电压的两种途径：①根据元件的 VAR，将电压用电流表示；②根据 KVL，将电压用其他电压表示。

表示电流的两种途径：①根据元件的 VAR，将电流用电压表示；②根据 KCL，将电流用其他电流表示。

使用上述表示方法时，注意以下几点：

（1）流过（独立或受控）电压源（包括短路线）的电流需要借助与电压源相串联元件的 VAR 或对含该电压源的节点应用 KCL 来求得。选择节点时，应尽可能避开其他电压源。

（2）（独立或受控）电流源（包括开路线）的端电压需要借助与电流源相并联元件的 VAR 或对含该电流源的回路应用 KVL 来求得。选择回路时，应尽可能避开其他电流源。

（3）一般而言，由元件 VAR 引入的电压（电流），接着应该用 KVL（KCL）把它用其他电压（电流）表示；而由 KVL（KCL）引入的电压（电流），接着应该用元件 VAR 把元件的电流（电压）表示。

对于相对简单的电路，直接应用两类约束避免建立联立方程进行分析是经常使用的方法（称为直观分析法），特别要学会求某一电量时，将一个电量用其他电量表示的分析过程。

【例 1-1】 试求图 1-5 所示电路中两个受控源吸收的功率。

【分析】 求功率需要先求出相应的电压和电流。本题 CCVS 的电流等于独立电流源的电流，VCCS 的电压等于 6V 独立电压源的电压，所以只要求出两个受控源的控制量即可求出受控源的功率。

CCVS 的控制电流 i，不仅是流过 2V 电压源的电流，也是流过 4Ω 电阻的电流，根据欧姆定律，该电流可以用 4Ω 电阻的端电压表示；该电阻的端电压可通过 4Ω 电阻、2V 和 6V 电压源组成的回路应用 KVL 求出。

VCCS 的控制电压 u 是 1Ω 电阻的端电压。根据欧姆定律，该电压可以用电阻的电流表示；由 KCL 可知，该电流等于独立电流源的电流。

将上述分析过程整理即为该题的求解过程。

【解】 有关的电压、电流及其参考方向如图 1-6 所示。

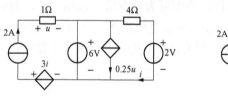

图 1-5　［例 1-1］图

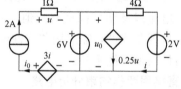

图 1-6　［例 1-1］解图

由 KVL 得　　　　　　　　　　　　$u_0 = 6\text{V}$

由 KCL 得　　　　　　　　　　　　$i_0 = 2\text{A}$

由 KVL 和欧姆定律得　　　　$4i + 2 - 6 = 0 \Rightarrow i = 1\text{A}$

由 KCL 和欧姆定律得　　　　$u = 2 \times 1 = 2\text{V}$

则两个受控源吸收的功率分别为

$$p_{3i} = -3ii_0 = -3 \times 1 \times 2 = -6\text{W}, \quad p_{0.25u} = 0.25uu_0 = 0.25 \times 2 \times 6 = 3\text{W}$$

计算结果表明：CCVS 实际为发出功率，VCCS 实际为吸收功率。

【例 1-2】 图 1-7（a）所示电路中，已知 $I = 0$，求电阻 R。

【解】 所用电量的参考方向如图 1-7（b）所示。因为 $I = 0$，所以 $U = 6 + 3I = 6\text{V}$。由 KVL 得

$$-3I_1 + 9 = 6 \Rightarrow I_1 = 1\text{A}$$

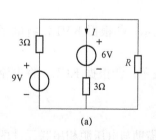

(a)

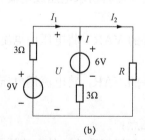

(b)

图 1-7　［例 1-2］图

由 KCL 得
$$I_2 = I_1 - I = 1 - 0 = 1A$$
故
$$R = \frac{U}{I_2} = \frac{6}{1} = 6\Omega$$

注：求电阻的电阻值常用的方法有：（1）电阻的 VAR：$u_R = Ri_R$；（2）功率公式 $P_R = Ri_R^2 = u_R^2/R$。

1.3　重点与难点

本章的重点是：①参考方向；②基尔霍夫定律；③电阻、独立电源以及受控源的特性方程；④直观分析法。这些内容要求读者必须深刻理解，牢固掌握，并能熟练应用。难点是在不同的参考方向下，求吸收或提供的功率、正确地写出 KCL 方程和 KVL 方程、受控源的处理方式以及正确地应用元件的特性方程；直观分析法也是本章乃至全书的难点。

1.4　第 1 章习题选解

1-1　试分别求图 1-8 所示各二端元件吸收和发出的功率。

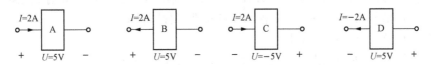

图 1-8　题 1-1 图

【解】各元件吸收的功率分别为
$$P_A = UI = 5 \times 2 = 10W, \quad P_B = -UI = -5 \times 2 = -10W$$
$$P_C = -UI = -(-5) \times 2 = 10W, \quad P_D = UI = 5 \times (-2) = -10W$$
各元件发出的功率分别为
$$P_A = -UI = -5 \times 2 = -10W, \quad P_B = UI = 5 \times 2 = 10W$$
$$P_C = UI = -5 \times 2 = -10W, \quad P_D = -UI = -5 \times (-2) = 10W$$

注：（1）计算吸收功率时，关联参考方向用 $P = UI$，非关联参考方向用 $P = -UI$；计算发出功率时，关联参考方向用 $P = -UI$，非关联参考方向用 $P = UI$。

（2）计算结果表明，A 和 C 实际为吸收功率，B 和 D 实际为提供功率。

1-2　如图 1-9 所示电路中，试分别求出 A、B、C、D 中的电流。其中：A 吸收的功率为 72W；B 发出的功率为 100W；C 吸收的功率为 60W；D 发出的功率为 30W。

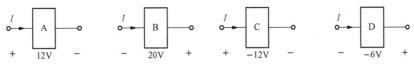

图 1-9　题 1-2 图

【解】
$$P_A = UI = 12I = 72 \Rightarrow I = \frac{72}{12} = 6A$$

$$P_B = UI = 20I = 100 \quad \Rightarrow \quad I = \frac{100}{20} = 5A$$

$$P_C = UI = -12I = 60 \quad \Rightarrow \quad I = \frac{60}{-12} = -5A$$

$$P_D = UI = -6I = 30 \quad \Rightarrow \quad I = \frac{30}{-6} = -5A$$

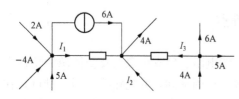

图 1-10　题 1-3 图

注：计算结果表明，A 和 B 电流的实际方向与指定的参考方向一致，C 和 D 电流的实际方向与指定的参考方向相反。

1-3　试求如图 1-10 所示电路中的电流 I_1 和 I_2。

【**解**】由 KCL 得

$$I_1 = 2 + 5 + (-4) - 6 = -3A, \quad I_3 = 4 - 6 - 5 = -7A$$

$$I_2 = 4 - 6 - I_1 - I_3 = 4 - 6 - (-3) - (-7) = 8A$$

注：(1) 应用 KCL 时，为了尽可能地避免联立方程求解，一般先取只有一个未知电流的节点。

(2) 注意区别计算式（KCL 方程）中各项前应有的正、负号和有关电流本身带的正、负号（写在括号内）。对 KVL 方程和元件特性方程同样如此。

(3) I_2 亦可通过闭合面求得。

1-4　如图 1-11 所示电路中，已知 $I_3 = 4A$。试求 I_1 和 I_2。

【**解**】由 KCL 得　　　　　　　　　　　$I_2 = 5 - 3 = 2A$

由广义节点的 KCL 得　　　　　　　　　$I_1 = -I_2 - I_3 = -2 - 4 = -6A$

注：必须清楚 KCL 方程中每一项的来由，保证清晰无误，不能有丝毫的含糊之处。

1-5　试求图 1-12 所示电路中的未知电压。

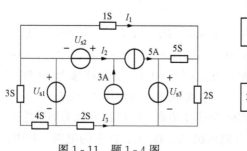

图 1-11　题 1-4 图

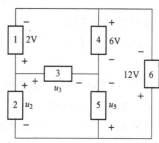

图 1-12　题 1-5 图

【**解**】由 KVL 得

$$u_5 = 12 + 6 = 18V, \quad u_3 = 2 + 6 = 8V, \quad u_2 = u_3 - u_5 = 8 - 18 = -10V$$

注：应用 KVL 时，为了尽可能地避免联立方程求解，一般先列只包含一个未知电压的回路。

1-6　如图 1-13 所示电路中 u_3 的参考方向已选定，若该电路的两个 KVL 方程分别为 $u_1 - u_2 - u_3 = 0$，$-u_2 - u_3 + u_5 - u_6 = 0$。求：

(1) 试确定 u_1、u_2、u_5 和 u_6 的参考极性；(2) 能否确定 u_4 的参考极性？(3) 若给定

$u_2=10$V，$u_3=5$V，$u_6=-4$V，试确定其余各电压。

【解】 （1）根据给定的两个 KVL 方程，u_1、u_2、u_5 和 u_6 的参考极性如图 1-14（a）所示。

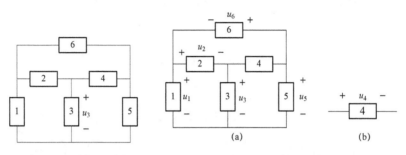

图 1-13 题 1-6 图   图 1-14 题 1-6 解图

（2）不能确定 u_4 的参考极性。

（3）若指定 u_4 的参考极性如图 1-14（b）所示，由 KVL 得

$$u_1 = u_2 + u_3 = 10 + 5 = 15\text{V}, u_4 = -u_2 - u_6 = -10 - (-4) = -10 + 4 = -6\text{V}$$
$$u_5 = -u_4 + u_3 = -(-6) + 5 = 6 + 5 = 11\text{V}$$

注：只有已知 $n-1$ 个独立的电压时，才能用 KVL 求出其他 $b-n+1$ 个电压。

1-7 如图 1-15 所示电路中，已知 $I_1=2$A，$I_3=-3$A，$U_1=10$V，$U_4=-5$V。试计算各元件吸收的功率，并验证功率守恒。

【解】 所用电量的参考方向如图 1-16 所示。由 KCL 得
$$I_4 = I_1 + I_3 = 2 + (-3) = -1\text{A}, I_2 = I_1 = 2\text{A}$$

由 KVL 得 $U_3 = -U_4 = -(-5) = 5\text{V}, U_2 = -U_1 + U_4 = -10 + (-5) = -15\text{V}$

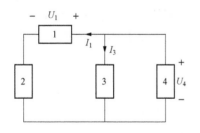 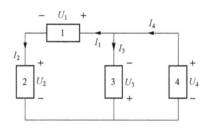

图 1-15 题 1-7 图   图 1-16 题 1-7 解图

各元件吸收的功率分别为

$$P_1 = U_1 I_1 = 10 \times 2 = 20\text{W}, P_2 = U_2 I_2 = -15 \times 2 = -30\text{W}$$
$$P_3 = -U_3 I_3 = -5 \times (-3) = 15\text{W}, P_4 = -U_4 I_4 = -(-5) \times (-1) = -5\text{W}$$

显然，$P_1 + P_2 + P_3 + P_4 = 20 - 30 + 15 - 5 = 0$，故电路的功率是守恒的。

1-8 试求图 1-17 所示各电路中的电压 u 和电流 i。

【解】 （1）$i = -10$A，$u = -6i = -6 \times (-10) = 60$V

（2）$i = -10$A，$u = 4i + 2i + 4i = 10i = 10 \times (-10) = -100$V

（3）$i = 2 + 1 = 3$A，$u = -2\cos t - 2 \times 1 = (-2 - 2\cos t)$ V

1-9 试求图 1-18 所示各电路中指定的电压和电流。

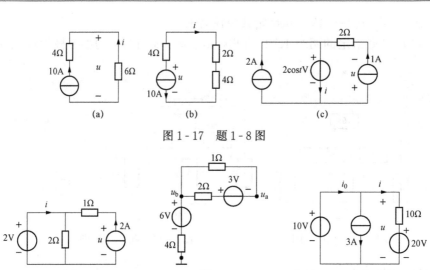

图 1-17　题 1-8 图

图 1-18　题 1-9 图

【解】（1）所需电流 i_1 的参考方向如图 1-19（a）所示。

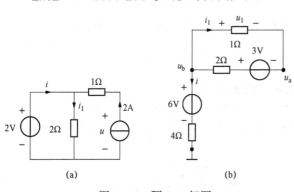

图 1-19　题 1-9 解图

由 KVL 和欧姆定律得 $i_1 = \dfrac{2}{2} = 1\text{A}$，根据 KCL 有 $i = i_1 - 2 = 1 - 2 = -1\text{A}$，由 KVL 和元件的 VAR 得 $u = 2 \times 1 + 2 = 4\text{V}$。

（2）所需电流和电压的参考方向如图 1-19（b）所示。由于 6V 电压源与 4Ω 电阻的串联支路不形成回路，故 $i = 0$。

由 KVL 和欧姆定律得

$$u_b = 6 + 4i = 6\text{V}$$

2Ω 和 1Ω 电阻串联，利用分压公式得

$$u_1 = \frac{1}{1+2} \times 3 = 1\text{V}$$

则由 KVL 得

$$u_a = -u_1 + u_b = -1 + 6 = 5\text{V}$$

（3）由 KVL 得 $u = 10\text{V}$。因为 $u = 10i + 20$，所以 $i = -1\text{A}$。由 KCL 得 $i_0 = 3 + i = 3 + (-1) = 2\text{A}$。

1-10　试求如图 1-20 所示电路中元件 B 吸收的功率。

【解】设支路 B 的电压和电流的参考方向如图 1-21 所示。由 KCL 得 $i = 2 + 3 = 5\text{A}$。

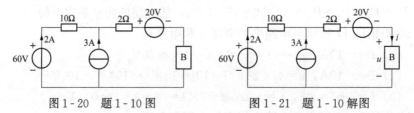

图 1-20　题 1-10 图　　　　　　　图 1-21　题 1-10 解图

由 KVL 得 $\quad u=-20-2i-2\times10+60=-20-2\times5-20+60=10\text{V}$

元件 B 吸收的功率为 $\qquad P_\text{B}=ui=10\times5=50\text{W}$

1-11 试求如图 1-22 所示电路中 4A 电流源吸收的功率和 5V 电压源提供的功率。

【解】所用电量的参考方向如图 1-23 所示。由 KVL 得 $\quad u_0=-1\times4+5-10=-9\text{V}$

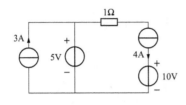 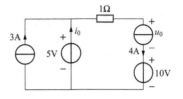

图 1-22 题 1-11 图　　　　　　　　图 1-23 题 1-11 解图

由 KCL 得 $\qquad\qquad\qquad\qquad i_0=4-3=1\text{A}$

故 4A 电流源吸收的功率和 5V 电压源提供的功率分别为

$$P_\text{4A}=4u_0=4\times(-9)=-36\text{W},\ P_\text{5V}=5i_0=5\times1=5\text{W}$$

1-12 试求如图 1-24 所示电路中 4V 电压源吸收的功率。

【解】所用电量的参考方向如图 1-25 所示。

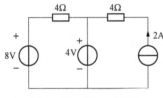 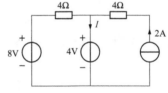

图 1-24 题 1-12 图　　　　　　　　图 1-25 题 1-12 解图

因为 $\qquad\qquad\qquad\qquad I=2+\dfrac{8-4}{4}=3\text{A}$

则 4V 电压源吸收的功率 $\qquad P=4I=4\times3=12\text{W}$

1-13 试求如图 1-26 所示电路中的电压 U 和电流 I，并确定元件 A 可能是什么元件。

【解】所需电量的参考方向如图 1-27 所示。对节点 d 列 KCL 方程 $I=3-4=-1\text{A}$

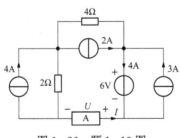 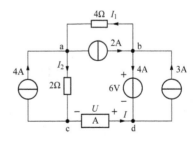

图 1-26 题 1-13 图　　　　　　　　图 1-27 题 1-13 解图

对节点 b 列 KCL 方程 $\qquad\qquad I_1=3-4+2=1\text{A}$

对节点 c 列 KCL 方程 $\qquad\qquad I_2=4+I=4-1=3\text{A}$

对回路 abdca 列 KVL 方程有 $\qquad U-2I_2-4I_1+6=0$

故 $\qquad\qquad\qquad\qquad U=2\times3+4\times1-6=4\text{V}$

所以，元件 A 可能是 4Ω 电阻 $\left(R=-\dfrac{U}{I}=-\dfrac{4}{-1}=4\Omega\right)$，也可能是 $-1A$ 电流源，还可能是 $4V$ 电压源。

注：当元件实际为吸收功率时，通常看成是电阻；当元件实际为提供功率时，通常看成是电压源或电流源。

1-14 试求如图 1-28 所示各电路中指定的电压和电流。

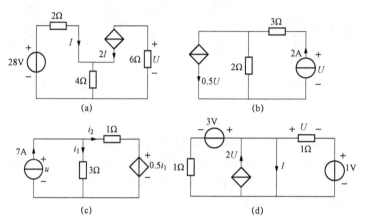

图 1-28 题 1-14 图

【解】 (1) 设 4Ω 电阻上的电流 I_1 的参考方向如图 1-29 (a) 所示。

由 KCL 得
$$I_1=I+2I=3I$$

由 KVL 得
$$2I+4I_1=28$$

联立两式解得
$$I=2A$$

由 VAR 得
$$U=-6\times(2I)=-12I=-24V$$

(2) 设 2Ω 电阻上的电流 I_1 的参考方向如图 1-29 (b) 所示。

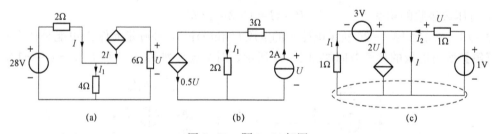

图 1-29 题 1-14 解图

由 KCL 得
$$I_1=2-0.5U$$

由 KVL 得
$$U=3\times2+2I_1=6+2\times(2-0.5U)$$

解之得
$$U=5V$$

(3) 由 KCL 得
$$i_2=7-i_1$$

由 KVL 得
$$-3i_1+i_2\times1+0.5i_1=0\Rightarrow-3i_1+(7-i_1)\times1+0.5i_1=0\Rightarrow i_1=2A$$

所以
$$i_2=7-i_1=7-2=5A,\quad u=3i_1=3\times2=6V$$

(4) 设支路电流 I_1、I_2 的参考方向如图 1-29 (c) 所示。

由 KVL 和元件的 VAR 得
$$I_1\times1-3=0 \Rightarrow I_1=3A$$

$$I_2 \times 1 - 1 = 0 \quad \Rightarrow \quad I_2 = 1\text{A}$$

所以
$$U = -I_2 \times 1 = -1\text{V}$$

对图中的广义节点应用 KCL 得
$$I = 2U + I_1 + I_2 = 2 \times (-1) + 3 + 1 = 2\text{A}$$

注：（1）受控源分为受控电压源和受控电流源两类，正确识别受控源的类型是很重要的。

（2）只有控制量为零时，受控源的输出才为零。

（3）分析含受控源的电路时，先把受控源当作独立源看待列写方程，然后再利用控制量与待求量之间的关系式消去控制量。

1-15 试求图 1-30 所示电路中受控电流源发出的功率和 2V 电压源吸收的功率。

【解】所用电量的参考方向如图 1-31 所示。

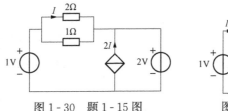

图 1-30 题 1-15 图　　图 1-31 题 1-15 解图

由 KVL 和元件的 VAR 得
$$I = \frac{1-2}{2} = -0.5\text{A}, \quad I_1 = \frac{1-2}{1} = -1\text{A}$$

由 KCL 得
$$I_2 = I + I_1 = -1.5\text{A}, \quad I_3 = I_2 + 2I = -1.5 + 2 \times (-0.5) = -2.5\text{A}$$

所以，受控电流源发出的功率为
$$P_1 = 2 \times 2I = 2 \times 2 \times (-0.5) = -2\text{W}$$

2V 电压源吸收的功率为
$$P_2 = 2I_3 = 2 \times (-2.5) = -5\text{W}$$

注：计算电源的功率一般采用功率公式 $p = ui$。这就要求先计算出流过电压源的电流和电流源的端电压。

1-16 试求如图 1-32 所示电路中的电流 I 和电压 U，并计算 2Ω 电阻消耗的功率。

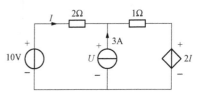

图 1-32 题 1-16 图

【解】由 KCL、KVL 和元件的 VAR 得
$$2I + (3 + I) \times 1 + 2I = 10$$

解之得
$$I = 1.4\text{A}$$

则
$$U = 10 - 2I = 10 - 2 \times 1.4 = 7.2\text{V}$$

2Ω 电阻消耗的功率为
$$P_{2\Omega} = 2I^2 = 2 \times (1.4)^2 = 3.92\text{W}$$

注：求电阻吸收的功率，一般用公式 $P_R = Ri_R^2$ 或者 $P_R = u_R^2/R$。

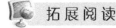 **拓展阅读**

基尔霍夫生平　　欧姆生平　　法拉第生平

第 2 章 简单电路和等效变换

2.1 本章知识点思维导图

第 2 章的知识点思维导图如图 2-1 所示。

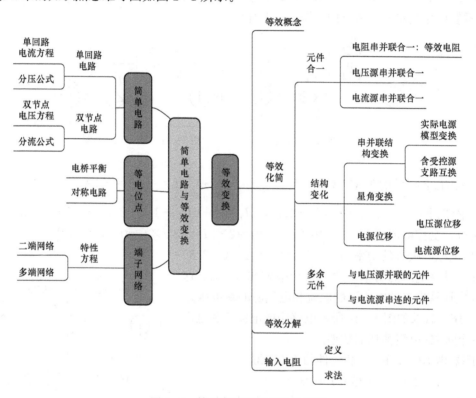

图 2-1 第 2 章的知识点思维导图

2.2 知识点归纳与学习指导

本章主要内容分为简单电路的分析方法和等效变换法两部分。

2.2.1 简单电路的分析

单回路电路和双节点电路是两种最基本的简单电路。所谓单回路电路和双节点电路分别是指仅有单一回路的电路和仅有两个节点的电路。

1. 分压公式和分流公式

如图 2-2 所示分压电路的分压公式为

$$u_1 = \frac{R_1}{R_1 + R_2}u, \ u_2 = \frac{R_2}{R_1 + R_2}u$$

如图 2-3 所示分流电路的分流公式为

$$i_1 = \frac{G_1}{G_1 + G_2} i = \frac{R_2}{R_1 + R_2} i, \quad i_2 = \frac{G_2}{G_1 + G_2} i = \frac{R_1}{R_1 + R_2} i$$

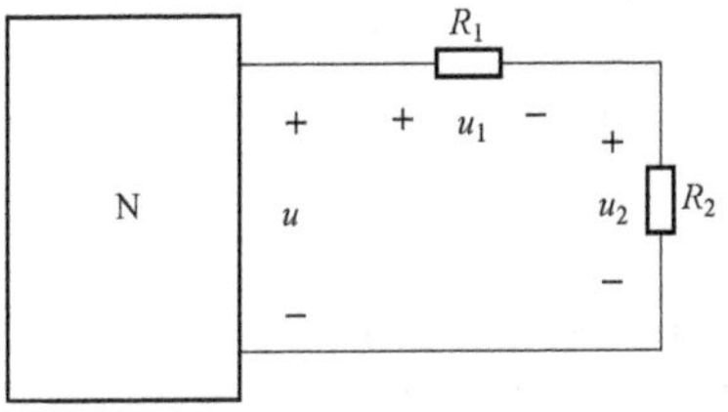

图 2-2　分压电路 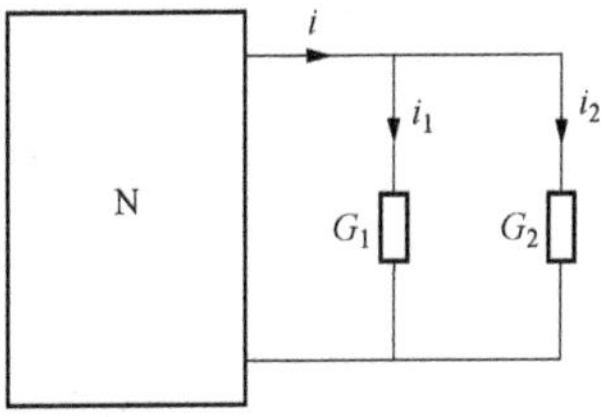　　　　　　图 2-3　分流电路

使用分压公式和分流公式时应特别注意参考方向所引起的公式正负号的变化。

2. 单回路电路和双节点电路

对于单回路电路，先列写回路电流方程求回路电流，然后再进一步求其他量。对于双节点电路，先列写节点电压方程求节点电压，然后再由节点电压求其他量。

在学习过程中，"单回路电流方程"和"双节点电压方程"的列写规律需要牢记。

2.2.2　等效变换分析

等效和等效电路是电路理论中非常重要的通用概念，将贯穿于全书。运用等效电路的概念解决电路问题的方法称为等效变换法，它是电路的主要分析方法之一。

1. 二端网络

网络按照可与外部相连的端子数目分为二端网络、三端网络等。三端及以上的网络称为多端网络。

二端网络（见图 2-4）的两个端子满足端口条件：流入一个端子的电流恒等于流出另一个端子的电流，故又称为单口（网络）。

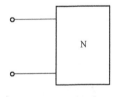

要注意端口与端子的区别。端口是满足端口条件的一对端子。

电阻性二端网络端口伏安关系的一般形式为

$$u = Ri + u_\mathrm{s}（流控型方程）\quad 或 \quad i = Gu + i_\mathrm{s}（压控型方程）$$

简单二端网络的端口 VAR 可直接用两类约束写出。

图 2-4　二端网络

2. 等效二端网络

具有完全相同外部特性的网络称为等效网络。对于电阻性二端网络，其外部特性是指端口的伏安关系（VAR）。两个网络等效一般需要满足等效条件。

等效网络之间的代换称为等效变换。这种等效变换不影响外部电路中的电压和电流。但必须注意，等效是对任意的外部电路而言的，对内部电路不等效。需要求内部电路的电量时，必须采用原电路求解。等效变换法适合于求一部分电路中电量的情况。

等效变换分为等效化简和等效分解两种，二者的过程正好相反。等效化简方法是通过等效变换将不感兴趣的复杂网络（其内部电压电流不是所求量）等效成简单的网络，使分析得到简化。

本章讨论的等效化简方法是通过把两条支路合并归一，将复杂二端网络最终化简为戴维南等效电路和诺顿等效电路，如图 2-5（a）、（b）所示的最简等效电路。这种方法体现了"化整为零，积零为整"的思想。

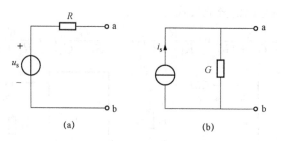

图 2-5 二端网络的最简等效电路

（a）戴维南等效电路；（b）诺顿等效电路

直接能够合并归一的是同类元件的串联和并联化简，对应数学运算中的合并同类项，见表 2-1。这些等效化简可推广到 2 个以上同类元件的情况。

表 2-1   **同类元件的串联和并联化简**

	电路 1	电路 2	等效条件	备注
电阻的串联	R_1 R_2	R	$R=R_1+R_2$ 或 $G=\dfrac{G_1 G_2}{G_1+G_2}$	R 称为等效电阻 G 称为等效电导 等效条件需要记忆
电阻的并联	R_1 R_2	R	$R=\dfrac{R_1 R_2}{R_1+R_2}$ 或 $G=G_1+G_2$	
电压源的串联	u_{s1} u_{s2}	u_s	$u_s=u_{s1}+u_{s2}$	该等效条件不能死记硬背，需用 KVL 写出
电流源的并联	i_{s1} i_{s2}	i_s	$i_s=i_{s1}+i_{s2}$	该等效条件不能死记硬背，需用 KCL 写出

【例 2-1】 分别求图 2-6 所示电路中指定的电流和电压。

【解】 先进行电路分解。把待求量所在支路（感兴趣的电路）抽出，剩下的部分电路（不感兴趣的电路）形成二端网络，如图 2-6 中虚线框所示。

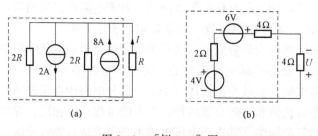

图 2-6 ［例 2-1］图

（1）二端网络内两个电阻并联可以合一，两个电流源并联也可以合一，如图 2-7（a）所示。

注意，由于两个电流源的方向相反，等效电流源的电流为二者相减，方向为值大的电流源的方向。

由分流公式得 $I = -\dfrac{1}{2} \times 6 = -3\text{A}$

式中"一"是由电流参考方向引起的。

(2) 二端网络内两个电阻串联可以合一,两个电压源串联也可以合一,如图 2-7 (b) 所示。

由分压公式得 $U = -\dfrac{4}{4+6} \times 10 = -4\text{V}$

式中"一"是由电压参考方向引起的。

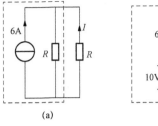 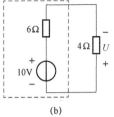

(a) (b)

图 2-7 [例 2-1] 解图

为了使两条支路的连接出现上述同类元件的串并联,需要对支路结构进行等效变换,如表 2-2 所示。它们对应数学运算中的方程变形。独立源是非线性元件,不仅要关注其大小,还应注意其参考方向。

表 2-2　　　　　　　　　　　　　　　不同支路结构的等效变换

等效变换	电路 1	电路 2	等效条件	备注
实际电源两种模型的等效互换	戴维南等效电路	诺顿等效电路	$R = \dfrac{1}{G}$ $u_\text{s} = \dfrac{i_\text{s}}{G}$	电流源的参考方向应从电压源的负极性指向正极性;电压源的正极性应位于电流源参考方向箭头所指的一端;两个电路中电阻相等
电阻的星角变换			对称(3 个电阻相等)情况下,等效条件为 $R_\triangle = 3R_Y$。一般的等效条件查书即可	星形—三角形变换简称星角变换或 Y—△变换

多余元件的处理分别如图 2-8 (a)、(b) 所示。对外部电路,与电压源并联的多余元件开路处理,与电流源串联的多余元件短路处理。这对应数学上消去多余的方程。

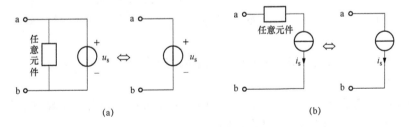

(a) (b)

图 2-8 多余元件的处理

受控源类似独立源处理。含受控源的等效网络见表 2-3。但需要特别注意,在等效化简过程中,当受控源的受控支路还存在时,不能把受控源的控制支路化简掉。

表 2-3　　　　　　　　　　　　　　　含受控源的等效网络

等效网络	等效条件	备注
	$u_x = Ri_x$ $R = \dfrac{1}{G}$	（1）R 的端电压、流过 G 的电流不能是控制量 （2）注意两个受控源方向的关系
	$u_s = Ri_s$ $u_x = Ri_x$ $R = \dfrac{1}{G}$	（1）R 的端电压、流过 G 的电流不能是控制量 （2）注意电源方向的关系
	与受控电压源并联的多余元件开路处理	流过多余元件的电流不能是控制量
	与受控电流源串联的多余元件短路处理	多余元件的端电压不能是控制量

其他有用的等效变换如图 2-9 所示。

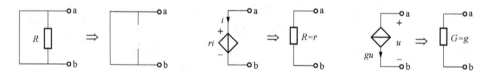

图 2-9　其他有用的等效变换

　　应用等效化简法求解电路时，应首先将电路进行分解。把不感兴趣的二端网络化简成最简等效电路，再连接上外部电路（即感兴趣的电路）求需要的电量。等效化简法除了用来求少数支路（特别是一条支路）的电量外，还可以求二端网络的最简等效电路和其端口 VAR 等。

　　化简二端网络应从离端口最远侧开始，把电阻与电压源的串联、电阻与电流源的并联分别当作一条支路。

　　（1）如果最远侧是支路的串联，如图 2-10 所示则先把诺顿等效电路支路等效转化为戴维南等效电路支路，然后将同类元件合并归一。

　　（2）如果最远侧是支路的并联，如图 2-11 所示则先把戴维南等效电路支路等效转化为诺顿等效电路支路，然后将同类元件合并归一。

　　（3）出现电阻的 Y 连接或 △ 连接时，需要进行 Y-△ 变换，转化为串并联方式。据此对电路进行逐步化简。就像平时做事一样，脚踏实地走好每一步，做好每件小事，一步步向梦想迈进。"怕什么真理无穷，进一寸有一寸的欢喜。"（胡适）。由此可把只含串、并、Y 和 △

连接的二端网络化简成最简等效电路。化简过程中需要正确判断支路之间的连接关系。

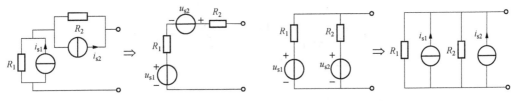

图 2 - 10　最远侧是支路的串联　　　　　图 2 - 11　最远侧是支路的并联

【例 2 - 2】 试用等效化简的方法求如图 2 - 12（a）所示电路中的电压 U。

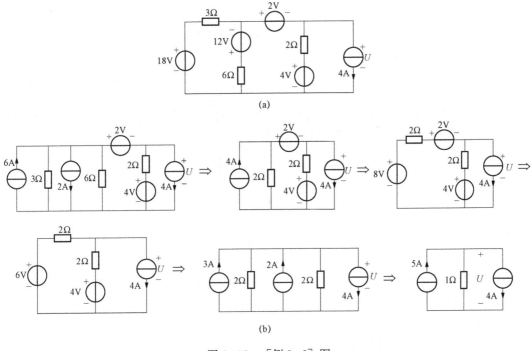

图 2 - 12　[例 2 - 2] 图

【解】 等效化简过程如图 2 - 12（b）所示。由最后的等效电路得

$$U = 1 \times (5 - 4) = 1\text{V}$$

【例 2 - 3】 试用等效化简法求图 2 - 13 所示电路中 4Ω 电阻吸收的功率。

【解】 对原电路进行等效化简，过程如图 2 - 14 所示。

对于上述单回路的子网络，若再进行化简，将会消去控制电流的支路。这时需要写出子网络端口 VAR，画出对应的等效电路，消去相应的受控源。由 KVL 得

$$U_0 = I + 2I - I + 12 = 12 + 2I$$

则电路可进一步等效为图 2 - 15 所示的电路。

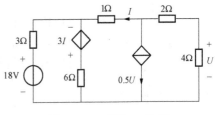

图 2 - 13　[例 2 - 3] 图

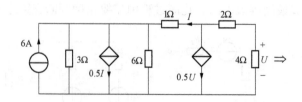

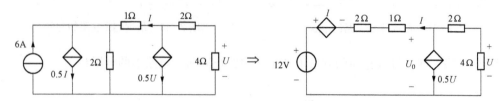

图 2 - 14 ［例 2 - 3］ 解图 1

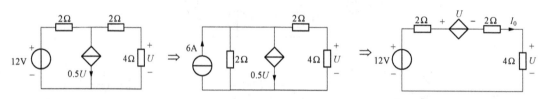

图 2 - 15 ［例 2 - 3］ 解图 2

单回路电路的方程为

$$2I_0 + U + 2I_0 + 4I_0 = 12$$

且

$$U = 4I_0$$

联立解得

$$I_0 = 1\text{A}$$

所以

$$P = 4I_0^2 = 4 \times 1^2 = 4\text{W}$$

注：对含有受控源的网络进行等效化简，当子网络化简成单回路或双节点不能再直接化简时，一般需要写出端口 VAR，依此画出等效电路。要求读者能根据不同参考方向下的端口方程熟练地画出对应的电路。

2.2.3 利用等电位点化简电路

在电路分析和计算中常用下列两条简化规则：

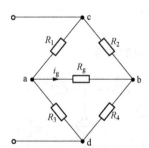

①电路中电流为零的支路可以断开；②电路中的等电位点可以短接。这两条规则实质上是第 4 章替代定理的推论。

图 2 - 16 所示惠斯顿电桥电路，当 $\dfrac{R_1}{R_3} = \dfrac{R_2}{R_4}$ 或者 $R_1 R_4 = R_2 R_3$ （电桥平衡条件）时，桥支路 R_g 无电流（$i_g = 0$），两端节点 a 和 b 等电位（$u_a = u_b$，$u_{ab} = 0$）。因此，电桥平衡时，桥支路 R_g 既可断开，亦可短接。

电桥电路中电阻的连接为 Y 连接和 △ 连接，若电桥平衡，通过断开或短接桥支路，可转化为串并联连接（称为混联），从而避免复杂的星角变换。

图 2 - 16 惠斯顿电桥电路

【例 2 - 4】 求图 2 - 17 （a）所示电路 a、b 两端的等效电阻 R_{ab}。

【解】 因为电路中 c、d 两点等电位（电桥平衡），cd 支路开路，如图 2 - 17 （b）所示。

则等效电阻为

$$R_{ab} = 3 \mathbin{/\mkern-5mu/} (1+1) \mathbin{/\mkern-5mu/} (3+3) = 1\Omega$$

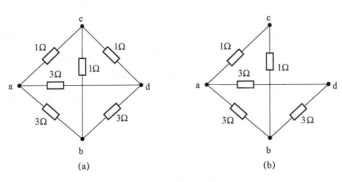

图 2-17　〔例 2-4〕图

对于其他对称电路，根据电路的对称结构，可以找出等电位点。

【例 2-5】　求如图 2-18（a）所示电路 a、b 两端的等效电阻 R_{ab}。（图中电阻均为 R）。

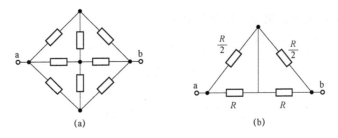

图 2-18　〔例 2-5〕图

【解】　根据电路的对称结构可知，中间的三个节点为等电位点，故原电路等效为如图 2-18（b）所示的电路。则等效电阻为

$$R_{ab} = 2 \times \left(\frac{R}{2} \mathbin{/\mkern-5mu/} R \right) = \frac{2}{3} R$$

2.2.4　输入电阻

输入电阻是一个非常重要的概念，在后续章节中会多处使用，其求法必须熟练掌握。

定义：对于不含独立源的电阻性二端网络，关联参考方向下端口电压与端口电流的比值定义为该二端网络的输入电阻，又称为入端电阻。即

$$R_{in} \triangleq \frac{u}{i} \quad （关联参考方向）$$

类似的可定义输入电导。输入电阻和等效电阻在数值上是相等的。由于受控源的有源性，某些由电阻和受控源构成的二端网络其输入电阻可能出现负值。

输入电阻的求法：

（1）网络仅含电阻的串、并、Y 和△连接时，可用电阻的串并联等效化简和星角变换求得输入电阻。

（2）对于含有受控源的网络，采用外加电源法求输入电阻。方法是：在端口处加电压源 u_s（或电流源 i_s），求出端口电流 i（或电压 u），再代入输入电阻公式获得输入电阻。

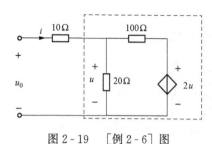

图 2-19　〔例 2-6〕图

当控制支路比受控支路离端口近时，也可以用等效化简的方法求输入电阻。

（3）当网络中只有一个受控源时，可先将端口电压、电流用控制量表示（端口电压和电流的间接关系），再代入输入电阻公式获得输入电阻。

【例 2-6】　求图 2-19 所示二端网络的输入电阻。

【解】求含受控源网络的输入电阻的通用方法是先找出端口电压和电流的关系（直接关系或间接关系），再代入定义式求输入电阻。

〖方法 1〗用外加 1A 电流源求端口电压。由 KVL 和欧姆定律得

$$u_0 = 10i + u = 10 + u$$

而

$$\frac{u}{20} + \frac{u - 2u}{100} = 1 \Rightarrow u = 25\text{V}$$

则

$$u_0 = 10 + u = 10 + 25 = 35\text{V}$$

则输入电阻为

$$R_{in} = \frac{u_0}{i} = \frac{35}{1} = 35\Omega$$

〖方法 2〗将端口电压、电流用控制量表示。

$$i = \frac{u}{20} + \frac{u - 2u}{100} = \frac{u}{25}, u_0 = 10i + u = 10 \times \frac{u}{25} + u = 1.4u$$

则输入电阻为

$$R_{in} = \frac{u_0}{i} = \frac{1.4u}{u/25} = 35\Omega$$

注：对于本题中的电路，亦可先求并联部分（虚线部分）的输入电阻，再加串联的 10Ω 电阻。

2.3　重 点 与 难 点

本章的重点是等效及等效变换的概念、等效化简法和输入电阻的求法。难点为含受控源网络的等效化简和输入电阻的求法、多余元件的判断、根据电路对称性判断等电位点。

2.4　第 2 章习题选解（含部分微视频）

2-1　试求如图 2-20 所示电路中的电流 I 及各元件吸收的功率。

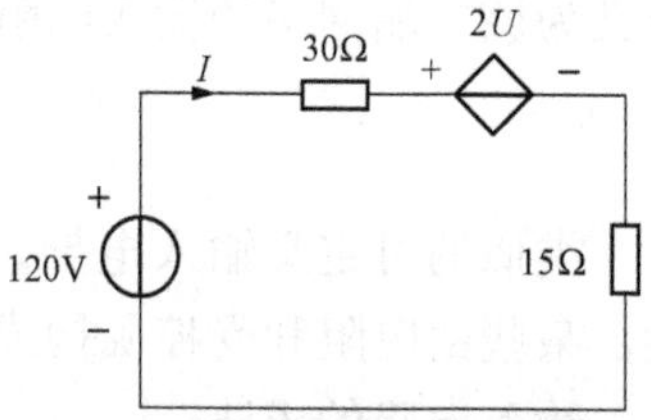

【解】将受控电压源视为独立电压源，则单回路电流方程为

$$(30 + 15)I = 120 - 2U$$

补充方程为

$$U = -15I$$

所以

$$I = 8\text{A}$$

$$U = -15I = -15 \times 8 = -120\text{V}$$

各元件吸收的功率分别为

$$P_{120\text{V}} = -120I = -120 \times 8 = -960\text{W}, P_{30\Omega} = 30I^2 = 30 \times 8^2 = 1920\text{W}$$

图 2-20　题 2-1 图

$$P_{2U} = 2UI = 2 \times (-120) \times 8 = -1920\text{W}, P_{15\Omega} = 15I^2 = 15 \times 8^2 = 960\text{W}$$

2-2　试求如图 2-21 所示电路中的电压 U 及各元件吸收的功率。

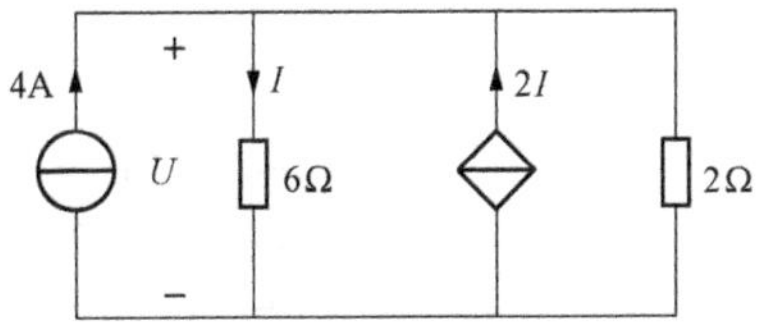

【解】将受控电流源当作独立电流源，则双节点电压方程为

$$\left(\frac{1}{6} + \frac{1}{2}\right)U = 4 + 2I$$

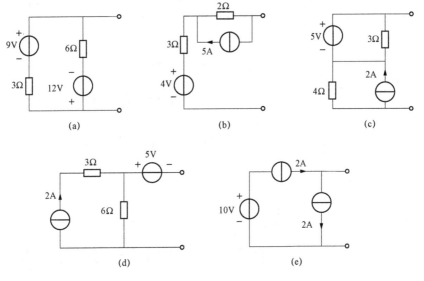

图 2-21　题 2-2 图

补充方程为
$$I = \frac{U}{6}$$

联立解得
$$U = 12\text{V}, \quad I = 2\text{A}$$

各元件吸收的功率分别为

$$P_{4A} = -4U = -4 \times 12 = -48\text{W}, P_{6\Omega} = 6I^2 = 6 \times 2^2 = 24\text{W},$$

$$P_{2\Omega} = \frac{U^2}{2} = \frac{12^2}{2} = 72\text{W}, \quad P_{2I} = -2IU = -2 \times 2 \times 12 = -48\text{W}$$

2-3　试化简图 2-22 所示各二端网络。

图 2-22　题 2-3 图

【解】(1) 图 2-22 (a) 电路中两条支路并联，需将各支路等效为诺顿等效支路。等效过程如图 2-23 (a) 所示。

(2) 图 2-22 (b) 电路中两条支路串联，需将诺顿等效电路的支路等效为戴维南等效支路。等效过程如图 2-23 (b) 所示。

(3) 图 2-22 (c) 电路中与电压源并联的电阻为多余元件，开路处理。等效过程如图 2-23 (c) 所示。

(4) 图 2-22 (d) 电路中与电流源串联的电阻为多余元件，短路处理。等效过程如图 2-23 (d) 所示。

(5) 图 2-22 (e) 电路中 10V 电压源为多余元件，短路处理。等效过程如图 2-23 (e)

所示。

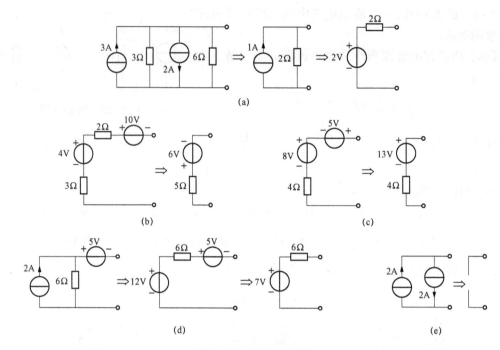

图 2-23　题 2-3 解图

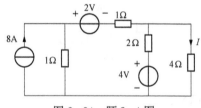

图 2-24　题 2-4 图

2-4　试用等效变换分析法求图 2-24 所示电路中的电流 I。

【解】化简过程如图 2-25 所示。

$$I = \frac{1}{4+1} \times 5 = 1\text{A}$$

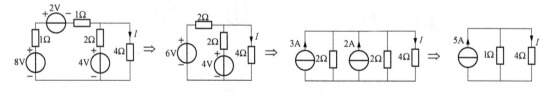

图 2-25　题 2-4 解图

2-5　试用等效变换分析法图 2-26 所示电路中的 i。

【解】原电路等效为图 2-27 所示的电路。

$$i = \frac{5}{3+7} = 0.5\text{A}$$

2-6　试用等效化简的方法分别求图 2-28 所示各电路中的电流 I（微视频）。

2-7　试求图 2-29 所示各二端网络的 VAR，并画出最简等效电路（微视频）。

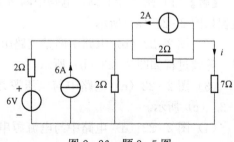

图 2-26　题 2-5 图

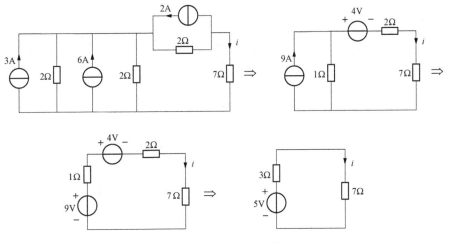

图 2 - 27　题 2 - 5 解图

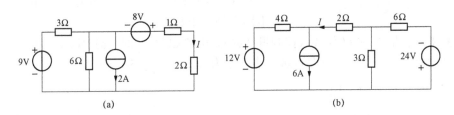

图 2 - 28　题 2 - 6 图

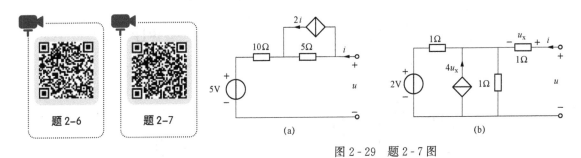

图 2 - 29　题 2 - 7 图

2 - 8　电路如图 2 - 30 所示，试用等效变换分析法分别求 $R = 1\Omega$ 和 2Ω 时的电流 I。

【解】　由原电路进行等效变换得如图 2 - 31 所示的电路。由图可知，I_1 端口的伏安关系为

$$U = (1 + 2)I_1 - 2I_1 + 1 = I_1 + 1$$

据此可将电路进一步等效为如图 2 - 32 的电路。

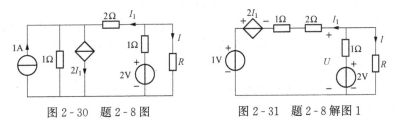

图 2 - 30　题 2 - 8 图　　　　　　　图 2 - 31　题 2 - 8 解图 1

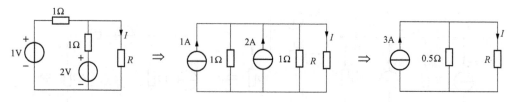

图 2-32 题 2-8 解图 2

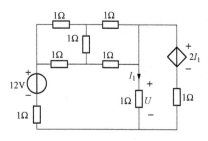

图 2-33 题 2-10 图

所以

$$I=\frac{0.5}{0.5+R}\times 3=\frac{1.5}{0.5+R}$$

则 $R=1\Omega$ 时，$I=\dfrac{1.5}{0.5+1}=1\mathrm{A}$；$R=2\Omega$ 时，$I=\dfrac{1.5}{0.5+2}=0.6\mathrm{A}$。

2-9 见 [例 2-3]。

2-10 如图 2-33 所示电路中，试用等效化简法求电路中的电压 U。

【解】将控制量 I_1 用 U 代替（控制量转移），电路如图 2-34（a）所示。因为 a、b 两点等电位（电桥平衡），所以，电路可进一步等效为如图 2-34（b）～（d）。

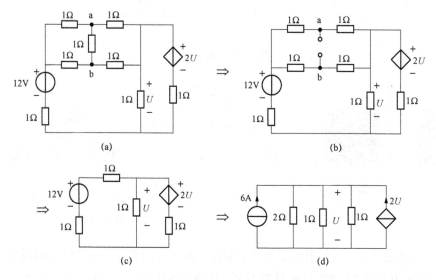

图 2-34 题 2-10 解图

双节点电压方程为 $$\left(1+1+\frac{1}{2}\right)U=6+2U\Rightarrow U=12\mathrm{V}$$

2-11 试求如图 2-35 所示各电路 a、b 两端的输入电阻 R_{ab}。

【解】（1）提示：电路中有长短路线，对节点进行编号，并进行改画，如图 2-36（a）和 2-36（b）所示。显然，电路仅由电阻串并联组成。进行串并联等效化简可得 $R_{\mathrm{ab}}=14\Omega$。

（2）见 [例 2-4]。

（3）识别电桥，且电桥平衡，所以 c、d 两点等电位，cd 支路开路。原电路可等效为如图 2-37 所示的电路。

$$R_{ab} = (1+1+4) /\!\!/ (3+3) = 3\Omega$$

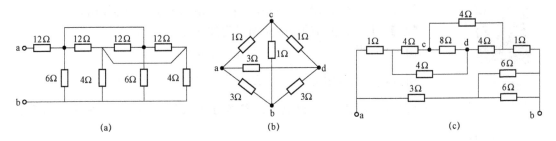

图2-35　题2-11图

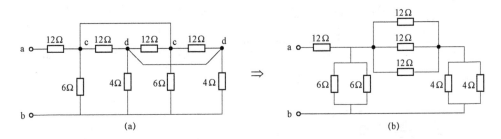

图2-36　题2-11解图1

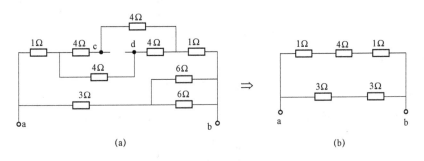

图2-37　题2-11解图2

2-12　试求图2-38所示电路位于a、b两个端钮之间的等效电阻（图中电阻均为R）。

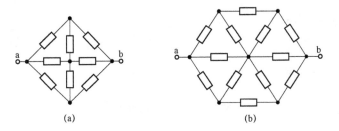

图2-38　题2-12图

【解】（1）见［例2-5］。

（2）见微视频。

注：对于几何结构完全对称、含有Y和△连接的电阻电路，不必马上进行Y-△变换，

题 2-12

而应找出等电位点，并短接处理。这样可有效减少计算量。

2-13 试分别求图 2-39 所示各二端网络的输入电阻 R_i。

【解】（1）原电路的等效化简过程如图 2-40 所示。

由 KVL 得
$$u = 2.4i + 1.6i = 4i$$

所以，输入电阻为
$$R_i = \frac{u}{i} = 4\,\Omega$$

（2）端口电压和端口电流的参考方向如图 2-41（a）所示。由 KVL

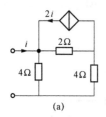
(a)

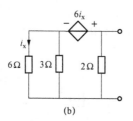
(b)

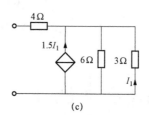
(c)

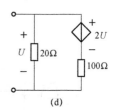
(d)

图 2-39　题 2-13 图

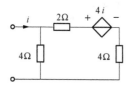
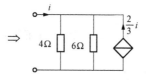

图 2-40　题 2-13 解图 1

和元件的 VAR 得
$$u = 6i_x + 6i_x = 12i_x$$

由 KCL 和元件的 VAR 得
$$i = \frac{u}{2} + i_x + \frac{6i_x}{3} = \frac{12i_x}{2} + 3i_x = 9i_x$$

所以
$$R_i = \frac{u}{i} = \frac{12i_x}{9i_x} = \frac{4}{3}\,\Omega$$

（3）所用电量的参考方向如图 2-41（b）所示。

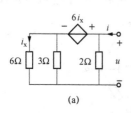
(a)

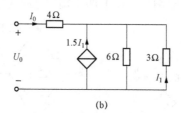
(b)

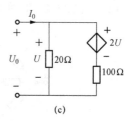
(c)

图 2-41　题 2-13 解图 2

$$I_0 = -I_1 - \frac{3I_1}{6} - 1.5I_1 = -3I_1$$

$$U_0 = 4I_0 - 3I_1 = 4 \times (-3I_1) - 3I_1 = -15I_1$$

所以
$$R_i = \frac{U_0}{I_0} = 5\,\Omega$$

（4）所用电量的参考方向如图 2-41（c）所示。

$$\begin{cases} U_0 = U \\ I_0 = \dfrac{U}{20} + \dfrac{U - 2U}{100} = \dfrac{4U}{100} = \dfrac{1}{25}U_0 \end{cases} \Rightarrow R_i = \dfrac{U_0}{I_0} = 25\Omega$$

2-14　图 2-42 所示电路中，$R_s = 5\Omega$，$R_1 = 36\Omega$，$R_2 = 20\Omega$，$R_3 = 10\Omega$，$R_4 = 50\Omega$，$R_0 = 40\Omega$，$U_s = 30V$。试求电流 I 和 I_1。

【解】利用 △-Y 变换，将原电路等效为如图 2-43。其中

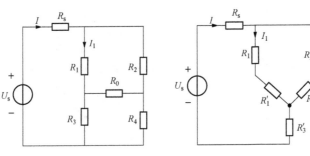

图 2-42　题 2-14 图　　　　图 2-43　题 2-14 解图

$$R_1' = \frac{R_3 R_0}{R_0 + R_3 + R_4} = \frac{10 \times 40}{40 + 10 + 50} = 4\Omega, R_2' = \frac{R_4 R_0}{R_0 + R_3 + R_4} = \frac{50 \times 40}{40 + 10 + 50} = 20\Omega$$

$$R_3' = \frac{R_3 R_4}{R_0 + R_3 + R_4} = \frac{10 \times 50}{40 + 10 + 50} = 5\Omega$$

由等效电路得

$$I = \frac{U_s}{R_5 + (R_1 + R_1') \mathbin{/\!/} (R_2 + R_2') + R_3'} = \frac{30}{5 + (36 + 4) \mathbin{/\!/} (20 + 20) + 5} = 1A$$

根据分流公式得 $\qquad\qquad I_1 = \dfrac{1}{2}I = 0.5A$

注：本题也可把 R_0、R_2 和 R_4 构成的 Y 连接变换为 △ 连接进行分析。

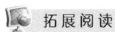 拓展阅读

星　网　变　换

Y-△变换的推广是星网（star-mesh）变换，它能把星形网络等效变换为网形网络，具体内容为：

由 n 个电阻组成的星形网络，可用 $n(n-1)/2$ 个电阻组成的、在任意一对端子之间都连接一个电阻的 n 角形网络等效，等效 n 角形网络端子 i 和 k 之间的电导 G_{ik} 可由星形网络中的元件电导 G_1，G_2，$\cdots$，G_n 确定，其关系为

$$G_{ik} = \frac{G_i G_k}{\sum\limits_{j=1}^{n} G_j} = \frac{G_i G_k}{G_1 + G_2 + \cdots + G_n}$$

这种星到网的变换存在且唯一。

例如，如图 2-44（a）所示的 4 元件星形网络可等效变换为如图 2-44（b）所示的等效四角形网络。

图 2 - 44 中各元件电导为

$$G_{12} = \frac{G_1 G_2}{G_1 + G_2 + G_3 + G_4}, G_{23} = \frac{G_2 G_3}{G_1 + G_2 + G_3 + G_4}, G_{34} = \frac{G_3 G_4}{G_1 + G_2 + G_3 + G_4}$$

$$G_{41} = \frac{G_4 G_1}{G_1 + G_2 + G_3 + G_4}, G_{13} = \frac{G_1 G_3}{G_1 + G_2 + G_3 + G_4}, G_{24} = \frac{G_2 G_4}{G_1 + G_2 + G_3 + G_4}$$

需要指出，三角形网络到星形网络的等效变换存在且唯一，但与此不同，网形网络到星形网络的变换却不一定都存在。

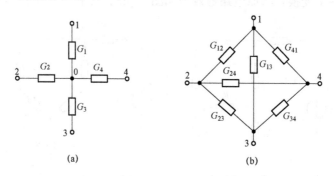

图 2 - 44　罗森定理示例

(a) 4 元件星形网络；(b) 等效四角形网络

第3章 复杂电阻电路的分析

3.1 本章知识点思维导图

第3章的知识点思维导图见图3-1。

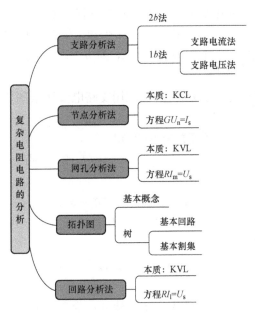

图3-1 第3章的知识点思维导图

3.2 知识点归纳与学习指导

本章介绍的电路方程方法不需要进行电路结构的变化,通过选择合适的变量建立方程,规律性强,是分析电路的一般方法。运用电路方程方法求解电路的一般步骤如下:

(1) 按列写规则建立电路方程。

受控源的处理原则:先把受控源视为独立源建立方程,再把控制量用方程变量表示(称为辅助方程)。

(2) 联立求解建立的方程获得方程变量的解。

(3) 依据 KCL 或 KVL 和元件(或支路)方程计算支路电流、电压和功率。

本章介绍的方法有支路分析法、节点分析法、网孔分析法和回路分析法。本章的图论基本知识主要用来帮助有规律地选择独立回路。由于电路方程的列写有规律可循,因此,学习本章时,应先牢记各种方法的一般列写规则,再掌握特殊点的处理方法。

3.2.1 支路分析法

支路分析法分为 $2b$ 分析法和 $1b$ 分析法。$2b$ 分析法已在第1章中介绍,b 分析法又分为支路电流法和支路电压法两种。

1. 支路电流法

支路电流法是一种以支路电流为变量建立电路的支路电流方程进行分析计算的方法。该方法适用于流控型电路，支路电流方程由下列两组方程构成：

（1）对 $n-1$ 个节点列写的 KCL 方程。

（2）应用 KVL，由 $b-n+1$ 个独立回路列写的以支路电流为变量的方程。

2. 支路电压法

支路电压法是一种以支路电压为变量建立电路的支路电压方程进行分析计算的方法。该方法适用于压控型电路，支路电压方程由下列两组方程构成：

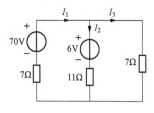

图 3-2　　[例 3-1] 图

（1）由 $b-n+1$ 个独立回路列写的 KVL 方程。

（2）应用 KCL，对 $n-1$ 个节点列写的以支路电压为变量的方程。

【例 3-1】　试用支路电流法求图 3-2 所示电路中的各支路电流。

【解】由 KCL 得

$$-I_1 + I_2 + I_3 = 0$$

由 KVL 得

$$7I_1 + 11I_2 = 70 - 6$$
$$-11I_2 + 7I_3 = 6$$

联立以上三式求解得

$$I_1 = 6\text{A}, \ I_2 = 2\text{A}, \ I_3 = 4\text{A}$$

3.2.2　节点分析法

节点（分析）法是一种以节点电压为变量建立电路的节点电压方程进行分析计算的方法。该方法适用于压控型电路，其方程本质上是节点的 KCL 方程。节点电压方程的一般形式为（电路具有 $n+1$ 个节点）

$$\begin{cases} G_{11}u_{n1} + G_{12}u_{n2} + \cdots + G_{1n}u_{nn} = J_1 \\ G_{21}u_{n1} + G_{22}u_{n2} + \cdots + G_{2n}u_{nn} = J_2 \\ \qquad\qquad\qquad\vdots \\ G_{n1}u_{n1} + G_{n2}u_{n2} + \cdots + G_{nn}u_{nn} = J_n \end{cases}$$

节点电压方程等号左边以流出节点电流为正。

1. 不含无伴电压源情形

列写节点电压方程的一般步骤如下：

（1）选定参考点，并对独立节点进行编号。

（2）把受控源视为独立电源列写"节点电压方程"。列写规律为：

1）自电导 G_{ii} 等于连接在第 i 个节点的所有支路的电导（与电流源串联者除外）之和。互电导 G_{ij}（$i \neq j$）等于节点 i 和 j 之间所有直接相连支路的电导（与电流源串联者除外）之和的负值，此时 $G_{ij} = G_{ji}$。

2）J_i 为连接于节点 i 的所有电流源和等效电流源注入电流的代数和。电流源电流方向指向节点取正，否则取负；对于等效电流源，电压源的正极性连接到节点时，取正，否则取负，其值等于电压源的电压除以相串联电阻的电阻值。

（3）把控制量用节点电压表示（辅助方程）。

如果控制量是支路电压，则根据 KVL 将该支路电压用节点电压表示；如果控制量是支路电流，则根据元件的 VAR 先把支路电流用支路电压表示，再用节点电压表示。

（4）消去上述"节点电压方程"中的非节点电压控制量，整理得节点电压方程。

【例 3 - 2】 列写图 3 - 3 所示电路的节点电压方程（仅用节点电压表示）。

【解】 把受控源视为独电源，则电路的节点电压方程为

$$\begin{cases} \left(\dfrac{1}{2}+\dfrac{1}{2}\right)U_{n1}-\dfrac{1}{2}U_{n2}-\dfrac{1}{2}U_{n3}=2 \\[2mm] -\dfrac{1}{2}U_{n1}+\left(\dfrac{1}{2}+\dfrac{1}{2}\right)U_{n2}=\dfrac{6}{2}-2I_1 \\[2mm] -\dfrac{1}{2}U_{n1}+\left(\dfrac{1}{2}+\dfrac{1}{2}\right)U_{n3}=\dfrac{2}{2}+2I_1 \end{cases}$$

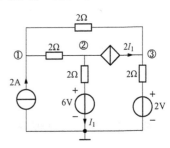

图 3 - 3　［例 3 - 2］图

补充方程为

$$I_1=\frac{U_{n2}-6}{2}=0.5U_{n2}-3$$

整理得

$$\begin{cases} U_{n1}-0.5U_{n2}-0.5U_{n3}=2 \\ -0.5U_{n1}+2U_{n2}=9 \\ -0.5U_{n1}-U_{n2}+U_{n3}=-5 \end{cases}$$

2. 含无伴电压源情形

电路中含有无伴电压源支路（流控型支路）将给应用节点分析法带来困难。分下列两种情况处理：

（1）无伴电压源有一端接参考点。该电压源相连的节点电压已知。令节点电压等于电压源的电压作为该节点的节点电压方程。

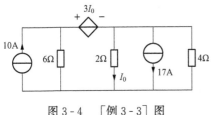

图 3 - 4　［例 3 - 3］图

（2）无伴电压源接在两个非参考节点之间。把该电压源的电流 i 作为附加变量。在列写方程时，先把无伴电压源当作一电流为 i 的电流源看待。然后补充用节点电压表示的无伴电压源方程作为附加方程。

【例 3 - 3】 用节点法求如图 3 - 4 所示电路中受控源吸收的功率。

【解】 〖方法 1〗节点编号如图 3 - 5（a）所示。

把无伴 CCVS 视为电流源，则电路的节点电压方程为

$$\begin{cases} \dfrac{1}{6}U_{n1}=10-I \\[2mm] \left(\dfrac{1}{2}+\dfrac{1}{4}\right)U_{n2}=I-17 \end{cases}$$

补充方程为

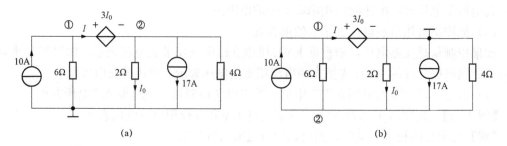

图 3 - 5   ［例 3 - 3］解图

$$\begin{cases} U_{n1} - U_{n2} = 3I_0 \\ I_0 = \dfrac{U_{n2}}{2} \end{cases}$$

将以上两组方程整理得

$$\begin{cases} 2U_{n1} + 9U_{n2} = -84 \\ U_{n1} - 2.5U_{n2} = 0 \end{cases}$$

解之得

$$U_{n1} = -15V, U_{n2} = -6V$$

则

$$I = 10 - \frac{U_{n1}}{6} = 10 - \frac{1}{6} \times (-15) = 12.5A,$$

$$I_0 = \frac{U_{n2}}{2} = \frac{-6}{2} = -3A$$

所以受控源吸收的功率为 $P = 3I_0 I = 3 \times (-3) \times 12.5 = -112.5W$

【方法 2】节点编号如图 3 - 5 （b）所示。节点电压方程为

$$\begin{cases} U_{n1} = 3I_0 \\ -\dfrac{1}{6}U_{n1} + \left(\dfrac{1}{6} + \dfrac{1}{2} + \dfrac{1}{4}\right)U_{n2} = 17 - 10 \end{cases}$$

补充方程为 $I_0 = -\dfrac{U_{n2}}{2}$

整理得

$$\begin{cases} U_{n1} + 1.5U_{n2} = 0 \\ -U_{n1} + 5.5U_{n2} = 42 \end{cases}$$

解之得 $U_{n1} = -9V, \quad U_{n2} = 6V$

则

$$I_0 = -\frac{U_{n2}}{2} = -3A, \quad I = 10 - \frac{U_{n1} - U_{n2}}{6} = 12.5A$$

受控源吸收的功率为 $P = 3I_0 I = 3 \times (-3) \times 12.5 = -112.5W$

注：通过选择合适的参考节点，可减少计算量。

学习节点分析法时，应先牢固掌握由电阻、独立电流源和有伴独立电压源组成电路的节点电压方程列写规律。在此基础上，学会含无伴电压源电路的处理，最后扩展到含受控源的电路。要特别注意：①与电流源串联的电阻（多余元件）不考虑；②不要漏记接在两个非参考节点之间的无伴电压源的电流。

3.2.3   网孔分析法

网孔（分析）法是一种以网孔电流为变量建立电路的网孔电流方程进行分析计算的方

法。该方法适用于流控型平面电路，网孔电流方程本质上是 KVL 方程，方程等号左边沿网孔电流方向，电压降为正。

网孔电流方程的一般形式（l 个内网孔）

$$R_{11}i_{m1} + R_{12}i_{m2} + \cdots + R_{1l}i_{ml} = E_{s1}$$
$$R_{21}i_{m1} + R_{22}i_{m2} + \cdots + R_{2l}i_{ml} = E_{s2}$$
$$\vdots$$
$$R_{l1}i_{m1} + R_{n2}i_{m2} + \cdots + R_{ll}i_{ml} = E_{sl}$$

3. 不含无伴电流源情形

列写网孔电流方程的一般步骤如下：

（1）指定各网孔电流的参考方向（取同一方向）。

（2）先把受控源当作独立源看待列写电路的"网孔电流方程"。其列写规则为：

1）自电阻 R_{ii} 等于该网孔中所有支路的电阻（与电压源并联者除外）之和。互电阻 $R_{ij}(i \neq j)$ 等于网孔 i 和网孔 j 的公共支路电阻（与电压源并联者除外）之和的负值，此时 $R_{ij} = R_{ji}$。

2）E_{si} 为第 i 个网孔中所有电压源和等效电压源电压升的代数和。当电压源的参考极性沿网孔电流方向为电压升时取正，反之取负；对于等效电压源，当电流源的方向与所在网孔的网孔电流方向一致时取正，反之取负号，其值等于电流源的电流乘以并联电阻的电阻值。

（3）把控制量用网孔电流表示（辅助方程）。如果控制量是支路电流，可根据 KCL 将该支路电流用网孔电流表示；如果控制量是支路电压，则根据元件 VAR 先把支路电压用支路电流表示，再用网孔电流表示。

（4）消去"网孔电流方程"中的非网孔电流控制量，整理得电路的网孔电流方程。

【例 3-4】 试用网孔法求图 3-6（a）所示电路中的电流 i。

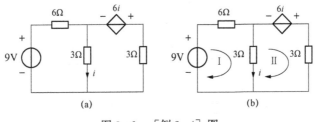

图 3-6　〔例 3-4〕图

【解】 网孔编号如图 3-6（b）所示。电路的网孔电流方程为

$$\begin{cases} (6+3)I_{m1} - 3I_{m2} = 9 \\ -3I_{m1} + (3+3)I_{m2} = 6i \end{cases}$$

补充方程为　　　　　　　　　$i = I_{m1} - I_{m2}$

整理得

$$\begin{cases} 3I_{m1} - I_{m2} = 3 \\ -3I_{m1} + 4I_{m2} = 0 \end{cases}$$

联立解得

$$I_{m1} = \frac{4}{3}\text{A}, \ I_{m2} = 1\text{A}$$

所以

$$i = I_{m1} - I_{m2} = \frac{4}{3} - 1 = \frac{1}{3}\text{A}$$

★含无伴电流源情形

电路中含有无伴电流源支路将给应用网孔法带来困难。分下列两种情况处理：

（1）无伴电流源位于外围网孔。无伴电流源所在的网孔电流已知。令网孔电流等于无伴电流源的电流作为该网孔的网孔电流方程。

（2）无伴电流源位于两个网孔的公共支路。把该无伴电流源的端电压 u 选作附加变量。在列写方程时，先把无伴电流源当作一电压为 u 的电压源看待。然后补充用网孔电流表示的无伴电流源方程作为附加方程。

【例 3 - 5】 试列写图 3 - 7（a）所示电路的网孔电流方程（仅用网孔电流表示）。

【解】 设受控电流源的端电压为 U_0，其参考方向如图 3 - 7（b）所示，则"网孔电流方程"为

$$\begin{cases} (2+4)I_{m1} - 4I_{m2} = -U_0 - 4U_x + 4 \\ I_{m2} = -3 \\ -2I_{m2} + (2+3)I_{m3} = U_0 \end{cases}$$

补充方程为

$$I_{m1} - I_{m3} = 2I_x$$

$$\begin{cases} I_x = I_{m1} - I_{m2} \\ U_x = 3I_{m3} \end{cases}$$

整理得电路的网孔电流方程为

$$\begin{cases} 6I_{m1} - 6I_{m2} + 17I_{m3} = 4 \\ I_{m2} = -3 \\ -I_{m1} + 2I_{m2} - I_{m3} = 0 \end{cases}$$

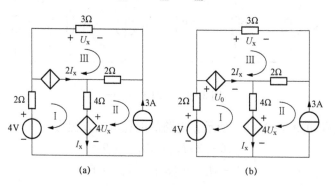

图 3 - 7　[例 3 - 5] 图

网孔分析法可与节点分析法类比（对偶）地进行学习。应先掌握由电阻、独立电压源和有伴独立电流源组成电路的网孔电流方程列写规律。在此基础上，扩展到包含无伴电流源的电路和含受控源的电路。要特别注意：①与电压源并联的电阻（多余元件）不考虑；②不要漏记无伴电流源的端电压。

3.2.4　图论的基本知识

保持连接结构不变，把电路中每条支路都用一条线段替换后所得到的几何结构图，称为拓扑图，简称"图"。这种图描述了原电路的连接结构，即拓扑性质。图中的线段称为支路或边，线段的端点称为节点或顶点。

图是支路与节点的集合。每条支路都标有方向的图为有向图。支路均未赋以方向的图为无向图。任何两个节点之间都至少存在一条路径的图称为连通图。非连通图可转化为连通的铰链图。

子图：其支路和节点都是原图的支路和节点的图。电路分析中常用的子图有回路、树和割集。

回路：每个节点有且仅由两条支路相连的闭合路径。

树：包含原图所有节点、不含回路的连通子图。组成树的支路称为树支，其余支路称为连支。对于 b 条支路、n 个节点的图，树支数为 $n-1$，连支数为 $b-n+1$。

割集：连通图中一些支路的集合。如果把这些支路全部移去，将使连通图变为分离的两部分；而少移去任一条支路，图仍是连通的。

确定割集的方法是先作出一个高斯面，然后再检验高斯面切割的一组支路是否符合上述的两个条件。如果符合，则这组支路的集合即为一个割集。显然，KCL 同样适用于割集。

基本回路：只含一条连支的回路（单连支回路）。

习惯上取基本回路的方向与定义该基本回路的连支方向一致。基本回路数＝连支数，基本回路组是一组独立回路。

基本割集：只含一条树支的割集（单树支割集）。

习惯上取基本割集的方向与定义该基本割集的树支方向一致。基本割集数＝树支数，基本割集组是一组独立割集。在确定基本割集时，应首先考虑单一树支的节点相连的一组支路。

学习过程中，应牢固掌握基本回路和基本割集的定义及寻找方法。

3.2.5　回路分析法

回路（分析）法是一种以独立回路电流为变量建立电路方程进行分析计算的方法。

回路法是网孔法的推广，适用于流控型平面和非平面电路。一般选取基本回路作为独立回路，回路电流为连支电流。

回路电流方程的一般形式（l 个独立回路）

$$\begin{cases} R_{11}i_{l1} + R_{12}i_{l2} + \cdots + R_{1l}i_{ll} = E_1 \\ R_{21}i_{l1} + R_{22}i_{l2} + \cdots + R_{2l}i_{ll} = E_2 \\ \vdots \\ R_{l1}i_{l1} + R_{l2}i_{l2} + \cdots + R_{ll}i_{ll} = E_l \end{cases}$$

由于基本回路有多种选取方式，因此，回路法较网孔法具有更大的灵活性。回路电流方程与网孔电流方程的列写方法类似，但需注意，回路 i 与回路 j 的互电阻 R_{ij}（$i \neq j$），其绝对值等于这两个回路的公共支路的电阻（与电压源并联者除外）之和。当两个回路电流流过公共支路的方向相同时，互电阻取正，否则取负。掌握回路法的关键是：①能正确选出基本回路；②正确地找出公共支路和判断互电阻的正负号。

【例 3-6】　电路如图 3-8（a）所示，试设法只用一个方程求出电流 I_x。

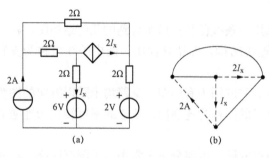

图 3-8　　[例 3-6] 图

【解】为了减少电路方程的数目，应尽可能多地把独立电流源、受控电流源和控制支路选作连支，把感兴趣的支路（即待求量所在支路）也选作连支。这样就使得电流源只属于一个基本回路，且该基本回路电流已知或不独立，该回路的方程不需要再列写。

待求电流支路、电流源、受控电流源选作连支，电路的拓扑图如图 3-8（b）所示，实线为树支。对含有电流 I_x 支路的基本回路列写回路电流方程得

$$(2+2+2+2)I_x+(2+2)\times 2I_x-(2+2)\times 2=-6+2$$

解之得
$$I_x=0.25A$$

注：本题亦可用直观分析法列写一个方程求解。

"条条大路通罗马"，通过本章的学习可知，建立电路方程进行求解有多种方法。最常用的是节点法和回路（网孔）法。它们较支路法能有效地减少方程的数目。就常用的两类方法而言，节点法适用于压控型电路，回路（网孔）法适用于流控型电路。对一个具体电路，究竟采用哪种方法，关键看列写的电路方程数，以少为原则。另外，从计算机辅助分析的角度看，节点法应用最为广泛。

3.3　重点与难点

本章的重点是节点分析法和回路（网孔）分析法，难点是电路含无伴电压源和受控源时应用节点分析法、电路含无伴电流源和受控源时应用网孔分析法。树、基本回路和基本割集是图论部分的重点，基本回路和基本割集也是本章的难点。

3.4　第 3 章习题选解（含部分微视频）

3-1　见 [例 3-1]。

3-2　试用支路电压法求如图 3-9 所示电路中的支路电压。

【解】支路电压的参考方向如图 3-10 所示。由 KCL 和元件的 VAR 得

$$-\frac{U_1+70}{7}+\frac{U_2-6}{11}+\frac{U_3}{7}=0$$

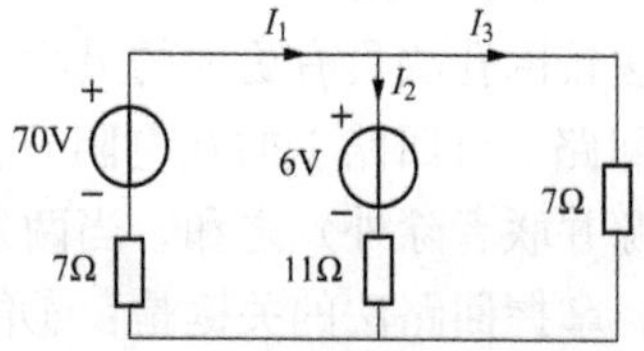

图 3-9　题 3-2 图 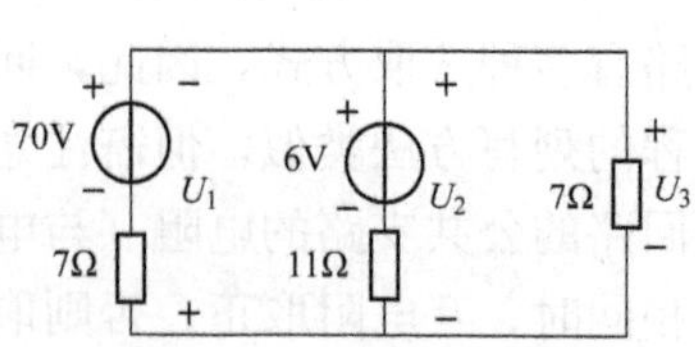　　　　　　图 3-10　题 3-2 解图

由 KVL 得 $\qquad U_1+U_2=0，U_2-U_3=0$

联立以上三式求解得 $\qquad U_1=-28\text{V}，U_2=U_3=28\text{V}$

3-3 试列写图 3-11 所示电路的节点电压方程（仅用节点电压表示）。

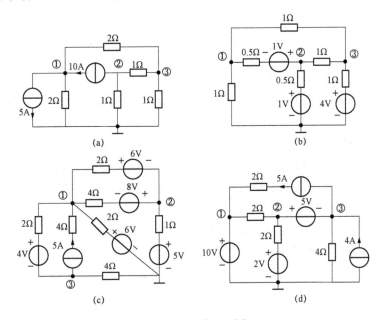

图 3-11 题 3-3 图

【解】（1）节点电压方程为

$$\begin{cases} (0.5+0.5)U_{n1}-0.5U_{n3}=10-5 \\ (1+1)U_{n2}-U_{n3}=-10 \\ -0.5U_{n1}-U_{n2}+(1+1+0.5)U_{n3}=0 \end{cases}$$

整理得

$$\begin{cases} U_{n1}-0.5U_{n3}=5 \\ 2U_{n2}-U_{n3}=-10 \\ -0.5U_{n1}-U_{n2}+2.5U_{n3}=0 \end{cases}$$

（2）提示：节点电压方程为

$$\begin{cases} 4U_{n1}-2U_{n2}-U_{n3}=-2 \\ -2U_{n1}+5U_{n2}-U_{n3}=4 \\ -U_{n1}-U_{n2}+3U_{n3}=4 \end{cases}$$

（3）提示：与 5A 电流源串联的 4Ω 电阻为多余元件。节点电压方程为

$$\begin{cases} 7U_{n1}-3U_{n2}-2U_{n3}=44 \\ -3U_{n1}+7U_{n2}=16 \\ -2U_{n1}+3U_{n3}=-28 \end{cases}$$

（4）设电压源支路的电流为 I，参考方向如图 3-12 所示。电路的节点电压方程为

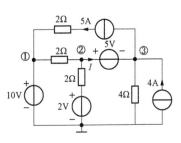

图 3-12 题 3-3 解图

$$\begin{cases} U_{n1} = 10 \\ -0.5U_{n1} + (0.5 + 0.5)U_{n2} = 1 - I \\ 0.25U_{n3} = I + 4 - 5 \end{cases}$$

补充方程为
$$U_{n2} - U_{n3} = 5$$

整理得
$$\begin{cases} U_{n1} = 10 \\ -0.5U_{n1} + U_{n2} + 0.25U_{n3} = 0 \\ U_{n2} - U_{n3} = 5 \end{cases}$$

注：（1）计算自电导和互电导时，与电流源串联的电阻不予考虑（该电阻属于多余元件）。

（2）计算自电导和互电导时，与电压源并联的电阻不属于多余元件，需要考虑。

（3）电路如图 3-11（d）中 5V 无伴电压源的电流切莫遗漏。

3-4　试列写图 3-13 所示电路节点②的节点电压方程，并求电流 I_1。

【解】节点②的节点电压方程为
$$-0.5U_{n1} + (0.5 + 0.5 + 1)U_{n2} - 0.5U_{n3} = 5$$

因为 $U_{n1} = 12V$，$U_{n3} = 6V$，所以
$$-0.5 \times 12 + (0.5 + 0.5 + 1)U_{n2} - 0.5 \times 6 = 5$$

则
$$U_{n2} = 7V$$
$$I_1 = \frac{U_{n2} - 5}{1} = \frac{7 - 5}{1} = 2A$$

3-5　试用节点分析法求如图 3-14 所示电路中的电压 U 和电流 I。

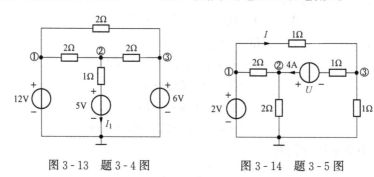

图 3-13　题 3-4 图　　　　　图 3-14　题 3-5 图

【解】节点电压方程为
$$\begin{cases} U_{n1} = 2 \\ -0.5U_{n1} + (0.5 + 0.5)U_{n2} = 4 \\ -U_{n1} + 2U_{n3} = -4 \end{cases}$$

整理得
$$\begin{cases} U_{n1} = 2 \\ -0.5U_{n1} + U_{n2} = 4 \\ -U_{n1} + 2U_{n3} = -4 \end{cases}$$

解之得
$$U_{n1} = 2V, \quad U_{n2} = 5V, \quad U_{n3} = -1V$$

所以　$I = \dfrac{U_{n1} - U_{n3}}{1} = \dfrac{2 - (-1)}{1} = 3A$，$U = U_{n2} - U_{n3} + 4 \times 1 = 5 - (-1) + 4 = 10V$

注：计算自电导和互电导时，与 4A 电流源串联的 1Ω 电阻不予考虑（该电阻属于多余元件）。

3-6 试列写如图 3-15 所示各电路的节点电压方程（仅用节点电压表示）。（微视频）

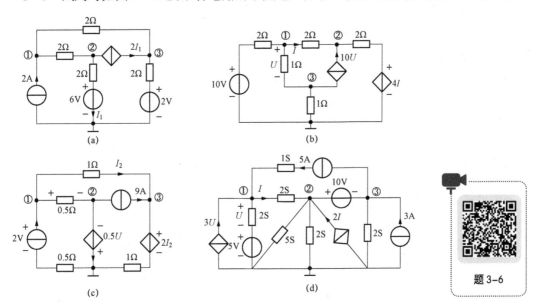

图 3-15　题 3-6 图

【解】（1）见［例 3-2］。

（2）电路的节点电压方程为

$$\begin{cases} (0.5+0.5+1)U_{n1}-0.5U_{n2}-U_{n3}=5 \\ -0.5U_{n1}+(0.5+0.5)U_{n2}=10U+2I \\ -U_{n1}+(1+1)U_{n3}=-10U \end{cases}$$

补充方程为

$$\begin{cases} U=U_{n1}-U_{n3} \\ I=0.5(U_{n1}-U_{n2}) \end{cases}$$

整理得节点电压方程为

$$\begin{cases} 2U_{n1}-0.5U_{n2}-U_{n3}=5 \\ -11.5U_{n1}+2U_{n2}+10U_{n3}=0 \\ 9U_{n1}-8U_{n3}=0 \end{cases}$$

3-7 试用节点电压分析法求图 3-16 所示电路中的电压 U。

【解】 节点标号如图 3-17 所示。电路的节点电压方程为

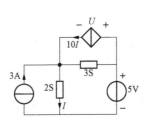

图 3-16　题 3-7 图

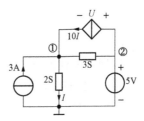

图 3-17　题 3-7 解图

$$\begin{cases}(2+3)U_{n1}-3U_{n2}=3+10I \\ U_{n2}=5\end{cases}$$

补充方程为 $\qquad I=2U_{n1}$

联立解得 $\qquad U_{n1}=-1.2\text{V}$

所以 $\qquad U=U_{n2}-U_{n1}=5-(-1.2)=6.2\text{V}$

3-8 见［例 3-3］。

3-9 试绘出对应下列节点电压方程的最简单的电路。

(1) $\begin{cases}1.6U_{n1}-0.5U_{n2}-U_{n3}=1 \\ -0.5U_{n1}+1.6U_{n2}-0.1U_{n3}=0 \\ -U_{n1}-0.1U_{n2}+3.1U_{n3}=-1\end{cases}$ (2) $\begin{cases}2U_{n1}-0.5U_{n2}-0.5U_{n3}=0 \\ U_{n2}=5 \\ 2.5U_{n1}-4U_{n2}+1.5U_{n3}=0\end{cases}$

【解】 (1) 方程组 (1) 对应的最简单电路如图 3-18 (a) 所示。

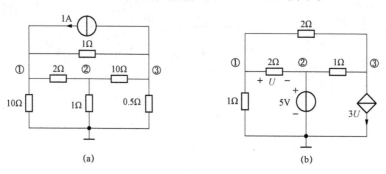

图 3-18　题 3-9 解图

(2) 由方程组 (2) 可知，此电路含有受控源，设控制量 $U=U_{n1}-U_{n2}$，则方程组 (2) 可变为

$$\begin{cases}2U_{n1}-0.5U_{n2}-0.5U_{n3}=0 \\ U_{n2}=5 \\ -0.5U_{n1}-U_{n2}+1.5U_{n3}=-3(U_{n1}-U_{n2})\end{cases}$$

方程组 (2) 对应的最简单电路如图 3-18 (b) 所示。

注：由给定的电路方程组画电路，电路不唯一。

3-10 某电路的节点电压方程为（微视频）

题 3-10

$$\begin{cases}6U_{n1}-2U_{n2}-U_{n3}-2U_{n4}=2 \\ -2U_{n1}+4U_{n2}-2U_{n3}=3 \\ U_{n1}-2U_{n2}+5U_{n3}-U_{n4}=0 \\ -2U_{n1}-U_{n3}+5U_{n4}=-1\end{cases}$$

试列写下列情形的节点电压方程：

(1) 在节点③和节点④之间接入一个 1Ω 电阻。

(2) 在节点①和节点②之间接入一个 2A 的电流源，方向由节点①指向节点②。

(3) 在节点③和参考节点之间接入一个 VCCS，方向由节点③指向参考节点。其受控支路的方程为 $I=2(U_{n1}-U_{n2})$。

(4) 同时接入上述三种元件。

3 - 11 试列写如图 3 - 19 所示电路的网孔电流方程（仅用网孔电流表示）。（微视频）

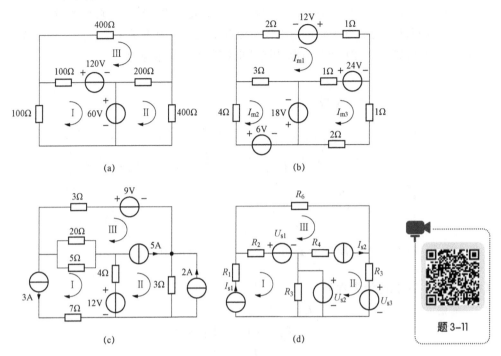

图 3 - 19   题 3 - 11 图

【解】（1）网孔电流方程为

$$\begin{cases} 200I_{m1} - 100I_{m3} = -180 \\ 600I_{m2} - 200I_{m3} = 60 \\ -100I_{m1} - 200I_{m2} + 700I_{m3} = 120 \end{cases}$$

（2）提示：网孔电流方程为

$$\begin{cases} 7I_{m1} - 3I_{m2} - I_{m3} = 36 \\ -3I_{m1} + 7I_{m2} = 24 \\ -I_{m1} + 4I_{m3} = -42 \end{cases}$$

（3）设 5A 电流源两端电压为 U_0，参考方向如图 3 - 20 所示。网孔电流方程为

$$\begin{cases} I_{m1} = -3 \\ -4I_{m1} + 7I_{m2} = -U_0 - 6 + 12 \\ -4I_{m1} + 7I_{m3} = -9 + U_0 \end{cases}$$

补充方程为

$$I_{m2} - I_{m3} = 5$$

整理得

$$\begin{cases} I_{m1} = -3 \\ -8I_{m1} + 7I_{m2} + 7I_{m3} = -3 \\ I_{m2} - I_{m3} = 5 \end{cases}$$

注：（1）计算自电阻和互电阻时，与电压源并联的电阻不予考虑（该电阻属于多余元

件）。

　　（2）如图 3-19（c）、（d）所示电路中无伴电流源的，端电压切莫遗漏。

　　（3）列写网孔电流方程时，与无伴电流源串联的电阻不是多余元件，需要考虑。

3-12　试列写如图 3-21 所示电路的网孔电流方程，并求电流 I_1。

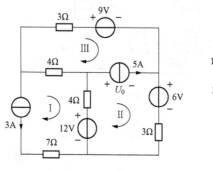

图 3-20　题 3-11 解图

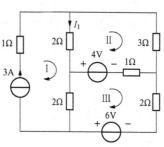

图 3-21　题 3-12 图

【解】 提示：网孔电流方程为

$$\begin{cases} I_{m1} = 3 \\ -2I_{m1} + 6I_{m2} - I_{m3} = 4 \\ -2I_{m1} - I_{m2} + 5I_{m3} = 2 \end{cases}$$

其解为 $I_{m1}=3$A，$I_{m2}=2$A，$I_{m3}=2$A。$I_1=I_{m1}-I_{m2}=1$A。

3-13　试用网孔电流分析法如图 3-22 所示电路的电压 U。（微视频）

3-14　试列写如图 3-23 所示各电路的网孔电流方程（仅用网孔电流表示）。（微视频）

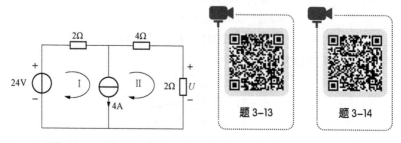

图 3-22　题 3-13 图

题 3-13　　题 3-14

【解】（1）把受控源视为独立源，网孔电流方程为

$$\begin{cases} (2+4)I_1 - 4I_2 = 12 \\ -4I_1 + (4+1+3)I_2 - 3I_3 = -2U \\ I_3 = -1 \end{cases}$$

补充方程为 　　　　　　　　　　　　$U = -2I_1$

整理得 　　　　　　　$\begin{cases} 3I_1 - 2I_2 = 6 \\ -8I_1 + 8I_2 - 3I_3 = 0 \\ I_3 = -1 \end{cases}$

（2）见［例 3-5］。

3-15　试画出如图 3-24 所示拓扑图的 3 个树。

【解】 3 个树如图 3-25 所示。

注：树的选择不是唯一的，故本题有多种答案。

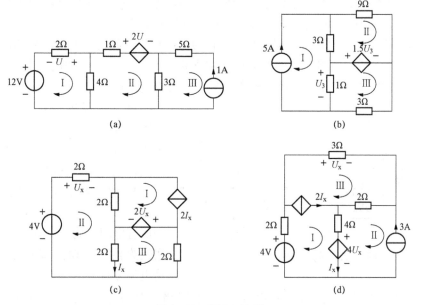

图 3-23　题 3-14 图

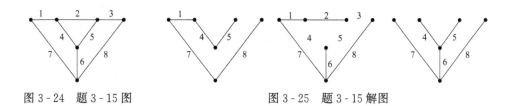

图 3-24　题 3-15 图　　　　图 3-25　题 3-15 解图

3-16　选定如图 3-26 所示非平面图中支路 5、6、7、8、9 为树支，试写出与所选树对应的各基本回路和各基本割集。

【解】 基本回路：(1、7、8、9)，(2、6、8、9)，(3、5、6、8)，(4、5、6、7、8、9)。

基本割集：(5、3、4)，(6、2、3、4)，(7、1、4)，(8、1、2、3、4)，(9、1、2、4)。

3-17　如图 3-27 所示的有向图中：(1) 支路集 {3，4，5，8，9} 和 {2，5，6，7，8} 中哪个支路集中的支路电压是一组独立完备的电压变量；(2) 支路集 {2，3，4，9} 和 {3，4，5，7} 中哪个支路集中的支路电流是一组独立完备的电流变量。

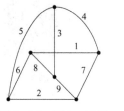
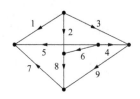

图 3-26　题 3-16 图　　　　图 3-27　题 3-17 图

【解】（1）支路集{3，4，5，8，9}中的支路电压是一组独立完备的电压变量。因为{3，4，5，8，9}中的支路可以形成该图的一个树，而树支电压是一组独立完备的电压变量；支路集{2，5，6，7，8}中{5，6，7，8}形成了回路，则由{2，5，6，7，8}组成的支路电压不全是树支电压，还有连支电压，所以不能构成一组独立完备的电压变量。

（2）连支电流或网孔电流构成一组独立完备的电流变量。

对于支路集{2，3，4，9}：若{2，3，4，9}为连支，则树支应为{1，5，6，7，8}，但{5，6，7，8}形成了回路，故不构成树，则支路集{2，3，4，9}中的支路电流不是连支电流，所以{2，3，4，9}中的支路电流不是独立完备电流变量。

对于支路集{3，4，5，7}：剩余的支路集{1，2，6，8，9}正好构成一个树，所以{3，4，5，7}为连支电流，因此是独立完备的电流变量。

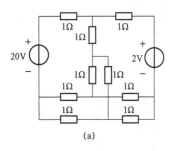 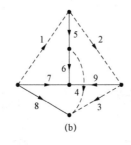

（a）　　　　　　　　　（b）

图 3-28　题 3-18 图

3-18　电路及其有向图分别如图 3-28（a）、（b）所示，图 3-28（a）中所有电阻均为 1Ω，图 3-28（b）中实线为指定的树。试列写该电路的回路电流方程。

【解】图 3-28（b）有向图共有 4 个基本回路。对应给定的树，基本回路分别为（1，5，6，7），（2，5，6，9），（3，7，8，9）和（4，6，7，8）。由回路法得

$$\begin{cases} (1+1+1+1)i_{l1}-(1+1)i_{l2}-i_{l3}-(1+1)i_{l4}=20 \\ -(1+1)i_{l1}+(1+1+1+1)i_{l2}-i_{l3}+i_{l4}=-2 \\ -i_{l1}-i_{l2}+(1+1+1+1)i_{l3}+(1+1)i_{l4}=0 \\ -(1+1)i_{l1}+i_{l2}+(1+1)i_{l3}+(1+1+1+1)i_{l4}=0 \end{cases}$$

整理得回路电流方程为

$$\begin{cases} 4i_{l1}-2i_{l2}-i_{l3}-2i_{l4}=20 \\ -2i_{l1}+4i_{l2}-i_{l3}+i_{l4}=-2 \\ -i_{l1}-i_{l2}+4i_{l3}+2i_{l4}=0 \\ -2i_{l1}+i_{l2}+2i_{l3}+4i_{l4}=0 \end{cases}$$

3-19　试用回路分析法求图 3-29 所示电路中的电流 I。（微视频）

3-20　见［例 3-6］。

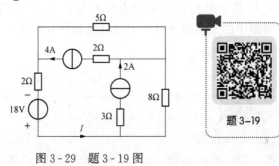

题 3-19

图 3-29　题 3-19 图

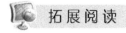 拓展阅读

形成节点电压方程的添加支路法

节点电压方程可用添加支路法形成，可参考习题 3-10。

对于接在节点 i 和 j 之间的电导支路，如图 3-30 所示，它对节点电压方程的贡献可用下式表示

$$
\begin{array}{c}
\\ i \\ \\ j \\ \\
\end{array}
\begin{bmatrix}
\vdots & & \vdots & \\
\cdots & +G & \cdots & -G & \cdots \\
& \vdots & & \vdots & \\
\cdots & -G & \cdots & +G & \cdots \\
& \vdots & & \vdots &
\end{bmatrix}
\begin{bmatrix}
\vdots \\
U_{ni} \\
\vdots \\
U_{nj} \\
\vdots
\end{bmatrix}
=
\begin{bmatrix}
\vdots \\
+0 \\
\vdots \\
+0 \\
\vdots
\end{bmatrix}
$$

两个自电导加上 G，两个互电导减去 G。编程语言为

$$
Y_{ii} = Y_{ii} + G, Y_{jj} = Y_{jj} + G, Y_{ij} = Y_{ij} - G, Y_{ji} = Y_{ji} - G
$$

当电导 G 有一端为参考点，比如节点 j 为参考点，则电导 G 只对自导纳 Y_{ii} 有贡献，即在原来 Y_{ii} 的值的基础上加上 G。编程语言为 $Y_{ii} = Y_{ii} + G$。

独立电流源（见图 3-31）只对方程右端项有贡献，对应流入节点 j 的元素加上 I_s，流出节点 i 的元素减去 I_s。编程语言为 $J_{si} = J_{si} - I_s$，$J_{sj} = J_{sj} + I_s$。

接入 VCCS，如图 3-32 所示，$I_{kl} = g_m(U_{ni} - U_{nj})$。互电导 G_{ki} 和 G_{lj} 加上 g_m，G_{kj} 和 G_{li} 减去 g_m。编程语言为

$$
G_{ki} = G_{ki} + g_m, G_{lj} = G_{lj} + g_m, G_{kj} = G_{kj} - g_m, G_{li} = G_{li} - g_m
$$

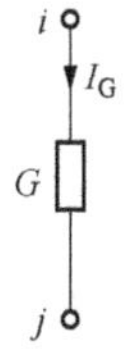

图 3-30　电导 　　　图 3-31　电流源 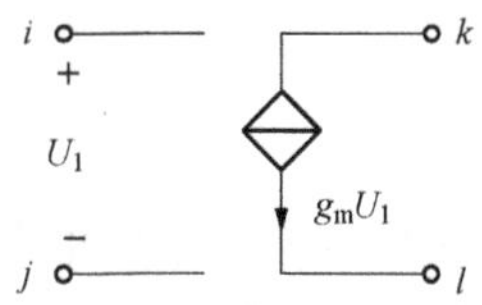　　　图 3-32　VCCS

目前，在国际通用电路分析软件 PSPICE 中，建立电路方程采用的是节点法的改进方法，称为改进节点法。这种改进方法可以适用于非压控型的电路。形成方程采用的就是添加支路法。

检测题1（第1章～第3章）

1. 求图检1-1所示电路中各个元件吸收的功率。
2. 电路图检1-2所示，分别求 i_0 与 i，u_0 和 u 之间的关系。
3. 求图检1-3所示电路的输入电阻 R_{in}。

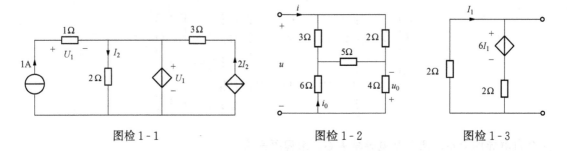

图检1-1　　　　　　　　图检1-2　　　　　　　　图检1-3

4. 用等效化简的方法分别求如图检1-4所示电路中的电流 I。

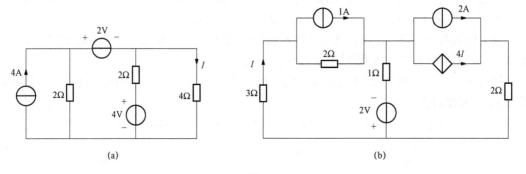

(a)　　　　　　　　　　　　　　(b)

图检1-4

5. 列写如图检1-5所示电路的节点电压方程（仅用节点电压表示）。
6. 用节点分析法求如图检1-6所示电路中的电压 U 和电流 I。

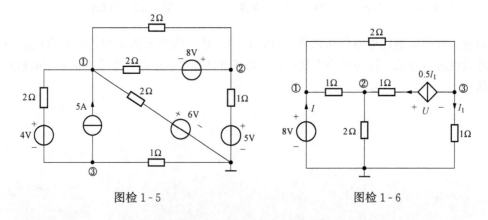

图检1-5　　　　　　　　　图检1-6

7. 列写如图检1-7所示电路的网孔电流方程（仅用网孔电流表示）。

8. 列写如图检 1-8 所示电路的网孔电流方程（仅用网孔电流表示）。

9. 求如图检 1-9 所示电路中的电流 I。

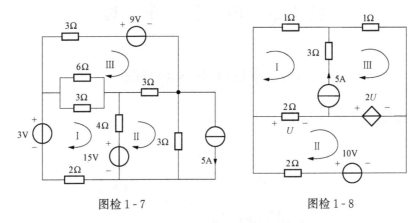

图检 1-7　　　　　　　　　　　图检 1-8

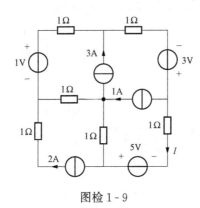

图检 1-9

第4章 电路定理

4.1 本章知识点思维导图

第 4 章的知识点思维导图见图 4-1。

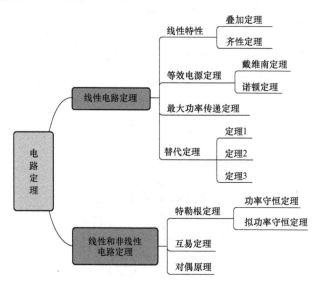

图 4-1 第 4 章的知识点思维导图

4.2 知识点归纳与学习指导

本章主要介绍电路的几个重要性质。利用这些性质可使一些复杂电路问题的求解得到简化。学习本章内容时，重点应放在掌握定理内容和定理应用。

4.2.1 叠加定理与齐性定理

线性电路具有特有的线性关系，这种关系是用叠加定理和齐（次）性定理描述的。

1. 叠加定理

叠加定理在分析线性电路中起着重要的作用，它不仅是分析线性电路的一种方法，而且更重要的是由它可导出许多线性电路的有用性质。叠加定理内容：在线性电路中，由多个（组）独立电源共同作用产生的响应（电压和电流）等于每个（组）独立电源单独作用时所产生响应的叠加。

叠加定理仅适用于线性电路，不适用于非线性电路。定理中的叠加为代数和，叠加时要注意响应的各个分量与总响应的参考方向是否一致。全部一致时，叠加就是相加；不一致时，叠加为代数和，分量方向与总响应方向一致的取正，相反的取负。叠加定理一般不能直接用来计算功率，因为功率不是电压或电流的一次函数。

学习用叠加定理分析具体电路时，重点应放在正确画出独立电源单独作用的电路和正确叠加两个方面。电源单独作用的电路可用前面章节的方法分析。学习阶段遇到的电源单独作用的电路一般可用直观分析法或单回路电路、双节点电路的方法求解。

【例 4-1】 试用叠加定理求如图 4-2（a）所示电路中的电流 I。

【解】 本题用分组的方式较简单。

（1）图 4-2（a）中左边 2V 电压源和 1A 电流源共同作用，电路如图 4-2（b）所示。因为 c、d 两点等电位（电桥平衡），所以 $I'=0$。

（2）右边 2V 电压源单独作用，电路如图 4-2（c）所示。因为 a、b 两点等电位（电桥平衡），所以图 4-2（c）等效为图 4-2（d）（桥支路断开）。则

$$I'' = \frac{2}{2+(1+1) /\!/ (1+1)} = \frac{2}{3}\text{A}$$

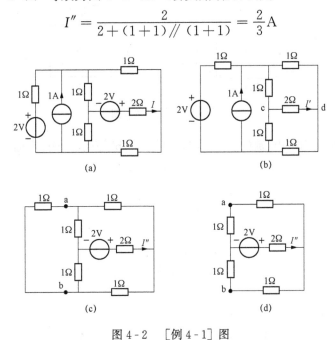

图 4-2　［例 4-1］图

（3）由叠加定理得

$$I = I' + I'' = 0 + \frac{2}{3} = \frac{2}{3}\text{A}$$

注：（1）使用叠加定理时，根据具体情况，可单个电源单独作用，也可以分组单独作用。

（2）当一个（组）独立电源单独作用时，其他独立电源不作用，即置零。所谓电压源置零，就是将它短路；而电流源置零，就是将它开路。

2. 齐性定理

定理内容：在线性电路中，当所有激励都增大或缩小 K 倍（K 为实常数）时，响应也将同样增大或缩小 K 倍。特别地，当电路中只有一个激励时，响应与激励成正比。

设电阻电路中有 α 个独立电压源和 β 个独立电流源，则由叠加定理和齐性定理可知，任一响应 y 都可表示为

$$y = k_1 u_{s1} + k_2 u_{s2} + \cdots + k_\alpha u_{s\alpha} + h_1 i_{s1} + h_2 i_{s2} + \cdots + h_\beta i_{s\beta}\text{（线性特性）}$$

式中，系数 k_j（$j=1$，2，…，α）和 h_l（$l=1$，2，…，β）为与独立电源大小无关的常数，它们仅取决于电路中的非独立电源元件参数以及响应的类别和位置。响应不同，系数不同。但应注意，只有非独立电源元件参数都保持不变时，这些系数才是定值。

利用叠加定理与齐性定理可分析计算具体电路和抽象电路（电路结构和参数存在未知的电路）。上述响应形式（常用其分组变形形式）是分析抽象电阻电路的基础。

【例 4-2】 如图 4-3（a）所示电路中，A 为一线性含源电阻网络。已知当 $U_s=0$，$I_s=0$ 时，毫安表的示数为 20mA；当 $U_s=5$V，$I_s=0$ 时，毫安表的示数为 70mA；当 $U_s=0$，$I_s=1$A 时，毫安表的示数为 50mA；求当 $U_s=3$V，$I_s=-2$A 时毫安表的示数。

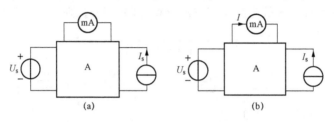

图 4-3　[例 4-2] 图

【解】 假设毫安表支路中电流的参考方向如图 4-3（b）所示。根据叠加定理和齐性原理，设

$$I = a + bU_s + cI_s$$

由已知条件得

$$\begin{cases} a = 20 \\ a + 5b = 70 \\ a + c = 50 \end{cases}$$

联立解得　　　　　　　　　　$a=20$，$b=10$，$c=30$
则　　　　　　　　　　　　　$I=20+10U_s+30I_s$
因此，当 $U_s=3$V，$I_s=-2$A 时，有

$$I = 20 + 10U_s + 30I_s = 20 + 10 \times 3 - 30 \times 2 = -10\text{mA}$$

注：联合应用叠加定理和齐性定理求解抽象电路问题时，常采用分组的叠加定理。感兴趣的独立电源每个视为一组；其他保持不变的独立电源通常视为一组，其单独作用的响应保持不变。

4.2.2　等效电源定理

等效电源定理分为戴维南定理和诺顿定理，见表 4-1。

表 4-1　　　　　　　　　　　　戴维南定理和诺顿定理

定理	戴维南定理	诺顿定理
定理内容	一个与外部电路无耦合关系的线性含源电阻性二端网络 N，对外电路而言，可以用一个电压源和一个电阻相串联的支路（称为戴维南等效电路）来等效。该电压源的电压等于网络 N 的开路电压 u_{oc}；串联电阻 R_{eq} 称为戴维南等效电阻，它等于网络 N 中的全部独立电源置零后所得二端网络的输入电阻	一个与外部电路无耦合关系的线性含源电阻性二端网络 N，可用一个电流源和一个电导的并联组合（称为诺顿等效电路）等效，此电流源的电流等于该网络 N 的短路电流 i_{sc}；并联电导 G_{eq}（诺顿等效电导）等于网络 N 中全部独立电源置零值后所得二端网络的输入电导

定理	戴维南定理	诺顿定理
图示	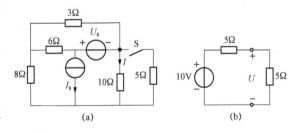	
存在条件	$R_{eq} \neq \infty$	$G_{eq} \neq \infty$
使用范围	被等效的含源二端网络是线性的，外部电路可以是线性的，也可以是非线性的	

对于同一线性含源二端电阻网络，$G_{eq} = \dfrac{1}{R_{eq}}$，$R_{eq}$、$u_{oc}$ 和 i_{sc} 三者的关系为 $u_{oc} = R_{eq} i_{sc}$。此关系式也可用来确定 R_{eq}，即 $R_{eq} = \dfrac{u_{oc}}{i_{sc}}$。

等效电源定理属于等效化简的内容，是十分有用的定理。它们的特点在于可将电路中不感兴趣的（内部保持不变）二端网络化简，以利于分析剩下的那部分电路。当求短路电流比求开路电压要容易时，使用诺顿定理求解。

用戴维南定理（诺顿定理）求解具体电路的步骤如下：

（1）电路分解。将待求量所在的支路（或部分电路）抽出，将剩余部分电路视作一线性含源电阻性二端网络。

（2）求上述线性含源电阻性二端网络的开路电压 u_{oc}（短路电流 i_{sc}）。

（3）确定线性含源电阻性二端网络的戴维南等效电阻 R_{eq}。常用的两种方法为：

1）转化为求输入电阻。对于含受控源的电路，可采用外加电源法等求解。

2）开短路法。分别计算开路电压 u_{oc} 和短路电流 i_{sc}，则 $R_{eq} = u_{oc}/i_{sc}$。

（4）将线性含源电阻性二端网络用戴维南等效电路（诺顿等效电路）代替，并与抽出的外部电路连接。对得到的等效电路求解，可得所需的电压或电流。

等效电源定理用于抽象电路时，需根据给定的已知条件确定等效电路相应的两个参数。

【例 4 - 3】 图 4 - 4（a）所示电路在开关 S 断开时，电流 $I = 1$A。求开关 S 接通后的电流 I。

【解】 应用戴维南定理化简开关左侧的二端网络。

（1）求 U_{oc}。因为开关 S 断开时，电流 $I = 1$A，所以

$$U_{oc} = 10 \times 1 = 10\text{V}$$

（2）求 R_{eq}。独立电源置零后为电阻的串并联，故

$$R_{eq} = 10 \mathbin{/\mkern-5mu/} (8 + 6 \mathbin{/\mkern-5mu/} 3) = 5\Omega$$

图 4 - 4　[例 4 - 3]图

（3）求电压 U。将开关左侧二端网络用其戴维南等效电路代替，如图 4 - 4（b）所示。则有

$$U = \frac{5}{5 + 5} \times 10 = 5\text{V}$$

（4）求电流 I $\qquad$ $I = \dfrac{U}{10} = \dfrac{5}{10} = 0.5\text{A}$

学习等效电源定理时，对于结构和参数都已知的具体电路，重点应放在正确画出两个等效电路参数的电路，得到的两个电路可用前面章节的方法分析。学习阶段遇到的两个电路一般可用直观分析法或单回路电路、双节点电路的方法求解。当电路的结构和参数存在未知时，戴维南等效电路的两个参数需根据已知条件进行确定。

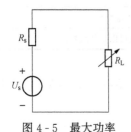

图 4 - 5　最大功率
传输定理用图

4.2.3　最大功率传输定理

最大功率传输定理内容如图 4 - 5 所示，电路中电源 $[U_s$ 和 R_s（正值）] 固定不变，负载 R_L（正值）任意可调，则负载从电源获得最大功率的条件是 $R_L = R_s$（称为匹配条件），获得的最大功率为

$$P_{L\max} = \frac{U_s^2}{4R_s}$$

说明：①该定理的使用前提是电源参数 U_s 和 R_s 保持固定，如果电源为复杂的二端网络，则二端网络应保持不变；②求最大功率，一般需先用戴维南定理把复杂的二端网络简化为戴维南等效电路，然后再用最大功率传输定理；③负载获得最大功率时的传输效率≤50%。

4.2.4　替代定理

替代定理又称置换定理，是一个适用范围较广的定理。

定理内容：在线性或非线性电路中，若某支路的电压和电流分别为 u_k 和 i_k，则只要此支路与其他支路无耦合关系，该支路就可以用一个电压为 u_k 的独立电压源或电流为 i_k 的独立电流源替代，而不影响该电路中其他部分的工作状态（替代前后的电路都应具有唯一解）。

定理中的支路也可以是二端网络。当电压和电流都已知时，也可以用数值为二者比值的电阻代换。

注意：替代和等效是两个不同的概念。等效是对任意的外部电路而言的，而替代是对特定的外部电路而言的，即替代前后外部电路保持不变。因为一旦改变，替代支路的电压和电流将发生数值变化。

对于如图 4 - 6（a）所示电路，可用第 2 章提到的单回路电路方程进行求解。在此再看一下利用等效方法和替代方法求解的不同。对 4Ω 电阻左侧的二端网络，由 KVL 得 $U = -4I_0 - U + 12$，即 $U = -2I_0 + 6$。故电路可以继续等效化简为图 4 - 6（b）。采用替代的方法，$U = 4I_0$（外部电路特性），VCVS 可用 4Ω 电阻替换，电路可以替换化简为图 4 - 6（c）。注意，如果电路中外接电阻的数值发生变化，则图 4 - 6（b）中的等效二端网络可以继续使用，而图 4 - 6（c）中的二端网络不再成立。

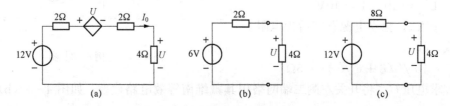

图 4 - 6　替代定理用图

4.2.5 特勒根定理

特勒根定理是一个既对集中参数电路普遍适用，而又能揭示电路本身最基本规律的定理。它有多种形式，主教材仅给出了功率守恒定律和拟功率守恒定律两种形式。

功率守恒定律：对于任一个具有 b 条支路的集中参数电路，假设各支路电流和电压取关联参考方向，则电路中各支路电压和对应支路电流乘积的代数和等于零，即

$$\sum_{k=1}^{b} u_k i_k = 0$$

拟功率守恒定律：两个由不同元件组成，但拓扑结构完全相同的集中参数电路 N 和 N̂，设各支路电压和电流取关联参考方向，则

$$\sum_{k=1}^{b} u_k \hat{i}_k = 0, \quad \sum_{k=1}^{b} \hat{u}_k i_k = 0$$

4.2.6 互易定理

互易定理指出：对于电阻组成的网络（互易网络），在单一激励的情况下，当激励和响应互换位置时，将不改变同一激励所产生的响应。

设互易网络输入口（加激励的端口）电压、电流为 u_1、i_1，输出口（响应所在端口）电压、电流为 u_2、i_2，激励和响应互换后，相应的电压、电流为 $\hat{u}_1$、$\hat{i}_1$ 和 $\hat{u}_2$、$\hat{i}_2$，则在端口电压、电流取关联参考方向时，由拟功率守恒定律得

$$u_1 \hat{i}_1 + u_2 \hat{i}_2 = \hat{u}_1 i_1 + \hat{u}_2 i_2 \qquad \text{（互易条件）}$$

根据不同的端口条件，可得互易定理的三种形式，其中常用的两种形式如下。

形式 1：电压源与电流表互换位置，电流表的示数不变。

形式 2：电流源与电压表互换位置，电压表的示数不变。

注：凡是满足互易定理的网络称为互易网络，因此，互易定理应用的前提是网络为互易网络。

4.2.7 对偶原理

对偶性表述的是一种类比关系。电路中的对偶分为变量对偶、参数对偶、方程（或公式）对偶、元件对偶和电路对偶以及分析方法对偶等。例如，u 和 i、Ψ 和 q 分别是对偶变量；R 和 G、L 和 C 分别是对偶参数；电感和电容的特性方程、平面电路的节点电压方程和网孔电流方程分别是对偶方程；电感和电容是对偶元件；串联电路和并联电路是对偶电路。对偶变量、对偶参数等统称为对偶元素。

将电路某一关系中的元素全部用相应的对偶元素代换后所得新的关系对于对偶电路一定成立。这就是对偶原理。

对偶的概念是十分重要的，但要深刻地理解它，还有待于后续章节的进一步学习。

4.3 重 点 与 难 点

本章的重点是叠加定理与齐性定理、等效电源定理和最大功率传输定理以及替代定理。难点是这些定理的灵活应用和综合应用。

4.4　第4章习题选解（含部分微视频）

4-1　试用叠加定理分别求如图4-7所示电路中指定的电压或电流。

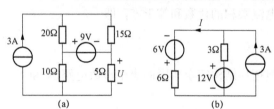

图4-7　题4-1图

【解】（1）1）9V电压源单独作用，电路如图4-8（a）所示。

$$U' = -\frac{5}{5+10} \times 9 = -3\text{V}$$

2）3A电流源单独作用，电路如图4-8（b）所示。

$$U'' = (5 /\!/ 10) \times 3 = 10\text{V}$$

3）由叠加定理得

$$U = U' + U'' = -3 + 10 = 7\text{V}$$

（2）1）3A电流源单独作用，其余独立电源置零，电路如图4-8（c）所示。

$$I' = \frac{3}{3+6} \times 3 = 1\text{A}$$

2）3A电流源源置零，电压源共同作用，电路如图4-8（d）所示。

$$I'' = \frac{6+12}{3+6} = 2\text{A}$$

3）由叠加定理可得图4-8。

$$I = I' + I'' = 1 + 2 = 3\text{A}$$

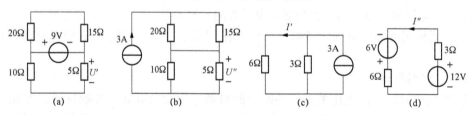

图4-8　题4-1解图

4-2　试用叠加定理求图4-9所示电路中3Ω电阻消耗的功率P。

【解】（1）电压源单独作用，电路如图4-10（a）所示。

$$U_1 = \frac{15}{3+2} \times 3 = 9\text{V}$$

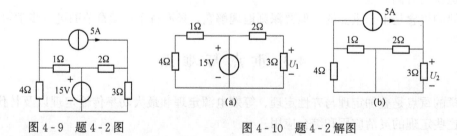

图4-9　题4-2图　　　　　　　图4-10　题4-2解图

（2）电流源单独作用，电路如图4-10（b）所示。

$$U_2=(3 /\!/ 2)\times 5=6\text{V}$$

（3）由叠加定理得 3Ω 两端的电压　$U=U_1+U_2=9+6=15\text{V}$

3Ω 电阻消耗的功率　　　　　$P_{3\Omega}=\dfrac{U^2}{3}=\dfrac{15^2}{3}=75\text{W}$

4 - 3　见［例 4 - 1］。

4 - 4　试用叠加定理求如图 4 - 11 所示电路中的电流 I。

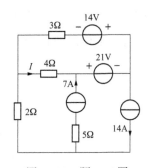

图 4 - 11　题 4 - 4 图

【解】提示：用分组叠加定理。电路中的电流源单独作用时，$I'=3\text{A}$；电路中的电压源单独作用时，$I''=-5\text{A}$。叠加，$I=I'+I''=-2\text{A}$。

4 - 5　试用叠加定理求如图 4 - 12 所示电路中的电压 U。

【解】（1）9V 电压源单独作用，电路如图 4 - 13（a）所示。

$$I'=\dfrac{9}{3+6}=1\text{A},U'=2I'+6I'=8I'=8\text{V}$$

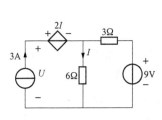

图 4 - 12　题 4 - 5 图

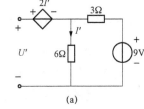

（a）

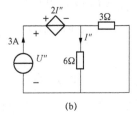

（b）

图 4 - 13　题 4 - 5 解图

（2）3A 电流源单独作用，电路如图 4 - 13（b）所示。

$$I''=\dfrac{3}{3+6}\times 3=1\text{A},U''=2I''+6I''=8I''=8\text{V}$$

（3）由叠加定理得　　　　　$U=U'+U''=8+8=16\text{V}$

注：独立电源单独作用时，电路的连接方式和电路参数以及受控源应保留不动（控制量作相应的符号变化）。

4 - 6　试用叠加定理求图 4 - 14 所示电路中的电流 I_1。

【解】提示：19V 电压源单独作用时，电路如图 4 - 15（a）所示，由 KCL 得 $I_1'=3U_0'=3\times 1=3\text{A}$；6A 电流源单独作用时，电路如图 4 - 15（b）所示，$I_1''=3U_0''-6=-\dfrac{42}{19}\text{A}$。由叠加定理得 $I_1=I_1'+I_1''=\dfrac{15}{19}\text{A}$。

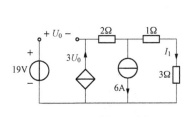

图 4 - 14　题 4 - 6 图

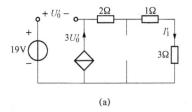

（a）

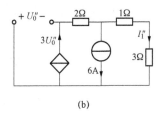

（b）

图 4 - 15　题 4 - 6 解图

4-7 如图 4-16 所示电路中，电流源电流 I_{s1} 和 I_{s2} 保持不变。当 $U_s=16V$ 时，电压 $U=10V$。求当 $U_s=24V$ 时的电压 U。

【解】 电压源 $U_s=16V$ 单独作用时，如图 4-17 所示，$U'=\frac{1}{4}U_s=4V$

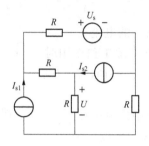
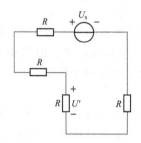

图 4-16 题 4-7 图   图 4-17 题 4-7 解图

电流源 I_{s1} 和 I_{s2} 共同作用时，$U''=U-U'=20-4=16V$。

当 $U_s=24V$ 时，则 $U=\frac{1}{4}U_s+U''=\frac{1}{4}\times24+16=22V$。

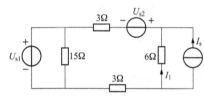

图 4-18 题 4-8 图

4-8 如图 4-18 所示电路中，当 $I_s=0$ 时，$I_1=2A$。当 $I_s=8A$ 时，求电流源 I_s 提供的功率。

【解】 提示：电流源不作用时，$I'_1=2A$；$I_s=8A$ 单独作用时，$I''_1=-4A$。$I_1=I'_1+I''_1=-2A$。电流源 I_s 提供的功率为 $P=-6I_1I_s=96W$。

4-9 如图 4-19 所示电路中，当开关 S 在位置 1 时，毫安表的示数为 $I'=40mA$；当开关 S 倒向位置 2 时，毫安表的示数为 $I''=-60mA$。试求把开关 S 倒向位置 3 时，毫安表的示数。已知 $U_{s1}=4V$，$U_{s2}=6V$。

【解】 将原电路改画为图 4-20 所示电路，其中 N_0 仅由电阻组成，则由叠加定理和齐性原理得

$$I=\alpha+\beta U_s$$

式中：α 为定值电流源单独作用产生的响应。

S 在位置 1 时，$U_s=0$，$I=40mA$；S 在位置 2 时，$U_s=4V$，$I=-60mA$；代入上式得

$$\begin{cases} 40=\alpha \\ -60=\alpha+4\beta \end{cases}$$

解之得 $\alpha=40$，$\beta=-25$
所以 $I=40-25U_s$

S 在位置 3 时，$U_s=-6V$，因此 $I=40-25\times(-6)=190mA$

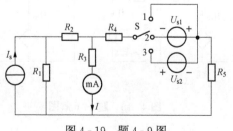
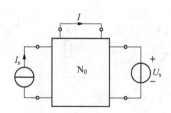

图 4-19 题 4-9 图   图 4-20 题 4-9 解图

4-10 如图 4-21 所示电路中，N_0 为不含独立电源的电路。已知当 $U_s=8V$，$I_s=2A$ 时，$I_0=20A$；当 $U_s=-8V$，$I_s=4A$ 时，$I_0=4A$。求 $U_s=4V$，$I_s=1A$ 时的电流 I_0。

【解】 提示：由叠加定理和齐性定理可知，$I_0=k_1U_s+k_2I_s$；由已知条件可得 $k_1=1.5$，$k_2=4$。所求电流 $I_0=10A$。

4-11 见〔例 4-2〕

4-12 如图 4-22 所示电路中，电源发出的总功率为 45W，试用叠加定理确定电阻 R_x 之值。

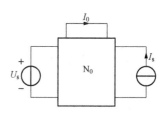

图 4-21 题 4-10 图

【解】 提示：对于如图 4-23 所示电路，6V 电压源单独作用时，$I'_1=2A$，$I'=5A$；3A 电流源单独作用时，$I''=I''_1=-2A$。$I=I'+I''=3A$，$I_1=I'_1+I''_1=0$。6V 电压源发出的功率为 $P_{6V}=6I=18W$，3A 电流源发出的功率为 $P_{3A}=P-P_{6V}=27W$。$U=\frac{1}{3}P_{3A}=9V$，$U_0=U+I_1\times1-6=3V$；$R_x=\frac{U_0}{3}=1\Omega$。

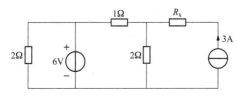

图 4-22 题 4-12 图

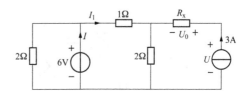

图 4-23 题 4-12 解图

4-13 试用戴维南定理求如图 4-24 所示电路中的电流 I。

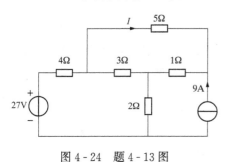

图 4-24 题 4-13 图

【解】 将 5Ω 电阻所在支路抽出，其余部分用其戴维南等效电路代替，电路如图 4-25（a）所示。

（1）求 U_{oc}。电路如图 4-25（b）所示。由图 4-25（b）得

$$(4+3)I_1+(9+I_1)\times2=27\Rightarrow I_1=1A$$

所以

$$U_{oc}=3I_1-9\times1=3\times1-9=-6V$$

（2）求 R_{eq}。电路如图 4-25（c）所示。

$$R_{eq}=(4+2)\mathbin{/\mkern-5mu/}3+1=3\Omega$$

（3）求 I。由图 4-25（a）得

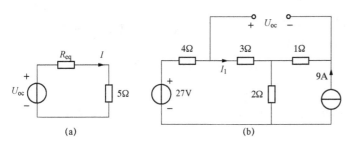

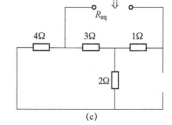

(a)　　　　　　(b)　　　　　　(c)

图 4-25 题 4-13 解图

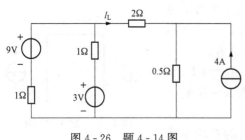

图 4-26　题 4-14 图

$$I = \frac{U_{oc}}{R_{eq}+5} = \frac{-6}{3+5} = -0.75\text{A}$$

4-14　试用戴维南定理求图 4-26 所示电路中的电流 I_L。

【**解**】提示：（1）开路电压 $U_{oc} = 4\text{V}$；

（2）戴维南等效电阻 $R_{eq} = 1//1+0.5 = 1\Omega$；

（3）电流 $I_L = \dfrac{4}{1+2} = \dfrac{4}{3}\text{A}$。

4-15　试用戴维南定理或诺顿定理分别求图 4-27 所示二端网络的等效电路。

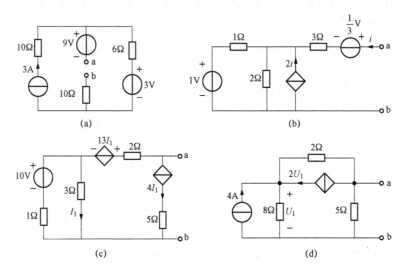

图 4-27　题 4-15 图

【**解**】（1）开路电压 $U_{oc} = -9+3\times6+3 = 12\text{V}$；戴维南等效电阻 $R_{eq} = 6+10 = 16\Omega$。所以，戴维南等效电路和诺顿等效电路分别如图 4-28（a）、（b）所示。

（2）提示：①求开路电压时，控制电流为 0，CCCS 开路。$U_{oc} = 1\text{V}$；②求戴维南等效电阻时，求输入电阻 $R_{eq} = \dfrac{u}{i} = \dfrac{5i}{i} = 5\Omega$。由此得戴维南等效电路，等效变换可得诺顿等效电路。

（3）求 U_{oc}。电路如图 4-29（a）所示。

$$3I_1 + (I_1+4I_1)\times1 = 10 \Rightarrow I_1 = 1.25\text{A}$$

$$U_{oc} = -2\times4I_1 + 13I_1 + 3I_1 = 10\text{V}$$

或者　　　　　　　$U_{oc} = -2\times4I_1 + 13I_1 + 10 - (I_1+4I_1)\times1 = 10\text{V}$

求 R_{eq}。电路如图 4-29（b）所示。

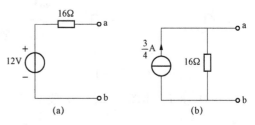

图 4-28　题 4-15 解图 1

$$I_0 = 4I_1 + I_1 + \frac{3I_1}{1} = 8I_1, U_0 = 2\times(I_0-4I_1) + 13I_1 + 3I_1 = 24I_1$$

$$R_{eq} = \frac{U_0}{I_0} = \frac{24I_1}{8I_1} = 3\Omega$$

因此，戴维南等效电路如图 4-29（c）所示。

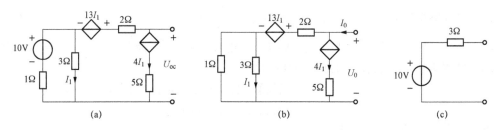

图 4-29　题 4-15 解图 2

（4）提示：

1）该电路求短路电流 I_{sc} 比较容易。对应电路如图 4-30（a）所示。该图可等效为图 4-15（b）。

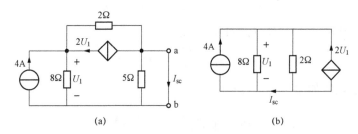

图 4-30　题 4-15 解图 3

该电路的双节点电压方程为

$$\left(\frac{1}{2}+\frac{1}{8}\right)U_1=4+2U_1\Rightarrow U_1=-\frac{32}{11}\text{V}$$

所以

$$I_{sc}=-2U_1+\frac{U_1}{2}=-1.5U_1=-1.5\times\left(-\frac{32}{11}\right)=\frac{48}{11}\text{A}$$

2）通过求输入电阻获得 R_{eq}。把端口电压和电流用控制量表示为 $U_0=-2.75U_1$，$I_0=-0.425U_1$；$R_{eq}=\dfrac{U_0}{I_0}=\dfrac{110}{17}\Omega$。

3）由 I_{sc} 和 R_{eq} 画出诺顿等效电路，等效变换得戴维南等效电路。

4-16　试用戴维南定理分别求如图 4-31 所示电路中指定的电流 I 和电压 U。

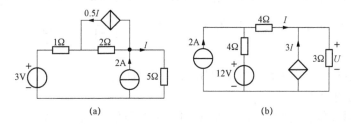

图 4-31　题 4-16 图

【解】 提示：（1）开路电压 $U_{oc}=9$V，戴维南等效电阻 $R_{eq}=4\Omega$；$I=\dfrac{9}{5+4}=1$A。

（2）求开路电压 U_{oc}，$I=0$，$U_{oc}=20$V；$R_{eq}=\dfrac{U_0}{I_0}=\dfrac{-8I}{-4I}=2\Omega$；$U=\dfrac{3}{3+2}\times 20=12$V。

4-17　如图 4-32 所示电路。当负载 R_L 开路时，调节 R_x 使开路电压 $U_{oc}=1$V，R_x 不再变动。试用诺顿定理求 $R_L=1\Omega$ 时消耗的功率。

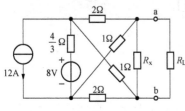

图 4-32　题 4-17 图

【解】（1）求 I_{sc}。电路如图 4-33（a）所示，等效变换可得图 4-33（b）。

$$I_1=\cfrac{\dfrac{4}{3}}{\dfrac{4}{3}+(2\,/\!/\,1)+(2\,/\!/\,1)}\times 6=3\text{A}$$

$$I_2=\frac{2}{1+2}\times 3=2\text{A},\ I_3=\frac{1}{1+2}\times 3=1\text{A}$$

$$I_{sc}=I_2-I_3=2-1=1\text{A}$$

（2）求 R_{eq}。因为 $U_{oc}=1$V，$I_{sc}=1$A，所以

$$R_{eq}=\frac{U_{oc}}{I_{sc}}=1\Omega$$

（3）求 P_{R_L}。电路如图 4-33（c）所示。

$$I_L=\frac{1}{1+1}\times 1=0.5\text{A}$$

$$P_{R_L}=R_L I_L^2=1\times(0.5)^2=0.25\text{W}$$

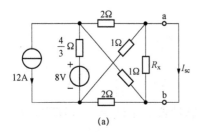 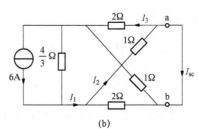 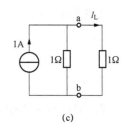

（a）　　　　　　　　　　　（b）　　　　　　　　　　　（c）

图 4-33　题 4-17 解图

4-18　如图 4-34 所示电路，试用诺顿定理求电流 I。

【解】 提示：将 4Ω 和 1Ω 两个串联电阻抽出，所得二端网络的短路电流 $I_{sc}=30$A；等效电阻 $R_{eq}=1\Omega$。$I=\dfrac{1}{4+1+1}\times 30=5$A。

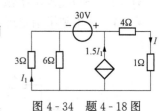

图 4-34　题 4-18 图

4-19　已知图 4-35 所示电路中电阻 $R=2\Omega$ 时电流 $I=4$A。求 $R=5\Omega$ 时电流 I。

【解】（1）本题除了独立电源数值未知外，电阻值均已知，故可求得戴维南等效电阻 R_{eq}。

$$R_{eq}=3\,/\!/\,[(1\,/\!/\,1)+1]=3\,/\!/\,1.5=1\Omega$$

（2）因本题独立电源数值未知，不能由电路直接求 U_{oc}，需要用戴维南等效电路和已知条件确定。将待求支路抽出，其余部分用其戴维南等效电路代替，等效电路如图 4-36 所示。

因为 $R=2\Omega$ 时，$I=4$A，所以

$$U_{oc}=(1+R)I=(1+2)\times4=12\text{V}$$

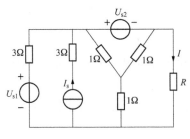 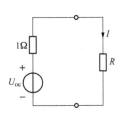

图 4-35　题 4-19 图　　　　　　图 4-36　题 4-19 解图

故当 $R=5\Omega$ 时，电流为

$$I=\frac{U_{oc}}{1+R}=\frac{12}{1+5}=2\text{A}$$

注：二端网络独立电源未知，其他元件参数已知时，可先求出其等效电阻，然后用戴维南等效电路代替二端网络，根据已知条件确定开路电压。

4-20　如图 4-37 所示，N 为含源线性电阻性二端网络。试用图 4-37（a）、（b）两图的数据求图 4-37（c）中的电压 U。

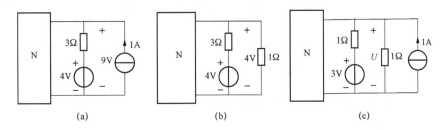

图 4-37　题 4-20 图

【解】将图 4-37（a）、（b）中网络 N 分别用其戴维南等效电路代替，电路分别如图 4-38（a）、（b）所示。

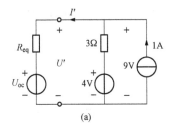 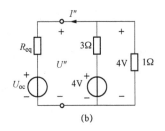 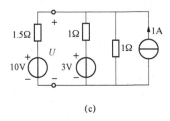

图 4-38　题 4-20 解图

图 4-38（a）中，$I'=1-\dfrac{9-4}{3}=-\dfrac{2}{3}$A，得 $U_{oc}-\dfrac{2}{3}R_{eq}=9$

图 4-38（b）中，$I''=-4$A，得 $U_{oc}-4R_{eq}=4$

联立以上两式求解得

$$U_{oc} = 10V, R_{eq} = 1.5\Omega$$

将图 4 - 37（c）中网络 N 用其戴维南等效电路代替，如图 4 - 38（c）所示。由节点法得

$$\left(\frac{1}{1.5} + 1 + 1\right)U = 3 + 1 + \frac{10}{1.5}$$

解之得 $U = 4V$。

注：如果给定的不是结构和参数都已知的电路，需根据具体已知条件确定抽象电路的等效电路。

4 - 21　如图 4 - 39 所示电路中的负载电阻 R_L 可变，问 R_L 等于何值时能获得最大功率？并求此最大功率 P_{max}。

【解】 提示：求 R_L 抽出后二端网络的等效电路：$U_{oc} = 16V$，$R_{eq} = 4\Omega$；当 $R_L = R_{eq} = 4\Omega$ 时获得最大功率 P_{max}，且 $P_{max} = \dfrac{U_{oc}^2}{4R_{eq}} = 16W$。

4 - 22　如图 4 - 40 所示电路中的负载电阻 R_L 可变，试问 R_L 等于何值时它吸收的功率最大？此最大功率等于多少？

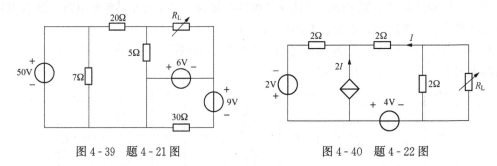

图 4 - 39　题 4 - 21 图　　　　　　　　图 4 - 40　题 4 - 22 图

【解】 提示：求 R_L 左侧二端网络的等效电路：$U_{oc} = 0.4V$，$R_{eq} = 1.6\Omega$。$R_L = R_{eq} = 1.6\Omega$ 时获得最大功率，最大功率为

$$P_{max} = \frac{U_{oc}^2}{4R_{eq}} = 0.025W$$

4 - 23　如图 4 - 41 所示电路中，已知当 $R_L = 4\Omega$ 时，$I = 2A$，试问电阻 R_L 调到何值时，吸收的功率最大？此最大功率为多少？

【解】（1）求 R_{eq}。电路如图 4 - 42（a）所示。因为 c、d 两点等电位（电桥平衡），所以

$$R_{eq} = (1 + 1) /\!/ (1 + 1) = 1\Omega$$

（2）求 U_{oc}。原电路的戴维南等效电路如图 4 - 42（b）所示。

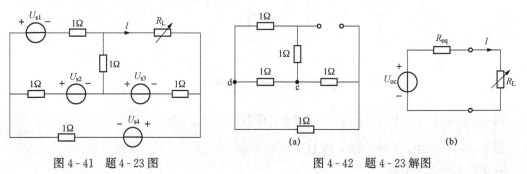

图 4 - 41　题 4 - 23 图　　　　　　　　图 4 - 42　题 4 - 23 解图

因为 $R_L=4\Omega$ 时，$I=2A$，由图 4-42（b）得

$$U_{oc} = (R_{eq}+R_L)I = (1+4)\times 2 = 10V$$

（3）求 P_{max}。当 $R_L=R_{eq}=1\Omega$ 时可获得最大功率，其最大功率为

$$P_{max} = \frac{U_{oc}^2}{4R_{eq}} = \frac{10^2}{4\times 1} = 25W$$

4-24　如图 4-43 所示电路中，N 为线性含源电阻性网络，R_L 为可调电阻。已知 $R_L=8\Omega$ 时，$I=20A$；$R_L=2\Omega$ 时，$I=50A$。求 R_L 能获得的最大功率。

【解】 将 N 用其戴维南等效电路代替，电路如图 4-44 所示。由解图得

$$U_{oc} - R_{eq}I = R_LI$$

代入已知条件得

$$\begin{cases} U_{oc} - 20R_{eq} = 20\times 8 \\ U_{oc} - 50R_{eq} = 50\times 2 \end{cases}$$

解之得

$$U_{oc} = 200V, R_{eq} = 2\Omega$$

当 $R_L=2\Omega$ 时，它获得最大功率，其值为

$$P_{max} = \frac{U_{oc}^2}{4R_{eq}} = \frac{200^2}{4\times 2} = 5000W$$

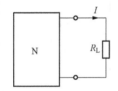
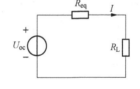

图 4-43　题 4-24 图　　　　　图 4-44　题 4-24 解图

4-25　如图 4-45 所示电路中，NR 仅由二端线性电阻组成。对于不同的输入直流电压源 U_s 及不同的 R_1、R_2 值进行了两次测量，得到下列数据：当 $R_1=R_2=2\Omega$，$U_s=8V$ 时，$I_1=2A$，$U_2=2V$；当 $R_1=1.4\Omega$，$R_2=0.8\Omega$，$\hat{U}_s=9V$ 时，$\hat{I}_1=3A$，求 $\hat{U}_2$ 的值。（微视频）

4-26　如图 4-46 所示电路中，NR 仅由二端线性电阻所组成，$U_{s1}=18V$。当 U_{s1} 作用，U_{s2} 短路时，测得 $U_1=9V$，$U_2=4V$。又当 U_{s1} 和 U_{s2} 共同作用时，测得 $U_3=-30V$。试求电压源 U_{s2} 的值。（微视频）

题 4-25

题 4-26

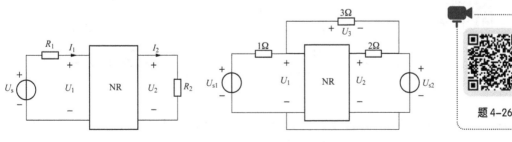

图 4-45　题 4-25 图　　　　　图 4-46　题 4-26 图

4-27　试用互易定理求如图 4-47 所示电路中的电流 I。（微视频）

4-28　仅由二端线性电阻组成的网络 NR 有一对输入端和一对输出端。当输入接 2A 电流源时，输入端电压为 10V，输出端电压为 5V。若把电流源移到输出端，同时在输入端跨接 5Ω 电阻，求 5Ω 电阻中流过的电流。（微视频）

图 4-47　题 4-27 图

4-29　如图 4-48 所示电路中，NR 仅由二端线性电阻所组成。已知图 4-48（a）中的 U_2 ＝20V。试求图 4-48（b）电路中的电流 I_1。（微视频）

4-30　试求如图 4-49 所示电路中的电压 U。（微视频）

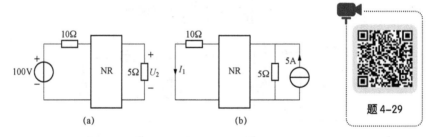

图 4-48　题 4-29 图

4-31　如图 4-50 所示电路中，当 R_5 ＝8Ω 时，I_5 ＝20A，I_0 ＝−11A；当 R_5 ＝2Ω 时，I_5 ＝50A，I_0 ＝−5A。问：（1）R_5 为何值时能获得最大功率，最大功率为多少？（2）R_5 为何值时，R_0 能获得最小功率。

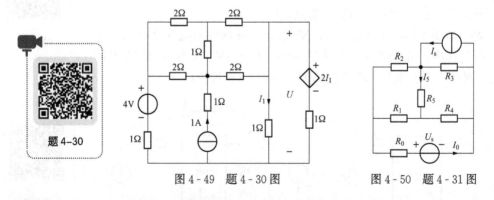

图 4-49　题 4-30 图　　　　　　图 4-50　题 4-31 图

【解】（1）将 R_5 支路抽出，其余部分用其戴维南等效电路替代，如图 4-51 所示。则

$$U_{oc} - R_{eq}I_5 = R_5 I_5$$

代入已知条件得如下方程

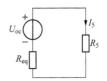

图 4-51 题 4-31 解图

$$\begin{cases} U_{oc}-20R_{eq}=20\times8 \\ U_{oc}-50R_{eq}=50\times2 \end{cases}$$

解之得 $\qquad U_{oc}=200\text{V}, R_{eq}=2\Omega$

所以，$R_5=R_{eq}=2\Omega$ 时，R_5 获得最大功率，其最大功率为

$$P_{max}=\frac{U_{oc}^2}{4R_{eq}}=\frac{200^2}{4\times2}=5000\text{W}$$

（2）R_0 获最小功率的值为零。因此，这个问题就转化为 R_5 为何值时 $I_0=0$。将 R_5 支路用电流为 I_5 的电流源替代，由叠加定理和齐性定理得 $I_0=k_1+k_2I_5$。

代入已知条件有 $\qquad\begin{cases} -11=k_1+20k_2 \\ -5=k_1+50k_2 \end{cases}$

解之得 $k_1=-15$，$k_2=0.2$。所以 $\qquad I_0=-15+0.2I_5$

欲使 $I_0=0$，则应有 $\qquad I_0=-15+0.2I_5=0$

所以 $I_5=75\text{A}$。由图 4-51 得 $\qquad 75=\dfrac{200}{2+R_5}$

解之得 $R_5=\dfrac{2}{3}\Omega$。即 $R_5=\dfrac{2}{3}\Omega$ 时，$I_0=0$，R_0 获最小功率。

注：由叠加定理和齐性定理设定的线性关系式适用于除独立电源以外的其他电气参数固定不变的线性电路。为了满足这一条件，电气参数变换的支路可根据替代定理先用独立电源替代。

4-32 如图 4-52 所示电路中，N 为含独立源的电阻电路。当 S 打开时，$i_1=1\text{A}$，$i_2=5\text{A}$，$u=10\text{V}$；当 S 闭合且调节 $R_L=6\Omega$ 时，$i_1=2\text{A}$，$i_2=4\text{A}$；当调节 $R_L=4\Omega$ 时，R_L 获得了最大功率。试求调节 R 到何值时，可使 $i_1=i_2$。

【解】此题是综合运用等效电源定理、替代定理、叠加定理和齐性定理的计算题。

a、b 左侧的戴维南等效电路如图 4-53（a）所示。由题给条件可得 $u_{oc}=10\text{V}$，$R_{eq}=4\Omega$

当 $R=6\Omega$ 时，由图 4-53（a）得 $i=\dfrac{u_{oc}}{R_{eq}+R}=\dfrac{10}{4+6}=1\text{A}$

利用替代定理，将 R 所在支路用电流源 i 替代，如图 4-53（b）所示。

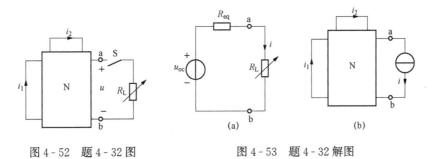

图 4-52 题 4-32 图 | 图 4-53 题 4-32 解图

由叠加定理和齐次性定理得 $\qquad\begin{cases} i_1=i_1'+\alpha i \\ i_2=i_2'+\beta i \end{cases}$

将 $i=0$，$i_1=1\text{A}$，$i_2=5\text{A}$ 代入上式得 $\qquad i_1'=1\text{A}$，$i_2'=5\text{A}$

再将 $i=1\text{A}$，$i_1=2\text{A}$，$i_2=4\text{A}$ 代入，有 $\qquad\begin{cases} 2=1+\alpha\times1 \\ 4=5+\beta\times1 \end{cases}$

解之得　　　　　　　　　　　$\alpha=1,\ \beta=-1$

则　　　　　　　　　　　　　$\begin{cases}i_1=1+i\\ i_2=5-i\end{cases}$

今欲使 $i_1=i_2$，即有　　　　$1+i=5-i$

故得　　　　　　　　　　　　$i=2\text{A}$

再回到图 4-53（a）电路，有　　$2=\dfrac{10}{4+R}$

解得　　　　　　　　　　　　$R=1\Omega$

即当 $R=1\Omega$ 时，有　　　　$i_1=i_2=1+2=3\text{A}$

拓 展 阅 读

戴维南生平

第5章 双 口 网 络

5.1 本章知识点思维导图

第5章的知识点思维导图如图5-1所示。

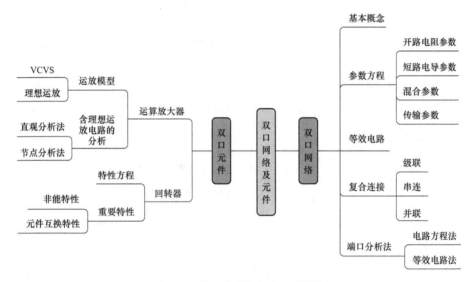

图5-1 第5章的知识点思维导图

5.2 知识点归纳与学习指导

本章内容分为双口网络和双口元件两大部分。

5.2.1 双口网络的基本概念

网络按照可与外部相连的端口数目分为单口网络、双口网络等。三口及以上的网络称为多口网络。

对外具有两个端口的网络称为双口网络，如图5-2所示。双口网络简称双口，又称为二端口网络，是一种特殊的四端网络。三端网络可转化成双口网络，其特点是有一个公共端子。这里讨论的双口网络内部不含独立电源。

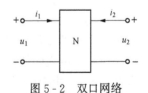

图5-2 双口网络

在双口网络理论中，规定端口上的电压和电流都采用关联参考方向，如图5-2所示。通常将端口1称为输入端口，端口2称为输出端口。

5.2.2 双口网络的参数及其方程

同单口网络一样，当用双口概念分析电路时，仅对端口上的电压、电流之间的关系感兴趣。对于线性电阻性双口网络，这种关系可用两个线性代数方程表示，共有6种表示形式，见表 5-1。表中前 4 组方程可用叠加定理和齐性定理导出。注意：对于具体的双口网络，6 种参数不一定都存在。只要存在，同一双口网络任意两种参数之间都有一定的转换关系，见主教材表 5-1。

表 5-1 电阻性双口网络的常用参数及方程

参 数 名 称	方程形式		参数的物理意义	互易条件	对称条件
	标量形式	矩阵形式			
开路电阻参数	$u_1 = R_{11}i_1 + R_{12}i_2$ $u_2 = R_{21}i_1 + R_{22}i_2$	$\begin{bmatrix} u_1 \\ u_2 \end{bmatrix} = R \begin{bmatrix} i_1 \\ i_2 \end{bmatrix}$	R_{11}，R_{22} 输入和输出电阻 R_{12}，R_{21} 转移电阻	$R_{12} = R_{21}$	$R_{12} = R_{21}$ $R_{11} = R_{22}$
短路电导参数	$i_1 = G_{11}u_1 + G_{12}u_2$ $i_2 = G_{21}u_1 + G_{22}u_2$	$\begin{bmatrix} i_1 \\ i_2 \end{bmatrix} = G \begin{bmatrix} u_1 \\ u_2 \end{bmatrix}$	G_{11}，G_{22} 输入和输出电导 G_{12}，G_{21} 转移电导	$G_{12} = G_{21}$	$G_{12} = G_{21}$ $G_{11} = G_{22}$
混合参数	$u_1 = h_{11}i_1 + h_{12}u_2$ $i_2 = h_{21}i_1 + h_{22}u_2$	$\begin{bmatrix} u_1 \\ i_2 \end{bmatrix} = H \begin{bmatrix} i_1 \\ u_2 \end{bmatrix}$	h_{11} 输入电阻，h_{22} 输出电导 h_{12} 电压比，h_{21} 电流比	$h_{12} = -h_{21}$	$h_{12} = -h_{21}$ $h_{11}h_{22} - h_{12}h_{21} = 1$
逆混合参数	$i_1 = h'_{11}u_1 + h'_{12}i_2$ $u_2 = h'_{21}u_1 + h'_{22}i_2$	$\begin{bmatrix} i_1 \\ u_2 \end{bmatrix} = H' \begin{bmatrix} u_1 \\ i_2 \end{bmatrix}$	h'_{11} 输入电导，h'_{22} 输出电阻 h'_{12} 电流比，h'_{21} 电压比	$h'_{12} = -h'_{21}$	$h'_{12} = -h'_{21}$ $h'_{11}h'_{22} - h'_{12}h'_{21} = 1$
传输参数	$u_1 = Au_2 + B(-i_2)$ $i_1 = Cu_2 + D(-i_2)$	$\begin{bmatrix} u_1 \\ i_1 \end{bmatrix} = T \begin{bmatrix} u_2 \\ -i_2 \end{bmatrix}$	A 电压比，B 转移电阻 C 转移电导，D 电流比	$AD - BC = 1$	$AD - BC = 1$ $A = D$
逆传输参数	$u_2 = A'u_1 + B'i_1$ $-i_2 = C'u_1 + D'i_1$	$\begin{bmatrix} u_2 \\ -i_2 \end{bmatrix} = T' \begin{bmatrix} u_1 \\ i_1 \end{bmatrix}$	A' 电压比，B' 转移电阻 C' 转移电导，D' 电流比	$A'D' - B'C' = 1$	$A'D' - B'C' = 1$ $A' = D'$

双口网络的各种参数可由定义式确定。

双口网络的参数方程中端口电压、电流的排列顺序为：先端口 1，后端口 2；先电压，后电流，具有下列的统一形式

$$\begin{cases} y_1 = \alpha x_1 + \beta x_2 \\ y_2 = \eta x_1 + \theta x_2 \end{cases} \quad \text{或者} \quad \begin{bmatrix} y_1 \\ y_2 \end{bmatrix} = \begin{bmatrix} \alpha & \beta \\ \eta & \theta \end{bmatrix} \begin{bmatrix} x_1 \\ x_2 \end{bmatrix} = \Lambda \begin{bmatrix} x_1 \\ x_2 \end{bmatrix}$$

式中：α、β、η 和 θ 为双口网络的参数，$\Lambda = \begin{bmatrix} \alpha & \beta \\ \eta & \theta \end{bmatrix}$ 为参数矩阵，由网络本身的结构和元件决定，不能人为规定；x_k、y_k（$k=1$，2）为端口电压、电流。x_k（$k=1$，2）可以人为设定，通过设其一为零，可得出各参数的定义式为

$$\alpha = \frac{y_1}{x_1}\bigg|_{x_2=0}, \quad \beta = \frac{y_1}{x_2}\bigg|_{x_1=0}, \quad \eta = \frac{y_2}{x_1}\bigg|_{x_2=0}, \quad \theta = \frac{y_2}{x_2}\bigg|_{x_1=0}$$

x_k 为电压时，$x_k = 0$ 意味着端口 k 短路；x_k 为电流时，$x_k = 0$ 意味着端口 k 开路。

由定义式可知，任意一个参数都是端口开路或短路时，相应两个电量的比值。因此只要找出相应两个量之间的关系，代入定义式即可求得相应的参数。α 和 η 由对应于 $x_2 = 0$ 的电路求取，β 和 θ 由对应于 $x_1 = 0$ 的电路求取。

确定双口网络的参数，除了上述定义式方法外，有时也直接写出其端口方程，再与参数方程对比获得。通过两个端口接电压源用回路法列写回路电流方程，消去非端口电流量写出流控型端口方程获得开路电阻参数；通过两个端口接电流源，用节点法列写节点电压方程，消去非端口电压量，写出压控型端口方程获得短路电导参数，混合参数或传输参数可用两类约束写出相应的端口方程获得。

【例 5 - 1】 求图 5 - 3（a）所示双口网络的 G 参数。

【解】 双口网络端口电压和电流的参考方向如图 5 - 3（b）所示。

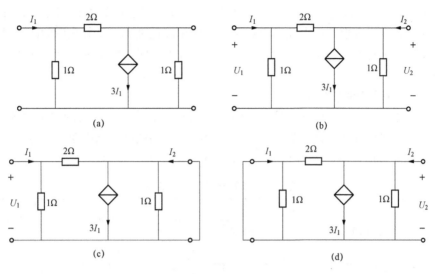

图 5 - 3　[例 5 - 1] 图

〖方法 1〗 图 5 - 3（b）电路的节点电压方程为

$$\begin{cases} I_1 = (1+0.5)U_1 - 0.5U_2 = 1.5U_1 - 0.5U_2 \\ I_2 = -0.5U_1 + (1+0.5)U_2 + 3I_1 \\ \quad = -0.5U_1 + 1.5U_2 + 3\times(1.5U_1 - 0.5U_2) = 4U_1 \end{cases}$$

矩阵形式为

$$\begin{bmatrix} I_1 \\ I_2 \end{bmatrix} = \begin{bmatrix} 1.5 & -0.5 \\ 4 & 0 \end{bmatrix} \begin{bmatrix} U_1 \\ U_2 \end{bmatrix}$$

因此，G 参数矩阵为

$$\boldsymbol{G} = \begin{bmatrix} 1.5 & -0.5 \\ 4 & 0 \end{bmatrix} \text{S}$$

〖方法 2〗

（1）求 G_{11} 和 G_{21}。令 $U_2 = 0$，电路如图 5 - 3（c）所示。由该电路可得

$I_1 = U_1 + 0.5U_1 = 1.5U_1$，$I_2 = 3I_1 - 0.5U_1 = 3\times1.5U_1 - 0.5U_1 = 4U_1$

所以

$$G_{11} = \frac{I_1}{U_1}\bigg|_{U_2=0} = \frac{1.5U_1}{U_1} = 1.5\text{S}, \quad G_{21} = \frac{I_2}{U_1}\bigg|_{U_2=0} = \frac{4U_1}{U_1} = 4\text{S}$$

（2）求 G_{12} 和 G_{22}。令 $U_1 = 0$，电路如图 5 - 3（d）所示。由该图得

$I_1 = -\dfrac{1}{2}U_2 = -0.5U_2$，$I_2 = 3I_1 + U_2 - I_1 = 2I_1 + U_2 = 2\times(-0.5U_2) + U_2 = 0$

所以

$$G_{12} = \frac{I_1}{U_2}\bigg|_{U_1=0} = \frac{-0.5U_2}{U_2} = -0.5\text{S}, \quad G_{22} = \frac{I_2}{U_2}\bigg|_{U_1=0} = 0$$

因此，G 参数矩阵为

$$\boldsymbol{G} = \begin{bmatrix} 1.5 & -0.5 \\ 4 & 0 \end{bmatrix} S$$

学习本部分内容时，重点在于掌握双口网络参数及其表示的方程和互易条件及对称条件。一般可记忆参数方程，再由此导出定义式。能正确地画出求参数相应的两个电路，应用已学方法求取相应两个量的关系。在课程学习阶段和考试时，特别要掌握直接用两类约束寻找关系的方法。

5.2.3　双口网络的等效电路

具有相同端口特性的双口网络是等效的。根据不同的参数方程可画出不同的等效电路，因此，一个双口网络可有多种等效电路。最常用的是分别依据开路电阻参数方程和短路电导参数方程得到的 T 形（星形）和 Π 形（三角形）等效电路，见表 5-2。

表 5-2　　　　　　　　　　　双口网络的 T 形和 Π 形等效电路

等效电路	非互易网络		互易网络	互易参数关系式
	等效电路 1	等效电路 2		
T 形	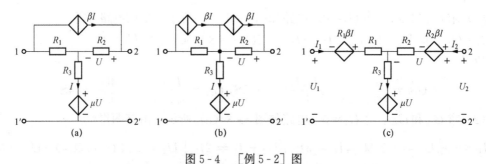			$R_1 = R_{11} - R_{12}$ $R_2 = R_{22} - R_{12}$ $R_0 = R_{12}$
Π 形				$G_1 = G_{11} + G_{12}$ $G_2 = G_{22} + G_{12}$ $G_0 = -G_{12}$

【例 5-2】　电路如图 5-4（a）所示，已知 $R_1 = R_2 = 1\Omega$，$R_3 = 3\Omega$，$\mu = 4$，$\beta = 2$，求该网络的等效电路。

〖分析〗先求双口网络的参数，如开路电阻参数，再由此画出等效电路。

【解】（1）求开路电阻参数。直接确定 R 参数的方法有定义式法和回路电流方程法两种。此处采用后者。

图 5-4　[例 5-2] 图

先将受控电流源位移，如图 5-4（b）所示，再进行等效变换可得图 5-4（c）。该电路的回路电流方程为

$$U_1 = (R_1 + R_3)I_1 + R_3 I_2 + \mu U - R_1\beta I = 4I_1 + 3I_2 + 4U - 2I$$
$$U_2 = R_3 I_1 + (R_2 + R_3)I_2 + \mu U + R_2\beta I = 3I_1 + 4I_2 + 4U + 2I$$

补充方程

$$I = I_1 + I_2, U = R_2 I_2 + R_2\beta I = I_2 + 2(I_1 + I_2) = 2I_1 + 3I_2$$

整理得

$$U_1 = 4I_1 + 3I_2 + 4(2I_1 + 3I_2) - 2(I_1 + I_2) = 10I_1 + 13I_2$$
$$U_2 = 3I_1 + 4I_2 + 4(2I_1 + 3I_2) + 2(I_1 + I_2) = 13I_1 + 18I_2$$

与 R 参数方程比较可得开路电阻参数为

$$R_{11} = 10\Omega, R_{12} = 13\Omega, R_{21} = 13\Omega, R_{22} = 18\Omega$$

（2）画等效电路。由于 $R_{12} = R_{21}$，所以网络是互易的。其 T 形等效电路如图 5-5 所示。其中

$$R_1 = R_{11} - R_{12} = 10 - 13 = -3\Omega, R_2 = R_{22} - R_{12} = 18 - 13 = 5\Omega, R_0 = R_{12} = 13\Omega$$

注：①含受控源的网络一般不是互易的。本例给出的是特殊的网络；②含受控源的网络的等效电路有可能含有负电阻。实际上，该负电阻可用 CCVS 表示；③互易双口网络的另一种等效电路是 Π 形，可直接由 G 参数得出三个电阻值。

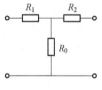

图 5-5　T 形等效电路

5.2.4　双口网络的复合连接

双口网络的复合连接分为级联、串联、并联、串并联和并串联五种，见表 5-3。注意，级联不会破坏端口条件，但不论是端口的串联，还是并联，都有可能破坏端口条件，故需要进行端口检验。只有满足端口条件时，涉及串并联的公式才能成立。

表 5-3　　　　　　　　　　　双口网络的复合连接

连接方式	图示说明	公式
级联	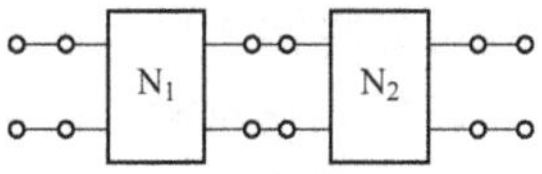	$\boldsymbol{T} = \boldsymbol{T}_1 \boldsymbol{T}_2$
串联	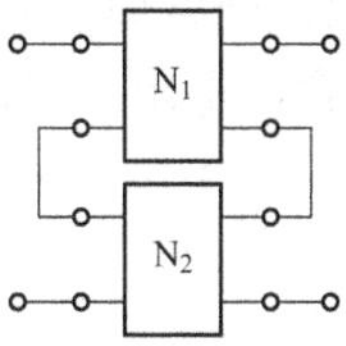	$\boldsymbol{R} = \boldsymbol{R}_1 + \boldsymbol{R}_2$
并联	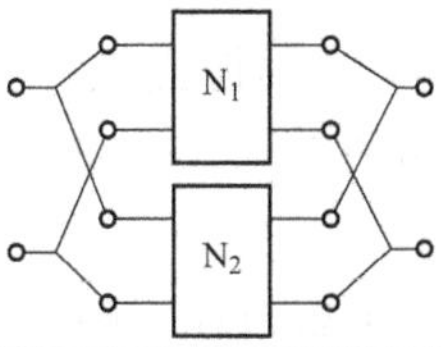	$\boldsymbol{G} = \boldsymbol{G}_1 + \boldsymbol{G}_2$
串并联	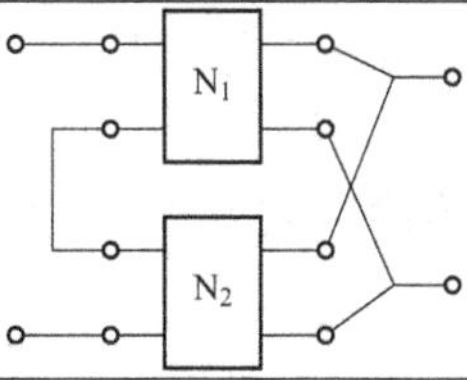	$\boldsymbol{H} = \boldsymbol{H}_1 + \boldsymbol{H}_2$

续表

连接方式	图示说明	公式
并串联	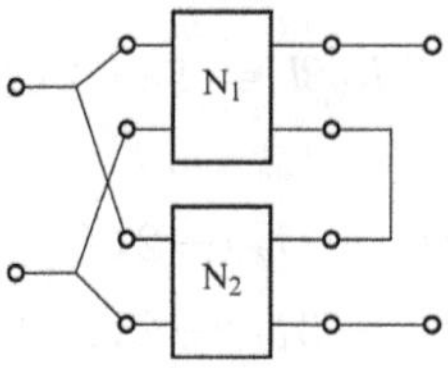 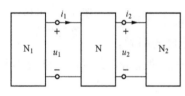	$H' = H_1' + H_2'$

对于一个结构复杂的双口网络，要直接求出其参数，有时是十分困难的。但是，一些简单的双口网络的参数较容易求得，甚至可以直接写出。若能将一个复杂的双口网络分解成若干个简单的双口网络的复合连接，则可由这些简单双口网络的参数进而求得复杂双口网络的参数。这样就可简化复杂双口网络参数的计算。

5.2.5　端口分析法

对于含双口网络的电路，可用端口分析法分析计算。端口分析法分为两种：方程法和等效电路法。

（1）端口分析法中方程法的一般步骤如下：

1）列写电路（见图 5 - 6）方程。方程由下列三部分组成。①输入口所接二端网络 N_1 的方程（方程变量包括输入端口电压、电流）；②双口网络 N 的参数方程；③输出口所接二端网络 N_2 的方程（方程变量包括输出端口电压、电流）。

图 5 - 6　端口分析法用图

2）联立上述三组方程求解。

（2）端口分析法中等效电路法是根据已知的参数画出双口网络的等效电路进行求解。如果只对输出口所接二端网络感兴趣，则可先将输入口所接二端网络等效化简，进而获得双口网络输出口左侧网络的等效电路；同样，如果只对输入口所接二端网络感兴趣，则可先将输出口所接二端网络等效化简，进而获得双口网络输入口右侧网络的等效电路。

【例 5 - 3】 图 5 - 7 所示电路中，非含源电阻双口网络 N 的传输参数矩阵 T 为

$$T = \begin{bmatrix} 2.5 & 6\Omega \\ 0.5S & 1.6 \end{bmatrix}$$

求可调负载 R_L 获得最大功率时，9V 电压源提供的功率。

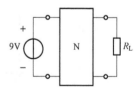

图 5 - 7　〔例 5 - 3〕图

【解】 端口电压、电流的参考方向如图 5 - 8（a）所示。双口网络的传输参数方程为

$$\begin{cases} U_1 = 2.5U_2 - 6I_2 \\ I_1 = 0.5U_2 - 1.6I_2 \end{cases}$$

〖方法 1〗方程法

（1）求 R_L。令 $U_1 = 0$，代入上述传输参数方程，由第一个方程得

$$R_{eq} = \frac{U_2}{I_2} = \frac{6}{2.5} = 2.4\Omega$$

所以，$R_L = R_{eq} = 2.4\Omega$ 时，其获得最大功率。

（2）求 9V 电压源提供的功率。此时负载电阻方程为

$$U_2 = -R_L I_2 = -2.4 I_2$$

将传输参数方程代入输入电阻的定义式得

$$R_{in} = \frac{U_1}{I_1} = \frac{2.5 U_2 - 6 I_2}{0.5 U_2 - 1.6 I_2}$$

将负载方程代入上式，有

$$R_{in} = \frac{2.5 \times (-2.4 I_2) - 6 I_2}{0.5 \times (-2.4 I_2) - 1.6 I_2} = \frac{2.5 \times 2.4 + 6}{0.5 \times 2.4 + 1.6} = \frac{30}{7}\Omega$$

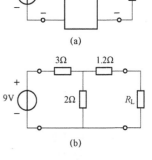

所以，9V 电压源提供的功率为

$$P = \frac{U_s^2}{R_{in}} = \frac{9^2}{30/7} = 18.9\text{W}$$

图 5-8 ［例 5-3］解图

〚方法 2〛等效电路法

由双口网络的传输参数方程可得 R 参数方程为

$$\begin{cases} U_1 = 5 I_1 + 2 I_2 \\ U_2 = 2 I_1 + 3.2 I_2 \end{cases}$$

由此可得图 5-8（b）所示的等效电路。

$$R_L = R_{eq} = 1.2 + 2 /\!/ 3 = 2.4\Omega, R_{in} = 3 + 2 /\!/ (1.2 + 2.4) = \frac{30}{7}\Omega$$

所以，9V 电压源提供的功率为

$$P = \frac{9^2}{30/7} = 18.9\text{W}$$

注：（1）负载获得最大功率时，9V 电压源提供的功率不等于负载获得的最大功率的 2 倍。

（2）双口网络参数已知时，先求出其等效电路，然后再计算，也是一种常用的方法。

5.2.6 双口元件

1. 理想运算放大器

运算放大器（简称运放）有四个端子与外部电路相连：同相和反相输入端、输出端和公共端 g（通常接地），其电路符号如图 5-9（a）所示。运放两个输入端的电流都近似为零，输入电阻很高；运放的输出电压 u_o 与输入电压 u_d（$u_d = u_+ - u_-$）之间的电压转移特性曲线如图 5-9（b）所示（虚线为实际曲线），这一曲线几乎与输出电流无关，故运放的输出电阻很小。运放的开环放大倍数 A（$A \approx U_{sat}/\varepsilon$）一般大于 10^5；ε 的典型值小于 10^{-4}V。图中饱和电压 U_{sat} 与运放的内部偏置电压有关，其值小于偏置电压。

本章讨论的是运放的低频线性应用，即工作在②段线性区（$|u_d| \leqslant \varepsilon$），其电路模型如图 5-9（c）所示。当输入电阻 $R_{in} \rightarrow \infty$、输出电阻 $R_o = 0$ 时，运放的模型变为 VCVS。运放采用含 VCVS 的低频线性模型时，可按含受控源电路的分析方法进行分析。

$\varepsilon \rightarrow 0$（即 $A \rightarrow \infty$）时，图 5-9（b）中的电压转移特性曲线变为图 5-9（d）的理想电压转移特性曲线。工作在图 5-9（d）中②段线性区的运放称为理想运算放大器（简称理想运放），电路符号如图 5-10 所示。它是运放线性低频电路模型在 $R_{in} \rightarrow \infty$、$R_o = 0$ 和 $A \rightarrow \infty$ 时

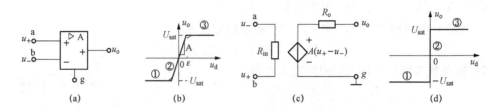

图 5 - 9　运算放大器

（a）电路符号；（b）电压转移特性曲线；（c）线性低频电路模型；（d）理想电压转移特性曲线

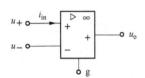

图 5 - 10　理想
运放的符号

的模型。理想运放是一种双口有源电阻元件，其 VAR（称为虚短虚断特性）为

$$\begin{cases} u_{\mathrm{d}} = u_+ - u_- = 0 \\ i_{\mathrm{in}} = 0 \end{cases}$$

2. 含理想运放电路的分析

对于含有理想运放的电路，常用的分析方法有两种：直观分析法和节点分析法。

对于简单电路，可采用直观分析法进行分析。理想运放输出端的电压和电流一般需要分别利用 KVL 和 KCL 来求。分析时抓住理想运放的两个主要特点〔两个输入端等电位（虚短特性），流入两输入端的电流为零（虚断特性）〕，对节点列写电流方程计及虚断特性，对回路列写电压方程计及虚短特性。

【例 5 - 4】　求图 5 - 11（a）所示电路中的输出电压 U_o。

〖分析〗因运放输出端与参考点之间无直接支路相连，故所求的输出电压 U_o 可视为开路线的电压。该电压需通过 KVL 求得，为此选择由两个电阻 R_0 和运放的输入口以及输出口组成的回路〔见图 5 - 11（b）〕。运放输入口的电压为零（虚短特性）；注意到运放输入端

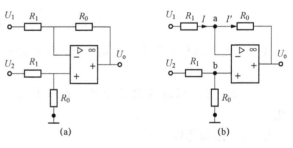

图 5 - 11　〔例 5 - 4〕图

电流为零（虚断特性），图（b）下方的两个电阻 R_1 和 R_0 为串联，该 R_0 的端电压可用分压公式获得；根据欧姆定律，图（b）上方电阻 R_0 的端电压可由流过其电流 I' 确定。为求得电流 I'，对节点 a 应用 KCL，注意到运放输入端电流为零（虚断特性），该电流等于电流 I。电流 I 可用两种方法确定：

（1）根据欧姆定律，电流 I 可由图上方电阻 R_1 的端电压确定。该电压可通过选择由图 5 - 11 上方电阻 R_1 和图 5 - 11 下方电阻 R_0 以及运放的输入口和电压源 U_1 组成的回路确定。

（2）图 5 - 11 上方电阻 R_1 和 R_0 流过同一个电流 I，故电流 I 可由两个电阻的总电压（$U_1 - U_o$）除以两个电阻之和（$R_1 + R_0$）求得。

【解】节点编号及所用电流的参考方向如图 5 - 11（b）所示。考虑理想运放的"虚断"特性，由分压公式得

$$U_{\mathrm{b}} = \frac{R_0}{R_1 + R_0} U_2$$

考虑理想运放的"虚短"特性，由图 5-11（b）上方电阻 R_1 和下方电阻 R_0 以及运放的输入口和电压源 U_1 组成的回路得

$$I = \frac{U_1 - U_b}{R_1} = \frac{1}{R_1}U_1 - \frac{R_0}{R_1(R_1 + R_0)}U_2$$

考虑理想运放的"虚断"特性，对节点 a 应用 KCL 有

$$I' = I = \frac{1}{R_1}U_1 - \frac{R_0}{R_1(R_1 + R_0)}U_2$$

考虑理想运放的"虚短"特性，由两个电阻 R_0 和运放的输入口以及输出口组成的回路得

$$U_o = -R_0 I' + U_b = -R_0\left[\frac{1}{R_1}U_1 - \frac{R_0}{R_1(R_1 + R_0)}U_2\right] + \frac{R_0}{R_1 + R_0}U_2 = \frac{R_0}{R_1}(-U_1 + U_2)$$

注：本例电路可实现减法运算功能，称为减法器。

对于含有理想运放的复杂电路，一般采用节点法进行分析。先计及两个输入端电流为零（虚断特性）的条件列写节点电压方程，然后再补充两个输入端节点等电位（虚短特性）的方程。但应注意，公共端接地时，不对运放的输出端节点列写节点电压方程。

3. 回转器

回转器是一种非互易、无源双口电阻元件，其回转器的电路符号如图 5-12 所示。回转器的 VAR 为

$$\begin{cases} u_1 = -ri_2 \\ u_2 = ri_1 \end{cases} 或 \begin{cases} i_1 = gu_2 \\ i_2 = -gu_1 \end{cases}$$

式中：r 和 g 分别为回转电阻和回转电导，统称回转常数。

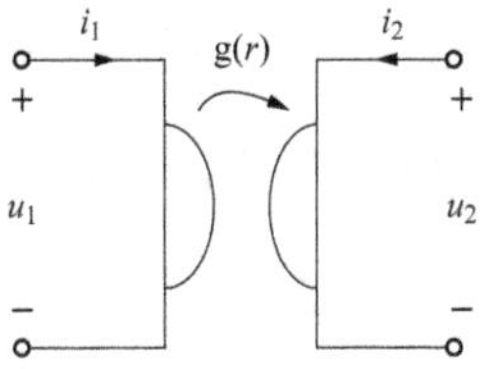

回转器有两个重要特性：

（1）非能特性。回转器既不消耗能量，也不储存能量，即

$$p(t) = u_1 i_1 + u_2 i_2 = 0$$

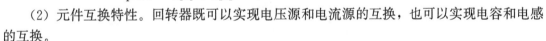

图 5-12　回转器的电路符号

（2）元件互换特性。回转器既可以实现电压源和电流源的互换，也可以实现电容和电感的互换。

5.3　重点与难点

本章的重点是双口网络的 4 种参数的确定、等效电路和端口分析法以及含理想运放电阻电路的分析。难点是含受控源双口参数的确定、端口分析法以及含理想运放电阻电路的分析。

5.4　第 5 章习题选解（含部分微视频）

5-1　试分别求如图 5-13 所示双口网络的 R 参数和 G 参数。（图中各电阻值均为 1Ω）

【解】（1）先对图 5-13（a）电路进行角星变换，可得图 5-14（a）。

1）求 R 参数。

①求 R_{11} 和 R_{21}。令 $I_2 = 0$，电路如图 5-14（a）所示。则由参数的物理意义得

$$R_{11} = \left.\frac{U_1}{I_1}\right|_{I_2=0} = \frac{1}{3} + \frac{1}{3} + 1 = \frac{5}{3}\Omega$$

因为 $$U_2=\left(1+\frac{1}{3}\right)I_1=\frac{4}{3}I_1$$

所以 $$R_{21}=\frac{U_2}{I_1}\bigg|_{I_2=0}=\frac{\frac{4}{3}I_1}{I_1}=\frac{4}{3}\ \Omega$$

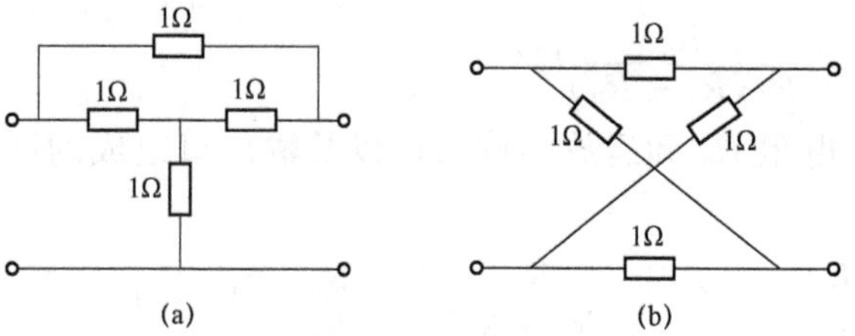

②求 R_{12} 和 R_{22}。令 $I_1=0$，电路如图 5-14（b）所示。则

$$R_{22}=\frac{U_2}{I_2}\bigg|_{I_1=0}=\frac{1}{3}+\frac{1}{3}+1=\frac{5}{3}\ \Omega$$

因为 $$U_1=\left(1+\frac{1}{3}\right)I_2=\frac{4}{3}I_2$$

所以 $$R_{12}=\frac{U_1}{I_2}\bigg|_{I_1=0}=\frac{\frac{4}{3}I_2}{I_2}=\frac{4}{3}\ \Omega$$

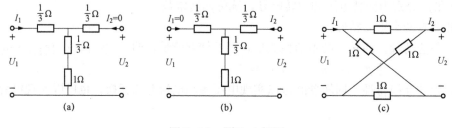

图 5-13　题 5-1 图

则双口网络的 R 参数矩阵为

$$\boldsymbol{R}=\frac{1}{3}\begin{bmatrix}5&4\\4&5\end{bmatrix}\Omega$$

2) 求 G 参数。由短路电导参数与开路电阻参数之间的关系得

$$\boldsymbol{G}=\boldsymbol{R}^{-1}=\left(\frac{1}{3}\begin{bmatrix}5&4\\4&5\end{bmatrix}\right)^{-1}=\frac{1}{3}\begin{bmatrix}5&-4\\-4&5\end{bmatrix}\text{S}$$

(2) 端口电压和电流的参考方向如图 5-14（c）所示。

图 5-14　题 5-1 解图

1) 求 R 参数。

①求 R_{11} 和 R_{21}。因为 $I_2=0$ 时，$U_1=[(1+1)\mathbin{/\mkern-5mu/}(1+1)]I_1=I_1$，$U_2=0$（电桥平衡），所以

$$R_{11}=\frac{U_1}{I_1}\bigg|_{I_2=0}=\frac{I_1}{I_1}=1\ \Omega,\quad R_{21}=\frac{U_2}{I_1}\bigg|_{I_2=0}=\frac{0}{I_1}=0$$

②求 R_{22} 和 R_{12}。因为 $I_1=0$ 时，$U_2=[(1+1)\mathbin{/\mkern-5mu/}(1+1)]I_2=I_2$，$U_1=0$（电桥平衡），所以

$$R_{22}=\frac{U_2}{I_2}\bigg|_{I_1=0}=\frac{I_2}{I_2}=1\ \Omega,\quad R_{12}=\frac{U_1}{I_2}\bigg|_{I_1=0}=\frac{0}{I_2}=0$$

因此，R 参数矩阵为 $$\boldsymbol{R}=\begin{bmatrix}1&0\\0&1\end{bmatrix}\Omega$$

2）求 G 参数。G 参数矩阵为

$$G = R^{-1} = \begin{bmatrix} 1 & 0 \\ 0 & 1 \end{bmatrix}^{-1} = \begin{bmatrix} 1 & 0 \\ 0 & 1 \end{bmatrix} S$$

注：（1）本题的双口网络都是对称的，$R_{12}=R_{21}$，$R_{11}=R_{22}$；$G_{12}=G_{21}$，$G_{11}=G_{22}$。对称网络一定是互易的。

（2）在由一种参数求另一种参数时，不必死记硬背公式。只要将方程转化为相应参数方程的标准形式，就可由一种参数求出另一种参数。

5-2　试求如图 5-15 所示双口网络的 R 参数。

【**解**】双口网络端口电压和电流的参考方向如图 5-16 所示。图 5-16 电路的回路电流方程为

$$\begin{cases} U_1 = 3I_1 + I_2 \\ U_2 = I_1 + 5I_2 + 2I_1 = 3I_1 + 5I_2 \end{cases}$$

矩阵形式为

$$\begin{bmatrix} U_1 \\ U_2 \end{bmatrix} = \begin{bmatrix} 3 & 1 \\ 3 & 5 \end{bmatrix} \begin{bmatrix} I_1 \\ I_2 \end{bmatrix}$$

对照 R 参数方程可得 R 参数矩阵为

$$R = \begin{bmatrix} 3 & 1 \\ 3 & 5 \end{bmatrix} \Omega$$

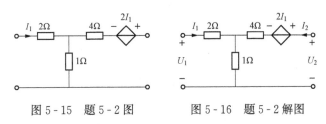

图 5-15　题 5-2 图　　　　图 5-16　题 5-2 解图

5-3　见〔例 5-1〕。

5-4　试求如图 5-17 所示双口网络的 T 参数和 H 参数。（微视频）

5-5　如图 5-18 所示电路中的 N 为不含独立电源的对称双口网络。当 $R_L=\infty$ 时，$U_2=6V$，$I_1=2A$。求该双口网络的开路电阻参数（R 参数）。

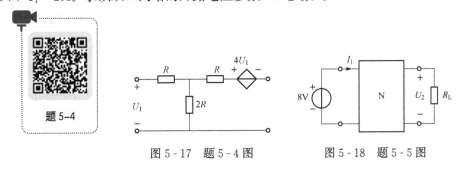

题 5-4

图 5-17　题 5-4 图　　　　图 5-18　题 5-5 图

【**解**】端口电压和端口电流的参考方向如图 5-19 所示。

因为 $R_L=\infty$ 时，$I_2=0$，此时，$U_1=8V$，$I_1=2A$，$U_2=6V$，所以

$$R_{11} = \frac{U_1}{I_1}\bigg|_{I_2=0} = \frac{8}{2} = 4\Omega, \quad R_{21} = \frac{U_2}{I_1}\bigg|_{I_2=0} = 3\Omega$$

因为网络 N 为对称双口网络，所以 $R_{22}=R_{11}=4\Omega$，$R_{12}=R_{21}=3\Omega$。

5-6　如图 5-20 所示电路标出了在互易双口网络 N 上进行的两次测量结果，试根据这些测量结果求出该双口网络的 G 参数。

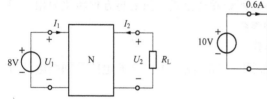

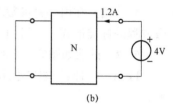

图 5-19　题 5-5 解图　　　　　　　　图 5-20　题 5-6 图

【解】 图 5-20（b）中，$U_1=0$，$I_2=1.2\text{A}$，$U_2=4\text{V}$，所以

$$G_{22} = \frac{I_2}{U_2}\bigg|_{U_1=0} = \frac{1.2}{4} = 0.3\text{S}$$

图 5-20（a）中，$I_1=0.6\text{A}$，$I_2=2\text{A}$，$U_1=10\text{V}$，$U_2=-2\times1=-2\text{V}$，代入 G 参数方程得

$$0.6 = 10G_{11} - 2G_{12} \tag{1}$$
$$2 = 10G_{21} - 2G_{22} \tag{2}$$

由式（2）得

$$G_{21} = \frac{2+2G_{22}}{10} = \frac{2+2\times0.3}{10} = 0.26\text{S}$$

根据互易性有　　　　　　　　　　　$G_{12}=G_{21}=0.26\text{S}$

由式（1）得

$$G_{11} = \frac{0.6+2G_{12}}{10} = \frac{0.6+2\times0.26}{10} = 0.112\text{S}$$

所以，网络的短路电导参数矩阵为

$$\boldsymbol{G} = \begin{bmatrix} 0.112 & 0.26 \\ 0.26 & 0.3 \end{bmatrix}\text{S}$$

注：对于黑箱双口，可以根据已知条件先建立未知参数的方程，再通过求解方程获得参数。

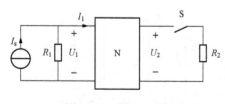

图 5-21　题 5-7 图

5-7　图 5-21 所示电路中，$I_s=10\text{mA}$，$R_1=100\Omega$，$R_2=1000\Omega$。S 打开时，测得 $I_1=5\text{mA}$，$U_2=-250\text{V}$；S 闭合后，测得 $I_1=5\text{mA}$，$U_2=-125\text{V}$。求双口网络 N 的混合参数矩阵。

【解】 提示：本题求解思路与习题 5-6 类似。S 打开时，$I_1=5\text{mA}$，$U_1=R_1(I_s-I_1)=0.5\text{V}$，$U_2=-250\text{V}$，$I_2=0$；S 闭合时，$I_1=5\text{mA}$，$U_1=0.5\text{V}$，$U_2=-125\text{V}$，$I_2=-\dfrac{U_2}{R_2}=0.125\text{A}$。

将这些已知数据代入网络 N 的混合参数方程 $\begin{cases} U_1 = h_{11}I_1 + h_{12}U_2 \\ I_2 = h_{21}I_1 + h_{22}U_2 \end{cases}$，可得混合参数为变量

的线性方程，联立求解得 $h_{11} = 100\Omega$，$h_{12} = 0$，$h_{21} = 50$，$h_{22} = 10^{-3}\mathrm{S}$。

5 - 8　如图 5 - 22 所示电路中，$R_1 = 4\Omega$，$R_2 = 6\Omega$。S 断开时，测得 $U_1 = 5\mathrm{V}$，$U_2 = 3\mathrm{V}$，$U_3 = 9\mathrm{V}$；S 接通时，测得 $U_1 = 4\mathrm{V}$，$U_2 = 2\mathrm{V}$，$U_3 = 8\mathrm{V}$。求双口网络 N 的传输参数矩阵 $\boldsymbol{T}$。

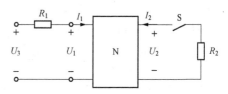

图 5 - 22　题 5 - 8 图

【解】 提示：S 断开时，$I_2 = 0$，$U_2 = 3\mathrm{V}$，$U_1 = 5\mathrm{V}$，$U_3 = 9\mathrm{V}$，$I_1 = \dfrac{U_3 - U_1}{R_1} = 1\mathrm{A}$；由传输参数的定

义式得 $A = \dfrac{U_1}{U_2}\Big|_{I_2 = 0} = \dfrac{5}{3}$，$C = \dfrac{I_1}{U_2}\Big|_{I_2 = 0} = \dfrac{1}{3}\mathrm{S}$。S 接通时，$U_1 = 4\mathrm{V}$，$U_2 = 2\mathrm{V}$，$U_3 = 8\mathrm{V}$，$I_2 = -\dfrac{U_2}{R_2} = -\dfrac{1}{3}\mathrm{A}$，$I_1 = \dfrac{U_3 - U_1}{R_1} = 1\mathrm{A}$。将这些已知条件代入传输参数方程，联立解得 $B = 2\Omega$，$D = 1$。

5 - 9　已知图 5 - 23 所示 T 形双口网络的开路电阻参数矩阵为

$$\boldsymbol{R} = \begin{bmatrix} 10 & 8 \\ 5 & 10 \end{bmatrix} \Omega$$

求 R_1、R_2、R_0 和 r 之值。

【解】 端口电压、电流的参考方向如图 5 - 24 所示。由回路法得

$$U_1 = rI_2 + (R_1 + R_0)I_1 + R_0 I_2 = (R_1 + R_0)I_1 + (r + R_0)I_2$$
$$U_2 = R_0 I_1 + (R_2 + R_0)I_2$$

故开路电阻参数为

$$R_{11} = R_1 + R_0, R_{12} = r + R_0, R_{21} = R_0, R_{22} = R_2 + R_0$$

由已知条件得

$$\begin{cases} R_1 + R_0 = 10 \\ r + R_0 = 8 \\ R_0 = 5 \\ R_2 + R_0 = 10 \end{cases}$$

联立解得

$$R_1 = 5\Omega, R_2 = 5\Omega, R_0 = 5\Omega, r = 3\Omega$$

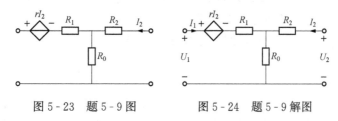

图 5 - 23　题 5 - 9 图　　　　图 5 - 24　题 5 - 9 解图

5 - 10　图 5 - 25 所示电路中，N 为线性电阻性互易双口网络。当 $R_L = \infty$ 时，$U_2 = 7.5\mathrm{V}$，当 $R_L = 0$ 时，$I_1 = 3\mathrm{A}$，$I_2 = -1\mathrm{A}$，试求：（1）双口网络 N 的 G 参数；（2）双口网络 N 的三

角形（Π形）等效电路。

【解】（1）如图 5 - 26 所示，双口网络 N 的 G 参数方程为

$$I_1 = G_{11}U_1 + G_{12}U_2$$
$$I_2 = G_{21}U_1 + G_{22}U_2$$

因为 $R_L = 0$ 时，$U_2 = 0$，$I_1 = 3A$，$I_2 = -1A$，所以

$$G_{11} = \frac{I_1}{U_1}\Big|_{U_2=0} = \frac{3}{15} = \frac{1}{5}S, G_{21} = \frac{I_2}{U_1}\Big|_{U_2=0} = \frac{-1}{15} = -\frac{1}{15}S, G_{12} = G_{21} = -\frac{1}{15}S$$

$R_L = \infty$ 时，$U_2 = 7.5V$，$I_2 = 0$，所以

$$0 = G_{21}U_1 + G_{22}U_2$$

则

$$G_{22} = -\frac{G_{21}U_1}{U_2} = -\left(-\frac{1}{15}\right) \times \frac{15}{7.5} = \frac{2}{15}S$$

因此

$$\boldsymbol{G} = \begin{bmatrix} \dfrac{1}{5} & -\dfrac{1}{15} \\ -\dfrac{1}{15} & \dfrac{2}{15} \end{bmatrix} S$$

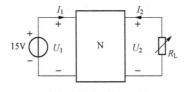 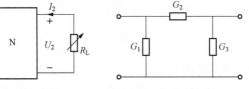

图 5 - 25　题 5 - 10 图　　　　图 5 - 26　题 5 - 10 解图

（2）设双口网络 N 的 Π 形等效电路如题 5 - 10 解图所示。Π 形等效电路的 G 参数为

$$\boldsymbol{G} = \begin{bmatrix} G_1 + G_2 & -G_2 \\ -G_2 & G_2 + G_3 \end{bmatrix}$$

由此可得

$$G_1 + G_2 = \frac{1}{5}, \quad -G_2 = -\frac{1}{15}, \quad G_2 + G_3 = \frac{2}{15}$$

解之得　$G_1 = \frac{2}{15}S$，$G_2 = \frac{1}{15}S$，$G_3 = \frac{1}{15}S$ 或 $R_1 = 7.5\Omega$，$R_2 = 15\Omega$，$R_3 = 15\Omega$

5 - 11　已知双口网络的 G 参数为 $G_{11} = 5S$，$G_{12} = -2S$，$G_{21} = 0$，$G_{22} = 3S$。求其 Π 形等效电路。

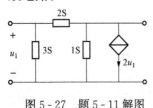

图 5 - 27　题 5 - 11 解图

【解】如图 5 - 27 所示，由于 G 参数中 $G_{12} \neq G_{21}$，故等效电路必须含有受控源。

双口网络的 G 参数方程为

$$i_1 = 5u_1 - 2u_2$$
$$i_2 = 3u_2 = -2u_1 + 3u_2 + 2u_1$$

第二个方程中的第 3 项 $2u_1$ 用 1 个 VCCS 表示 [一条支路的电压（电流）的表达式中含有其他支路的电压或电流，则相应的项需用受控电压源（电流源）表示]。则根据上述方程可得题 5 - 11 解图所示的 Π 形等效电路。

5 - 12　试利用双口网络的互连公式求如图 5 - 28 所示双口网络的传输参数。（图中 $R=$ 1Ω）

【解】 提示：原网络可看成是图 5 - 29 所示 3 个子网络的级联。子网络的传输参数矩阵

为 $T_1=\begin{bmatrix}2 & 1Ω \\ 1S & 1\end{bmatrix}$，由级联公式得原网络的传输参数矩阵 $T=T_1^3=\begin{bmatrix}13 & 8Ω \\ 8S & 5\end{bmatrix}$。

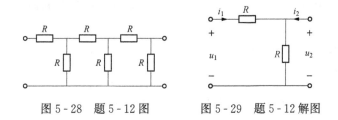

　　　　图 5 - 28　题 5 - 12 图　　　　　　　图 5 - 29　题 5 - 12 解图

5 - 13　如图 5 - 30 所示电路中，双口网络 N 的开路电阻参数矩阵为 $R_N=\begin{bmatrix}4 & 2 \\ 2 & 4\end{bmatrix}$Ω。求开路电压 u。

【解】 提示：〖方法 1〗整个双口网络视为两个子双口网络的串联。

$$R=R_N+R'=\begin{bmatrix}4 & 2 \\ 2 & 4\end{bmatrix}+\begin{bmatrix}2.25 & 0.75 \\ 0.75 & 2.25\end{bmatrix}=\begin{bmatrix}6.25 & 2.75 \\ 2.75 & 6.25\end{bmatrix}Ω$$

$$u=u_2\big|_{i_2=0}=R_{21}i_1=2.75\times4=11\text{V}$$

〖方法 2〗用等效电路求解。先将子网络 N 用 T 型等效电路代替，再由分流公式和 KVL 求解。

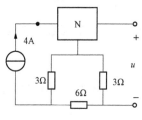

图 5 - 30　题 5 - 13 图

5 - 14　如图 5 - 31 所示互连电路中，已知网络 N 的 G 参数矩阵为 $G_N=\begin{bmatrix}1 & 2 \\ 0.5 & 1\end{bmatrix}$S，试求电路中 6Ω 电阻吸收的功率。

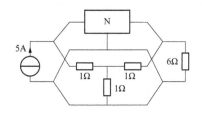

图 5 - 31　题 5 - 14 图

【解】 提示：本题电路为两个双口网络的并联，总网络的 G 参数矩阵为

$$G=G_N+G_T=\begin{bmatrix}1 & 2 \\ 0.5 & 1\end{bmatrix}+\begin{bmatrix}\dfrac{2}{3} & -\dfrac{1}{3} \\ -\dfrac{1}{3} & \dfrac{2}{3}\end{bmatrix}=\begin{bmatrix}\dfrac{5}{3} & \dfrac{5}{3} \\ \dfrac{1}{6} & \dfrac{5}{3}\end{bmatrix}\text{S}$$

利用 G 参数方程，结合端口方程 $I_1=5$A，$U_2=-6I_2$，联立求解得 $I_2=0.05$A；$P_{R_L}=6I_2^2=15$mW。

5 - 15　如图 5 - 32 所示的电路中，双口网络 N 的开路 R 参数为 $\begin{bmatrix}2 & 1 \\ 1 & 2\end{bmatrix}$Ω，试求该双口网络 N 消耗的功率 P。

【解】 双口网络 N 的端口电压、电流的参考方向如图 5 - 33 所示。其 R 参数方程为

$$\begin{cases}U_1=2I_1+I_2 \\ U_2=I_1+2I_2\end{cases}\tag{3}$$

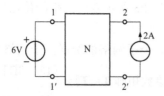

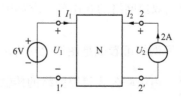

图 5-32　题 5-15 图　　　　　　　　图 5-33　题 5-15 解图

双口网络 N 端接电路的 VAR 为

$$\begin{cases} U_1 = 6 \\ I_2 = 2 \end{cases} \tag{2}$$

联立方程（1）和（2）求解得　　　$I_1 = 2\text{A}, \ U_2 = 6\text{V}$

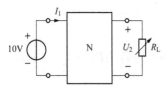

双口网络 N 消耗的功率等于电源发出的功率为

$$P = U_1 I_1 + U_2 I_2 = 6 \times 2 + 6 \times 2 = 24\text{W}$$

5-16　如图 5-34 所示电路中，N 为不含独立源的对称双口网络，当 $R_L = \infty$ 时，$U_2 = 4\text{V}$，$I_1 = 2\text{A}$。试求：（1）双口网络 N 的传输参数；（2）R_L 取多大时，$U_2 = 2\text{V}$。

图 5-34　题 5-16 图

【解】提示：（1）利用 $I_2 = 0$，$U_2 = 4\text{V}$，$I_1 = 2\text{A}$，$U_1 = 10\text{V}$，根据 T 参数定义式可得

$$A = \frac{U_1}{U_2}\bigg|_{I_2=0} = \frac{10}{4} = 2.5, \quad C = \frac{I_1}{U_2}\bigg|_{I_2=0} = \frac{2}{4} = 0.5\text{S}$$

利用对称性条件 $D = A$ 和 $AD - BC = 1$，得 $D = A = 2.5$，$B = 10.5\Omega$。

（2）求 R_L。将 $U_1 = 10$，$U_2 = 2$ 和 $U_2 = R_L I_2$ 代入第 1 个传输参数方程 $U_1 = 2.5U_2 - 10.5 I_2$ 可得 $R_L = 4.2\Omega$。

5-17　如图 5-35 所示电路中，双口网络 N 的电阻参数矩阵为 $\boldsymbol{R} = \begin{bmatrix} 6 & 4 \\ 4 & 6 \end{bmatrix}\Omega$，求 R_L 为何值时可获得最大功率? 并求此最大功率。

【解】将双口网络 N 用等效的 T 形电路代替，电路如图 5-36（a）所示。其中

$$R_1 = R_{11} - R_{12} = 6 - 4 = 2\Omega, R_2 = R_{12} = 4\Omega, R_3 = R_{22} - R_{12} = 6 - 4 = 2\Omega$$

将 R_L 抽出，其余部分用其戴维南等效电路代替，可得图 5-36（b）所示的电路。其中

$$R_0 = R_3 + (R_1 + 2) /\!/ R_2 = 2 + (2 + 2) /\!/ 4 = 4\Omega,$$

$$U_{oc} = \frac{R_2}{R_1 + R_2 + 2} \times 24 = \frac{4}{2 + 4 + 2} \times 24 = 12\text{V}$$

因此，当 $R_L = R_0 = 4\Omega$ 时，R_L 获得最大功率，其最大功率为

$$P_{max} = \frac{U_{oc}^2}{4R_0} = \frac{12^2}{4 \times 4} = 9\text{W}$$

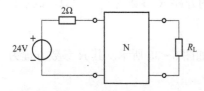

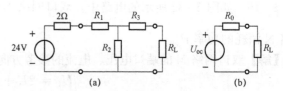

图 5-35　题 5-17 图　　　　　　　图 5-36　题 5-17 解图

5-18 如图 5-37 所示电路中，非含源电阻双口网络 N 的传输参数矩阵 $\boldsymbol{T}$ 为

$$\boldsymbol{T}=\begin{bmatrix}2.5 & 6\\0.5 & 1.6\end{bmatrix}$$

求可调负载 R_L 获得最大功率时，9V 电压源提供的功率。

【解】方法一和方法二见［例 5-3］，方法三～方法五见微视频。

5-19 如图 5-38 所示双口网络为非含源电阻双口网络，在 $R_2=0$ 和 $R_2=\infty$ 时端口 1 的输入电阻分别为 R_0 和 R_∞；端口 2 的戴维南等效电阻为 R_{eq}。试证明端口 1 的输入电阻为 $R_{in}=\dfrac{R_0R_{eq}+R_\infty R_2}{R_{eq}+R_2}$。

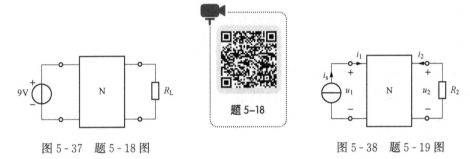

图 5-37 题 5-18 图 　　　　　　　　　　　　　　图 5-38 题 5-19 图

【证明】提示：先分别找出 R_0、R_∞ 和 R_{eq} 与传输参数的关系；再代入传输参数表示的 R_{in} 表达式可得证。

5-20 对于仅由线性二端电阻组成的单口网络，设其输入电阻为 R_{in}，端口电流为 i，第 k 个电阻 r_k 的电流为 i_k。证明 $\dfrac{\partial R_{in}}{\partial r_k}=\left(\dfrac{i_k}{i}\right)^2$。

【证明】提示：把单口网络内部的电阻 r_k 抽出，形成互易双口网络（$AD-BC=1$）。利用传输参数表示的 R_{in} 表达式 $R_{in}=\dfrac{Ar_k+B}{Cr_k+D}$ 对 r_k 求导，得 $\dfrac{\partial R}{\partial r_k}=\dfrac{1}{(Cr_k+D)^2}$；而 $i=Cu_k-Di_k=-(Cr_k+D)i_k$，得证。

5-21 试按要求设计一个用于直流信号下的最简单的双口网络，其负载 $R_L=3\Omega$。具体技术指标要求如下：

（1）由电源端口看进去的输入电阻 $R_i=3\Omega$；（2）输出电压是输入电压的 $\dfrac{1}{2}$；（3）对调电源端口与负载端口，网络性能不变。

【解】根据题意，所设计的双口网络为对称双口，可用 T 形等值电路满足其要求，如图 5-39 所示。根据题意得

$$R+(R+3)/\!/R'=3$$

$$\frac{(R+3)/\!/R'}{R+(R+3)/\!/R'}\times\frac{3}{3+R}=\frac{1}{2}$$

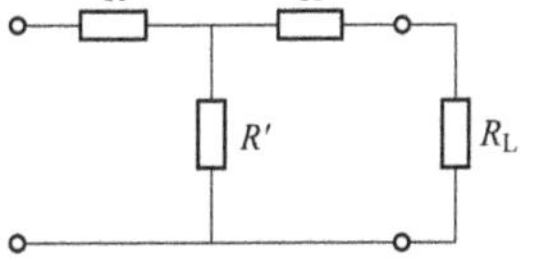

图 5-39 题 5-21 解图

联立解得　　　　　　　　$R=1\Omega,\ R'=4\Omega$

5-22 如图 5-40 所示电路中，电阻均为 1Ω，双口网络 N_0 的短路电导参数方程为 $\begin{cases}i_1=2u_1-3u_2\\i_2=u_1+4u_2\end{cases}$，试列写该电路的节点电压方程。

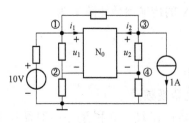

图 5 - 40　题 5 - 22 图

【解】提示：将双口网络的每个端口视作电流为相应端口电流的电流源，可得电路的节点电压方程；将双口网络 N_0 的短路电导参数方程中端口电压用节点电压表示得补充方程；从上述两组方程中消去非节点电压变量，整理得该电路的节点电压方程为

$$\begin{cases} 5U_{n1} - 3U_{n2} - 4U_{n3} + 3U_{n4} = 10 \\ -3U_{n1} + 4U_{n2} + 3U_{n3} - 3U_{n4} = 0 \\ -U_{n2} + 6U_{n3} - 5U_{n4} = -1 \\ -U_{n1} + U_{n2} - 5U_{n3} + 6U_{n4} = 0 \end{cases}$$

5 - 23　试求如图 5 - 41 所示电路中的输出电压 u_0。

【解】由运放的虚短、虚断特性得 $\dfrac{6}{3+6} u_0 = 10$，所以 $u_0 = \dfrac{3}{2} \times 10 = 15\text{V}$。

5 - 24　试求如图 5 - 42 所示电路中的电流 i。

【解】所用电量的参考方向如图 5 - 43 所示。

由运放的虚短、虚断和分压公式得 $\dfrac{2}{2+1} \times u = 6$，所以，$u = 9\text{V}$，$i = \dfrac{u}{3} = \dfrac{9}{3} = 3\text{A}$。

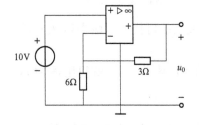 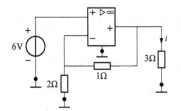 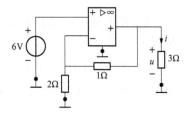

图 5 - 41　题 5 - 23 图　　　　图 5 - 42　题 5 - 24 图　　　　图 5 - 43　题 5 - 24 解图

5 - 25　求如图 5 - 44 所示电路中的电压 U_0。

【解】节点编号及所用电流的参考方向如图 5 - 45 所示。由理想运放的"虚断"特性和分压公式得

$$U_b = \frac{4}{2+4} U_2 = \frac{2}{3} U_2$$

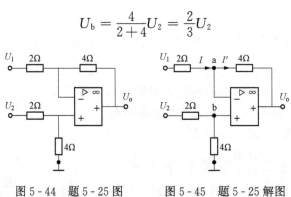

图 5 - 44　题 5 - 25 图　　　　图 5 - 45　题 5 - 25 解图

由理想运放的"虚短"特性得

$$I = \frac{U_1 - U_a}{2} = \frac{U_1 - U_b}{2} = \frac{1}{2} U_1 - \frac{1}{3} U_2$$

由理想运放的"虚断"特性得

$$I' = I = \frac{1}{2}U_1 - \frac{1}{3}U_2$$

由理想运放的"虚短"特性和 KVL 得

$$U_o = -4I' + U_b = -4\left(\frac{1}{2}U_1 - \frac{1}{3}U_2\right) + \frac{2}{3}U_2 = 2(U_2 - U_1)$$

5-26 试求如图 5-46 所示电路中的输出电压 U_0。

【解】提示：本题可以直接用直观分析法求解，也可以先进行等效化简再求解。等效化

简可得如图 5-47 所示。则 $I = \dfrac{2/3}{1/3} = 2\text{mA}$，$U_0 = -10 \times 10^3 \times 2 \times 10^{-3} = -20\text{V}$。

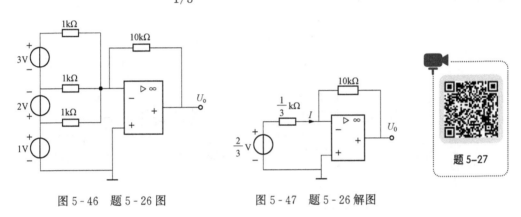

图 5-46　题 5-26 图　　　　　　图 5-47　题 5-26 解图

5-27 若要使如图 5-48 所示电路中 $U_2 = -12U_1$，求电阻 R 之值。（微视频）

5-28 试求如图 5-49 所示电路中的电流 i。（微视频）

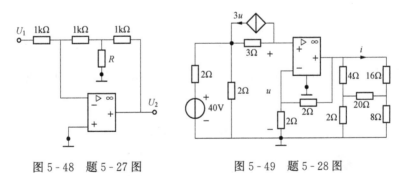

图 5-48　题 5-27 图　　　　　　图 5-49　题 5-28 图

5-29 如图 5-50 所示电路中的电压比 u_o/u_s。

【解】当电路的后一级仅通过前一级理想运放的输出端和公共地端级

联时，由于运放输出口相当于一理想电压源，后一级对前一级没有影响，

因此，求前一级的输出电压时，可去掉后一级。

本题电路可以看成如图 5-51 中虚线左、右两级级联。

题 5-28

$$u' = \frac{u_s}{1} \times 2 = 2u_s,\quad u_o = 2 \times \left(-\frac{u'}{1}\right) = -4u_s,\quad \frac{u_o}{u_s} = -4$$

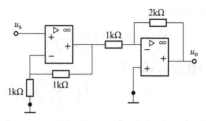

图 5-50　题 5-29 图

5-30　试用节点法求如图 5-52 所示电路中的输出电压 U_0。

【解】电路的节点电压方程为

$$\begin{cases} 3.5U_{n1} - U_{n2} - U_0 = 18 \\ -U_{n1} + 2U_{n2} - U_0 = 0 \end{cases}$$

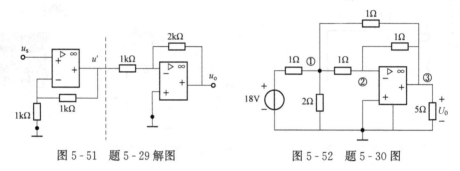

图 5-51　题 5-29 解图　　　　　　　图 5-52　题 5-30 图

因为 $U_{n2} = 0$，则 $U_{n1} = -U_0$。代入第一个方程有

$$-3.5U_0 - U_0 = 18$$

所以

$$U_0 = -\frac{18}{4.5} = -4\text{V}$$

5-31　如图 5-53 所示电路中，已知 $R_1 = R_2 = R_3 = R_4 = R_o$。证明 i_o 的大小与 R_L 无关（微视频）

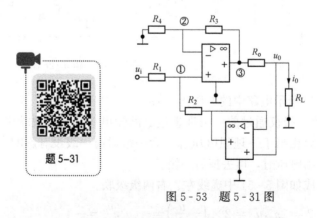

题 5-31

图 5-53　题 5-31 图

5-32　试求如图 5-54 所示理想运放双口网络的开路电阻参数。

【解】设理想运放的输出端电压为 u_o，则利用理想运放的虚短特性有

$$u_1 = R_s i_1$$

注意到 $u_o = -R_f i_1$，则由 KVL 得

$$u_2 = R_o i_2 + u_o = -R_f i_1 + R_o i_2$$

将上述方程与开路电阻参数方程比较可得

$$R_{11} = R_s,\ R_{12} = 0,\ R_{21} = -R_f,\ R_{22} = R_o$$

注：求简单二端口网络的参数时，通常直接写出方程与标准型比较得解。

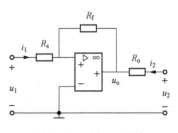

图 5-54　题 5-32 图

5-33　如图 5-55 所示电路中，回转器的回转电阻 $r=1\Omega$，电流源电流 $I_s=5\mathrm{A}$，求开路电压 u_2。

【解】 提示：因 $i_2=0$，根据回转器的特性方程有 $u_1 = -r i_2 = 0$，则 2Ω 电阻无电流，$i_1 = I_s = 5\mathrm{A}$，$u_2 = r i_1 = 5\mathrm{V}$，见图 5-56。

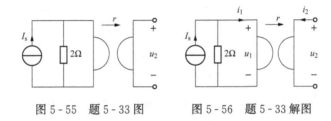

图 5-55　题 5-33 图　　　　　图 5-56　题 5-33 解图

5-34　试求如图 5-57 所示双口网络 N 的传输参数。其中回转系数 $g=0.5\mathrm{S}$。

【解】 提示：本题双口网络可看作回转器和 T 形网络两个子网络的级联，见图 5-58。

两个子网络的 T 参数矩阵分别为

$$\boldsymbol{T}_a = \begin{bmatrix} 0 & 2\Omega \\ 0.5\mathrm{S} & 0 \end{bmatrix},\ \boldsymbol{T}_b = \begin{bmatrix} 1.5 & 5.5\Omega \\ 0.5\mathrm{S} & 2.5 \end{bmatrix}$$

总双口网络的传输参数矩阵

$$\boldsymbol{T} = \boldsymbol{T}_a \boldsymbol{T}_b = \begin{bmatrix} 0 & 2 \\ 0.5 & 0 \end{bmatrix}\begin{bmatrix} 1.5 & 5.5 \\ 0.5 & 2.5 \end{bmatrix} = \begin{bmatrix} 1 & 5\Omega \\ 0.75\mathrm{S} & 2.75 \end{bmatrix}$$

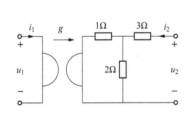

图 5-57　题 5-34 图

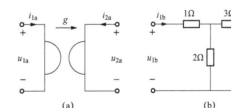

(a)　　　　　　　(b)

图 5-58　题 5-34 解图

拓展阅读

运放的实际应用

工程中经常通过传感器将非电的物理量（如压力、温度、湿度、流量、光强、重量等）转变成电信号进行放大测量，从而确定被检测物理量的大小。电阻应变器实质是一种由细金属丝栅格构成的压力传感器，广泛应用于称重仪器或测量某种构件受力变形后所产生的效

果。应用时，可把电阻应变器固定在被测物体表面，应变器的阻值随着它的伸长或缩短而变化，即 $\Delta R = 2R\dfrac{\Delta l}{l}$，其中，$R$ 为传感器静止时的阻值；ΔR 是受力后的电阻变化量；Δl 是应变器受力后改变的长度；$\dfrac{\Delta l}{l}$ 称为张力系数。图 5-59（a）为应变器示意图。

由于 ΔR 一般非常小，所以不能直接用万用表测量。通常是把成对的应变器连接成惠斯通电桥，并通过放大器把因电阻的变化而产生的电压变化加以放大，达到容易测量的目的。

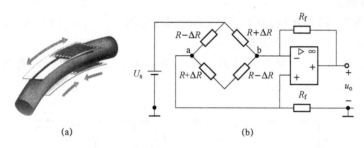

图 5-59　电阻应变器及其检测电路
（a）应变器示意图；（b）检测电路

检测电路如图 5-59（b）所示，是测量航空器框架结构在外力作用下发生扭曲、伸长或弯曲情况的电路模型。两对电阻应变器被固定在框架上，并接成全电桥形式。一旦框架弯曲，一对应变器会伸长，电桥中的阻值变为 $R+\Delta R$，另一对应变器会缩短，阻值变为 $R-\Delta R$。分析检测电路，可得输出电压 u_{o} 与电阻变化量 ΔR 之间的关系为

$$u_{\mathrm{o}} = \frac{2R_{\mathrm{f}}(\Delta R)}{R^2 - (\Delta R)^2}U_{\mathrm{s}}$$

由于 $\Delta R \ll R$，所以 $R^2 - (\Delta R)^2 \approx R^2$，从而有

$$u_{\mathrm{o}} = 2\,\frac{R_{\mathrm{f}}}{R}\,\frac{\Delta R}{R}U_{\mathrm{s}}$$

显然，u_{o} 越大，说明电阻变化量 ΔR 越大，物体形变量 Δl 也就越大。

检测题 2（第 4 章和第 5 章）

1. 用叠加定理求图检 2-1 所示电路中 3A 电流源两端的电压 u 和流过 6V 电压源的电流 i。

2. 电路如图检 2-2 所示，已知 $u_{ab}=0$，求电阻 R 的值。

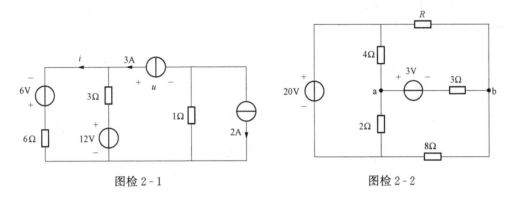

图检 2-1　　　　　　　　　　图检 2-2

3. 图检 2-3 所示电路中，N 为含独立源的单口网络，已知其端口电流为 i。今欲使 R 中的电流为 $\frac{1}{3}i$，求 R 的值。

4. 图检 2-4 所示电路中，已知当 $i_s=0$ 时，电流 $i=1$A；当 $i_s=2$A 时，电流 i 为多少？

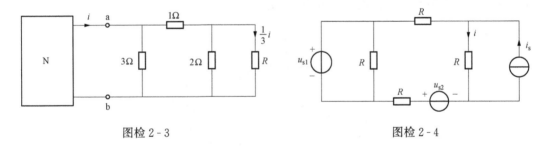

图检 2-3　　　　　　　　　　图检 2-4

5. 已知图检 2-5 所示电路中 N 为线性含源二端电阻网络，当 S 断开时，$U_{ab}=12$V；当 S 合上时，$U_{ab}=14$V，求二端网络 N 的戴维南等效电路。

6. 试用戴维南定理求图检 2-6 所示电路中的电流 I。

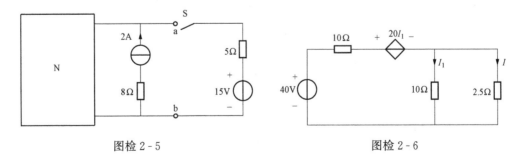

图检 2-5　　　　　　　　　　图检 2-6

7. 如图检 2-7 示电路中，已知当 $R_L=9\Omega$ 时，$I_L=0.4$A。若 R_L 可任意改变，问 R_L 应

为何值时其上可获得最大功率？并求出 $P_{\max}$。

8. 已知双口网络 N 的短路电导参数为

$$\boldsymbol{G} = \begin{bmatrix} 1 & -0.25 \\ -0.25 & 0.5 \end{bmatrix} \text{S}$$

若在网络 N 的 1、1′端口接 4V 电压源，2、2′端口接电阻 R_L，如图检 2-8 所示。（1）求当 R_L 为何值时其上获得最大功率；（2）求此时 R 的最大功率；（3）求 R_L 获得的最大功率时，电源发出的功率。

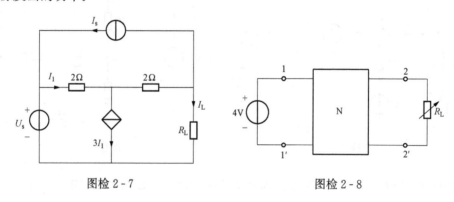

图检 2-7　　　　　　　　　　　图检 2-8

9. 如图检 2-9 所示电路中，N 为含独立源的电阻电路。当 S 打开时有 $i_1 = 1\text{A}$，$i_2 = 5\text{A}$，$u_{oc} = 10\text{V}$；当 S 闭合且调节 $R = 6\Omega$ 时，有 $i_1 = 2\text{A}$，$i_2 = 4\text{A}$；当调节 $R = 4\Omega$ 时，R 获得了最大功率。求调节 R 到何值时，可使 $i_1 = i_2$。

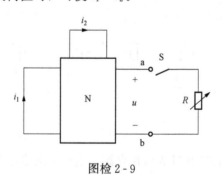

图检 2-9

第6章 储 能 元 件

6.1 本章知识点思维导图

第 6 章的知识点思维导图见图 6-1。

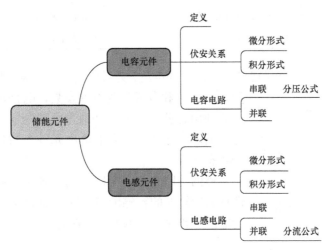

图 6-1 第 6 章的知识点思维导图

6.2 知识点归纳与学习指导

本章主要介绍两种（线性）储能元件（电容和电感）以及电容串并联电路和电感串并联电路的分析。

6.2.1 电容和电感

电容和电感的定义及特性见表 6-1。

表 6-1 储能元件的定义及特性

元件名称		电容	电感
电路符号		i_C C $+$ u_C $-$	i_L L $+$ u_L $-$
定义式		$q = Cu_C$	$\Psi = Li_L$
伏安关系	微分形式	$i_C = C\dfrac{du_C}{dt}$	$u_L = L\dfrac{di_L}{dt}$
	积分形式	$u_C(t) = u_C(t_0) + \dfrac{1}{C}\displaystyle\int_{t_0}^{t} i_C(\tau)d\tau$	$i_L(t) = i_L(t_0) + \dfrac{1}{L}\displaystyle\int_{t_0}^{t} u_L(\tau)d\tau$

续表

元件名称	电容	电感
特性曲线	$q \sim u_C$ 平面上过原点的一条直线	$\Psi \sim i_L$ 平面上过原点的一条直线
储能公式	$W_C(t) = \dfrac{1}{2}Cu_C^2(t)$	$W_L(t) = \dfrac{1}{2}Li_L^2(t)$
性质	（1）储能不耗能（储能元件） （2）记忆元件 （3）电容电压连续性	（1）储能不耗能（储能元件） （2）记忆元件 （3）电感电流连续性
无源性	正值电容无源，负值电容有源	正值电感无源，负值电感有源
备注	u_C 为直流量时，开路	i_L 为直流量时，短路

根据对偶原理可知，除了已知的电压 u 和电流 i 为对偶量外，电荷 q 和磁链 Ψ 是对偶变量，电容 C 和电感 L 为对偶参数，电容和电感为对偶元件。充分利用这些对偶性，可使学习事半功倍。与电阻不同，完整描述储能元件，除了给出元件参数值外，还需给出初始状态。

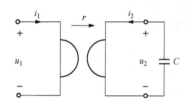

图 6-2　回转器的容感倒逆特性

借助于回转器，可以实现电容和电感的互换。这一特性称为回转器的容感倒逆特性，如图 6-2 所示。在回转器的输出口跨接一个电容 C，则输入口等效为一个电感值为 $L = r^2C$ 的电感。

6.2.2　电容电路

仅由电容和电压源组成的电路称为电容电路。

（1）电容的串联和并联。电容的串并联等效公式与电导类似，即：

1）串联电容电路的等效电容的倒数等于各电容倒数之和，等效电容的初始电压等于各电容初始电压的代数和。

2）初始电压相等的电容并联，其等效电容等于各电容之和，初始电压不变。

（2）初始储能不为零电容的戴维南等效电路如图 6-3 所示。

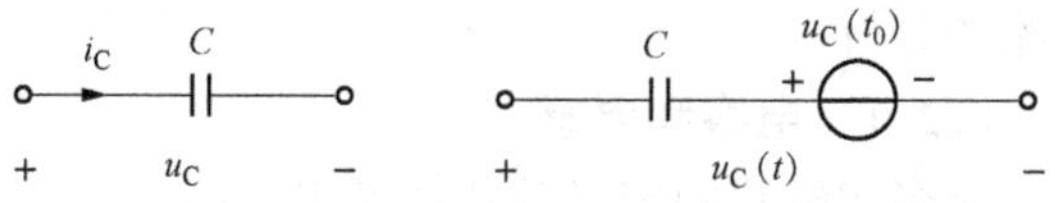

图 6-3　初始储能不为零电容的戴维南等效电路

（3）电容电路的分压公式。

1）初始储能为零的两个串联电容［如图 6-4（a）］的分压公式为

$$u_1(t) = \frac{C_2}{C_1+C_2}u(t), \quad u_2(t) = \frac{C_1}{C_1+C_2}u(t)$$

2）初始储能不为零的两个串联电容［其等效电路如图 6-4（b）］的分压公式为

$$u_1(t) = u_1(t_0) + \frac{C_2}{C_1+C_2}[u(t) - u_1(t_0) - u_2(t_0)]$$

$$u_2(t) = u_2(t_0) + \frac{C_1}{C_1+C_2}[u(t) - u_1(t_0) - u_2(t_0)]$$

6.2.3　电感电路

仅由电感和电流源组成的电路称为电感电路。

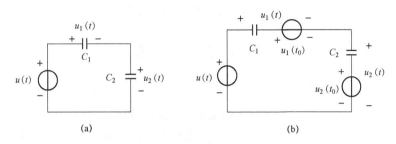

图 6 - 4   电容电路

（1）电感的串联和并联。电感的串并联等效公式与电阻类似，即：

1）初始电流相等的电感串联，其等效电感等于各电感之和，初始电流不变。

2）并联电感电路的等效电感的倒数等于各电感倒数之和，等效电感的初始电流等于各电感初始电流的代数和。

（2）初始储能不为零电感的诺顿等效电路如图 6 - 5 所示。

（3）电感电路的分流公式。

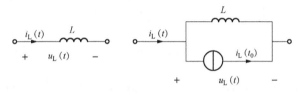

图 6 - 5   初始储能不为零电感的诺顿等效电路

1）初始储能为零的两个并联电感 ［如图 6 - 6（a）］ 的分流公式为

$$i_1(t) = \frac{L_2}{L_1 + L_2} i(t) \quad i_2(t) = \frac{L_1}{L_1 + L_2} i(t)$$

2）初始储能不为零的两个并联电感 ［其等效电路如图 6 - 6（b）］ 的分流公式为

$$i_1(t) = i_1(t_0) + \frac{L_2}{L_1 + L_2} [i(t) - i_1(t_0) - i_2(t_0)]$$

$$i_2(t) = i_2(t_0) + \frac{L_1}{L_1 + L_2} [i(t) - i_1(t_0) - i_2(t_0)]$$

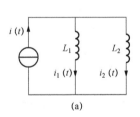 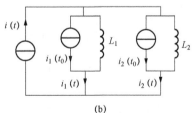

图 6 - 6   电感电路

6.3   重 点 与 难 点

本章内容是学习动态电路的基础，要求读者必须深刻理解储能元件的概念，牢固掌握元件的伏安关系及串并联等效。

本章的重点：（1）电容、电感元件的伏安关系；（2）电容元件的串并联等效及串联电容的分压公式；（3）电感元件的串并联等效及并联电感的分流公式。

难点：初始储能不为零时的电容分压公式和电感分流公式。

6.4 第 6 章 习 题 选 解

6-1 0.2F 电容电流的波形如图 6-7 所示，若 $u_C(0_-)=10$V，试求电容电压 $u_C(t)$，并定性地画出其波形。

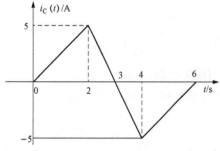

图 6-7 题 6-1 图

【解】由电容电流的波形可写出电容电流的表达式为

$$i_C(t)=\begin{cases}0 & t<0\\2.5t\text{A} & 0\leqslant t<2\text{s}\\-5t+15\text{A} & 2\text{s}\leqslant t<4\text{s}\\2.5t-15\text{A} & 4\text{s}\leqslant t<6\text{s}\\0 & t\geqslant6\text{s}\end{cases}$$

(1) $0\leqslant t<2$s

$$u_C(t)=u_C(0_-)+\frac{1}{0.2}\int_0^t2.5\tau\mathrm{d}\tau=10+\frac{1}{0.2}\int_0^t2.5\tau\mathrm{d}\tau=10+5\times2.5\times\frac{1}{2}\tau^2\Big|_0^t=10+\frac{25}{4}t^2\text{V}$$

$$u_C(2)=u_C(t)\big|_{t=2\text{s}}=10+\frac{25}{4}\times2^2=35\text{V}$$

(2) 2s$\leqslant t<4$s

$$u_C(t)=u_C(2)+\frac{1}{0.2}\int_2^t(-5\tau+15)\mathrm{d}\tau=35+5\int_2^t(-5\tau+15)\mathrm{d}\tau$$

$$=35+5\times\left[-\frac{5}{2}\tau^2+15\tau\right]\Big|_2^t=-\frac{25}{2}t^2+75t-65\text{V}$$

$$u_C(4)=u_C(t)\big|_{t=4\text{s}}=-\frac{25}{2}\times4^2+75\times4-65=35\text{V}$$

(3) 4s$\leqslant t<6$s

$$u_C(t)=u_C(4)+\frac{1}{0.2}\int_4^t(2.5\tau-15)\mathrm{d}\tau=35+5\int_4^t(2.5\tau-15)\mathrm{d}\tau$$

$$=35+5\times\left[\frac{5}{4}\tau^2-15\tau\right]\Big|_4^t=\frac{25}{4}t^2-75t+235\text{V}$$

$$u_C(6)=u_C(t)\big|_{t=6\text{s}}=\frac{25}{4}\times6^2-75\times6+235=10\text{V}$$

(4) $t\geqslant6$s

$$u_C(t)=u_C(6)=10\text{V}$$

综上所述得

$$u_C(t)=\begin{cases}10\text{V} & t<0\\10+6.25t^2\text{V} & 0\leqslant t<2\text{s}\\-12.5t^2+75t-65\text{V} & 2\text{s}\leqslant t<4\text{s}\\6.25t^2-75t+235\text{V} & 4\text{s}\leqslant t<6\text{s}\\10\text{V} & t\geqslant6\text{s}\end{cases}$$

$u_C(t)$ 的波形图如图 6-8 所示。

注：本题为电容 VAR 积分形式 $u_C(t) = u_C(t_0) + \dfrac{1}{C} \int_{t_0}^{t} i_C(\tau)\,\mathrm{d}\tau$ 的应用，要关注它的初始状态 $u_C(t_0)$。$u_C(t_0)$ 反映了电容在初始时刻的储能状况。

6-2　2H 电感电压的波形如图 6-9 所示，若 $i_L(0_-) = 2\mathrm{A}$，试求电感电流 $i_L(t)$，并定性地画出其波形。

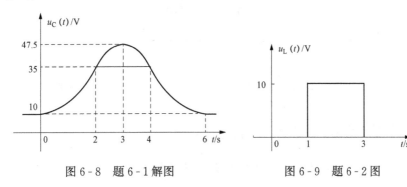

图 6-8　题 6-1 解图　　　　　　图 6-9　题 6-2 图

【解】由电感电压的波形可写出电感电压的表达式为

$$u_L(t) = \begin{cases} 0 & t < 1 \\ 10\mathrm{V} & 1 \leqslant t < 3\mathrm{s} \\ 0 & t \geqslant 3\mathrm{s} \end{cases}$$

（1）$0 \leqslant t < 1\mathrm{s}$

$$i_L(t) = i_L(0_-) + \frac{1}{2}\int_{0_-}^{t} 0\,\mathrm{d}\tau = 2\mathrm{A}$$

$$i_L(1) = i_L(0_-)\big|_{t=1\mathrm{s}} = 2\mathrm{A}$$

（2）$1\mathrm{s} \leqslant t < 3\mathrm{s}$

$$i_L(t) = i_L(1) + \frac{1}{2}\int_{1}^{t} 10\,\mathrm{d}\tau = 2 + 0.5 \times 10\big|_{1}^{t} = 2 + 5(t-1) = (5t-3)\mathrm{A}$$

$$i_L(3) = i_L(t)\big|_{t=3\mathrm{s}} = (5t-3)\big|_{t=3\mathrm{s}} = 12\mathrm{A}$$

（3）$t \geqslant 3\mathrm{s}$

$$i_L(t) = i_L(3) + \frac{1}{2}\int_{3}^{t} 0\,\mathrm{d}\tau = i_L(3) = 12\mathrm{A}$$

综上所述得

$$i_L(t) = \begin{cases} 2\mathrm{A} & t < 1s \\ (5t-3)\mathrm{A} & 1 \leqslant t < 3\mathrm{s} \\ 12\mathrm{A} & t \geqslant 3\mathrm{s} \end{cases}$$

$i_L(t)$ 的波形图如图 6-10 所示。

6-3　试求图 6-11 所示电路中 a、b 端的等效电容与等效电感。

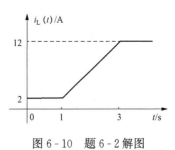

图 6-10　题 6-2 解图

【解】图 6-11（a）中 3F 与 2F 两个电容并联为 5F，再与 20F 串联为 4F，再与 1F 并联为 5F，再与 5F 串联得 $C_{ab} = 2.5\mathrm{F}$。

图（b）的等效电感为 $L_{ab} = [(8\!/\!/8) + 2]\!/\!/3 = (4+2)\!/\!/3 = 6\!/\!/3 = 2\mathrm{H}$。

6-4 如图 6-12 所示电路中，已知 $C_1 = 2\mu F$，$C_2 = 8\mu F$，$u_{C_1}(0) = u_{C_2}(0) = -5V$，$i(t) = 120e^{-5t}\mu A$。试求：（1）等效电容 C 及 $u_C(t)$；（2）$u_{C_1}(t)$ 和 $u_{C_2}(t)$。

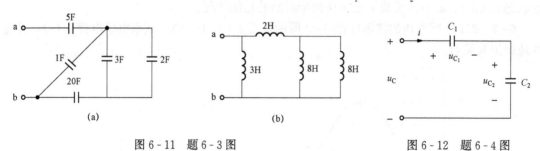

图 6-11　题 6-3 图　　　　　　　　　　　　　　　图 6-12　题 6-4 图

【解】（1）等效电容为 $C = C_1 /\!/ C_2 = \dfrac{2 \times 8}{2 + 8} = 1.6\mu F$

$$u_C(t) = u_{C_1}(0) + u_{C_2}(0) + \frac{1}{C}\int_0^t i(\tau)\,d\tau$$

$$= (-5-5) + \frac{1}{1.6 \times 10^{-6}}\int_0^t 120e^{-5t} \times 10^{-6}\,d\tau$$

$$= -10 + \frac{120}{1.6} \times \left(-\frac{1}{5}\right)e^{-5t}\Big|_0^t = -10 - 15(e^{-5t} - 1)$$

$$= (5 - 15e^{-5t})\,V$$

（2）$u_{C_1}(t) = u_{C_1}(0) + \dfrac{C_2}{C_1 + C_2}[u_C(t) - u_{C_1}(0) - u_{C_2}(0)]$

$$= -5 + \frac{8}{2+8}[(5 - 15e^{-5t}) - (-5) - (-5)]$$

$$= -5 + 0.8 \times (5 - 15e^{-5t} + 10) = (7 - 12e^{-5t})\,V$$

$$u_{C_2}(t) = u_{C_2}(0) + \frac{C_1}{C_1 + C_2}[u_C(t) - u_{C_1}(0) - u_{C_2}(0)]$$

$$= -5 + \frac{2}{2+8}[(5 - 15e^{-5t}) - (-5) - (-5)]$$

$$= -5 + 0.2 \times (5 - 15e^{-5t} + 10) = (-2 - 3e^{-5t})\,V$$

6-5 如图 6-13 所示电路中，已知 $L_1 = 6H$，$i_1(0) = 2A$，$L_2 = 1.5H$，$i_2(0) = -2A$，$u(t) = 6e^{-2t}V$。试求：（1）等效电感 L 及 $i(t)$；（2）$i_1(t)$ 和 $i_2(t)$。

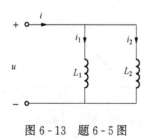

图 6-13　题 6-5 图

【解】（1）等效电感为

$$L = L_1 /\!/ L_2 = \frac{6 \times 1.5}{6 + 1.5} = = 1.2H$$

$$i(t) = i_1(0) + i_2(0) + \frac{1}{L}\int_0^t u(\tau)\,d\tau$$

$$= 2 - 2 + \frac{1}{1.2}\int_0^t 6e^{-2t}\,d\tau = \frac{6}{1.2} \times \left(-\frac{1}{2}\right)e^{-2t}\Big|_0^t$$

$$= -2.5 \times (e^{-2t} - 1) = (2.5 - 2.5e^{-2t})\,A$$

（2）$i_1(t) = i_1(0) + \dfrac{L_2}{L_1 + L_2}[i(t) - i_1(0) - i_2(0)] = 2 + \dfrac{1.5}{6 + 1.5}[(2.5 - 2.5e^{-2t}) - 2 + 2]$

$$= (2.5 - 0.5e^{-2t})\,A$$

$$i_2(t) = i_2(0) + \frac{L_1}{L_1+L_2}[i(t) - i_1(0) - i_2(0)] = -2 + \frac{6}{6+1.5}[(2.5-2.5e^{-2t}) - 2 + 2]$$
$$= -2e^{-2t}\text{A}$$

6 - 6　如图 6 - 14 所示，电路由一个电阻 R、一个电感 L 和一个电容 C 组成。已知 $i(t) = 10e^{-t} - 20e^{-2t}\text{A}(t \geqslant 0)$，$u_1(t) = -5e^{-t} + 20e^{-2t}\text{V}(t \geqslant 0)$。若 $t=0$ 时，电路总储能为 25J，试求 R、L 和 C。

【解】所需的电压、电流的参考方向如图 6 - 15 所示。因为 $\dfrac{\mathrm{d}i}{\mathrm{d}t} = -10e^{-t} + 40e^{-2t} = 2u_1$，所以，元件 1 为电感元件，电感 L 为

$$L = \frac{u_1(t)}{\dfrac{\mathrm{d}i}{\mathrm{d}t}} = 0.5\text{H}$$

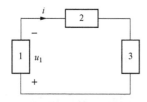
　　　　　　　　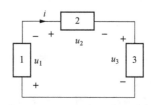

图 6 - 14　题 6 - 6 图　　　　　图 6 - 15　题 6 - 6 解图

又因为 $i(0) = i(t)|_{t=0} = 10 - 20 = -10\text{A}$，所以

$$W_L(0) = \frac{1}{2}L[i(0)]^2 = \frac{1}{2} \times 0.5 \times (-10)^2 = 25\text{J}$$

而 $W(0) = W_C(0) + W_L(0) = 25\text{J}$，则 $W_C(0) = 0$。

因此　　　　　$u_C(0) = 0$

设元件 2 为电容、元件 3 为电阻，则 $u_2(0) = u_C(0) = 0$。由 KVL 得

$$u_3(0) = -u_1(0) - u_2(0) = -u_1(0) = -(-5+20) = -15\text{V}$$

所以　　　　　$$R = \frac{u_3(0)}{i(0)} = \frac{-15}{-10} = 1.5\Omega$$

则　　　　　$$u_3(t) = Ri(t) = 15e^{-t} - 30e^{-2t}\text{V}\ (t \geqslant 0)$$

根据 KVL 有　　　$$u_2(t) = -u_1(t) - u_3(t) = -10e^{-t} + 10e^{-2t}\text{V}\ (t \geqslant 0)$$

所以　　　　　$$C = \frac{i(t)}{\dfrac{\mathrm{d}u_C}{\mathrm{d}t}} = \frac{i(t)}{\dfrac{\mathrm{d}u_2}{\mathrm{d}t}} = 1\text{F}$$

注：求元件电气参数的常用方法是利用元件的 VAR。

6 - 7　如图 6 - 16 所示电路中，$u_C(t) = 2e^{-2t}\text{V}$，试求电路中的电压 $u(t)$ 和电流 $i(t)$。

【解】所用电量的参考方向如图 6 - 17 所示。由元件的 VAR 得

$$i_C(t) = C\frac{\mathrm{d}u_C}{\mathrm{d}t} = \frac{\mathrm{d}}{\mathrm{d}t}(2e^{-2t}) = -4e^{-2t}\text{A}$$

$$i_1(t) = \frac{u_C(t)}{R} = u_C(t) = 2e^{-2t}\text{A}$$

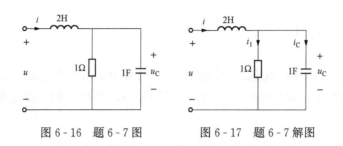

图 6-16 题 6-7 图　　　　图 6-17 题 6-7 解图

由 KCL 得

$$i(t) = i_C(t) + i_1(t) = -4e^{-2t} + 2e^{-2t} = -2e^{-2t}\text{A}$$

由 KVL 和电感元件的 VAR 得

$$u(t) = 2\frac{\mathrm{d}i}{\mathrm{d}t} + u_C(t) = 2\frac{\mathrm{d}}{\mathrm{d}t}(-2e^{-2t}) + 2e^{-2t} = 8e^{-2t} + 2e^{-2t} = 10e^{-2t}\text{V}$$

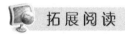 拓展阅读

忆 阻 元 件

1. 忆阻元件的定义

忆阻元件是由美籍华裔科学家蔡少棠（Leon O. Chua）教授在 1971 年提出的。

四个基本变量共有 6 种成对组合，如图 6-18 所示的基本变量完备图所示。图中五种组合关系已经为大家所熟知：两条虚线边联结的一对变量 (i, q) 和 (u, Ψ) 是动态相关的，由电磁定律联系；实线边联结的变量偶 (u, i)、(u, q) 和 (i, Ψ) 是动态无关的，它们的代数关系分别定义了三种传统的基本电路元件：电阻、电容和电感。

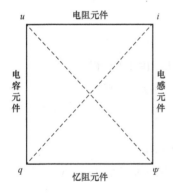

图 6-18 基本变量的完备图

基于电路变量和电路元件的公理完备性、逻辑相容性和形式对称性原则，蔡少棠教授发现，第六种组合 Ψ 和 q，二者之间的代数关系却一直被人们遗漏，未被揭示出来。为此，借鉴俄罗斯化学家门捷列夫发明化学元素周期表的思想，他首次从逻辑与理论上推断在电阻、电容和电感之外，应该还有一种元件，代表着电荷与磁链之间的代数关系，预言了忆阻的存在，并提出了忆阻元件的原始理论架构。2008 年，美国惠普（Hewlett-Packard，HP）公司实验室的研究人员采用纳米技术研制出了二端纳米结构的二氧化钛（Titanium dioxide，TiO₂）无源忆阻器件，并证实忆阻现象在纳米尺度的电子系统中是天然存在的。

用磁链 Ψ 和电荷 q 之间的代数关系表征的元件称为记忆电阻元件（memory resistor），简称忆阻元件（memristor）。等价地，忆阻元件可用 $\Psi \sim q$ 平面上一条确定的特性曲线来表征。

蔡教授建议的忆阻元件的电路符号如图 6-19 所示。

下面解释忆阻元件的物理意义。

当忆阻元件的磁链可以表示为电荷的单值函数时，其特性方程为

$$\Psi = \hat{\varphi}(q)$$

这种忆阻元件称为荷控忆阻。注意，式中 q 为通过忆阻的总电荷，而不是像电容那样储存的电荷。因此，忆阻不是储能元件。考察其电压 u 和电流 i 的关系，则有

$$u = \frac{d\Psi}{dt} = \frac{d\hat{\varphi}(q)}{dq} \frac{dq}{dt} = M(q)i \qquad (6-1)$$

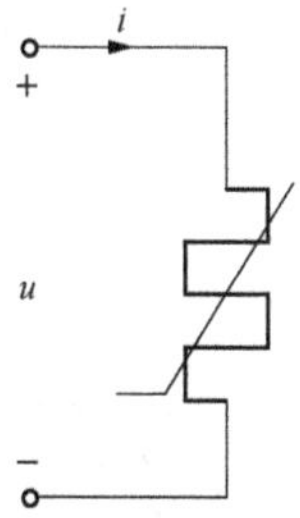

式中：$M(q)$ 为韦库特性曲线的斜率。当 $\hat{\varphi}(q)$ 是电荷 q 的非线性函数时，特性曲线在各点的斜率将不完全相同，因而忆阻元件可以看成是一个阻值在不断变化的电阻元件，其阻值 $M(q)$ 是电荷 q 的函数。因此，可把忆阻元件解释为一种荷控型的电阻器。假设 $t > t_0$ 时，$i(t) = 0$，则 $u(t) = 0$，

$q(t) = \int_{-\infty}^{t} i(\tau)d\tau = \int_{-\infty}^{t_0} i(\tau)d\tau = q(t_0)$，$M(q) = M(q(t_0))$ 为常数。这表明，流经忆阻的电荷量决定了其阻值的大小；在关断电源后，忆阻仍能记忆先前通过的电荷量，具有记忆性。正是由于这些原因，蔡少棠教授将该元件命名为记忆电阻元件。

式 (6-1) 常作为荷控忆阻的定义式。其中，$M(q)$ 称为记忆电阻 (memory resistance)，简称忆阻 (memristance)，它具有与电阻相同的量纲。

如果 $\hat{\varphi}(q)$ 是线性函数，$M(q)$ 为常量，记作 M，则特性方程等价为 $u = Mi$。这和线性电阻的伏安关系完全相同。因此，线性忆阻与线性电阻是同一种元件。可能正是由于这一原因，在以线性电路为主要研究对象的长久年代中，忆阻元件一直被忽略。这也表明，只有非线性忆阻器才有实际意义，在线性网络中没有必要引出忆阻元件的概念。

HP 公司研制出的二氧化钛 (TiO_2) 忆阻器属于荷控忆阻，其理想特性方程为

$$u = (r_{\text{off}} + \kappa q)i$$

式中：r_{off} 和 κ 为器件常数。

当忆阻元件的电荷可以表示为磁链的单值函数时，其特性方程为

$$q = \hat{q}(\Psi)$$

此时称为链控忆阻。考察其电压 u 和电流 i 的关系，则有

$$i = \frac{dq}{dt} = \frac{d\hat{q}(\Psi)}{d\Psi} \frac{d\Psi}{dt} = W(\Psi)u \qquad (6-2)$$

上式常作为链控忆阻的定义式。式中 $W(\Psi) = \frac{d\hat{q}(\Psi)}{d\Psi}$ 为库韦特性曲线的斜率，称为记忆电导 (memory conductance)，简称忆导 (memductance)，它具有与电导相同的量纲。显然，荷控忆阻和链控忆阻是对偶元件。

2. 忆阻元件的本质特征

由式 (6-1) 和式 (6-2) 可以看出，忆阻的电压和电流同时为零，即 $i(t) = 0$ 且 $u(t) = 0$。这表明忆阻在 $u \sim i$ 平面上的曲线一定过原点。该特点称为忆阻的零交叉特性。

当施加正弦或者双极性周期激励时，响应是周期的，且忆阻元件的伏安特性曲线呈现为在原点紧缩的磁滞回线，即频关紧缩磁滞回线 (frequency-dependent pinched hysteresis loop)，如图 6-20 所示。磁滞回线的形状随周期输入的频率变化。从临界频率开始，磁滞旁瓣面积 (磁滞回线的面积) 随激励频率的增加而单调减少。当激励频率趋于无穷大时，紧缩磁滞回线收缩为一条直线 (相当于一个线性电阻)，其斜率 (阻值) 取决于输入的幅值和波形。

图 6-19 忆阻元件的电路符号

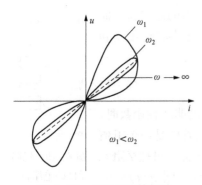

图 6 - 20 忆阻呈现的频关
紧缩磁滞回线

下面以荷控忆阻为例对此进行说明。设正弦输入电流为 $i(t) = I_m \sin(\omega t)$，则

$$u(t) = M[q(t)]i(t) = M\left[\int_{-\infty}^{t} i(\tau)\mathrm{d}\tau\right]i(t)$$

$$= M\left[c - \frac{I_m}{\omega}\cos(\omega t)\right]I_m \sin(\omega t)$$

$$(6 - 3)$$

式中：c 为取决于电荷初始值的积分常数。此时，$u(-t) = -u(t)$，$u(t)$ 为奇函数。由式（6 - 3）可知，忆阻 M 的大小随频率变化，因而，电压的大小也随频率变化。当 $\omega \to \infty$ 时，$M[q(t)] = M(c)$ 为常数，忆阻变为线性电阻，磁滞回线变为一条直线。

对于任意时刻 $t' \in [0, T/2]$，$u(t') = M\left[\int_{-\infty}^{t'} i(\tau)\mathrm{d}\tau\right]i(t')$，其中正弦输入电流的周期 $T = \dfrac{2\pi}{\omega}$。当 $t'' = \dfrac{T}{2} - t'$ 时，$i(t'') = i(t')$，$u(t'') = M\left[\int_{-\infty}^{t''} i(\tau)\mathrm{d}\tau\right]i(t'') = M\left[\int_{-\infty}^{\frac{T}{2}-t'} i(\tau)\mathrm{d}\tau\right]i(t')$。

显然，除 $i(t') = 0$ 外，$M\left[\int_{-\infty}^{t'} i(\tau)\mathrm{d}\tau\right]i(t') \neq M\left[\int_{-\infty}^{\frac{T}{2}-t'} i(\tau)\mathrm{d}\tau\right]i(t')$，因此，$u(t') \neq u(t'')$。这表明，对于给定的一个不为零的电流值，忆阻电压有两个值对应。

综上所述，在 $u \sim i$ 平面上呈现频关紧缩滞回曲线是忆阻的本质特征（finger print）。

忆阻现象是电子电路的固有特性。器件的尺寸越小，忆阻特性越显著，在某些情况下起主导作用。忆阻特性在纳米尺度比在微米尺度更明显，而在毫米尺度或更大尺度上很难观测到。

忆阻的实现及其潜在应用目前是世界范围内的研究热点，并且，蔡少棠教授等已将忆阻的概念扩展到忆容和忆感元件，有兴趣的读者可参阅有关文献。

第7章 线性动态电路的时域分析

7.1 本章知识点思维导图

第7章的知识点思维导图见图7-1。

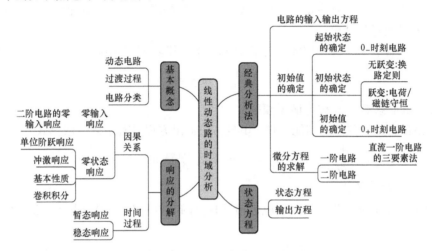

图7-1 第7章的知识点思维导图

7.2 知识点归纳与学习指导

本章主要介绍动态电路的基本概念、线性动态电路的方程及其经典分析法。

7.2.1 动态电路的基本概念

由两种及以上类型元件组成的电路称为动态电路。动态电路的重要特征是当电路发生换路时，一般会经历过渡过程（又称为暂态过程、瞬态过程或动态过程）。

电路出现过渡过程的必要条件：①电路含有不同类型的元件（含有储能元件）；②电路出现换路。产生过渡过程的根本原因是电路中的储能发生了变化。

电阻电路的方程是代数方程，但描述动态电路的方程为微分方程。描述电路输入和输出关系的微分方程又称为输入-输出方程。

用一阶微分方程描述的电路称为一阶动态电路（简称一阶电路），单一电感或单一电容的电路是典型的一阶电路。相应地，用 n 阶微分方程描述的电路称为 n 阶动态电路（简称 n 阶电路）。线性动态电路的方程是线性微分方程。

分析线性动态电路暂态过程的方法分为时域分析法和复频域分析法两大类。本章介绍时域分析法，该方法又分为经典分析法和状态变量分析法两种。

7.2.2 动态电路的经典分析法

1. 动态电路的微分方程

列写动态电路方程的基本依据仍然是 KCL、KVL 和元件的特性方程。对串联型电路首先从列写 KVL 方程开始；对并联型电路则从列写 KCL 方程开始。

一阶电路是含有一个独立储能元件的动态电路，其输入 - 输出方程具有下列一般形式

$$\tau \frac{\mathrm{d}y}{\mathrm{d}t} + y = f(t)$$

一个一阶电路的时间常数 τ 是唯一的，与电路的输入和输出无关，仅取决于电路的结构和非独立源元件的参数。它决定一阶电路过渡过程的快慢。工程上通常认为，经过 4τ 的时间后，电路的过渡过程结束。

二阶电路是含有两个独立储能元件的动态电路，其输入 - 输出方程具有下列一般形式

$$\frac{\mathrm{d}^2 y}{\mathrm{d}t^2} + 2\alpha \frac{\mathrm{d}y}{\mathrm{d}t} + \omega_0^2 y = f(t)$$

式中：α 称为阻尼系数，ω_0 称为谐振频率。

n 阶电路含有 n 个独立的储能元件，其输入 - 输出方程具有下列一般形式

$$\frac{\mathrm{d}^n y}{\mathrm{d}t^n} + a_{n-1} \frac{\mathrm{d}^{n-1} y}{\mathrm{d}t^{n-1}} + \cdots + a_1 \frac{\mathrm{d}y}{\mathrm{d}t} + a_0 y = f(t)$$

2. 动态电路的初始值

初始值是指输出量（高阶电路还应包括其相应的导数）在 $t=0_+$ 时刻的值。确定初始值的步骤如下：

（1）求起始状态 $[u_C(0_-)$ 和/或 $i_L(0_-)]$。确定起始状态，分下列 4 种情况：

1）给定 $u_C(0_-)$、$i_L(0_-)$。例如，换路前电路处于零状态，此时 $u_C(0_-) = 0$，$i_L(0_-) = 0$。

2）已知换路前电路的储能，此时用储能公式确定 $u_C(0_-)$、$i_L(0_-)$。

$$W_C(0_-) = \frac{1}{2} C u_C^2(0_-), W_L(0_-) = \frac{1}{2} L i_L^2(0_-)$$

3）已知 $q_C(0_-)$、$\psi_L(0_-)$，此时用储能元件特性方程确定 $u_C(0_-)$、$i_L(0_-)$。

$$q_C(0_-) = C u_C(0_-), \psi_L(0_-) = L i_L(0_-)$$

4）0_- 时刻电路处于稳态。换路前电路中电源均为直流电源时，电路处于直流稳态。在直流稳态电路中，电容相当于开路、电感相当于短路。将换路前电路中电容用开路线代替、电感用短路线代替，得 0_- 时刻电路，用电阻电路的分析方法求解该电路可得 $u_C(0_-)$、$i_L(0_-)$。

（2）确定初始状态 $[u_C(0_+)$ 和/或 $i_L(0_+)]$。

当电路中电容电压和电感电流无跃变时，可用换路定则确定，即

$$u_C(0_+) = u_C(0_-), i_L(0_+) = i_L(0_-)$$

当电容电压发生跃变时，需要根据电荷守恒定律或用其他方法确定 $u_C(0_+)$；当电感电流发生跃变时，需要根据磁链守恒定律或用其他方法确定 $i_L(0_+)$。

注：电路中电源为有限值时，纯电容回路（仅由电容或电容和电压源构成的回路）中的电容电压有可能跃变；纯电感割集（仅由电感或电感和电流源构成的割集）中的电感电流有可能跃变。是否跃变，可通过检验电路的起始状态是否满足 $t=0_+$ 时刻电路的拓扑约束来判断。

（3）作出 0_+ 时刻电路，求初始值。

将换路后电路中的电容用电压为 $u_C(0_+)$ 的电压源替代、电感用电流为 $i_L(0_+)$ 的电流源替代，得到 0_+ 时刻电路，求解该电阻电路可确定响应的初始值。在 0_+ 时刻电路中，独立电源的数值为其在 $t=0_+$ 时的激励值。这表明，初始值一般是由初始状态和独立源在 $t=0_+$ 时刻的激励值共同决定的。

$u_C(t)$ 和 $i_L(t)$ 的一阶导数的初始值可用公式 $\dfrac{du_C}{dt}=\dfrac{i_C}{C}$ 和 $\dfrac{di_L}{dt}=\dfrac{u_L}{L}$ 间接求出。

【例 7 - 1】　如图 7 - 2 所示电路换路前已达稳态，$t=0$ 时开关 S 断开。试求：　（1）初始值 $i_L(0_+)$、$u_C(0_+)$、$u(0_+)$、$\dfrac{di_L}{dt}\Big|_{t=0_+}$ 和 $\dfrac{du_C}{dt}\Big|_{t=0_+}$；

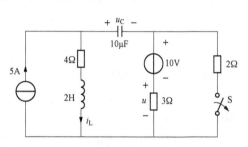

（2）稳态值 $i_L(\infty)$、$u_C(\infty)$ 和 $u(\infty)$。

【解】（1）求初始值。

1）求 $u_C(0_-)$ 和 $i_L(0_-)$。

换路前电路处于直流稳态，电容相当于开路，

图 7 - 2　［例 7 - 1］图

电感相当于短路，0_- 时刻电路如图 7 - 3（a）所示。则

$$i_L(0_-)=5\text{A}$$

$$u_C(0_-)=4\times i_L(0_-)-\frac{2}{3+2}\times 10=4\times 5-4=16\text{V}$$

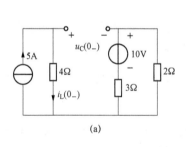
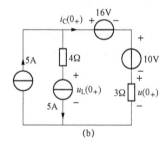
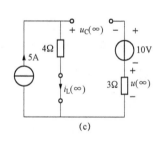

图 7 - 3　［例 7 - 1］解图

2）求 $i_L(0_+)$ 和 $u_C(0_+)$。由换路定则得

$$u_C(0_+)=u_C(0_-)=16\text{V},\ i_L(0_+)=i_L(0_-)=5\text{A}$$

3）求其他初始值。将电容用电压源替代，电感用电流源替代，可得图 7 - 3（b）所示的 0_+ 时刻电路。则有

$$i_C(0_+)=5-5=0,u_L(0_+)=-4\times 5+16+10=6\text{V},u(0_+)=3i_C(0_+)=0\text{V}$$

根据电容和电感的微分伏安关系得

$$\frac{du_C}{dt}\Big|_{t=0_+}=\frac{i_C(0_+)}{C}=0,\ \frac{di_L}{dt}\Big|_{t=0_+}=\frac{u_L(0_+)}{L}=\frac{6}{2}=3\text{A/s}$$

（2）求稳态值。由于电路处于直流稳态，故电容相当于开路，电感相当于短路，稳态电路如图 7 - 3（c）所示。则

$$i_L(\infty)=5\text{A},\ u(\infty)=0,\ u_C(\infty)=4i_L(\infty)-10=20-10=10\text{V}$$

注：0_- 时刻只求电容电压和电感电流。

3. 线性动态电路的经典分析法

动态电路经典分析法的一般步骤如下：①根据两类约束，列出换路后电路的输入—输出方程；②求出相应的初始值；③计算电路微分方程的特解（强迫响应）；④计算电路齐次微分方程的通解（自由响应）；⑤将上述两个解相加（微分方程的解＝通解＋特解），并用初始值确定积分常数，可得所求输出。

（1）计算自由响应。电路的自由响应对应齐次微分方程的通解，它的模式仅决定于电路的拓扑结构和元件参数，而与输入无关。通解常用下列特征方程的方法确定。

令电路微分方程的右端项为零可得下列齐次微分方程

$$\frac{\mathrm{d}^n y}{\mathrm{d}t^n} + a_{n-1}\frac{\mathrm{d}^{n-1}y}{\mathrm{d}t^{n-1}} + \cdots + a_1\frac{\mathrm{d}y}{\mathrm{d}t} + a_0 y = 0$$

相应的特征方程为 $\qquad p^n + a_{n-1}p^{n-1} + \cdots + a_1 p + a_0 = 0$

由此可求得特征根（电路的固有频率或自然频率）p_1、p_2，$\cdots$，p_n。根据特征根可以判断电路暂态过程的性质。

当特征根彼此不等时，自由响应的形式为

$$y_\mathrm{h}(t) = \sum_{k=1}^{n} A_k \mathrm{e}^{p_k t}$$

式中：A_k 为积分常数。当特征根中出现 l 阶重根（$n=m+l$）时，设 p_1、p_2，$\cdots$，p_m 为单根，p_l 为 l 阶重根，则自由响应的形式为

$$y_\mathrm{h}(t) = \sum_{i=1}^{m} A_i \mathrm{e}^{p_i t} + \sum_{k=1}^{l} A_k t^{k-1} \mathrm{e}^{p_l t}$$

对于同一动态电路，取不同的电压或电流为输出，特征方程一般相同。只有纯电感回路中的电感电流或纯电容割集中的电容电压作为输出时，才有零特征根的差别。

对于一阶电路，$p=-\dfrac{1}{\tau}$，自由响应的一般形式为 $A\mathrm{e}^{pt}=A\mathrm{e}^{-\frac{t}{\tau}}$，其变化方式完全由电路本身的特征根 p 所确定。

对于二阶电路，$p_{1,2}=-\alpha\pm\sqrt{\alpha^2-\omega_0^2}$。当 $\alpha>\omega_0$（过阻尼）时，p_1 和 p_2 为两个不等实根，$y_\mathrm{h}(t)=A_1\mathrm{e}^{p_1 t}+A_2\mathrm{e}^{p_2 t}$ 为非振荡响应；当 $\alpha=\omega_0$（临界阻尼）时，$p_1=p_2=p$ 为两个相等的实根，$y_\mathrm{h}(t)=A_1\mathrm{e}^{pt}+A_2 t\mathrm{e}^{pt}$ 为非振荡响应；当 $\alpha<\omega_0$（欠阻尼）时，p_1 和 p_2 为两个共轭复根 $p_{1,2}=-\alpha\pm\mathrm{j}\omega_\mathrm{d}$（$\omega_\mathrm{d}=\sqrt{\omega_0^2-\alpha^2}$），$y_\mathrm{h}(t)=A\mathrm{e}^{-\alpha t}\sin(\omega_\mathrm{d}t+\varphi)$ 为振荡响应。特别地，当电路无损耗（$\alpha=0$，无阻尼）时，$y_\mathrm{h}(t)=A\sin(\omega_0 t+\varphi)$ 为等幅振荡响应。

（2）计算强制响应。特解的形式一般和输入形式相同，故称之为强制响应。对应直流量和正弦量的强制响应的形式见表 7-1。

表 7-1　　　　　　　　　　　　　　　**强 制 响 应 的 形 式**

电路的激励源形式	强制响应的形式	备注
直流电源或阶跃电源	常数	
正弦电源 $F_\mathrm{m}\sin(\omega t+\varphi)$	$Y_\mathrm{pm}\sin(\omega t+\varphi+\theta)$	$\mathrm{j}\omega$ 不是特征根
	$Y_\mathrm{pm}t\sin(\omega t+\varphi+\theta)$	$\mathrm{j}\omega$ 是特征根

（3）计算全响应。由电路的起始状态和输入共同引起的响应称为全响应。将强制响应和

自由响应相加，并用初始值确定各个积分常数 A_k，可得输出的全响应。

与求解微分方程相对应，全响应可分解为

$$全响应 = 强制响应 + 自由响应$$

对于由直流、阶跃或周期信号激励的有损耗 $[\mathrm{Re}(p_k)<0]$ 电路，自由响应随时间衰减，称为暂态响应，它只存在于过渡过程之中；强制响应为直流或周期信号，称为稳态响应。这样，全响应又可分解为

$$全响应 = 稳态响应 + 暂态响应$$

暂态响应是由初始状态和外加激励共同引起的，但其模式与自由响应相同，与输入无关；而稳态响应为微分方程的特解（强制响应），与初始状态无关，可由分析各种稳态电路的方法确定。

7.2.3　一阶电路的三要素法

$t=0$ 换路时，直流一阶电路中任一电压或电流均可以用下列三要素公式求得

$$y(t) = y(\infty) + [y(0_+) - y(\infty)]\mathrm{e}^{-\frac{t}{\tau}}$$

显然，当 $y(0_+) = y(\infty)$ 时，电路无过渡过程。

三要素的计算方法如下：

(1) 初始值 $y(0_+)$ 按前面所述的方法计算。

(2) 时间常数 τ 的求法。一阶电路分为 RC 一阶电路和 RL 一阶电路。时间常数 τ 的计算公式为

$$\tau = \begin{cases} RC & RC\ 一阶电路 \\ \dfrac{L}{R} & RL\ 一阶电路 \end{cases}$$

1) 对于单一储能元件的一阶电路，R 为从储能元件两端看进去的二端网络的戴维南等效电阻。

2) 对于多个储能元件的一阶电路，可先把电路中所有独立电源置零，然后把储能元件合并成一个等效储能元件（若电路是一阶的，这一点一定能够做到），该等效储能元件的参数值就是公式中的 L 或 C；从等效储能元件两端看进去的二端网络的输入电阻就是公式中的 R。

(3) 稳态值的确定。稳态时，电路为直流稳态电路。电容用开路线代替，电感用短路线代替，得 ∞ 时刻电路，求解该电阻电路可得稳态值。

求解每个要素涉及的电路都是电阻电路，可用电阻电路方法求解。因此，学习本节内容时，重点应放在求解三个要素的大思路上，即正确画出 0_-、0_+、∞ 时刻电路以及求解 R 的电路。

换路时刻在 $t=t_0$ 时，相应的三要素公式变为

$$y(t) = y(\infty) + [y(t_{0+}) - y(\infty)]\mathrm{e}^{\frac{t-t_0}{\tau}}$$

注：这里的三要素法只能用于一阶电路的求解。

【例 7 - 2】　如图 7 - 4 所示电路，开关动作前电路处于稳态。试求 $t>0$ 时的电流 $i(t)$ 和电压 $u(t)$。

【解】 开关闭合后电路变成两个一阶电路，可以用三要素法求解。

(1) 求 $i(0_+)$ 和 $u(0_+)$。0_- 时刻电路如图 7 - 5 (a) 所示。

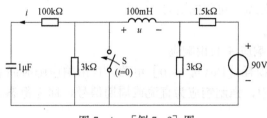

图 7 - 4　[例 7 - 2] 图

$$u_C(0_-) = \frac{3 /\!/ 3}{1.5 + 3 /\!/ 3} \times 90 = 45\text{V}$$

$$i_L(0_-) = -\frac{u_C(0_-)}{3} = -\frac{45}{3} = -15\text{mA}$$

由换路定则得 $u_C(0_+) = u_C(0_-) = 45\text{V}$，$i_L(0_+) = i_L(0_-) = -15\text{mA}$

0_+ 时刻电路如图 7 - 5（b）所示。

$$i(0_+) = -\frac{u_C(0_+)}{100} = -\frac{45}{100} = -0.45\text{mA}$$

$$i_1(0_+) = \frac{1.5}{3 + 1.5} \times i_L(0_+) + \frac{90}{3 + 1.5} = \frac{1}{3} \times (-15) + 20 = 15\text{mA}$$

所以 $u(0_+) = -i_1(0_+) \times 3 \times 10^3 = -15 \times 10^{-3} \times 3 \times 10^3 = -45\text{V}$。

（2）求 $u(\infty)$ 和 $i(\infty)$。∞ 时刻电路如图 7 - 5（c）所示。显然，$u(\infty) = 0$，$i(\infty) = 0$。

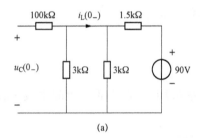

(a)

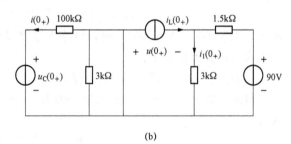

(b)

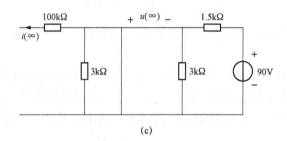

(c)

图 7 - 5　[例 7 - 2] 解图

（3）求时间常数 τ_C 和 τ_L。

因为 $R_{eq1} = 100\text{k}\Omega$，所以 $\tau_C = R_{eq1}C = 100 \times 10^3 \times 10^{-6} = 0.1\text{s}$；

又因为 $R_{eq2} = (3 /\!/ 1.5) \times 10^3 = 1\text{k}\Omega$，所以 $\tau_L = \frac{L}{R_{eq2}} = \frac{100 \times 10^{-3}}{10^3} = 10^{-4}\text{s}$。

（4）求响应。由三要素公式得

$$u(t) = u(\infty) + [u(0_+) - u(\infty)]e^{-\frac{t}{\tau_L}} = -45e^{-10^4 t}\text{V}(t > 0)$$

$$i(t) = i(\infty) + [i(0_+) - i(\infty)]e^{-\frac{t}{\tau_C}} = -0.45e^{-10t}\text{mA}(t > 0)$$

7.2.4　线性时不变动态电路的特性

线性时不变动态电路的几个重要特性：线性特性、微分特性和时不变特性。

1. 线性特性

线性动态电路的叠加定理：

$$全响应 = 零输入响应 + 零状态响应$$

零状态响应为零状态下外加输入单独作用产生的响应。零输入响应是外加输入为零的情况下，电路的初始储能产生的响应。零状态响应与输入之间存在线性关系（零状态线性），零输入响应与起始状态之间存在线性关系（零输入线性）。零状态响应与零输入响应仍可分别用经典法计算。

学习时，要注意全响应不同分解方式的关系。

2. 微分特性

输入为 $\dfrac{\mathrm{d}f(t)}{\mathrm{d}t}$ 时的零状态响应是输入为 $f(t)$ 时的零状态响应的导数（微分特性）。

3. 时不变特性

时不变特性是时不变电路所特有的一种性质，这一性质可陈述为：

对于线性时不变电路，若在输入 $f(t)$ 作用下产生的零状态响应为 $y_{\mathrm{zs}}(t)$，则在时间上延迟了 t_0 的输入 $f(t-t_0)$ 作用下产生的零状态响应为 $y_{\mathrm{zs}}(t-t_0)$。

7.2.5　单位阶跃响应与冲激响应

学习本节时，要熟练掌握单位阶跃函数和冲激函数的定义，见表 7-2。电路中出现阶跃信号或冲激信号就意味着电路存在换路。

表 7-2　　　　　　　　　　　　单位阶跃函数和冲激函数的定义

名称	单位阶跃函数	单位延时阶跃函数	阶跃函数	单位冲激函数
定义	$\varepsilon(t)=\begin{cases}1 & t\geqslant 0_+\\ 0 & t\leqslant 0_-\end{cases}$	$\varepsilon(t-t_0)=\begin{cases}1 & t\geqslant t_{0+}\\ 0 & t\leqslant t_{0-}\end{cases}$	$\varepsilon(-t)=\begin{cases}1 & t\leqslant 0_-\\ 0 & t\geqslant 0_+\end{cases}$	$\begin{cases}\delta(t)=0 & t\leqslant 0_-\ \text{或}\ t\geqslant 0_+\\ \int_{-\infty}^{\infty}\delta(t)\mathrm{d}t=1\end{cases}$

用阶跃函数可方便地表示分段常数信号。单位冲激函数具有如下性质：

(1) $\displaystyle\int_{-\infty}^{t}\delta(\tau)\mathrm{d}\tau = \varepsilon(t)$ 或 $\delta(t)=\dfrac{\mathrm{d}\varepsilon(t)}{\mathrm{d}t}$。

(2) 若 $f(t)$ 在 $t=0$ 处连续，则 $f(t)\,\delta(t)=f(0)\,\delta(t)$。

(3) 若 $f(t)$ 连续，则 $\displaystyle\int_{-\infty}^{\infty}f(t)\delta(t-t_0)\mathrm{d}t=f(t_0)$（筛分性）。

根据性质（2），表达式中 $\delta(t)$ 前的系数应为常数，且有 $0\times\delta(t)=0$。

单位阶跃响应和冲激响应均为特殊的零状态响应。

电路对单位阶跃输入的零状态响应称为单位阶跃响应，记作 $s(t)$。由于阶跃输入在 $t\geqslant 0_+$ 时为常数，所以，阶跃响应的求解方法和电路在直流激励下的零状态响应的求解方法相同。

电路对单位冲激输入的零状态响应称为（单位）冲激响应，并用 $h(t)$ 表示。电路中出现冲激输入时求初始状态必须考虑跃变。

冲激响应可按下列方法计算：

(1) 由单位阶跃响应求冲激响应。由微分特性可知，电路的冲激响应是其单位阶跃响应的导数，即 $h(t)=\dfrac{\mathrm{d}s(t)}{\mathrm{d}t}$。

(2) 化为求零输入响应。求电路的冲激响应时，电路存在跃变，关键在于如何求出初始

状态 $[u_C(0_+)$ 和 $i_L(0_+)]$。

电容电压和电感电流为有限值时，化为零输入响应求冲激响应的一般步骤如下：

1）$t = 0$ 时，电容视为短路，电感视为开路，可得 0 时刻电路。求解该电阻电路可得 $i_C(0)$ 和 $u_L(0)$。

2）利用公式 $u_C(0_+) = u_C(0_-) + \dfrac{1}{C}\displaystyle\int_{0_-}^{0_+} i_C \mathrm{d}\tau$ 和 $i_L(0_+) = i_L(0_-) + \dfrac{1}{L}\displaystyle\int_{0_-}^{0_+} u_L \mathrm{d}\tau$ 确定 $u_C(0_+)$ 和 $i_L(0_+)$。

3）求解 0_+ 时刻电路确定初始值（方法与前相同）。

4）将电路中冲激电源置零，求相应的零输入响应即为所求的冲激响应。

由上可知，冲激响应与零输入响应具有相同的性质。

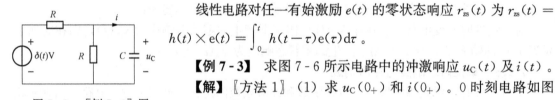

图 7-6　[例 7-3] 图

线性电路对任一有始激励 $e(t)$ 的零状态响应 $r_{zs}(t)$ 为 $r_{zs}(t) = h(t) \times e(t) = \displaystyle\int_{0_-}^{t} h(t-\tau)e(\tau)\mathrm{d}\tau$。

【例 7-3】　求图 7-6 所示电路中的冲激响应 $u_C(t)$ 及 $i(t)$。

【解】　〖方法 1〗　（1）求 $u_C(0_+)$ 和 $i(0_+)$。0 时刻电路如图 7-7（a）所示。

$$i(0) = \frac{\delta(t)}{R}$$

所以

$$u_C(0_+) = \frac{1}{C}\int_{0_-}^{0_+} \frac{\delta(\tau)}{R}\mathrm{d}\tau = \frac{1}{RC}$$

0_+ 时刻电路如图 7-7（b）所示。

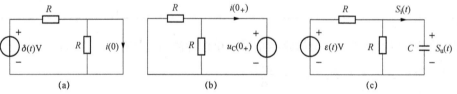

(a)　　　　　　　　　　(b)　　　　　　　　　　(c)

图 7-7　[例 7-3] 解图

$$i(0_+) = -\frac{u_C(0_+)}{\dfrac{R}{2}} = -\frac{2}{R^2 C}$$

（2）求 $u_C(\infty)$ 和 $i(\infty)$。

$$i(\infty) = 0, \ u_C(\infty) = 0$$

（3）求 τ。

$$\tau = \frac{1}{2}RC$$

所以

$$u_C(t) = u_C(\infty) + [u_C(0_+) - u_C(\infty)]\mathrm{e}^{-\frac{t}{\tau}} = \frac{1}{RC}\mathrm{e}^{-\frac{2t}{RC}}\varepsilon(t)$$

$$i(t) = i(\infty) + [i(0_+) - i(\infty)]\mathrm{e}^{-\frac{t}{\tau}} + i(0) = -\frac{2}{R^2 C}\mathrm{e}^{-\frac{2t}{RC}}\varepsilon(t) + \frac{1}{R}\delta(t)$$

〖方法 2〗　由单位阶跃响应求冲激响应。电路如图 7-7（c）所示。因为 $s_u(0_-) = 0$，所

以 $s_u(0_+) = s_u(0_-) = 0, s_i(0_+) = \dfrac{1}{R}\mathrm{A}, s_u(\infty) = 0.5\mathrm{V}, s_i(\infty) = 0, \tau = \dfrac{RC}{2}$ 。

所以　　$s_u(t) = s_u(\infty) + [s_u(0_+) - s_u(\infty)]\mathrm{e}^{-\frac{t}{\tau}} = 0.5(1 - \mathrm{e}^{-\frac{2t}{RC}})\varepsilon(t)$，$s_i(t) = s_i(\infty) +$

$[s_i(0_+) - s_i(\infty)]\mathrm{e}^{-\frac{t}{\tau}} = \dfrac{1}{R}\mathrm{e}^{-\frac{2t}{RC}}\varepsilon(t)$。

　　　　冲激响应为　　　　$u_C(t) = \dfrac{\mathrm{d}s_u(t)}{\mathrm{d}t} = 0.5(1 - \mathrm{e}^{-\frac{2t}{RC}})\delta(t) + \dfrac{1}{RC}\mathrm{e}^{-\frac{2t}{RC}}\varepsilon(t) = \dfrac{1}{RC}\mathrm{e}^{-\frac{2t}{RC}}\varepsilon(t)$

$$i_C(t) = \dfrac{\mathrm{d}s_i(t)}{\mathrm{d}t} = \dfrac{1}{R}\mathrm{e}^{-\frac{2t}{RC}}\delta(t) - \dfrac{2}{R^2C}\mathrm{e}^{-\frac{2t}{RC}}\varepsilon(t) = \dfrac{1}{R}\delta(t) - \dfrac{2}{R^2C}\mathrm{e}^{-\frac{2t}{RC}}\varepsilon(t)$$

　　注：（1）本题亦可用 $i(t) = \dfrac{\mathrm{d}u_C(t)}{\mathrm{d}t}$ 求 $i(t)$；

　　（2）由单位阶跃响应 $s(t)$ 求冲激响应 $h(t)$ 时，$s(t)$ 的表达式应乘以 $\varepsilon(t)$。

7.2.6　电路的状态方程和输出方程

1. 基本概念

电路中独立电容的电压和独立电感的电流可选为状态变量。电路状态变量的一阶微分方程组称为电路的状态方程。其标准形式为

$$\dot{x} = Ax + Bu$$

式中：x 为状态变量列向量；$\dot{x}$ 为状态变量列向量对时间的一阶导数；u 为电路输入列向量；A 和 B 为系数矩阵。A 的特征值（即特征多项式 $|p1 - A| = 0$ 的根）为电路的固有频率。

输出方程为代数方程，具有下列一般形式

$$y = Cx + Du$$

式中：y 为输出变量列向量；C 和 D 为系数矩阵。

　　2. 状态方程和输出方程的直观列写方法

　　（1）状态方程直观列写法的步骤如下：

　　1）选取所有的独立电容电压和独立电感电流作为状态变量。

　　2）对每个独立的电容，选择包含尽可能多的电感和电流源的节点或割集，并依据 KCL 和电容的 VAR 列写节点方程；对每个独立的电感，选择包含尽可能多的电容和电压源的回路，并依据 KVL 和电感的 VAR 列写回路方程。

　　3）将上述方程中出现的非状态变量用状态变量和输入表示，并从方程中消去，然后整理成标准形式。

　　（2）输出方程的列写方法分为两种情况：①输出为状态变量，此时令自身相等即可；②输出为非状态变量，此时与将非状态变量用状态变量和输入表示的方法相似。

　　【例 7 - 4】　试列写图 7 - 8 所示电路的状态方程和以电压 u_5 和电流 i_1 为输出的输出方程。

　　【解】　选电感电流 i_{L1}、i_{L2} 和电容电压 u_C 为状态变量。由 KCL 和 KVL 分别得

$$C\dfrac{\mathrm{d}u_C}{\mathrm{d}t} = i_{L1} - i_{L2}$$

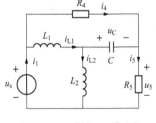

图 7 - 8　［例 7 - 4］图

$$L_1 \frac{\mathrm{d}i_{L1}}{\mathrm{d}t} = -u_C + R_4 i_4 \Bigg\}$$

$$L_2 \frac{\mathrm{d}i_{L2}}{\mathrm{d}t} = u_C + R_5 i_5 \Bigg\}$$

为了消去非状态变量 i_4 和 i_5，建立如下的补充方程

$$R_4 i_4 + R_5 i_5 = u_s, \ -i_4 + i_5 = i_{L1} - i_{L2}$$

由上述补充方程可得

$$i_4 = \frac{1}{R_4 + R_5}(u_s - R_5 i_{L1} + R_5 i_{L2})$$

$$i_5 = \frac{1}{R_4 + R_5}(u_s + R_4 i_{L1} - R_4 i_{L2})$$

消去前面方程中的 i_4 和 i_5，并整理，电路状态方程的矩阵形式为

$$
\begin{bmatrix} \dfrac{\mathrm{d}i_{L1}}{\mathrm{d}t} \\[2mm] \dfrac{\mathrm{d}i_{L2}}{\mathrm{d}t} \\[2mm] \dfrac{\mathrm{d}u_C}{\mathrm{d}t} \end{bmatrix} =
\begin{bmatrix} \dfrac{-R_4 R_5}{L_1(R_4+R_5)} & \dfrac{R_4 R_5}{L_1(R_4+R_5)} & \dfrac{-1}{L_1} \\[3mm] \dfrac{R_4 R_5}{L_2(R_4+R_5)} & \dfrac{-R_4 R_5}{L_2(R_4+R_5)} & \dfrac{1}{L_2} \\[3mm] \dfrac{1}{C} & -\dfrac{1}{C} & 0 \end{bmatrix}
\begin{bmatrix} i_{L1} \\[2mm] i_{L2} \\[2mm] u_C \end{bmatrix} +
\begin{bmatrix} \dfrac{R_4}{L_1(R_4+R_5)} \\[3mm] \dfrac{R_5}{L_2(R_4+R_5)} \\[3mm] 0 \end{bmatrix} u_s
$$

由 KCL 和 KVL 分别得

$$i_1 = i_{L1} + i_4 = \frac{R_4}{R_4+R_5}i_{L1} + \frac{R_5}{R_4+R_5}i_{L2} + \frac{1}{R_4+R_5}u_s$$

$$u_5 = R_5 i_5 = \frac{R_4 R_5}{R_4+R_5}i_{L1} - \frac{R_4 R_5}{R_4+R_5}i_{L2} + \frac{R_5}{R_4+R_5}u_s$$

输出方程的矩阵形式为

$$
\begin{bmatrix} i_1 \\[2mm] u_5 \end{bmatrix} =
\begin{bmatrix} \dfrac{R_4}{R_4+R_5} & \dfrac{R_5}{R_4+R_5} & 0 \\[3mm] \dfrac{R_4 R_5}{R_4+R_5} & \dfrac{-R_4 R_5}{R_4+R_5} & 0 \end{bmatrix}
\begin{bmatrix} i_{L1} \\[2mm] i_{L2} \\[2mm] u_C \end{bmatrix} +
\begin{bmatrix} \dfrac{1}{R_4+R_5} \\[3mm] \dfrac{R_5}{R_4+R_5} \end{bmatrix} u_s
$$

7.3 重 点 与 难 点

本章的重点是动态电路方程的建立（一、二阶电路的微分方程、电路的状态方程）、直流一阶电路的三要素法、零输入响应和零状态响应的概念、单位阶跃响应和冲激响应等。难点是动态电路方程的建立、含受控源的一阶电路和二阶电路的分析、冲激响应的确定。

7.4 第 7 章习题选解

7-1 试列写图 7-9 所示各电路中以指定量为输出的输入—输出方程。

【**解**】（1）所用电量的参考方向如图 7-10（a）所示。

由 KVL 和元件的 VAR 得

$$u_C = 5\frac{\mathrm{d}i_L}{\mathrm{d}t}$$

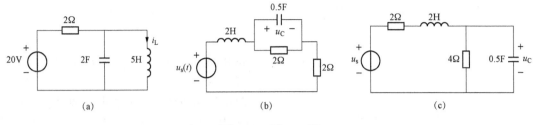

图 7-9　题 7-1 图

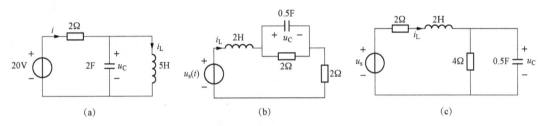

图 7-10　题 7-1 解图

由 KCL 和元件的 VAR 得　　　$i=i_L+C\dfrac{du_C}{dt}=i_L+2\dfrac{d}{dt}\left(5\dfrac{di_L}{dt}\right)=i_L+10\dfrac{d^2i_L}{dt^2}$

由 KVL 得　　　　　　　　　　　　　　$2i+u_C=20$

将上述 i 和 u_C 的表达式代入，有　　　　$2\times\left[i_L+10\dfrac{d^2i_L}{dt^2}\right]+5\dfrac{di_L}{dt}=20$

整理可得以 i_L 为输出的输入—输出方程为　　　$20\dfrac{d^2i_L}{dt^2}+5\dfrac{di_L}{dt}+2i_L=20$

（2）所用电量的参考方向如图 7-10（b）所示。

由 KVL 得　　　　　　　　　　　$2\dfrac{di_L}{dt}+u_C+2i_L=u_s$

由元件 VAR 和 KCL 得　　　　　　$i_L=0.5\dfrac{du_C}{dt}+\dfrac{u_C}{2}$

代入前式，可得电路的输入—输出方程为　　　$\dfrac{d^2u_C}{dt^2}+2\dfrac{du_C}{dt}+2u_C=u_s$

（3）所用电量的参考方向如图 7-10（c）所示。

由 KVL 和 KCL 得　　$2i_L+2\dfrac{di_L}{dt}+u_C=u_s$，$i_L=0.5\dfrac{du_C}{dt}+0.25u_C$

整理得　　　　　　　　　　　$\dfrac{d^2u_C}{dt^2}+1.5\dfrac{du_C}{dt}+1.5u_C=u_s$

7-2　如图 7-11 所示电路中，开关 S 动作前电路已处于稳态，$t=0$ 时开关 S 闭合。试求 $i(0_+)$。

【解】所用电流的参考方向如图 7-12（a）所示。

（1）求 $i_L(0_-)$。

开关 S 闭合前，电路处于直流稳态，电感相当于短路，所以 0_- 时刻电路如图 7-12（b）所示。则

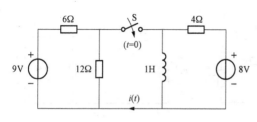

图 7 - 11　题 7 - 2 图

$$i_L(0_-) = \frac{8}{4} = 2A$$

（2）求 $i_L(0_+)$。

由换路定则得　　　　$i_L(0_+) = i_L(0_-) = 2A$

（3）求 $i(0_+)$。

将电感用电流为 2A 的电流源替代，可得 0_+ 时刻电路如图 7 - 12（c）所示。该电路的节

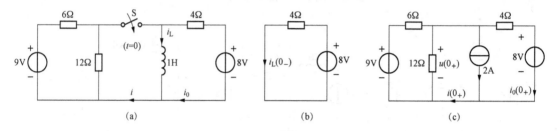

图 7 - 12　题 7 - 2 解图

点电压方程为

$$\left(\frac{1}{6} + \frac{1}{12} + \frac{1}{4}\right) u(0_+) = \frac{9}{6} + \frac{8}{4} - 2$$

解之得　　　　　　　$u(0_+) = 3V$

由欧姆定律得　　　　$i_0(0_+) = \frac{u(0_+) - 8}{4} = \frac{3 - 8}{4} = -1.25A$

由 KCL 得　　　　　　$i(0_+) = 2 + i_0(0_+) = 2 - 1.25 = 0.75A$

7 - 3　如图 7 - 13 所示电路中，开关 S 动作前处于稳态，$t = 0$ 时开关 S 断开。试求 $i(0_+)$。

【解】电容电压的参考方向如图 7 - 14（a）所示。

（1）求 $u_C(0_-)$。开关 S 动作前电路处于直流稳态，电容相当于开路，则 0_- 时刻电路如图 7 - 14（b）所示。因为 $i_1(0_-) = 0$，则 $2i_1(0_-) = 0$，即受控电压源相当于短路，图（b）电路可等效为如图 7 - 14（c）所示。

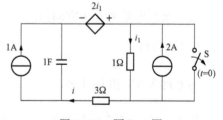

图 7 - 13　题 7 - 3 图

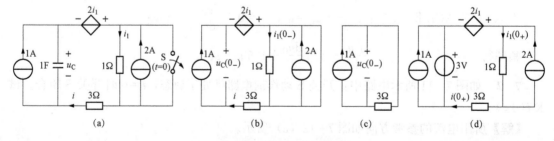

图 7 - 14　题 7 - 3 解图

$$u_C(0_-) = 1 \times 3 = 3V$$

（2）求 $u_C(0_+)$。

由换路定则得　　　　$u_C(0_+)=u_C(0_-)=3\text{V}$

（3）求 $i(0_+)$。

将电容用电压为 3V 的电压源替代，0_+ 时刻电路如图 7-14（d）所示。

由 KCL 和 KVL 得　　　$\begin{cases} i(0_+)=i_1(0_+)-2 \\ -2i_1(0_+)+1\times i_1(0_+)+3\times i(0_+)=3 \end{cases}$　　$\Rightarrow$　$i(0_+)=2.5\text{A}$

7-4　见［例 7-1］。

7-5　如图 7-15 所示电路中，$t<0$ 时电路处于稳态，$u_s(t)=\begin{cases} 6t\text{V} & t\geqslant0 \\ 0 & t<0 \end{cases}$。试求 $t>0$ 时的电压 $u_C(t)$。

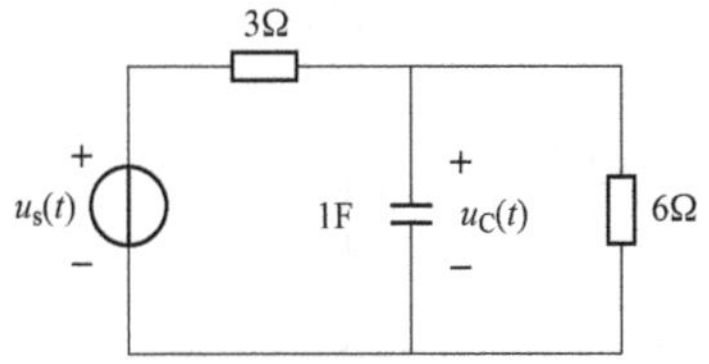

【解】（1）列写以 $u_C(t)$ 为输出的输入—输出方程。

电路的节点电压方程为 $\left(\dfrac{1}{3}+\dfrac{1}{6}\right)u_C+C\dfrac{\mathrm{d}u_C}{\mathrm{d}t}=\dfrac{1}{3}u_s$

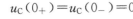

图 7-15　题 7-5 图

整理得以 $u_C(t)$ 为输出的输入—输出方程为

$$\frac{\mathrm{d}u_C}{\mathrm{d}t}+0.5u_C=2t$$

且有　　　$u_C(0_+)=u_C(0_-)=0$

（2）求 $u_C(t)$。

1）求齐次微分方程的通解 $u_{Ch}(t)$。

$u_{Ch}(t)$ 满足的齐次微分方程为　　　$\dfrac{\mathrm{d}u_{Ch}}{\mathrm{d}t}+0.5u_{Ch}=0$

特征方程为　　　　　　　　　　　$\lambda+0.5=0$

特征根为　　　　　　　　　　　　$\lambda=-0.5$

则齐次微分方程的通解的形式为　　　　$u_{Ch}(t)=k\mathrm{e}^{-0.5t}$

2）求非齐次微分方程的特解 $u_{Cp}(t)$。

$u_{Cp}(t)$ 满足的方程为　　　　$\dfrac{\mathrm{d}u_{Cp}}{\mathrm{d}t}+0.5u_{Cp}=2t$

令 $u_{Cp}(t)=At+B$，并将其代入上式可求得 $A=4$，$B=-8$，则

$$u_{Cp}(t)=4t-8$$

3）求电压 $u_C(t)$。

$$u_C(t)=u_{Ch}(t)+u_{Cp}(t)=k\mathrm{e}^{-0.5t}+4t-8$$

由初始条件可求得待定系数 $k=8$。所以　　$u_C(t)=8\mathrm{e}^{-0.5t}+4t-8\text{V}(t>0)$

7-6　如图 7-16 所示电路中，开关 S 断开前电路处于稳态，$t=0$ 时开关 S 断开。试求 $t>0$ 时开关两端电压 $u_K(t)$。

【解】（1）求 $u_K(0_+)$。

1）求 $i_L(0_+)$。0_- 时刻电路如图 7-17（a）所示。此双节点电路的节点电压方程为

$$\left(\frac{1}{2}+\frac{1}{2}+\frac{1}{2}\right)u(0_-)=\frac{12}{2}-\frac{4}{2}\quad\Rightarrow\quad u(0_-)=\frac{8}{3}\text{V}$$

$$i_L(0_-)=\frac{u(0_-)}{2}=\frac{4}{3}\text{A}$$

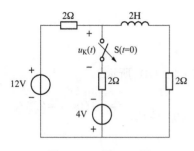

图 7 - 16　题 7 - 6 图

由换路定则得　　　　　$i_L(0_+) = i_L(0_-) = \dfrac{4}{3}A$

2）求 $u_K(0_+)$。0_+ 时刻电路如图 7 - 17（b）所示。

$$u_K(0_+) = -\frac{4}{3} \times 2 + 12 + 4 = \frac{40}{3}V$$

（2）求 $u_K(\infty)$。∞ 时刻电路如图 7 - 17（c）所示。

$$u_K(\infty) = \frac{1}{2} \times 12 + 4 = 10V$$

（3）求 τ。

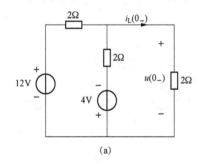

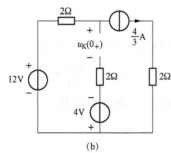

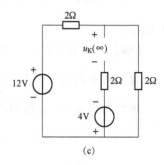

(a)　　　　　　　　　　　　(b)　　　　　　　　　　　　(c)

图 7 - 17　题 7 - 6 解图

因为 $R_{eq} = 2 + 2 = 4\Omega$，所以 $\tau = \dfrac{L}{R_{eq}} = 0.5s$

（4）求 $u_K(t)$。由三要素公式得

$$u_K(t) = u_K(\infty) + [u_K(0_+) - u_K(\infty)]e^{-\frac{t}{\tau}} = 10 + \left(\frac{40}{3} - 10\right)e^{-2t} = 10 + \frac{10}{3}e^{-2t}V(t > 0)$$

7 - 7　如图 7 - 18 所示电路中，开关 S 原来是断开的，电路处于稳态，在 $t = 0$ 时将开关 S 闭合。试求 $t > 0$ 时的 $u_C(t)$、$i_C(t)$ 及 $i(t)$。

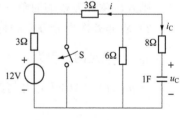

【解】（1）求 $u_C(0_+)$、$i_C(0_+)$ 和 $i(0_+)$。

0_- 时刻电路如图 7 - 19（a）所示。

$$u_C(0_-) = \frac{6}{3+3+6} \times 12 = 6V \Rightarrow u_C(0_+) = u_C(0_-) = 6V$$

图 7 - 18　题 7 - 7 图

0_+ 时刻电路如图 7 - 19（b）所示。则

$$i_C(0_+) = -\frac{u_C(0_+)}{8 + 3 /\!/ 6} = -\frac{6}{8+2} = -0.6A, i(0_+) = -\frac{6}{3+6}i_C(0_+) = -\frac{6}{9} \times (-0.6) = 0.4A$$

（2）求 $u_C(\infty)$、$i_C(\infty)$ 和 $i(\infty)$。∞ 时刻电路如图 7 - 19（c）所示。显然

$$u_C(\infty) = 0, i_C(\infty) = 0, i(\infty) = 0$$

（3）求 τ。

$$R_{eq} = 8 + 3 /\!/ 6 = 10\Omega, \tau = R_{eq}C = 10 \times 1 = 10s$$

（4）求响应。

$$u_C(t) = u_C(\infty) + [u_C(0_+) - u_C(\infty)]e^{-\frac{t}{\tau}} = 6e^{-0.1t}V(t > 0)$$

$$i_C(t) = i_C(\infty) + [i_C(0_+) - i_C(\infty)]e^{-\frac{t}{\tau}} = -0.6e^{-0.1t}A(t > 0)$$

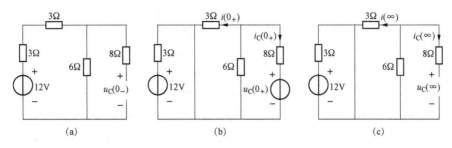

图 7 - 19 题 7 - 7 解图

$$i(t) = i(\infty) + [i(0_+) - i(\infty)] e^{-\frac{t}{\tau}} = 0.4 e^{-0.1t} A(t > 0)$$

7 - 8 见 [例 7 - 2]。

7 - 9 如图 7 - 20 所示电路中，开关 S 合在位置 1 时已达稳态。$t = 0$ 时开关 S 由位置 1 合向位置 2。试求 $t \geqslant 0$ 时的电容电压 $u_C(t)$。

【解】 提示：$u_C(0_+) = u_C(0_-) = 3 \times 2 = 6V$；由 ∞ 时刻电路 [图 7 - 21 (a)] 得 $i_1(\infty) = 2A$，$u_C(\infty) = 6i_1(\infty) = 12V$；

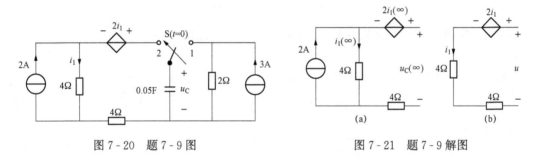

图 7 - 20 题 7 - 9 图

图 7 - 21 题 7 - 9 解图

求 R_{eq} 的电路如图 7 - 21 (b)。$R_{eq} = \dfrac{u}{i_1} = 10\Omega$，$\tau = R_{eq}C = 0.5s$。代入三要素公式有

$$u_C(t) = u_C(\infty) + [u_C(0_+) - u_C(\infty)] e^{-\frac{t}{\tau}} = 12 - 6e^{-2t} V(t \geqslant 0)$$

7 - 10 如图 7 - 22 所示电路中，开关合在位置 1 已达稳态。$t = 0$ 时开关 S 由位置 1 合向位置 2。试求 $t \geqslant 0$ 时的电感电流 $i_L(t)$。

【解】 提示：$i_L(0_+) = i_L(0_-) = 5A$；对 ∞ 时刻电路 [如图 7 - 23 (a)] 由回路法得 $i_L(\infty) = 4A$。

由图 7 - 23 (b) 电路可得等效电阻 $R_{eq} = 10\Omega$；$i_L(t) = 4 + (5 - 4) e^{-\frac{t}{0.2}} = 4 + e^{-5t} A$。

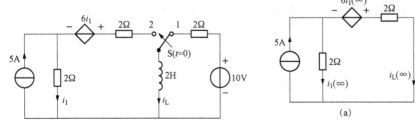

图 7 - 22 题 7 - 10 图

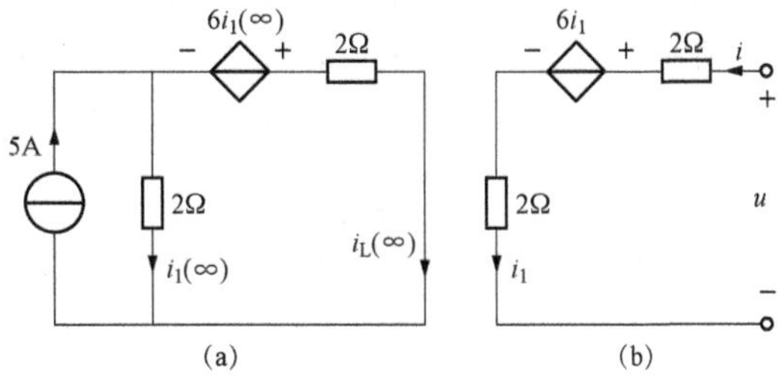

图 7 - 23 题 7 - 10 解图

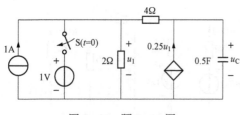

图 7-24　题 7-11 图

7-11　如图 7-24 所示电路中，开关 S 动作前电路已达稳态，$t=0$ 开关 S 闭合。试求 $t \geqslant 0$ 时的电容电压 $u_C(t)$。

【解】提示：由图 7-25（a）所示 0_- 时刻电路求得 $u_1(0_-)=4V$，$u_C(0_-)=8V$；∞ 时刻电路如图 7-25（b），$u_C(\infty)=2V$；求 R_{eq} 电路如图 7-25（c）所示。$u_1=0$，VCCS 处于开路，则 $R_{eq}=4\Omega$。$u_C(t)=(2+6e^{-0.5t})V$。

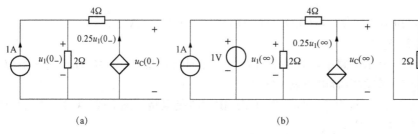

（a）　　　　　　　　　　（b）　　　　　　　　　　（c）

图 7-25　题 7-11 解图

7-12　如图 7-26 所示电路中，已知 $i(0_-)=0$，试求 $t>0$ 时的电流 $i(t)$。

【解】提示：由 ∞ 时刻电路［图 7-27（a）］得 $i_1(\infty)=0$，$i(\infty)=4A$；$R_{eq}=\dfrac{u}{i}=14\Omega$，$i(t)=4(1-e^{-7t})A$。

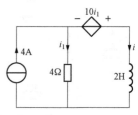

图 7-26　题 7-12 图

7-13　如图 7-28 所示电路中，开关动作前电路处于稳态，$t=0$ 时开关 S 闭合。试求 $t>0$ 时的电流 $i(t)$。

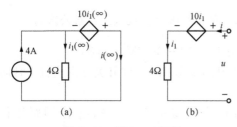

（a）　　　　　　　（b）

图 7-27　题 7-12 解图

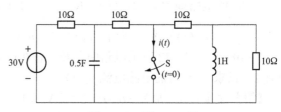

图 7-28　题 7-13 图

【解】提示：$t>0$ 时，电路可分成两个独立的一阶电路，分别如图 7-29（b）和 7-29（c）所示。且有 $i(t)=i_1(t)+i_2(t)$。$i_1(t)$ 和 $i_2(t)$ 可由三要素法求得。

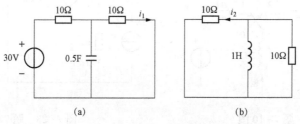

（a）　　　　　　　　　　　　（b）

图 7-29　题 7-13 解图

$$i_1(t)=i_1(\infty)+[i_1(0_+)-i_1(\infty)]\mathrm{e}^{-\frac{t}{\tau_C}}=1.5+(2-1.5)\mathrm{e}^{-0.4t}=(1.5+0.5\mathrm{e}^{-0.4t})\,\mathrm{A}$$

$$i_2(t)=i_2(\infty)+[i_2(0_+)-i_2(\infty)]\mathrm{e}^{-\frac{t}{\tau_L}}=0+(-0.5-0)\mathrm{e}^{-5t}=(-0.5\mathrm{e}^{-5t})\,\mathrm{A}$$

$$i(t)=i_1(t)+i_2(t)=(1.5+0.5\mathrm{e}^{-0.4t}-0.5\mathrm{e}^{-5t})\,\mathrm{A}$$

7-14　如图 7-30 所示电路中，开关 S 在 $t=0$ 时闭合，S 闭合前电路处于稳态。试求：
(1) $t>0$ 时的电流 $i(t)$；(2) $i(t)$ 中无暂态分量的条件。

【解】提示：(1) $t>0$ 时，电路如图 7-31 所示，$i(t)=i_C(t)+i_L(t)$。电路可分成 RL 和 RC 两个独立的一阶电路。由三要素法得

$$i_C(t)=\frac{U_s}{R_1}\mathrm{e}^{-\frac{t}{R_1C}},\ i_L(t)=\left(\frac{U_s}{R_2}-\frac{U_s}{R_2}\mathrm{e}^{-\frac{R_2t}{L}}\right);$$

$$i(t)=i_C(t)+i_L(t)=\frac{U_s}{R_2}+\frac{U_s}{R_1}\mathrm{e}^{-\frac{t}{R_1C}}-\frac{U_s}{R_2}\mathrm{e}^{-\frac{R_2t}{L}}$$

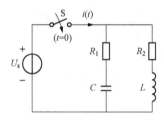 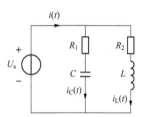

图 7-30　题 7-14 图　　　　　　　图 7-31　题 7-14 解图

(2) 令 $i(t)$ 中的暂态分量为 0，得 $R_1=R_2=\sqrt{\dfrac{L}{C}}$。

7-15　如图 7-32 所示电路中，初始状态保持不变，电源在 $t=0$ 时作用于电路。已知当 $U_s=1\mathrm{V}$，$I_s=0$ 时，$u_C(t)=(2\mathrm{e}^{-2t}+0.5)\mathrm{V}(t\geqslant0)$；当 $I_s=1\mathrm{A}$，$U_s=0$ 时，$u_C(t)=(0.5\mathrm{e}^{-2t}+2)\mathrm{V}(t\geqslant0)$。试求：(1) R_1、R_2 和 C；(2) $U_s=1\mathrm{V}$，$I_s=1\mathrm{A}$ 时电路中的电压 $u_C(t)$。

【解】(1) 求 R_1、R_2 和 C。因为当 $U_s=1\mathrm{V}$，$I_s=0$ 时

$$u_C(t)=(2\mathrm{e}^{-2t}+0.5)\mathrm{V}(t\geqslant0)$$

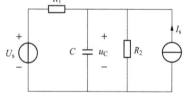

图 7-32　题 7-15 图

所以 $u_C(\infty)=\dfrac{R_2}{R_1+R_2}\times U_s=\dfrac{R_2}{R_1+R_2}\times1=\dfrac{R_2}{R_1+R_2}=\lim\limits_{t\to\infty}u_C(t)=0.5$

即　　　　　　　　　　　$\dfrac{R_2}{R_1+R_2}=0.5$　　　　　　　　　　　　　　　　　　(1)

又因为当 $I_s=1\mathrm{A}$，$U_s=0$ 时　　$u_C(t)=(0.5\mathrm{e}^{-2t}+2)\mathrm{V}(t\geqslant0)$

所以　　　　　$u_C(\infty)=(R_1/\!/R_2)I_s=\dfrac{R_1R_2}{R_1+R_2}\times1=\dfrac{R_1R_2}{R_1+R_2}=\lim\limits_{t\to\infty}u_C(t)=2$

即　　　　　　　　　　　$\dfrac{R_1R_2}{R_1+R_2}=2$　　　　　　　　　　　　　　　　　　(2)

联立式 (1) 和式 (2) 解得　　　　　　　　$R_1=R_2=4\Omega$

因为 $\tau=R_0C=(R_1/\!/R_2)C=(4/\!/4)C=0.5\mathrm{s}$，所以，$C=0.25\mathrm{F}$。

（2）因为

$$u_C(0_+) = \lim_{t \to 0_+} u_C(t) = \lim_{t \to 0_+}(2e^{-2t} + 0.5) = 2.5\text{V}$$

$$u_C(\infty) = \frac{R_2}{R_1+R_2}U_s + \frac{R_1 R_2}{R_1+R_2}I_s = \frac{1}{2} \times 1 + 2 \times 1 = 2.5\text{V}$$

$$\tau = R_0 C = (R_1 /\!\!/ R_2)C = (4 /\!\!/ 4)C = 0.5\text{s}$$

所以 $u_C(t) = u_C(\infty) + [u_C(0_+) - u_C(\infty)]e^{-\frac{t}{\tau}} = 2.5 + (2.5 - 2.5)e^{-2t} = 2.5\text{V}$

*7-16   如图 7-33 所示电路中，已知 $R=10\Omega$，$L_1=0.4\text{H}$，$L_2=0.6\text{H}$。$t<0$ 时电路处于稳态，$t=0$ 时开关 S 由 a 合向 b。试求 $t>0$ 时的响应 $i_1(t)$。

【解】 该电路为一阶电路，用三要素法求解。所用电量的参考方向如图 7-34 所示。

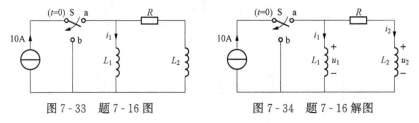

图 7-33 题 7-16 图   图 7-34 题 7-16 解图

（1）初始值。

$$i_1(0_-) = 10\text{A}, i_2(0_-) = 0$$

在 $t=0$ 时，两个电感电流发生了跃变，故用磁链守恒定律计算初始状态。

对 R、L_1、L_2 构成的回路，应用 KVL 得

$$L_1 \frac{di_1}{dt} = Ri_2 + L_2 \frac{di_2}{dt}$$

上式两边从 0_- 到 0_+ 对时间 t 取积分并整理得

$$L_1 i_1(0_+) - L_2 i_2(0_+) = L_1 i_1(0_-) - L_2 i_2(0_-) \quad \text{（磁链守恒定律）}$$

$t=0_+$ 时，由 KCL 得 $i_1(0_+) + i_2(0_+) = 0$

将已知数据代入以上两式，联立解得 $i_1(0_+) = \dfrac{L_1}{L_1+L_2}i_1(0_-) = 4\text{A}$

（2）稳态值。 $i_1(\infty) = 0$

（3）时间常数。 $\tau = \dfrac{L_1+L_2}{R} = \dfrac{1}{10}\text{s}$

因此 $i_1(t) = i_1(0_+)e^{-\frac{t}{\tau}} = 4e^{-10t}\text{A} (t>0)$

注：由于在 $t=0$ 时，电感电流发生跃变，因此，u_1 中含有冲激电压分量。若计算 u_1，须将 i_1 写成全时域表达式，即 $i_1(t) = 4e^{-10t}\varepsilon(t) + i_1(0_-)\varepsilon(-t)\text{A}$，则 $u_1(t) = L_1 \dfrac{di_1}{dt} = -16e^{-10t}\varepsilon(t) - 2.4\delta(t)\text{V}$。

又由 KVL 知，u_2 中也含有冲激电压，并且与 u_1 中的冲激电压相平衡。u_2 计算如下

$$i_2(t) = -4e^{-10t}\varepsilon(t)\text{A}, u_2(t) = L_2 \frac{di_2}{dt} = 24e^{-10t}\varepsilon(t) - 2.4\delta(t)\text{V}$$

*7-17   如图 7-35 所示电路中，$t<0$ 时电路处于稳态，$t=0$ 时开关 S 闭合。试求 S 闭合后的电压 $u(t)$。

【解】所用电量的参考方向如图 7-36 所示。

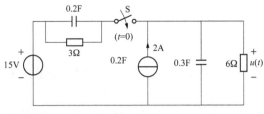

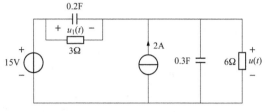

图 7-35　题 7-17 图　　　　　　　　　图 7-36　题 7-17 解图

（1）计算初始值。$t=0_-$ 时，由原电路图可知，$u_1(0_-)=0$，$u(0_-)=2\times6=12\text{V}$。开关闭合后，电路如图 7-36 所示，电容和电压源形成了纯电容回路。$t=0$ 时该回路中有冲激电流流过，两个电容的电压均发生跃变。

用电荷守恒定律计算初始状态。对图 7-36 中含电容的节点，应用 KCL 得

$$0.2\frac{du_1}{dt}+\frac{u_1}{3}+2=\frac{u}{6}+0.3\frac{du}{dt}$$

上式两边从 0_- 到 0_+ 对时间 t 取积分并整理得

$$0.2u_1(0_+)-0.3u(0_+)=0.2u_1(0_-)-0.3u(0_-)\qquad（电荷守恒定律）$$

对图 7-36 中所含纯电容回路，当 $t=0_+$ 时，由 KVL 得　$u_1(0_+)+u(0_+)=15$

联立以上两式解得 $u_1(0_+)=\frac{3}{5}[15-u(0_-)]=1.8\text{V}$，$u(0_+)=15-u_1(0_+)=13.2\text{V}$

（2）计算稳态值和时间常数。由图 7-36 有

$$u(\infty)=\frac{6}{3+6}\times15+(3\mathbin{/\mkern-5mu/}6)\times2=14\text{V},\tau=RC=(3\mathbin{/\mkern-5mu/}6)\times(0.2+0.3)=1\text{s}$$

（3）求响应 $u(t)$。由三要素公式得

$$u(t)=u(\infty)+[u(0_+)-u(\infty)]e^{-\frac{t}{\tau}}=14-0.8e^{-t}\text{V}(t>0)$$

注：由于在 $t=0$ 时，电容电压发生跃变，因此，电容电流 i 中含有冲激电流分量。若计算 i，须将 u 写成全时域表达式，即

$$u(t)=(14-0.8e^{-t})\varepsilon(t)+u(0_-)\varepsilon(-t)\text{ V}$$

则
$$i(t)=0.3\frac{du}{dt}=0.24e^{-t}\varepsilon(t)+0.36\delta(t)\text{ A}$$

7-18　电路如图 7-37 所示。（1）若 $U_s=18\text{V}$，$u_C(0_-)=-6\text{V}$。求零输入响应 $u_{Czi}(t)$、零状态响应 $u_{Czs}(t)$ 和全响应 $u_C(t)$；（2）若 $U_s=36\text{V}$，$u_C(0_-)=-3\text{V}$，求全响应 $u_C(t)$。

【解】（1）求零输入响应 $u_{Czi}(t)$。

$$u_C(0_+)=u_C(0_-)=-6\text{V},u_C(\infty)=0$$
$$\tau=R_0C=(3\mathbin{/\mkern-5mu/}6)\times0.25=0.5\text{s}$$

图 7-37　题 7-18 图

所以　　　$u_{Czi}(t)=u_C(\infty)+[u_C(0_+)-u_C(\infty)]e^{-\frac{t}{\tau}}=-6e^{-2t}\text{V}(t\geqslant0)$

求零状态响应 $u_{Czs}(t)$。

$$u_C(0_+)=u_C(0_-)=0,u_C(\infty)=\frac{3}{3+6}\times U_s=\frac{1}{3}\times18=6\text{V}$$

$$\tau = R_0 C = (3 \mathbin{/\mkern-5mu/} 6) \times 0.25 = 0.5\mathrm{s}$$

所以　　　　　　$u_{Czs}(t) = u_C(\infty) + [u_C(0_+) - u_C(\infty)]e^{-\frac{t}{\tau}} = 6 - 6e^{-2t}\mathrm{V}\,(t \geqslant 0)$

求全响应 $u_C(t)$。

$$u_C(t) = u_{Czi}(t) + u_{Czs}(t) = 6 - 12e^{-2t}\mathrm{V}\,(t \geqslant 0)$$

（2）由叠加定理、零输入线性和零状态线性得 $U_s = 36\mathrm{V}$，$u_C(0_-) = -3\mathrm{V}$ 时的全响应为

$$u_C(t) = 0.5u_{Czi}(t) + 2u_{Czs}(t) = -3e^{-2t} + 12 - 12e^{-2t} = 12 - 15e^{-2t}\mathrm{V}\,(t \geqslant 0)$$

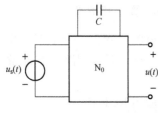

图 7-38　题 7-19 图

7-19　电路如图 7-38 所示，N_0 为不含独立电源的电阻性网络。（1）已知当 $u_s(t) = 10\varepsilon(t)\mathrm{V}$ 时，响应为 $u(t) = 10 + 4e^{-t}\mathrm{V}$ $(t>0)$，当 $u_s(t) = 5\varepsilon(t)\mathrm{V}$ 时，响应为 $u(t) = 5 + 6e^{-t}\mathrm{V}$ $(t>0)$。试求零输入响应。（2）已知 $u_s(t) = 10\varepsilon(t)\mathrm{V}$，当 $u_C(0_-) = 20\mathrm{V}$ 时，响应为 $u(t) = 10 + 4e^{-t}\mathrm{V}$ $(t>0)$；当 $u_C(0_-) = 30\mathrm{V}$ 时，响应为 $u(t) = 10 + 8e^{-t}\mathrm{V}$ $(t>0)$。试求零状态响应。

【解】（1）设零输入响应为 $u_{zi}(t)$，输入 $u_s(t) = 10\varepsilon(t)\mathrm{V}$ 时的零状态响应为 $u_{zs}(t)$。

根据题意，由叠加定理和零状态线性得

$$\begin{cases} u_{zi}(t) + u_{zs}(t) = 10 + 4e^{-t} \\ u_{zi}(t) + 0.5u_{zs}(t) = 5 + 6e^{-t} \end{cases} \Rightarrow \quad u_{zi}(t) = 8e^{-t}\mathrm{V}\,(t>0)$$

（2）设零状态响应为 $u_{zs}(t)$，$u_C(0_-) = 20\mathrm{V}$ 时的零输入响应为 $u_{zi}(t)$。

根据题意，由叠加定理和零输入线性得

$$\begin{cases} u_{zi}(t) + u_{zs}(t) = 10 + 4e^{-t} \\ 1.5u_{zi}(t) + u_{zs}(t) = 10 + 8e^{-t} \end{cases} \Rightarrow \quad u_{zs}(t) = 10 - 4e^{-t}\mathrm{V}\,(t>0)$$

7-20　如图 7-39 所示电路中，N 内部只含电源和电阻，$C = 2\mathrm{F}$，电路的零状态响应为

$$u_0(t) = (0.5 + 0.5e^{-0.25t})\mathrm{V} \quad (t>0)$$

若把电路中的电容换以 2H 电感，则输出端的零状态响应 $u_0(t)$ 将如何改变？

【解】电路接 2F 电容时，

$$u_0(0_+)\big|_{2\mathrm{F}} = u_0(0_+) = \lim_{t \to 0_+}u_0(t) = 1\mathrm{V},$$

$$u_0(\infty)\big|_{2\mathrm{F}} = u_0(\infty) = \lim_{t \to \infty}u_0(t) = 0.5\mathrm{V}$$

$$\tau_C = R_{eq}C = R_{eq} \times 2 = 4\mathrm{s}$$

所以　　　　　　　　$R_{eq} = 2\Omega$

若把电路中的 2F 电容换以 2H 电感，根据电感和电容在 $t=0_+$ 和 $t=\infty$ 时的特点可得

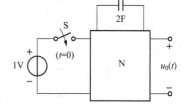

图 7-39　题 7-20 图

$$u_0(0_+)\big|_{2\mathrm{H}} = u_0(\infty)\big|_{2\mathrm{F}} = 0.5\mathrm{V}, u_0(\infty)\big|_{2\mathrm{H}} = u_0(0_+)\big|_{2\mathrm{F}} = 1\mathrm{V}, \tau_L = \frac{L}{R_{eq}} = \frac{2}{2} = 1\mathrm{s}$$

所以，电路中的 2F 电容换以 2H 电感，输出端的零状态响应 $u_0(t)$ 为

$$u_0(t) = u_0(\infty)\big|_{2\mathrm{H}} + [u_0(0_+)\big|_{2\mathrm{H}} - u_0(\infty)\big|_{2\mathrm{H}}]e^{-\frac{t}{\tau_L}}$$

$$= 1 + (0.5 - 1)e^{-t} = 1 - 0.5e^{-t}\mathrm{V}\,(t>0)$$

注：本题利用了电感和电容的对偶性：在直流稳态电路中，电容相当于开路，电感相当于短路；零状态下，在 $t=0_+$ 时刻，电感相当于开路，电容相当于短路。

7-21 如图 7-40 所示电路中，已知 $R_1=1\Omega$，$R_2=2\Omega$，$C=2F$，$g_m=1.5S$。试求该电路的单位阶跃响应 $u_C(t)$。

【解】（1）求 $u_C(0_+)$。因为 $u_C(0_-)=0$，所以 $u_C(0_+)=u_C(0_-)=0$。

（2）求 $u_C(\infty)$。∞ 时刻电路如图 7-41（a）所示。

因为 $$u_1(\infty)=1-1.5u_1(\infty) \Rightarrow u_1(\infty)=0.4V$$

所以 $$u_C(\infty)=-1.5u_1(\infty)\times 2+u_1(\infty)=-2u_1(\infty)=-0.8V$$

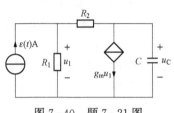

图 7-40 题 7-21 图

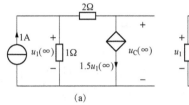
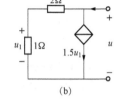

（a）　　　　　　　（b）

图 7-41 题 7-21 解图

（3）求 τ。求 R_{eq} 的电路如图 7-41（b）所示。

$$i=u_1+1.5u_1=2.5u_1, \quad u=u_1+2u_1=3u_1$$

所以 $$R_{eq}=\frac{u}{i}=\frac{3u_1}{2.5u_1}=1.2\Omega, \quad \tau=R_{eq}C=1.2\times 2=2.4s$$

（4）求 $u_C(t)$。由三要素公式得

$$u_C(t)=u_C(\infty)+[u_C(0_+)-u_C(\infty)]e^{-\frac{t}{\tau}}=-0.8+[0-(-0.8)]e^{-\frac{t}{2.4}}$$
$$=(-0.8+0.8e^{-\frac{5}{12}t})\varepsilon(t)V$$

7-22 如图 7-42 所示电路中，已知 $R_1=3\Omega$，$R_2=1.2\Omega$，$R_3=6\Omega$，$i_s(t)=8\varepsilon(t)A$，$u_{s1}=12V$，$u_{s2}(t)=24\varepsilon(-t)V$，$L=0.1H$。求 $t>0$ 时的电流 $i_2(t)$。

【解】 提示：本题为直流一阶电路，关键是 $u_{s2}(t)=24\varepsilon(-t)V$。$t\leqslant 0_-$ 时，$u_{s2}(t)=24V$；$t\geqslant 0_+$ 时，$u_{s2}(t)=0$。

$i_L(0_+)=i_L(0_-)=2A$；由 0_+ 时刻电路和 ∞ 时刻电路分别得 $i_2(0_+)=5A$ 和 $i_2(\infty)=7.5A$；$i_2(t)=7.5-2.5e^{-40t}A$。

7-23 如图 7-43 所示电路原已处于稳态，$u_s(t)=20\varepsilon(-t)+24\varepsilon(t)V$。试求 $t\geqslant 0$ 时的电感电流 $i_L(t)$。

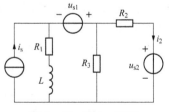
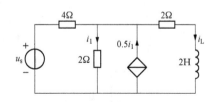

图 7-42 题 7-22 图　　　　图 7-43 题 7-23 图

【解】 提示：$i_L(0_+)=i_L(0_-)=2.5A$，由三要素公式得 $i_L(t)=3-0.5e^{-2t}A$。

7-24 如图 7-44 所示电路中，已知 $R=100\Omega$，$C=0.01F$，$u_2(0_-)=0$。试用两种方法求电压 $u_2(t)$。

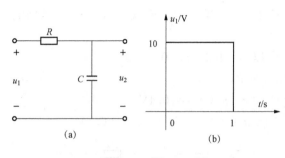

图 7-44 题 7-24 图

【解】〖方法一〗提示：分两个时间段计算：$0 \leqslant t < 1\text{s}$ 时，$u_2(t) = u_2(\infty) + [u_2(0_+) - u_2(\infty)] e^{-\frac{t}{\tau}} = 10 - 10e^{-t}\text{V}$；$t \geqslant 1\text{s}$ 时，$u_2(t) = u_2(\infty) + [u_2(1_+) - u_2(\infty)] e^{-\frac{t-1}{\tau}} = 6.32e^{-(t-1)} = 17.18e^{-t}\text{V}$。

〖方法二〗提示：先计算单位阶跃响应 $s(t) = (1 - e^{-t})\varepsilon(t)\text{V}$；而 $u_1(t) = [10\varepsilon(t) - 10\varepsilon(t-1)]\text{V}$，由线性特性和时不变特性得 $u_2(t) = 10s(t) - 10s(t-1) = 10(1-e^{-t})\varepsilon(t) - 10[1-e^{-(t-1)}]\varepsilon(t-1)\text{V}$。

注：求分段常数信号作用下的零状态响应，可以采用以下三步：①把分段常数信号用阶跃函数表示；②求单位阶跃响应；③利用零状态响应的线性特性和时不变特性，获得所求零状态响应。

7-25 把正、负脉冲电压加在 RC 串联电路上，如图 7-45 所示（电路原为零状态），脉冲宽度 $T = RC$。设正脉冲的幅度为 10V，试求负脉冲的幅度 U 为多大时才能使在负脉冲结束时（$t = 2T$）的电容电压回到零状态。

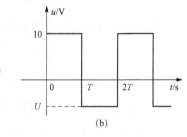

图 7-45 题 7-25 图

【解】（1）$0 \leqslant t < T$ 时，因为 $u_C(0_-) = 0$，所以

$$u_C(0_+) = u_C(0_-) = 0, u_C(\infty) = 10\text{V}, \tau = RC = T$$

因此

$$u_C(t) = u_C(\infty) + [u_C(0_+) - u_C(\infty)] e^{-\frac{t}{\tau}} = 10 - 10e^{-\frac{t}{T}}\text{V}$$

则

$$u_C(t)\big|_{t=T} = (10 - 10e^{-\frac{t}{T}})\big|_{t=T} = 10 - 10e^{-1} = 6.32\text{V}$$

（2）$T \leqslant t < 2T$ 时，$u_C(T) = 6.32\text{V}$，$u_C(\infty) = U$，$\tau = RC = T$

所以

$$u_C(t) = u_C(\infty) + [u_C(T) - u_C(\infty)] e^{-\frac{t-T}{\tau}} = U + (6.32 - U)e^{-\frac{t-T}{T}}\text{V}$$

由已知可得

$$u_C(t)\big|_{t=2T} = U + (6.32 - U)e^{-\frac{2T-T}{T}} = 0$$

所以

$$U + (6.32 - U)e^{-1} = 0$$

因此

$$U = -3.68\text{V}$$

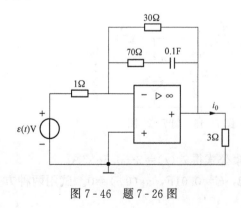

图 7-46 题 7-26 图

7-26 试求题 7-46 图所示含理想运算放大器电路的零状态响应 $i_0(t)$。

【解】〖方法1〗（1）求电容电压 $u_C(t)$。$u_C(t)$ 的参考方向如题 7-26 解图（a）所示。

①求 $u_C(0_+)$。因为 $u_C(0_-) = 0$，所以

$$u_C(0_+) = u_C(0_-) = 0$$

②求 $u_C(\infty)$。$t = \infty$ 时的电路如题 7-26 解图（b）所示。由理想运放的虚短特性得

$$i_1(\infty) = \frac{1}{1} = 1\text{A}$$

由理想运放的虚断特性得 $\qquad i_2(\infty)=i_1(\infty)=1\text{A}$

所以 $\qquad u_C(\infty)=i_2(\infty)\times30=30\text{V}$

③求时间常数 τ。求 R_0 的电路如图 7-47（c）所示。由理想运放的虚短特性得

$$i_1=0$$

由理想运放的虚断特性得 $\qquad i_2=i_1=0$

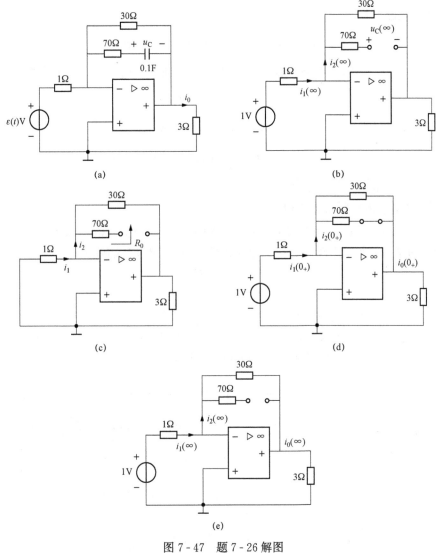

图 7-47 题 7-26 解图

所以 $\qquad R_0=30+70=100\Omega$

则 $\qquad \tau=R_0C=100\times0.1=10\text{s}$

因此 $\qquad u_C(t)=u_C(\infty)+[u_C(0_+)-u_C(\infty)]e^{-\frac{t}{\tau}}=30\times(1-e^{-0.1t})\varepsilon(t)\text{V}$

（2）求电流 $i_0(t)$。由题 7-26 解图（a）可求得

$$i_0(t)=-\frac{70\times0.1\times\dfrac{du_C}{dt}+u_C}{3}=-\frac{70\times0.1\times\left[\dfrac{d}{dt}30(1-e^{-0.1t})\right]+30\times(1-e^{-0.1t})}{3}$$

$$=-\frac{21\mathrm{e}^{-0.1t}+30-30\mathrm{e}^{-0.1t}}{3}=(-10+3\mathrm{e}^{-0.1t})\varepsilon(t)\mathrm{A}$$

【方法 2】（1）求 $i_0(0_+)$。因为 $u_C(0_-)=0$，所以，$u_C(0_+)=u_C(0_-)=0$。
0+ 时刻电路如题 7-26 解图（d）所示。由理想运放的虚短特性得

$$i_1(0_+)=\frac{1}{1}=1\mathrm{A}$$

由理想运放的虚断特性得　　　　　$i_2(0_+)=i_1(0_+)=1\mathrm{A}$

则　　　　　　　　　　　　$i_0(0_+)=-\frac{30//70}{3}i_2(0_+)=-7\mathrm{A}$

（2）求 $i_0(\infty)$。∞时刻电路如题 7-26 解图（e）所示。由理想运放的虚短特性得

$$i_1(\infty)=\frac{1}{1}=1\mathrm{A}$$

由理想运放的虚断特性得　　　　　$i_2(\infty)=i_1(\infty)=1\mathrm{A}$

则　　　　　　　　　　　　$i_0(\infty)=-\frac{30}{3}i_2(\infty)=-10\mathrm{A}$

（3）求时间常数 τ。（同方法 1）

（4）求 $i_0(t)$。由三要素公式得

$$i_0(t)=i_0(\infty)+[i_0(0_+)-i_0(\infty)]\mathrm{e}^{-\frac{t}{\tau}}=(-10+3\mathrm{e}^{-0.1t})\varepsilon(t)\mathrm{A}$$

7-27　图 7-48 所示电路中，已知电阻网络 N 的电阻参数矩阵为

$$\boldsymbol{R}=\begin{bmatrix}4 & 3\\ 3 & 5\end{bmatrix}\Omega$$

试求电路的零状态响应 $i_L(t)$。

【解】【方法 1】由网络 N 的电阻参数可画出等效电路如图 7-49（a）所示。应用戴维南定理可将图 7-49（a）电路等效为图 7-49（b）。所以

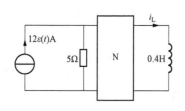

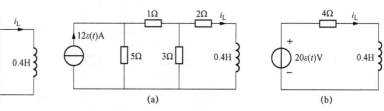

图 7-48　题 7-27 图　　　　　　　　图 7-49　题 7-27 解图

$$i_L(0_+)=i_L(0_-)=0,i_L(\infty)=\frac{20}{4}=5\mathrm{A},\tau=\frac{L}{R}=\frac{0.4}{4}=0.1\mathrm{s}$$

因此

$$i_L(t)=i_L(\infty)+[i_L(0_+)-i_L(\infty)]\mathrm{e}^{-\frac{t}{\tau}}=5(1-\mathrm{e}^{-10t})\varepsilon(t)\mathrm{A}$$

【方法 2】双口网络方程为

$$u_1=4i_1+3i_2$$
$$u_2=3i_1+5i_2$$

输入口的方程为　　　$u_1=5\times[12\varepsilon(t)-i_1]=60\varepsilon(t)-5i_1$

消去上式中的 u_1 和 i_1 可得　　　$u_2=4i_2+20\varepsilon(t)$

由此可得原电路的等效电路如题 7 - 27 解图 （b） 所示。所以

$$i_L(0_+)=i_L(0_-)=0,\ i_L(\infty)=\frac{20}{4}=5\text{A},\ \tau=\frac{L}{R}=\frac{0.4}{4}=0.1\text{s}$$

因此 $i_L(t)=i_L(\infty)+[i_L(0_+)-i_L(\infty)]\text{e}^{-\frac{t}{\tau}}=5(1-\text{e}^{-10t})\varepsilon(t)\text{A}$

7 - 28 如图 7 - 50 所示电路中，N 为电阻性网络，电容电
压 $u_C(t)$ 和电阻电压 $u_R(t)$ 的单位阶跃响应分别为 $u_C(t)=$
$(1-\text{e}^{-t})\varepsilon(t)$ V 和 $u_R(t)=(1-0.25\text{e}^{-t})\varepsilon(t)$ V。试求
$u_C(0_-)=2\text{V}$，$i_s(t)=3\varepsilon(t)$ A，$t>0$ 时的 $u_C(t)$ 和 $u_R(t)$。

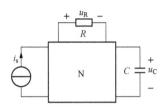

图 7 - 50 题 7 - 28 图

【解】〖方法 1〗设 $u_R(t)=ai_s(t)+bu_C(t)$，则由单位阶
跃响应得

$$(1-0.25\text{e}^{-t})\varepsilon(t)=a\varepsilon(t)+b(1-\text{e}^{-t})\varepsilon(t)$$

即 $\begin{cases}b=0.25\\a+b=1\end{cases}\Rightarrow\begin{cases}a=0.75\\b=0.25\end{cases}$

所以 $u_R(t)=0.75i_s(t)+0.25u_C(t)$

将 $u_C(0_+)=u_C(0_-)=2$V 和 $i_s(t)=3\varepsilon(t)$ A 代入得 $u_R(0_+)=2.75$V。

根据单位阶跃响应及齐次特性得 $u_C(\infty)=3$V，$u_R(\infty)=3$V，$\tau=1$s。

代入三要素公式得 $u_C(t)=3+(2-3)\text{e}^{-t}=3-\text{e}^{-t}V(t>0)$，$u_R(t)=3+(2.75-3)\text{e}^{-t}$
$=3-0.25\text{e}^{-t}$V$(t>0)$。

〖方法 2〗（1）求零状态响应。根据零状态响应的齐次特性得

$$u_{Czs}(t)=3(1-\text{e}^{-t})\varepsilon(t)\text{A},\ u_{Rzs}(t)=3(1-0.25\text{e}^{-t})\varepsilon(t)\text{V}$$

（2）求零输入响应。因为 $u_C(0_+)=u_C(0_-)=2$V，所以 $u_{Czi}(t)=2\text{e}^{-t}V(t>0)$

由线性电路的叠加性和齐次性得 $s_R(t)=k_1i_s(t)+k_2s_C(t)$

因为 $i_s(t)=\varepsilon(t)$ 时，单位阶跃响应为 $s_C(t)=(1-\text{e}^{-t})\varepsilon(t)$，$s_R(t)=(1-0.25\text{e}^{-t})\varepsilon(t)$，
所以

$$(1-0.25\text{e}^{-t})\varepsilon(t)=k_1\varepsilon(t)+k_2(1-\text{e}^{-t})\varepsilon(t)$$

解之得 $k_1=0.75$，$k_2=0.25$。因此 $u_{Rzi}(t)=0.25u_{Czi}(t)=0.5\text{e}^{-t}V(t>0)$

（3）求全响应。

$$u_C(t)=u_{Czs}(t)+u_{Czi}(t)=3(1-\text{e}^{-t})+2\text{e}^{-t}=3-\text{e}^{-t}\text{V}(t>0)$$

$$u_R(t)=u_{Rzs}(t)+u_{Rzi}(t)=3(1-0.25\text{e}^{-t})+0.5\text{e}^{-t}=3-0.25\text{e}^{-t}\text{V}(t>0)$$

7 - 29 如图 7 - 51 所示电路中，$u_C(0_-)=U_0$，电感未储能，开关 S 在 $t=0$ 时闭合，试
求在电容整个放电过程中通过电感 L_1 和 L_2 的电荷量。

【解】 各支路电流的参考方向如图 7 - 52 所示。

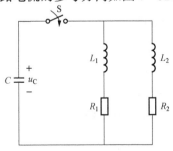

图 7 - 51 题 7 - 29 图

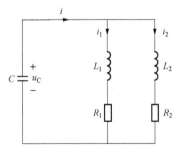

图 7 - 52 题 7 - 29 解图

根据 KCL 得 $\qquad i(t) = i_1(t) + i_2(t)$ （1）

由于 $q_1(t) = \int_{0_-}^t i_1(\tau)\mathrm{d}\tau$，$q_2(t) = \int_{0_-}^t i_2(\tau)\mathrm{d}\tau$，且 $Q_1 = q_1(\infty)$ 和 $Q_2 = q_2(\infty)$，则由式（1）从 0_- 到 ∞ 对时间 t 取积分得

$$CU_0 = Q = Q_1 + Q_2 \qquad (2)$$

根据 KVL 得

$$R_1 i_1 + L_1 \frac{\mathrm{d}i_1}{\mathrm{d}t} = R_2 i_2 + L_2 \frac{\mathrm{d}i_2}{\mathrm{d}t} \qquad (3)$$

注意到 $i_1(0_-)=0$，$i_1(\infty)=0$，$i_2(0_-)=0$，$i_2(\infty)=0$，由式（3）从 0_- 到 ∞ 对时间 t 取积分得

$$R_1 Q_1 = R_2 Q_2 \qquad (4)$$

由式（2）和式（4）联立求解得

$$Q_1 = \frac{R_1}{R_1 + R_2}CU_0 \qquad\qquad Q_2 = \frac{R_2}{R_1 + R_2}CU_0$$

7-30　试求图 7-53 所示电路中的冲激响应 $i_C(t)$。

【解】（1）求 $i_C(0_+)$。由 $u_C(0_+) = u_C(0_-) = 0$ 得 $t=0$ 的电路如图 7-54（a）所示。

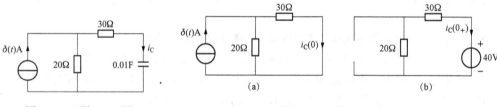

图 7-53　题 7-30 图　　　　　　　图 7-54　题 7-30 解图

由图 7-54（a）得 $\qquad i_C(0) = \dfrac{20}{20+30} \times \delta(t) = 0.4\delta(t)\,\mathrm{A}$

所以 $\qquad u_C(0_+) = \dfrac{1}{C}\displaystyle\int_{0_-}^{0_+} i_C(t)\,\mathrm{d}t = \dfrac{1}{0.01}\displaystyle\int_{0_-}^{0_+} 0.4\delta(t)\,\mathrm{d}t = 40\,\mathrm{V}$

$t=0_+$ 的电路如图 7-54（b）所示。

由图 7-54（b）得 $\qquad i_C(0_+) = -\dfrac{40}{20+30} = -0.8\,\mathrm{A}$

（2）求 $i_C(\infty)$ 得 $\qquad i_C(\infty) = 0$

（3）求 τ 得 $\qquad \tau = (20+30) \times 0.01 = 0.5\,\mathrm{s}$

（4）求 $i_C(t)$。由三要素公式并计及其冲激分量得

$$i_C(t) = i_C(0) + i_C(\infty) + [i_C(0_+) - i_C(\infty)]\mathrm{e}^{-\frac{t}{\tau}} = 0.4\delta(t) - 0.8\mathrm{e}^{-2t}\varepsilon(t)\,\mathrm{A}$$

7-31　试求图 7-55 所示电路的冲激响应 $u_L(t)$。

【解】设电感电流的参考方向如图 7-56（a）所示。

（1）求 $u_L(0_+)$。由 $i_L(0_+) = i_L(0_-) = 0$ 得 $t=0$ 的电路如图 7-56（b）所示。

$$u_L(0) = 2\delta(t)，i_L(0_+) = \frac{1}{L}\int_{0_-}^{0_+} 2\delta(\tau)\,\mathrm{d}\tau = \frac{2}{L} = \frac{2}{4 \times 10^{-3}} = 500\,\mathrm{A}$$

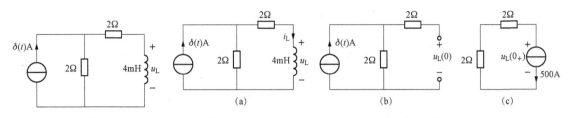

图 7-55　题 7-31 图　　　　　　　图 7-56　题 7-31 解图

0₊ 时刻电路如图 7-56（c）所示，则　$u_L(0_+) = -(2+2) \times 500 = -2000\text{V}$

（2）求 $u_L(\infty)$。　　　　　　　　　$u_L(\infty) = 0$

（3）求 τ。　　　　　　　　$\tau = \dfrac{L}{R_0} = \dfrac{4 \times 10^{-3}}{4} = 10^{-3}\text{s}$

（4）求 $u_L(t)$。由三要素公式并计及其冲激分量得

$$u_L(t) = u_L(\infty) + [u_L(0_+) - u_L(\infty)]e^{-\frac{t}{\tau}} + u_L(0)$$
$$= u_L(0) + u_L(0_+)e^{-\frac{t}{\tau}} = 2\delta(t) - 2000e^{-1000t}\varepsilon(t)\text{V}$$

7-32　电路如图 7-57（a）所示，N 为线性无源电阻网络，其零状态响应 $u_C(t) = \dfrac{2}{3}(1-e^{-25t})\varepsilon(t)\text{V}$。现将图 7-58（a）中的单位阶跃电压源和电容分别改换为冲激电压源和电感，如图 7-58（b）所示。试求图 7-58（b）网络中的零状态响应 $u_L(t)$。

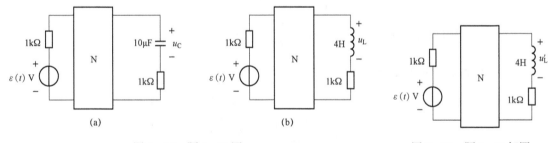

图 7-57　题 7-32 图　　　　　　　图 7-58　题 7-32 解图

【解】（1）求图 7-58 中电感端电压的零状态响应 $u'_L(t)$。

电路接 10μF 电容时

$$u_C(0_+) = \lim_{t \to 0_+} u_C(t) = 0, \quad u_C(\infty) = \lim_{t \to \infty} u_C(t) = \frac{2}{3}\text{V}, \quad \tau_C = R_0C = R_0 \times 10 \times 10^{-6} = \frac{1}{25}\text{s}$$

所以　　　　　　　　　　　　　　　$R_0 = 4\text{k}\Omega$

若把电路中的 10μF 电容换以 4H 电感，根据电感和电容在 $t=0_+$ 和 $t=\infty$ 时的特点可得

$$u'_L(0_+) = u_C(\infty) = \frac{2}{3}\text{V}, \quad u'_L(\infty) = u_C(0_+) = 0, \quad \tau_L = \frac{L}{R_0} = \frac{4}{4 \times 10^3} = 1\text{ms}$$

所以，电路中的 10μF 电容换以 4H 电感，电感两端电压的零状态响应 $u'_L(t)$ 为

$$u'_L(t) = u'_L(\infty) + [u'_L(0_+) - u'_L(\infty)]e^{-\frac{t}{\tau_L}} = \frac{2}{3}e^{-1000t}\varepsilon(t)\text{V}$$

（2）求 $\delta(t)$ 作用时产生的零状态响应 $u_L(t)$。

$\varepsilon(t)$ 作用产生的零状态响应为

$$u'_L(t) = \frac{2}{3}e^{-1000t}\varepsilon(t)\text{V}$$

因为 $\delta(t) = \dfrac{\mathrm{d}\varepsilon(t)}{\mathrm{d}t}$，所以，根据微分特性，$\delta(t)$ 作用时产生的零状态响应 $u_L(t)$ 为

$$u_L(t) = \frac{\mathrm{d}u'_L}{\mathrm{d}t} = \frac{\mathrm{d}}{\mathrm{d}t}\left[\frac{2}{3}e^{-1000t}\varepsilon(t)\right] = \frac{2}{3}\delta(t) - \frac{2000}{3}e^{-1000t}\varepsilon(t)\text{V}$$

7-33 为使如图 7-59 所示电路的零输入响应 $u_C(t)$ 为衰减振荡，试求电阻 R 的取值范围。

分析：零输入响应为振荡还是非振荡，取决于电路的固有频率（即电路微分方程对应的特征根），故需建立电路以 u_C 为输出的微分方程；为使电路的零输入响应为衰减振荡，只要保证微分方程对应的特征根是实部为负的共轭复根即可。

【解】所用电量参考方向如图 7-60 所示，由 KCL 和 R、C 的 VAR 得

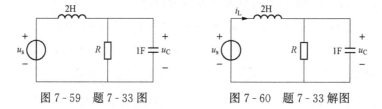

图 7-59　题 7-33 图　　　　　图 7-60　题 7-33 解图

$$\frac{\mathrm{d}u_C}{\mathrm{d}t} + \frac{u_C}{R} - i_L = 0$$

上式对时间求导得

$$\frac{\mathrm{d}^2 u_C}{\mathrm{d}t^2} + \frac{1}{R}\frac{\mathrm{d}u_C}{\mathrm{d}t} - \frac{\mathrm{d}i_L}{\mathrm{d}t} = 0 \tag{1}$$

由 KVL 和电感的 VAR 得

$$2\frac{\mathrm{d}i_L}{\mathrm{d}t} = u_s - u_C \tag{2}$$

将式（2）代入式（1）消去变量 i_L，即可得到以 u_C 为输出的微分方程

$$2\frac{\mathrm{d}^2 u_C}{\mathrm{d}t^2} + \frac{2}{R}\frac{\mathrm{d}u_C}{\mathrm{d}t} + u_C = u_s$$

该微分方程对应的特征方程为

$$2p^2 + \frac{2}{R}p + 1 = 0$$

当 $\left(\dfrac{2}{R}\right)^2 - 4\times 2\times 1 < 0$，即 $R > \dfrac{\sqrt{2}}{2}$ 时，其特征根是实部为负的共轭复根。此时电路的零输入响应为衰减振荡。

注：（1）对于二阶电路，根据其微分方程所对应的特征根（或称固有频率）的形式，可判断电路零输入响应的性质。

（2）电路冲激响应的性质与零输入响应的判断方法相同。

7-34 电路如图 7-61 所示。已知 $u_s(t) = 12\varepsilon(t)\text{V}$，$u_C(0_-) = 1\text{V}$，$i_L(0_-) = 2\text{A}$。试完成：（1）列写以 $u_C(t)$ 为输出的输入—输出方程；（2）求电压 $u_C(t)$，并指出 $u_C(t)$ 的自由响应和强制响应。

【解】（1）所用电量的参考方向如图 7-62 所示。由 KVL 和元件的 VAR 得

$$4i_L(t) + 2\frac{\mathrm{d}i_L}{\mathrm{d}t} + u_C(t) = 12\varepsilon(t)$$

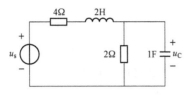
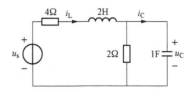

图 7-61　题 7-34 图　　　　　　图 7-62　题 7-34 解图

由 KCL 和元件的 VAR 得
$$i_L(t) = \frac{du_C}{dt} + \frac{u_C}{2}$$

将此式代入前式得
$$2\left[\frac{d}{dt}\left(\frac{du_C}{dt} + \frac{u_C}{2}\right)\right] + 4\left(\frac{du_C}{dt} + \frac{u_C}{2}\right) + u_C(t) = 12\varepsilon(t)$$

整理可得 $u_C(t)$ 的输入—输出方程为
$$2\frac{d^2u_C}{dt^2} + 5\frac{du_C}{dt} + 3u_C = 12\varepsilon(t)$$

初始条件分别为

$$u_C(0_+) = u_C(0_-) = 1\text{V}, \frac{du_C}{dt}\bigg|_{t=0_+} = \frac{i_C(0_+)}{1} = i_L(0_+) - \frac{u_C(0_+)}{2} = 2 - \frac{1}{2} = 1.5\text{V/s}$$

（2）求电压 $u_C(t)$。$t>0$ 时 $u_C(t)$ 满足的方程为

$$2\frac{d^2u_C}{dt^2} + 5\frac{du_C}{dt} + 3u_C = 12$$

且初始条件为
$$u_C(0_+) = 1\text{V}, \quad \frac{du_C}{dt}\bigg|_{t=0_+} = 1.5\text{V/s}$$

1）求通解 $u_{Ch}(t)$。

$$2\frac{d^2u_C}{dt^2} + 5\frac{du_C}{dt} + 3u_C = 0$$

特征方程为　　　　　　　　　　　$2\lambda^2 + 5\lambda + 3 = 0$
解之得　　　　　　　　　　　　　$\lambda_1 = -1, \lambda_2 = -1.5$
所以　　　　　　　　　　　　　　$u_{Ch}(t) = k_1 e^{-t} + k_2 e^{-1.5t}$

2）求特解 $u_{Cp}(t)$。令 $u_{Cp}(t) = C$，将 $u_{Cp}(t) = C$ 代入 $t>0$ 时 $u_C(t)$ 的微分方程，得
$$u_{Cp}(t) = 4\text{V}$$

3）求全响应 $u_C(t)$。
$$u_C(t) = u_{Ch}(t) + u_{Cp}(t) = k_1 e^{-t} + k_2 e^{-1.5t} + 4$$

将初始条件代入上式求得待定系数为　　　　$k_1 = -6, k_2 = 3$
所以　　　　　　　　　　　　$u_C(t) = -6e^{-t} + 3e^{-1.5t} + 4\text{V}(t>0)$
则自由响应为　　　　　　　　$u_{Ch}(t) = -6e^{-t} + 3e^{-1.5t}\text{V}$
强制分量为　　　　　　　　　$u_{Cp}(t) = 4\text{V}$

7-35　如图 7-63 所示电路原已处于稳态，$t=0$ 时开关 S 由 a 打向 b。试求 $t \geq 0$ 时的电感电流 $i_L(t)$。

【解】提示：见图 7-64，电路的输入—输出方程为 $\dfrac{d^2 i_L}{dt^2} + 4\dfrac{di_L}{dt} + 4i_L = 0$；初始条件为

$i_L(0_+) = i_L(0_-) = 1\text{A}, \dfrac{di_L}{dt}\bigg|_{t=0_+} = \dfrac{u_L(0_+)}{L} = 8u_C(0_+) = 0$。重特征根 $\lambda_1 = \lambda_2 = -2$，$i_L(t) =$

$(1+2t)\mathrm{e}^{-2t}\mathrm{A}(t\geqslant0)$。

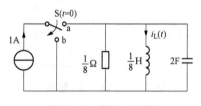

图 7-63　题 7-35 图

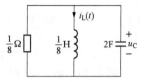

图 7-64　题 7-35 解图

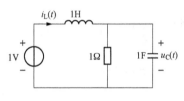

图 7-65　题 7-36 图

7-36　如图 7-65 所示电路中，$u_C(0_-)=1\mathrm{V}$，$i_L(0_-)=2\mathrm{A}$，试求 $t\geqslant0$ 时的电容电压 $u_C(t)$。

【解】以 $u_C(t)$ 为输出的电路微分方程为

$$\frac{\mathrm{d}^2u_C}{\mathrm{d}t^2}+\frac{\mathrm{d}u_C}{\mathrm{d}t}+u_C=1$$

初始值为 $u_C(0_+)=u_C(0_-)=1\mathrm{V}$，$i_L(0_+)=i_L(0_-)=2\mathrm{A}$

$$u_C'(0_+)=i_C(0_+)=i_L(0_+)-u_C(0_+)=1\mathrm{V/s}$$

特征根为 $\lambda_1=-\dfrac{1}{2}+\mathrm{j}\dfrac{\sqrt3}{2}$，$\lambda_2=-\dfrac{1}{2}-\mathrm{j}\dfrac{\sqrt3}{2}$，$u_C(t)=K\mathrm{e}^{-0.5t}\sin\left(\dfrac{\sqrt3}{2}t+\varphi\right)+1$，其中 $K=\dfrac{2}{\sqrt3}$，$\varphi=0$。$u_C(t)=\dfrac{2}{\sqrt3}\mathrm{e}^{-0.5t}\sin\dfrac{\sqrt3}{2}t+1=1+1.15\mathrm{e}^{-0.5t}\sin0.866t\mathrm{V}$。

7-37　如图 7-66 所示电路原已处于稳态。$t=0$ 时开关 S 闭合。分别求 $t\geqslant0$ 时电容电压的零输入响应、零状态响应和全响应。

【解】提示：见图 7-67，电路的输入—输出方程为 $\dfrac{\mathrm{d}^2u_C}{\mathrm{d}t^2}+5\dfrac{\mathrm{d}u_C}{\mathrm{d}t}+6u_C=6$，对应的特征根为 $\lambda_1=-2$，$\lambda_2=-3$。起始状态 $u_C(0_-)=1\mathrm{V}$，$i_L(0_-)=\dfrac{1}{4}=0.25\mathrm{A}$。

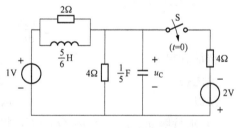

图 7-66　题 7-37 图

（1）求零输入响应 $u_{Czi}(t)$。$u_{Czi}(0_+)=1\mathrm{V}$，由图 7-67（a）0_+ 时刻电路得 $\dfrac{\mathrm{d}u_{Czi}}{\mathrm{d}t}\Big|_{t=0_+}=\dfrac{i_C(0_+)}{0.2}=-3.75\mathrm{V/s}$。

$$u_{Czi}(t)=-0.75\mathrm{e}^{-2t}+1.75\mathrm{e}^{-3t}\mathrm{V}(t\geqslant0)$$

（2）求零状态响应 $u_{Czs}(t)$。$u_{Czs}(0_+)=0$，由图 7-67（b）0_+ 时刻电路得 $\dfrac{\mathrm{d}u_{Czs}}{\mathrm{d}t}\Big|_{t=0_+}=\dfrac{i_{Czs}(0_+)}{0.2}=0$。零状态响应 $u_{Czs}(t)$ 为 $u_{Czs}(t)=k_3\mathrm{e}^{-2t}+k_4\mathrm{e}^{-3t}+1$，其中 $k_3=-3$，$k_4=2$，即 $u_{Czs}(t)=-3\mathrm{e}^{-2t}+2\mathrm{e}^{-3t}+1\mathrm{V}(t\geqslant0)$。

（3）求全响应 $u_C(t)$。根据叠加定理有 $u_C(t)=u_{Czi}(t)+u_{Czs}(t)=-3.75\mathrm{e}^{-2t}+3.75\mathrm{e}^{-3t}+1\mathrm{V}(t\geqslant0)$。

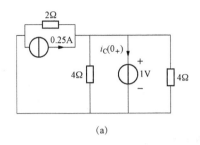
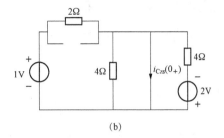

(a) (b)

图 7 - 67　题 7 - 37 解图

7 - 38　如图 7 - 68 所示电路中，$u_s(t) = 15e^{-0.25t}\varepsilon(t)$V。试用卷积积分法求电容电压的零状态响应 $u_C(t)$。

【解】提示：（1）求冲激响应 $h(t)$。单位阶跃响应为

$$s(t) = 0.5(1 - e^{-t})\varepsilon(t)$$

冲激响应 $h(t)$ 为

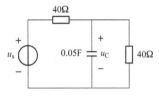

图 7 - 68　题 7 - 38 图

$$h(t) = \frac{ds}{dt} = \frac{d}{dt}\left[0.5(1 - e^{-t})\varepsilon(t)\right] = 0.5e^{-t}\varepsilon(t)$$

（2）求电容电压的零状态响应 $u_C(t)$。

$$u_C(t) = u_s(t) \times h(t) = \int_0^t u_s(\tau)h(t-\tau)d\tau = \int_0^t 15e^{-0.25\tau} \times 0.5e^{-(t-\tau)}d\tau$$

$$= 7.5e^{-t}\int_0^t e^{0.75\tau}d\tau = 10e^{-t}e^{0.75t}\Big|_0^t = 10(e^{-0.25t} - e^{-t})\varepsilon(t)\text{V}$$

7 - 39　试列写图 7 - 69 所示各电路状态方程的矩阵形式。

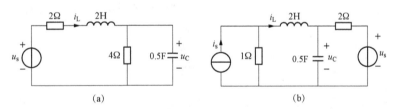

(a) (b)

图 7 - 69　题 7 - 39 图

【解】（1）选电容电压 u_C 和电感电流 i_L 为状态变量。由图 7 - 69（a）得

$$\begin{cases} 2\dfrac{di_L}{dt} = -2i_L + u_s - u_C \\ 0.5\dfrac{du_C}{dt} = i_L - \dfrac{u_C}{4} \end{cases} \Rightarrow \begin{cases} \dfrac{du_C}{dt} = -0.5u_C + 2i_L \\ \dfrac{di_L}{dt} = -0.5u_C - i_L + 0.5u_s \end{cases}$$

所以状态方程的矩阵形式为

$$\begin{bmatrix} \dfrac{du_C}{dt} \\ \dfrac{di_L}{dt} \end{bmatrix} = \begin{bmatrix} -0.5 & 2 \\ -0.5 & -1 \end{bmatrix}\begin{bmatrix} u_C \\ i_L \end{bmatrix} + \begin{bmatrix} 0 \\ 0.5 \end{bmatrix}u_s$$

（2）选电容电压 u_C 和电感电流 i_L 为状态变量。对如图 7 - 69（b）含电容的节点应用 KCL 得

$$0.5\frac{du_C}{dt} = i_L - \frac{u_C - u_s}{2} \Rightarrow \frac{du_C}{dt} = -u_C + 2i_L + u_s$$

对含电感的网孔应用 KVL 得

$$2\frac{di_L}{dt}=(i_s-i_L)\times1-u_C \quad\Rightarrow\quad \frac{di_L}{dt}=-0.5u_C-0.5i_L+0.5i_s$$

所以状态方程的矩阵形式为

$$\begin{bmatrix}\dfrac{du_C}{dt}\\[2mm]\dfrac{di_L}{dt}\end{bmatrix}=\begin{bmatrix}-1 & 2\\-0.5 & -0.5\end{bmatrix}\begin{bmatrix}u_C\\i_L\end{bmatrix}+\begin{bmatrix}1 & 0\\0 & 0.5\end{bmatrix}\begin{bmatrix}u_s\\i_s\end{bmatrix}$$

7-40 试列写图 7-70 所示各电路状态方程的矩阵形式。

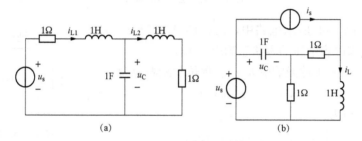

图 7-70 题 7-40 图

【解】（1）选电容电压 u_C 和电感电流 i_{L1}、i_{L2} 为状态变量。

由 KCL 得

$$\frac{du_C}{dt}=i_{L1}-i_{L2}$$

由 KVL 得

$$\frac{di_{L1}}{dt}=-u_C-i_{L1}+u_s,\quad \frac{di_{L2}}{dt}=u_C-i_{L2}$$

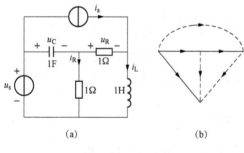

(a)　　　　　　(b)

图 7-71 题 7-40 解图

状态方程的矩阵形式为

$$\begin{bmatrix}\dfrac{du_C}{dt}\\[2mm]\dfrac{di_{L1}}{dt}\\[2mm]\dfrac{di_{L2}}{dt}\end{bmatrix}=\begin{bmatrix}0 & 1 & -1\\-1 & -1 & 0\\1 & 0 & -1\end{bmatrix}\begin{bmatrix}u_C\\i_{L1}\\i_{L2}\end{bmatrix}+\begin{bmatrix}0\\1\\0\end{bmatrix}u_s$$

（2）选电容电压 u_C 和电感电流 i_L 为状态变量。所用其他电量和选择的树分别如图 7-71（a）、（b）所示。

对含电容的基本割集应用 KCL 得

$$\frac{du_C}{dt}=i_R+i_L-i_s$$

对含电感的基本回路应用 KVL 得

$$\frac{di_L}{dt}=-u_R-u_C+u_s$$

借助电阻相应的基本割集和基本回路得

$$i_R=\frac{u_s-u_C}{1},\quad u_R=(i_L-i_s)\times1$$

消去非状态变量，整理得

$$\begin{cases}\dfrac{du_C}{dt}=-u_C+i_L+u_s-i_s\\[2mm]\dfrac{di_L}{dt}=-u_C-i_L+u_s+i_s\end{cases}$$

状态方程的矩阵形式为
$$\begin{bmatrix} \dfrac{\mathrm{d}u_C}{\mathrm{d}t} \\[2mm] \dfrac{\mathrm{d}i_L}{\mathrm{d}t} \end{bmatrix} = \begin{bmatrix} -1 & 1 \\ -1 & -1 \end{bmatrix}\begin{bmatrix} u_C \\ i_L \end{bmatrix} + \begin{bmatrix} 1 & -1 \\ 1 & 1 \end{bmatrix}\begin{bmatrix} u_s \\ i_s \end{bmatrix}$$

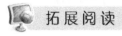 拓展阅读

心 脏 起 搏 器 电 路

心脏起搏器的一种原理电路如图 7 - 72（a）所示。图中，固态器件可控硅 SCR 有两种工作模式，如图 7 - 72（b）、（c）所示：SCR 端电压不断增加且小于 5V 时，SCR 相当于开路；端电压增大到 5V 时，SCR 就相当于一个电流源（$I_s = 50\mu A$），且只要端电压大于 0.2V，就一直保持这一工作状态。当端电压下降到 0.2V 时，SCR 关断。设 $U_s = 6V$，$C = 1\mu F$，$u_C(0) = 0$，求：（1）u_C 经过 1s 由 0.2V 上升到 5V 的电阻值；（2）u_C 由 5V 下降到 0.2V 所需的时间。

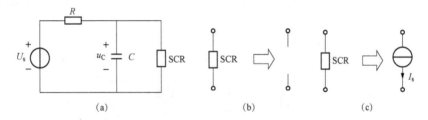

图 7 - 72

分析过程：（1）SCR 开路，等效电路如图 7 - 73（a）所示。则 $u_C(t) = 6 - 6\mathrm{e}^{\frac{-t}{RC}}$。

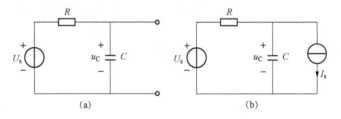

图 7 - 73

u_C 由 0 上升到 0.2V 和 5V 所需的时间分别为 $t_1 = 0.034RC$，$t_2 = 1.792RC$。

则　　　　　　　　　　　　$t_2 - t_1 = 1.758RC = 1$

所以　　　　　　　$R = 569\mathrm{k}\Omega$

（2）SCR 就相当于一个电流源，等效电路如图 7 - 73（b）所示。则 $u_C(\infty) = U_s - RI_s$。

近似认为 $t = 1s$ 时，$u_C(1) = 5V$。则　$u_C(t) = 6 - RI_s + (RI_s - 1)\mathrm{e}^{\frac{-(t-1)}{RC}}$

设 u_C 由 5V 下降到 0.2V 所需的时间为 T，则有　$u_C(T+1) = 6 - RI_s + (RI_s - 1)\mathrm{e}^{\frac{-T}{RC}} = 0.2$

解之得　　　　　　　　　　$T = 0.11s$

检测题 3（第 6 章和第 7 章）

1. 图检 3-1 所示电路原已稳定，$t=0$ 时开关 S 闭合，求 $t>0$ 时的电流 $i(t)$。

2. 图检 3-2 所示电路原已稳定，$t=0$ 时开关 S 闭合，求 $t>0$ 时的电流 $i(t)$。

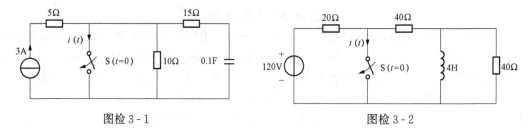

图检 3-1　　　　　　　　　　　　　图检 3-2

3. 图检 3-3 所示电路中，开关 S 在 $t=0$ 时闭合，$t<0$ 时电路处于稳态。求 $t>0$ 时的电压 $u(t)$。

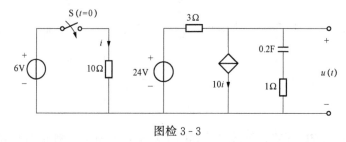

图检 3-3

4. 如图检 3-4 所示电路，$t=0$ 时开关 S 闭合，S 闭合前电路处于稳态。求 $t>0$ 时的电流 $i_L(t)$ 和 $i(t)$。

5. 图检 3-5 所示电路中的开关 S 在 $t=0$ 时打开，开关打开前电路处于稳态，求 $t>0$ 时开关两端的电压 $u_k(t)$。

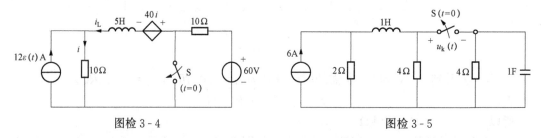

图检 3-4　　　　　　　　　　　　　图检 3-5

6. 如图检 3-6 所示电路，若已知 $u_C(0_-)=4\text{V}$，$i_L(0_-)=0$。求 $t>0$ 时的电压 $u_C(t)$。

7. 某 RL 一阶电路的全响应 $i_L(t)=(8-2e^{-2t})\varepsilon(t)\text{A}$。若初始状态不变，而输入减少为原来的一半，再求全响应 $i_L(t)$。

8. 求图检 3-7 所示电路中的单位阶跃响应 $i_L(t)$。

9. 求图检 3-8 所示电路中的冲激响应 $u_C(t)$。

10. 列写图检 3-9 所示电路中的状态方程。

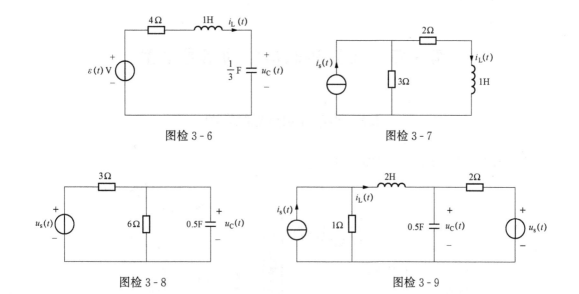

图检 3 - 6

图检 3 - 7

图检 3 - 8

图检 3 - 9

第 8 章　正弦稳态电路的相量模型

8.1　本章知识点思维导图

第 8 章的知识点思维导图见图 8-1。

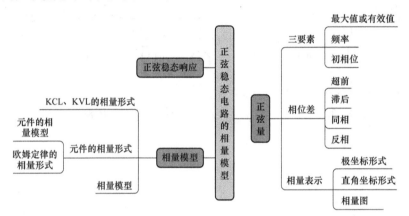

图 8-1　第 8 章的知识点思维导图

8.2　知识点归纳与学习指导

本章是相量分析法的基础，其作用与第 1 章相似。主要内容有正弦量及其相量表示、相量模型及其两类约束。

学习本章内容时，可与线性电阻电路两类约束类比进行，并充分注意二者的异同。"引而伸之，触类而长之，天下之能事毕矣也。"（周易·系辞上）我们学习的时候也要做到举一反三、触类旁通。电阻电路只涉及电压、电流的幅值，而相量分析法不仅涉及幅值，还涉及相角。

8.2.1　正弦量及其相量表示

1. 正弦稳态电路及正弦稳态响应

各支路电压和电流都是与电源同频率的正弦量的电路称为正弦稳态电路或正弦交流电路，电路中的电压、电流统称为正弦稳态响应。电路在同频率正弦电源激励下，过渡过程结束后即进入正弦稳态电路。

2. 正弦量的三要素

大小和方向随时间按正弦规律变化的电压或电流统称正弦量。用正弦函数表示（也可以用余弦函数表示）的电流如下

$$i(t) = I_m \sin(\omega t + \varphi)$$

正弦量由其三要素确定：振幅（又称为最大值）I_m、角频率 ω、初相位 φ（规定：$|\varphi| \leqslant$

$180°$）。由于 $\omega=2\pi f=\dfrac{2\pi}{T}$，所以角频率 ω 这一要素又可以换成频率 f 或周期 T。

正弦量的最大值与有效值之间的关系为 $I_m=\sqrt{2}I$，故振幅 I_m 这一要素又可以换成有效值 I。则有

$$i(t)=\sqrt{2}I\sin(\omega t+\varphi)$$

两个同频率正弦量的相位差等于二者的初相之差。

例如，设　　　$u\ (t)=U_m\sin\ (\omega t+\varphi_u),\ i\ (t)=I_m\sin(\omega t+\varphi_i)$

则电压与电流的相位差为　　　$\theta=\varphi_u-\varphi_i$

规定：$|\theta|\leqslant\pi$，即 $|\theta|\leqslant180°$。

$$\theta=\varphi_u-\varphi_i\begin{cases}>0 & u\ 超前\ i\\=0 & u\ 与\ i\ 同相\\<0 & u\ 落后\ i\end{cases}$$

特别地，$|\theta|=\pi$ 时，称 u 和 i 反相。

3. 正弦量的相量表示

（1）相量。正弦稳态电路的频率通常是已知的，只需确定正弦量的振幅或有效值以及初相两个要素。这两个要素用一个复数表示即为相量。这样，求出了相量也就确定了正弦量。

设正弦电流

$$i(t)=I_m\sin(\omega t+\varphi)=\sqrt{2}I\sin(\omega t+\varphi)$$

对应的相量定义为

$$振幅相量\quad \dot{I}_m=I_me^{j\varphi}\triangleq I_m\angle\varphi$$

$$有效值相量\quad \dot{I}=Ie^{j\varphi}\triangleq I\angle\varphi$$

振幅相量也叫最大值相量，有效值相量通常简称相量，且有 $\dot{I}_m=\sqrt{2}\dot{I}$。

注：正弦量用余弦函数表示时可类似处理。但应注意的是，对于同一个问题，只能采用一种函数表示。

（2）相量的表示。相量常用的表示方法有下列三种。

1）极坐标表示，$\dot{I}=I\angle\varphi$。

2）直角坐标表示，$\dot{I}=I_r+jI_i$　（用 j 表示虚数因子，避免与电流 i 混淆）。

3）相量图表示，相量图如图 8-2 所示。有向线段的长度为相量 $\dot{I}$ 的模值，有向线段与实轴正方向的夹角为相量 $\dot{I}$ 的辐角。注意：从实轴正方向逆时针转到有向线段所量得的辐角取正值，而顺时针方向量得的辐角取负值。

由极坐标表示求直角坐标表示公式

$$I_r=I\cos\varphi,I_i=I\sin\varphi$$

由直角坐标表示求极坐标表示公式

$$I=\sqrt{I_r^2+I_i^2},\varphi=\arctan\frac{I_i}{I_r}$$

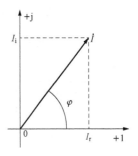

图 8-2　相量图

正弦量的相量表示具有线性特性和微积分特性，利用这些性质可以将正弦函数的和、差运算转换为复数的和、差运算，将微分转换为复数的代数运算，可有效地简化计算过程。

（3）相量的运算。相量的运算即复数的运算。主要涉及复数的加减、乘除和取共轭运算以及直角坐标表示和极坐标表示之间的相互转换。

1）加减运算。复数的加减运算采用复数的直角坐标表示进行：实部相加减，虚部相加减，即

$$(a+jb)\pm(c+jd)=(a\pm c)+j(b\pm d)$$

2）取共轭运算。分为直角坐标表示和极坐标表示两种形式

$$(a+jb)^*=a-jb(虚部乘以-1)，\qquad (a\angle\theta)^*=a\angle(-\theta)(辐角乘以-1)$$

3）乘法运算。分为直角坐标表示和极坐标表示两种形式

$$(a+jb)\times(c+jd)=(ac-bd)+j(ad+bc)　（先按实数运算规则相乘，再分别合并实部和虚部）$$

$$a\angle\theta_a\times b\angle\theta_b=ab\angle(\theta_a+\theta_b)　（模值相乘，辐角相加）$$

4）除法运算。分为直角坐标表示和极坐标表示两种形式

$$\frac{a+jb}{c+jd}=\frac{(a+jb)(c+jd)^*}{(c+jd)(c+jd)^*}$$

$$=\frac{(ac+bd)+j(bc-ad)}{c^2+d^2}（分子分母先乘以分母的共轭，再分成实部和虚部）$$

$$\frac{a\angle\theta_a}{b\angle\theta_b}=\frac{a}{b}\angle(\theta_a-\theta_b)　（模值相除，辐角相减）$$

8.2.2　相量模型

1. 基尔霍夫定律的相量形式

$$KCL：\sum\dot{I}=0 \text{ 或 } \sum\dot{I}_m=0$$

$$KVL：\sum\dot{U}=0 \text{ 或 } \sum\dot{U}_m=0$$

注意：除了同类元件组成的电路外，有效值不满足基尔霍夫定律。

2. 欧姆定律的相量形式

二端元件伏安关系的相量形式可用欧姆定律的相量形式统一表示为

$$\dot{U}=Z\dot{I}\qquad 或者\qquad \dot{I}=Y\dot{U}$$

式中：Z 称为元件阻抗，Y 称为元件导纳。学习过程中必须牢记电阻、电感和电容的阻抗和导纳：

$$Z_R=R,Z_L=j\omega L,Z_C=-j\frac{1}{\omega C};Y_G=G,Y_C=j\omega C,Y_L=\frac{1}{j\omega L}$$

二端元件伏安关系的相量形式及相量模型，见表 8-1。

表 8-1　　　　　　　　　　二端元件伏安关系的相量形式及相量模型

元件	时域模型	VAR 时域形式	VAR 相量形式	相量图	相量模型
R		$u_R=Ri_R$	$\dot{U}_R=R\dot{I}_R$		

续表

元件	时域模型	VAR 时域形式	VAR 相量形式	相量图	相量模型
L		$u_L = L\dfrac{\mathrm{d}i_L}{\mathrm{d}t}$	$\dot U_L = \mathrm{j}\omega L\dot I_L = \mathrm{j}X_L\dot I_L$ $X_L = \omega L$ 称为感抗		
C		$i_C = C\dfrac{\mathrm{d}u_C}{\mathrm{d}t}$	$\dot U_C = \dfrac{1}{\mathrm{j}\omega C}\dot I_C = \mathrm{j}X_C\dot I_C$ $X_C = -\dfrac{1}{\omega C}$ 称为容抗		

由时域方程得到相量方程的方法如下：将时域方程中已知正弦量变为相量，u 和 i 变为相量 $\dot U$ 和 $\dot I$，$\dfrac{\mathrm{d}}{\mathrm{d}t}$ 变为 $\mathrm{j}\omega$，求导次数变为 $\mathrm{j}\omega$ 的次方。显然，线性电阻性元件的方程只需要把电压、电流变为相量。

3. 相量模型

将正弦稳态电路中每个元件用其相量模型替换便得电路的相量模型。

在相量模型中，各支路电压相量、电流相量既要服从 KCL、KVL 相量形式的约束，又要满足元件伏安关系相量形式的约束。这两类约束关系是分析相量模型的基本依据。相量模型的两类约束与电阻电路的两类约束相似，其差别仅在于相量形式不直接用电压和电流，而用它们的相量表示；电阻和电导推广为阻抗和导纳。故电阻电路的分析方法可推广到相量模型。

【例 8-1】 （1）如图 8-3（a）所示正弦稳态电路中，$i_s(t) = \sqrt{2}\cos 2t\,\mathrm{A}$。运用相量模型求电压 $u_1(t)$、$u_2(t)$ 和 $u(t)$。 （2）如图 8-3（b）所示正弦稳态电路中，$u_s(t) = 10\sqrt{2}\sin 5t\,\mathrm{V}$。运用相量模型求电流 $i_1(t)$、$i_2(t)$ 和 $i(t)$。

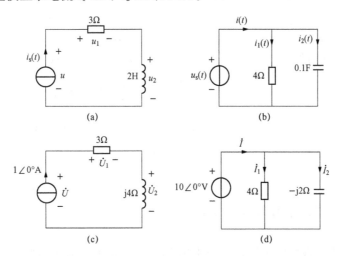

图 8-3　［例 8-1］图

【解】（1）电路的相量模型如图 8-3（c）所示。由元件 VAR 的相量形式得

$$\dot U_1 = 3 \times 1\angle 0° = 3\angle 0°\,\mathrm{V}$$

$$\dot U_2 = \mathrm{j}4 \times 1\angle 0° = 4\angle 90°\,\mathrm{V}$$

由 KVL 得

$$\dot{U} = \dot{U}_1 + \dot{U}_2 = 3\angle 0° + 4\angle 90° = 3 + j4 = 5\angle 53.1° \text{V}$$

所以

$$u_1(t) = 3\sqrt{2}\cos 2t \text{V}, u_2(t) = 4\sqrt{2}\cos(2t+90°)\text{V}, u(t) = 5\sqrt{2}\cos(2t+53.1°)\text{V}$$

（2）电路的相量模型如图 8-3（d）所示。由元件 VAR 的相量形式得

$$\dot{I}_1 = \frac{10\angle 0°}{4} = 2.5\angle 0° \text{A}, \dot{I}_2 = \frac{10\angle 0°}{-j2} = 5\angle 90° \text{A}$$

由 KCL 得

$$\dot{I} = \dot{I}_1 + \dot{I}_2 = 2.5\angle 0° + 5\angle 90° = 5.59\angle 63.4° \text{A}$$

所以

$$i_1(t) = 2.5\sqrt{2}\sin 5t \text{A}, i_2(t) = 5\sqrt{2}\sin(5t+90°)\text{A}, i(t) = 5.59\sqrt{2}\sin(5t+63.4°)\text{A}$$

注：从方便角度出发，可采用正弦函数对应相量，亦可采用余弦函数对应相量。

8.3　重点与难点

本章的重点是正弦量的相量、两类约束的相量形式和相量模型以及元件的阻抗和导纳。难点是相量的直角坐标表示转化为极坐标表示。

8.4　第 8 章习题选解

8-1　已知 $u_1(t) = 100\sin(5\pi t - 150°)\text{V}$，$i_1(t) = -30\sin(10\pi t - 45°)\text{A}$。试完成：（1）求各正弦量的最大值、有效值、频率和周期以及初相位；（2）计算 $t = 0$ 和 0.1s 时各正弦量的瞬时值。

【解】（1）因为 $i_1(t) = -30\sin(10\pi t - 45°) = 30\sin(10\pi t + 135°)\text{A}$

所以，最大值分别为

$$U_{1m} = 100\text{V}, \quad I_{1m} = 30\text{A}$$

有效值分别为

$$U_1 = \frac{100}{\sqrt{2}} = 70.71\text{V}, \quad I_1 = \frac{30}{\sqrt{2}} = 21.21\text{A}$$

频率分别为

$$f_1 = \frac{5\pi}{2\pi} = 2.5\text{Hz}, \quad f_2 = \frac{10\pi}{2\pi} = 5\text{Hz}$$

周期分别为

$$T_1 = \frac{1}{f_1} = \frac{1}{2.5} = 0.4\text{s}, \quad T_2 = \frac{1}{f_2} = \frac{1}{5} = 0.2\text{s}$$

初相位分别为

$$\varphi_1 = -150°, \quad \varphi_2 = 135°$$

（2）提示：瞬时值分别为 $u_1(0) = -50\text{V}$，$u_1(0.1) = -86.6\text{V}$；$i_1(0) = 21.21\text{A}$，$i_1(0.1) = -21.21\text{A}$。

8-2　求下列各小题中电压与电流之间的相位差，并指出其超前与滞后的关系。（1）$u_1(t) = \sqrt{2}U_1\sin(\omega t + 45°)\text{V}$，$i_1(t) = \sqrt{2}I_1\sin(\omega t - 24°)\text{A}$；（2）$u_2(t) = \sqrt{2}U_2\sin(\omega t + 36°)\text{V}$，$i_2(t) = -\sqrt{2}I_2\sin\omega t \text{A}$；（3）$u_3(t) = U_{3m}\cos\omega t \text{V}$，$i_3(t) = I_{3m}\sin\omega t \text{A}$。

【解】（1）因为 $\varphi_u = 45°$，$\varphi_i = -24°$，所以，电压与电流之间的相位差为 $\varphi = \varphi_u - \varphi_i = 45° - (-24°) = 69°$，因此，$u_1$ 超前 i_1 69°。

(2) $i_2(t) = -\sqrt{2}I_2\sin\omega t = \sqrt{2}I_2\sin(\omega t + 180°)$A，则 $\varphi_u = 36°$，$\varphi_i = 180°$。所以，电压与电流之间的相位差为 $\varphi = \varphi_u - \varphi_i = 36° - 180° = -144°$，因此，$u_2$ 滞后 i_2 144°。

(3) $u_3(t) = U_{3m}\cos\omega t = U_{3m}\sin(\omega t + 90°)$V，则 $\varphi_u = 90°$，$\varphi_i = 0°$。所以，电压与电流之间的相位差为 $\varphi = \varphi_u - \varphi_i = 90° - 0° = 90°$。因此，$u_3$ 超前 i_3 90°。

8-3 试写出下列各正弦量的有效值相量和最大值相量（以 $1\angle0°$ 代表 $\sqrt{2}\sin\omega t$）。(1) $u_1(t) = 100\sin(314t - 150°)$V；(2) $u_2(t) = -311\sin(314t + 23°)$V；(3) $i_1(t) = 10\sqrt{2}\cos100t$A；(4) $i_2(t) = -30\cos(1000t - 80°)$A。

【解】 因为 $u_1(t) = 100\sin(314t - 150°)$V，$u_2(t) = -311\sin(314t + 23°) = 220\sqrt{2}\sin(314t - 157°)$V，$i_1(t) = 10\sqrt{2}\cos100t = 10\sqrt{2}\sin(100t + 90°)$A，$i_2(t) = -30\cos(1000t - 80°) = 30\sin(1000t - 170°)$A。所以，有效值相量分别为 $\dot{U}_1 = 50\sqrt{2}\angle-150°$V，$\dot{U}_2 = 220\angle-157°$V，$\dot{I}_1 = 10\angle90°$A，$\dot{I}_2 = 15\sqrt{2}\angle-170°$A。最大值相量分别为 $\dot{U}_{1m} = 100\angle-150°$V，$\dot{U}_{2m} = 311\angle-157°$V，$\dot{I}_{1m} = 10\sqrt{2}\angle90° = 14.4\angle90°$A，$\dot{I}_{2m} = 30\angle-170°$A。

8-4 (1) 试将下列各相量化为直角坐标形式。

1) $\dot{U}_1 = 5\angle-36.9°$V；2) $\dot{U}_{2m} = 22\angle120°$V；3) $\dot{I}_{3m} = 100\angle15°$A；4) $\dot{I}_4 = 80\angle-150°$A；5) $\dot{U}_5 = 10\angle90°$V；6) $\dot{I}_6 = 14\angle-90°$A；7) $\dot{I}_7 = 0.1\angle180°$A；8) $\dot{U}_8 = 220\sqrt{2}\angle-180°$V。

(2) 试将下列各相量化为极坐标形式。

1) $10 + j10$；2) $3 - j4$；3) $-3 + j4$；4) $-6 - j8$；5) $j5$；6) $-j5$；7) -0.1；8) 8。

【解】(1) 相量直角坐标形式为：

1) $\dot{U}_1 = 5\angle-36.9° = 4 - j3$V；2) $\dot{U}_{2m} = 22\angle120° = -11 + j19.05$V；3) $\dot{I}_{3m} = 100\angle15° = 96.59 + j25.88$A；4) $\dot{I}_4 = 80\angle-150° = -69.28 - j40$A；5) $\dot{U}_5 = 10\angle90° = j10$V；6) $\dot{I}_6 = 14\angle-90° = -j14$A；7) $\dot{I}_7 = 0.1\angle180° = -0.1$A；8) $\dot{U}_8 = 220\sqrt{2}\angle-180° = -220\sqrt{2}$V。

(2) 相量极坐标形式为：

1) $10 + j10 = 10\sqrt{2}\angle45°$；2) $3 - j4 = 5\angle-53.1°$；3) $-3 + j4 = 5\angle126.9°$；4) $-6 - j8 = 10\angle-126.9°$；5) $j5 = 5\angle90°$；6) $-j5 = 5\angle-90°$；7) $-0.1 = 0.1\angle180°$；8) $8 = 8\angle0°$。

注：相量由直角坐标形式转化为极坐标形式时，要注意辐角的取值，取值范围是由实部和虚部的正负符号来决定的。

(1) 当 $I_r \geqslant 0$，$I_i \geqslant 0$ 时，$0° \leqslant \varphi \leqslant 90°$，$\varphi = \arctan\dfrac{I_i}{I_r} = \arctan\left|\dfrac{I_i}{I_r}\right|$。

(2) 当 $I_r \geqslant 0$，$I_i \leqslant 0$ 时，$-90° \leqslant \varphi \leqslant 0°$，$\varphi = \arctan\dfrac{I_i}{I_r} = -\arctan\left|\dfrac{I_i}{I_r}\right|$。

(3) 当 $I_r \leqslant 0$，$I_i \geqslant 0$ 时，$90° \leqslant \varphi \leqslant 180°$，$\varphi = \arctan\dfrac{I_i}{I_r} = 180° - \arctan\left|\dfrac{I_i}{I_r}\right|$。

(4) 当 $I_r \leqslant 0$，$I_i \leqslant 0$ 时，$-180° \leqslant \varphi \leqslant -90°$，$\varphi = \arctan\dfrac{I_i}{I_r} = -180° + \arctan\left|\dfrac{I_i}{I_r}\right|$。

8-5 试写出下列各相量代表的正弦量（以 $1\angle 0°$ 代表 $\sqrt{2}\sin\omega t$）。

(1) $\dot{U}_1 = 6 - j8V$；(2) $\dot{I}_1 = 8 + j6A$；(3) $\dot{U}_{2m} = 10\angle -36.9°V$；(4) $\dot{I}_{2m} = 5\angle 15°A$。

【解】 (1) $\dot{U}_1 = 6 - j8 = 10\angle -53.1°V$ 对应的正弦量为 $u_1(t) = 10\sqrt{2}\sin(\omega t - 53.1°)V$。

(2) $\dot{I}_1 = 8 + j6 = 10\angle 36.9°A$ 对应的正弦量为 $i_1(t) = 10\sqrt{2}\sin(\omega t + 36.9°)A$。

(3) $\dot{U}_{2m} = 10\angle -36.9°V$ 对应的正弦量为 $u_2(t) = 10\sin(\omega t - 36.9°)V$。

(4) $\dot{I}_{2m} = 5\angle 15°A$ 对应的正弦量为 $i_2(t) = 5\sin(\omega t + 15°)A$。

注：(1) 由相量写出相应的正弦量时，相量需要先写成极坐标形式。

　　(2) 由有效值相量写出正弦量时，振幅为有效值乘以 $\sqrt{2}$；而由最大值相量写出正弦量时，振幅无需乘以 $\sqrt{2}$。

8-6 试写出下列各正弦量的相量，并画出相量图。

(1) $3\cos\omega t + 4\sin\omega t$；(2) $(4\sqrt{3}-3)\sin(2t+30°) + (3\sqrt{3}-4)\sin(2t+60°)$。

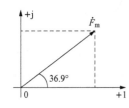

图 8-4　题 8-6 解图

【解】 (1) 令 $f_1(t) = 3\cos\omega t = 3\sin(\omega t + 90°)$，$f_2(t) = 4\sin\omega t$，则
$$f(t) = f_1(t) + f_2(t) = 3\sin(\omega t + 90°) + 4\sin\omega t$$

因为 $\dot{F}_{1m} = 3\angle 90°$，$\dot{F}_{2m} = 4\angle 0°$，所以
$$\dot{F}_m = \dot{F}_{1m} + \dot{F}_{2m} = j3 + 4 = 5\angle 36.9°$$

相量图如图 8-4 所示。

(2) 令 $f_1(t) = (4\sqrt{3}-3)\sin(2t+30°)$，$f_2(t) = (3\sqrt{3}-4)\times\sin(2t+60°)$

则
$$f(t) = f_1(t) + f_2(t) = (4\sqrt{3}-3)\sin(2t+30°) + (3\sqrt{3}-4)\sin(2t+60°)$$

因为
$$\dot{F}_{1m} = (4\sqrt{3}-3)\angle 30° = (4\sqrt{3}-3)\times\left(\frac{\sqrt{3}}{2} + j\frac{1}{2}\right)$$
$$= 6 + j2\sqrt{3} - \frac{3\sqrt{3}}{2} - j\frac{3}{2} = 6 - \frac{3\sqrt{3}}{2} + j\left(2\sqrt{3} - \frac{3}{2}\right)$$

$$\dot{F}_{2m} = (3\sqrt{3}-4)\angle 60° = (3\sqrt{3}-4)\times\left(\frac{1}{2} + j\frac{\sqrt{3}}{2}\right)$$
$$= \frac{3\sqrt{3}}{2} + j4.5 - 2 - j2\sqrt{3} = \frac{3\sqrt{3}}{2} - 2 + j(4.5 - 2\sqrt{3})$$

所以
$$\dot{F}_m = \dot{F}_{1m} + \dot{F}_{2m} = 6 - \frac{3\sqrt{3}}{2} + j\left(2\sqrt{3} - \frac{3}{2}\right) + \frac{3\sqrt{3}}{2} - 2 + j(4.5 - 2\sqrt{3})$$
$$= 4 + j3 = 5\angle 36.9°$$

相量图如图 8-4 所示。

注：利用相量可方便地求得同频正弦量的和与差。

8-7 试求下列各微分方程的特解。

(1) $\dfrac{d^2 x}{dt^2} + 3\dfrac{dx}{dt} + 10x = \sin(2t+45°)$；(2) $\dfrac{d^3 x}{dt^3} + 6\dfrac{d^2 x}{dt^2} + 11\dfrac{dx}{dt} + 6x = \cos 2t$；(3) $\dfrac{d^2 x}{dt^2} + 4\dfrac{dx}{dt} + x = 3\cos 3t + \sin 3t$。

【解】 (1) 对微分方程 $\dfrac{d^2 x}{dt^2} + 3\dfrac{dx}{dt} + 10x = \sin(2t+45°)$ 两边取相量得

$$[(j2)^2 + j2 \times 3 + 10]\dot{X}_m = 1\angle 45°$$

解之得
$$\dot{X}_m = \frac{1\angle 45°}{(j2)^2 + j2 \times 3 + 10} = \frac{1\angle 45°}{6 + j6} = \frac{1}{6\sqrt{2}}\angle 0°$$

所以，该微分方程的特解为　$x(t) = \dfrac{1}{6\sqrt{2}}\sin 2t$

（2）对微分方程$\dfrac{d^3x}{dt^3} + 6\dfrac{d^2x}{dt^2} + 11\dfrac{dx}{dt} + 6x = \cos 2t$两边取相量得

$$[(j2)^3 + 6 \times (j2)^2 + 11 \times j2 + 6]\dot{X}_m = 1\angle 0°$$

解之得　$\dot{X}_m = \dfrac{1\angle 0°}{(j2)^3 + 6 \times (j2)^2 + 11 \times j2 + 6} = \dfrac{1\angle 0°}{-18 + j14} = \dfrac{1\angle 0°}{22.8\angle 142.13°} = 0.044\angle -142.13°$

所以，该微分方程的特解为　$x(t) = 0.044\cos(2t - 142.13°)$

（3）微分方程$\dfrac{d^2x}{dt^2} + 4\dfrac{dx}{dt} + x = 3\cos 3t + \sin 3t$可改写为

$$\frac{d^2x}{dt^2} + 4\frac{dx}{dt} + x = (\sin 3t)' + \sin 3t$$

对上式两边取相量得　　　$[(j3)^2 + 4 \times j3 + 1]\dot{X}_m = j3 + 1$

解之得　　　$\dot{X}_m = \dfrac{j3 + 1}{(j3)^2 + 4 \times j3 + 1} = \dfrac{1 + j3}{-8 + j12} = 0.22\angle -52.12°$

所以　　　　　　　　　$x(t) = 0.22\sin(3t - 52.12°)$

注：利用相量变换可方便地求得正弦激励下微分方程的特解。注意 $j\omega$ 不能是特征根。

8 - 8　已知二端元件的电压电流采用关联参考方向，若其瞬时值表达式为：（1）$u(t) = 15\cos(400t + 30°)\text{V}$，$i(t) = 3\sin(400t + 30°)\text{A}$；（2）$u(t) = 8\sin(500t + 50°)\text{V}$，$i(t) = 2\sin(500t + 140°)\text{A}$；（3）$u(t) = 8\cos(250t + 60°)\text{V}$，$i(t) = 5\sin(250t + 150°)\text{A}$。试确定该元件是电阻、电感或电容，并确定其元件值。

【解】（1）因为$u(t) = 15\cos(400t + 30°) = 15\sin(400t + 120°)\text{V}$，故元件电压超前电流$90°$。因此，该元件是电感元件。

$$\dot{U}_m = 15\angle 120°\text{V}, \dot{I}_m = 3\angle 30°\text{A}$$

则元件阻抗为　　　$Z = \dfrac{\dot{U}_m}{\dot{I}_m} = \dfrac{15\angle 120°}{3\angle 30°} = 5\angle 90° = j5\Omega$

故其电感值为　　　$L = \dfrac{X_L}{\omega} = \dfrac{5}{400} = 12.5\text{mH}$

（2）因为$u(t) = 8\sin(500t + 50°)\text{V}$，$i(t) = 2\sin(500t + 140°)\text{A}$，故元件电压落后电流$90°$。因此，该元件是电容元件。

$$\dot{U}_m = 8\angle 50°\text{V}, \dot{I}_m = 2\angle 140°\text{A}$$

则元件阻抗为　　　$Z = \dfrac{\dot{U}_m}{\dot{I}_m} = \dfrac{8\angle 50°}{2\angle 140°} = 4\angle -90° = -j4\Omega$

所以，其电容值为　　　$C = \dfrac{1}{\omega|X_C|} = \dfrac{1}{500 \times 4} = 500\mu\text{F}$

（3）因为$u(t) = 8\cos(250t + 60°) = 8\sin(250t + 150°)\text{V}$，$i(t) = 5\sin(250t + 150°)\text{A}$，故

元件电压与电流同相。

因此，该元件是电阻元件。

$$\dot{U}_{\mathrm{m}}=8\angle 150°\mathrm{V},\dot{I}_{\mathrm{m}}=5\angle 150°\mathrm{A}$$

则元件阻抗为

$$Z=\frac{\dot{U}_{\mathrm{m}}}{\dot{I}_{\mathrm{m}}}=\frac{8\angle 150°}{5\angle 150°}=1.6\angle 0°=1.6\Omega$$

所以，其电阻值为 $R=1.6\Omega$。

注：从方便角度出发，可采用有效值相量，也可采用最大值相量。

8-9　画出图 8-5 所示各电路的相量模型。其中，$u_{\mathrm{s}}(t)=10\sqrt{2}\sin 2t\mathrm{V}$，$i_{\mathrm{s}}(t)=15\sqrt{2}\cos(2t+15°)\mathrm{A}$。

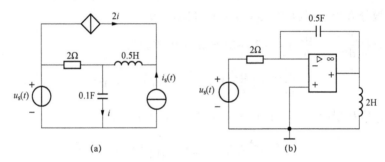

图 8-5　题 8-9 图

【解】（1）因为 $i_{\mathrm{s}}(t)=15\sqrt{2}\cos(2t+15°)=15\sqrt{2}\sin(2t+105°)\mathrm{A}$，所以

$$\dot{I}_{\mathrm{s}}=15\angle 105°\mathrm{A},\dot{U}_{\mathrm{s}}=10\angle 0°\mathrm{A},\mathrm{j}X_{\mathrm{L}}=\mathrm{j}2\times 0.5=\mathrm{j}1\Omega,\mathrm{j}X_{\mathrm{C}}=-\mathrm{j}\frac{1}{2\times 0.1}=-\mathrm{j}5\Omega$$

因此，相量模型如图 8-6（a）所示。

（2）因为 $u_{\mathrm{s}}(t)=10\sqrt{2}\sin 2t\mathrm{V}$，所以

$$\dot{U}_{\mathrm{s}}=10\angle 0°\mathrm{A},\ \mathrm{j}X_{\mathrm{L}}=\mathrm{j}2\times 2=\mathrm{j}4\Omega,\ \mathrm{j}X_{\mathrm{C}}=-\mathrm{j}\frac{1}{2\times 0.5}=-\mathrm{j}1\Omega$$

因此，相量模型如图 8-6（b）所示。

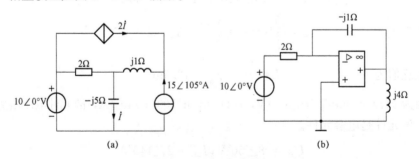

图 8-6　题 8-9 解图

8-10　见［例 8-1］。

8-11　（1）如图 8-7（a）所示电路中，电压表 PV1 的示数为 15V，电压表 PV2 的示数为 80V，电压表 PV3 的示数为 100V。试求端电压的有效值。

（2）如图 8-7（b）所示电路中，电流表 A_1 的示数为 5A，电流表 A_2 的示数为 20A，电流表 A_3 的示数为 25A。求电流表 A 的示数。

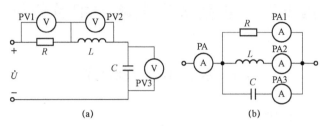

图 8-7　题 8-11 图

【解】（1）所用电量的参考方向如图 8-8（a）所示。选电流 $\dot{I}$ 为参考相量，即 $\dot{I} = I\angle0°A$，则有

$$\dot{U}_R = 15\angle0°V, \dot{U}_L = j80V, \dot{U}_C = -j100V$$

由 KVL 得　　$\dot{U} = \dot{U}_R + \dot{U}_L + \dot{U}_C = 15 + j80 - j100 = 15 - j20 = 25\angle-53.1°A$

所以　　　　　　　　　$U = 25V$

（2）所用电量的参考方向如图 8-8（b）所示。

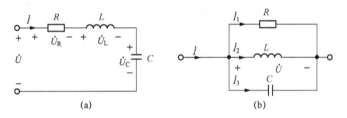

图 8-8　题 8-11 解图

选电压 $\dot{U}$ 为参考相量，即 $\dot{U} = U\angle0°V$，所以 $\dot{I}_R = 5\angle0°A$，$\dot{I}_L = -j20A$，$\dot{I}_C = j25A$

由 KCL 得　　$\dot{I} = \dot{I}_R + \dot{I}_L + \dot{I}_C = 5\angle0° - j20 + j25 = 5 + j5 = 5\sqrt{2}\angle45°A$

故　　　　　　　　　$I = 5\sqrt{2} = 7.07A$

注：串联电路一般选择电流为参考相量；并联电路一般选择电压为参考相量。

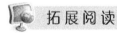拓展阅读

施泰因梅茨生平

第9章 正弦稳态电路的相量分析

9.1 本章知识点思维导图

第9章的知识点思维导图见图9-1。

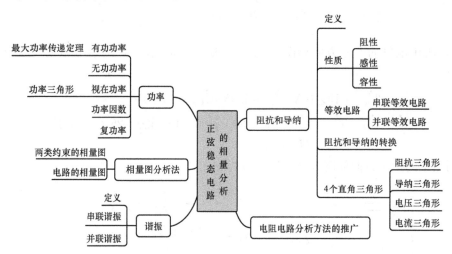

图9-1 第9章的知识点思维导图

9.2 知识点归纳与学习指导

正弦稳态电路的相量分析法是电阻电路分析方法的推广，学习正弦稳态电路的知识时，应重点放在二者的不同点上，如阻抗与导纳、功率、相量图、谐振等概念。

9.2.1 阻抗与导纳

1. 阻抗和导纳的定义

二端网络如图9-2所示，其输入阻抗 Z 和输入导纳 Y 分别是输入电阻和输入电导概念的推广，定义为

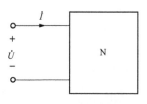

图9-2 二端网络

$$Z = \frac{\dot{U}}{\dot{I}}, Y = \frac{\dot{I}}{\dot{U}}$$

一般形式为 $Z = |Z| \angle \theta_Z = R + jX$，$Y = |Y| \angle \theta_Y = G + jB$

其中，$|Z| = U/I$，阻抗角 $\theta_Z = \varphi_u - \varphi_i = \tan^{-1}(X/R)$；$|Y| = I/U$，导纳角 $\theta_Y = \varphi_i - \varphi_u = \tan^{-1}(B/G)$。$R$ 和 X 分别为阻抗的电阻分量和电抗分量；G 和 B 分别为导纳的电导分量和电纳分量。

2. 阻抗和导纳的性质

阻抗和导纳的性质见表9-1。

表 9 - 1　　　　　　　　　　　　　　　**阻 抗 和 导 纳 的 性 质**

阻抗或导纳	电路的性质		
	感性	电阻性	容性
$Z=R+jX$	$X>0$	$X=0$	$X<0$
$Z=\mid Z \mid \angle \theta_Z$	$\theta_Z>0$	$\theta_Z=0$ 或 $\pm\pi$	$\theta_Z<0$
$Y=G+jB$	$B<0$	$B=0$	$B>0$
$Y=\mid Y \mid \angle \theta_Y$	$\theta_Y<0$	$\theta_Y=0$ 或 $\mp\pi$	$\theta_Y>0$
u 与 i 之间的相位关系	u 超前 i	u 与 i 同相或反相	u 落后 i

【例 9 - 1】　如图 9 - 3 所示正弦稳态网络中，$R=10\Omega$，$L=10\text{mH}$，$C=100\mu\text{F}$，$\omega=10^3\text{rad/s}$。试思考：（1）网络呈现容性还是感性？（2）若电容 C 可调，要使 u 与 i 同相，C 应为何值？

【解】（1）电感和电容的阻抗分别为

$$Z_L=j\omega L=j\,10^3\times 10\times 10^{-3}=j10\Omega$$

$$Z_C=\frac{1}{j\omega C}=-j\,\frac{1}{10^3\times 100\times 10^{-6}}=-j10\Omega$$

则电路总的阻抗为

$$Z=Z_C \mathbin{/\!/} (R+Z_L)=\frac{-j10\times(10+j10)}{-j10+10+j10}=10-j10\Omega$$

$X=-10\Omega$，故电路呈现容性。

（2）为使 $\dot{U}$ 与 $\dot{I}$ 同相，应使 Z 的虚部或导纳的虚部为零。由于电路总的导纳为

$$Y=j\omega C+\frac{1}{R+j\omega L}=j\omega C+\frac{R-j\omega L}{R^2+(\omega L)^2}=\frac{R}{R^2+(\omega L)^2}+j\left[\omega C-\frac{\omega L}{R^2+(\omega L)^2}\right]=G+jB$$

令 $B=0$，得

$$C=\frac{L}{R^2+(\omega L)^2}=\frac{0.01}{10^2+10^2}=50\mu\text{F}$$

3. 阻抗和导纳的等效互换

阻抗和导纳的等效电路如图 9-4 所示。根据网络呈现感性（或容性），电抗和电纳部分为一电感（或电容）。

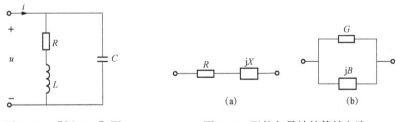

图 9-3　［例 9-1］图　　　　图 9-4　阻抗与导纳的等效电路

（a）阻抗；（b）导纳

对于同一二端网络，$Z=\frac{1}{Y}$，Z 和 Y 可以互相等效转换：

$$\mid Y \mid=\frac{1}{\mid Z \mid},\ \theta_Y=-\theta_Z;\ G=\frac{R}{R^2+X^2},\ B=-\frac{X}{R^2+X^2}$$

或者

$$|Z| = \frac{1}{|Y|}, \ \theta_Z = -\theta_Y; \ R = \frac{G}{G^2 + B^2}, \ X = -\frac{B}{G^2 + B^2}$$

注意，两种等效电路中的 R 和 G 不是同一电阻，故 $G \neq \dfrac{1}{R}$。

阻抗和导纳的串并联等效方法分别与电阻和电导类似。阻抗和导纳的直角三角形关系见表 9-2。

表 9-2　　　　　　　　　　　　　　　阻抗和导纳的直角三角形关系

物理量	表达式	等效电路	直角三角形
阻抗	$Z = \|Z\| \angle \theta_Z = R + jX$		阻抗三角形　　　电压三角形
导纳	$Y = \|Y\| \angle \theta_Y = G + jB$		导纳三角形　　　电流三角形

【例 9-2】　如图 9-5（a）所示正弦交流电路中，已知电流表 A 的示数为 2A，电压表 V_1 的示数为 17V，V_2 的示数为 10V。求电源电压的有效值。

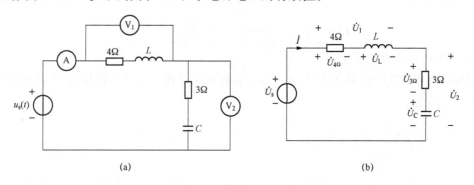

(a)　　　　　　　　　　　　　　　　(b)

图 9-5　［例 9-2］图

【解】电路的相量模型如图 9-5（b）所示。

$$U_{4\Omega} = 2 \times 4 = 8\text{V}, \ U_{3\Omega} = 2 \times 3 = 6\text{V}$$

由电压三角形得

$$U_L = \sqrt{U_1^2 - U_{4\Omega}^2} = \sqrt{17^2 - 8^2} = 15\text{V}, \ U_C = \sqrt{U_2^2 - U_{3\Omega}^2} = \sqrt{10^2 - 6^2} = 8\text{V}$$

以电流 $\dot{I}$ 为参考相量，即 $\dot{I} = 2\angle 0°\text{A}$，则

$$\dot{U}_s = \dot{U}_{4\Omega} + \dot{U}_{3\Omega} + \dot{U}_L + \dot{U}_C = 8 + 6 + j15 - j8 = 14 + j7 = 15.65\angle 26.57°\text{V}$$

或者由电压三角形得

$$U_{\mathrm{s}} = \sqrt{(U_{4\Omega} + U_{3\Omega})^2 + (U_{\mathrm{L}} - U_{\mathrm{C}})^2} = \sqrt{(8+6)^2 + (15-8)^2} = 15.65\mathrm{V}$$

所以，电源电压的有效值为 15.65V。

9.2.2　正弦稳态电路中的功率

1. 瞬时功率

设二端网络 N 的端口电压、电流分别为

$$u(t) = \sqrt{2}U\sin(\omega t + \varphi_{\mathrm{u}}), i(t) = \sqrt{2}I\sin(\omega t + \varphi_{\mathrm{i}})$$

则二端网络 N 的瞬时功率为

$$\begin{aligned} p(t) = ui &= 2UI\sin(\omega t + \varphi_{\mathrm{u}})\sin(\omega t + \varphi_{\mathrm{i}}) \\ &= UI\cos\theta[1 - \cos(2\omega t + 2\varphi_{\mathrm{i}})] + UI\sin\theta\sin(2\omega t + 2\varphi_{\mathrm{i}}) \end{aligned}$$

式中：$\theta = \varphi_{\mathrm{u}} - \varphi_{\mathrm{i}}$ 表示电压超前电流的相位，U 和 I 为电压和电流的有效值。其中，$UI\cos\theta\,[1 - \cos(2\omega t + 2\varphi_{\mathrm{i}})]$ 为瞬时有功功率分量，$UI\sin\theta\sin(2\omega t + 2\varphi_{\mathrm{i}})$ 为瞬时无功功率分量。

2. 有功功率和无功功率

有功功率（又称平均功率）和无功功率的一般公式分别为

$$P = UI\cos\theta, Q = UI\sin\theta$$

有功和无功的主单位分别为 W 和 var。电阻、电感和电容的有功功率和无功功率的公式分别为

$$P_{\mathrm{R}} = U_{\mathrm{R}}I_{\mathrm{R}} = RI_{\mathrm{R}}^2 = \frac{U_{\mathrm{R}}^2}{R}, P_{\mathrm{L}} = 0, P_{\mathrm{C}} = 0$$

$$Q_{\mathrm{R}} = 0, Q_{\mathrm{L}} = U_{\mathrm{L}}I_{\mathrm{L}} = X_{\mathrm{L}}I_{\mathrm{L}}^2 = \frac{U_{\mathrm{L}}^2}{X_{\mathrm{L}}}, Q_{\mathrm{C}} = -U_{\mathrm{C}}I_{\mathrm{C}} = X_{\mathrm{C}}I_{\mathrm{C}}^2 = \frac{U_{\mathrm{C}}^2}{X_{\mathrm{C}}}$$

电阻没有无功，电容和电感没有有功。并且电感吸收无功，电容发出无功。

无功功率不是无用功率，其译名体现了中国传统文化的博大精深："有无相生""此二者同出而异名""万物生于有，有生于无"。

3. 视在功率与功率因数

视在功率　　　　　　$S = UI = \sqrt{P^2 + Q^2}$　　　　（主单位：VA）

功率因数　　　　　　$\lambda = \cos\theta = \dfrac{P}{S}$

功率因数 $\cos\theta$ 是电力系统的一个重要指标。提高功率因数可以减少线路损耗（线损），节约能源，具有重要意义。

$\cos\theta$ 无法反映网络的性质，故常在 $\cos\theta$ 值后标注有"超前"或"滞后"。注意，这里的"超前"和"滞后"分别表示网络呈现容性和感性。例如 $\cos\theta = 0.866$（滞后），表示端口电流滞后电压 θ，网络呈现感性。

4. 复功率

复功率 $\widetilde{S}$ 是一个可直接用电压相量和电流相量计算的量，一般公式为

$$\widetilde{S} = \dot{U}\dot{I}^* = UI\angle\theta = S\angle\theta = P + \mathrm{j}Q \quad （主单位：VA）$$

电路的复功率、有功功率和无功功率分别是守恒的。

【例 9 - 3】　求图 9 - 6（a）所示正弦稳态电路中三条支路吸收的复功率。

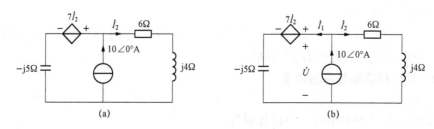

图 9-6　［例 9-3］图

【解】 所用电量的参考方向如图 9-6（b）所示。由 KVL 得

$$(6+j4)\times \dot{I}_2 + j5\times(10-\dot{I}_2) - 7\dot{I}_2 = 0 \quad\Rightarrow\quad (1+j)\dot{I}_2 = j50$$

所以
$$\dot{I}_2 = \frac{j50}{1+j} = 25+j25 = 25\sqrt{2}\angle 45°\,\text{A}$$

由 KCL 得　$\dot{I}_1 = \dot{I}_s - \dot{I}_2 = 10\angle 0° - \dot{I}_2 = 10 - \dot{I}_2 = 10 - 25 - j25 = -15 - j25\,\text{A}$

则　$\dot{U} = (6+j4)\dot{I}_2 = (6+j4)\times(25+j25) = 50+j250\,\text{V}$

则各支路吸收的复功率分别为

$$\widetilde{S}_1 = \dot{U}\dot{I}_1^* = (50+j250)\times(-15+j25) = -7000 - j2500\,\text{VA}$$

$$\widetilde{S}_2 = \dot{U}\dot{I}_2^* = (50+j250)\times(25-j25) = 7500 + j5000\,\text{VA},$$

$$\widetilde{S}_s = -\dot{U}\dot{I}_s^* = -(50+j250)\times 10 = -500 - j2500\,\text{VA}$$

5. 最大功率传递定理

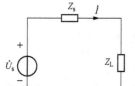

图 9-7　最大功率传递

对于如图 9-7 所示电路中，若负载阻抗 $Z_L = R_L + jX_L$ 任意可调（$|Z_L|$ 和 θ_Z 任意可调），则当 $Z_L = Z_s^*$（共轭匹配），即 $R_L = R_s$，$X_L = -X_s$ 时，负载 Z_L 可获得最大功率，且该最大功率为

$$P_{L\max} = \frac{U_s^2}{4R_s}$$

电阻电路的最大功率传递定理是正弦稳态电路最大功率传递定理的特例。

另一种情况是负载阻抗 $Z_L = |Z_L|\angle\theta_Z = R_L + jX_L$ 可调，但 X_L/R_L 保持恒定（$|Z_L|$ 任意可调，θ_Z 保持恒定）。

与电阻电路相似，求最大功率传输条件和负载上获得的最大功率，一般需要结合戴维南定理进行求解。

9.2.3　正弦稳态电路的相量分析法

运用相量法可将电阻电路的各种分析方法推广到相量模型。

相量分析法的基本步骤如下：

（1）由正弦稳态电路的时域模型画出相量模型。

（2）对相量模型进行分析。

（3）由待求量的相量写出其正弦量。

应用相量法求解正弦稳态电路时，若初相未知，则选择一个电压或电流作为参考相量（取其初相为零）。

9.2.4 用相量图分析正弦稳态电路

相量图能够清晰直观地反映电路中各电压、电流之间的大小关系和相位关系，体现了电路中的两类约束。对于某些单电源电路，借助相量图分析，可避免烦琐的复数运算，使计算得到简化。这种借助相量图分析正弦稳态电路的方法称为相量图分析法。

相量图分析法一般分为两步：

（1）结合已知条件画出电路的相量图。

画电路的相量图时，一般从离电源最远侧画起。首先根据最远侧两条支路为串联还是并联，选择电压相量或电流相量作为参考相量；然后，以参考相量为基础，根据常用的基本相量图，相对电源由远及近逐条支路画出相关的电压相量和电流相量。相量图中的特殊角（30°、45°、60°、90°等）应标出。

（2）由相量图所表示的几何关系，利用初等几何、代数和三角知识求出未知量。

学习相量图分析法时，为了能正确地作出相量图，必须熟练掌握 R、L、C 元件以及 RL 和 RC 串联、并联支路的相量图和 KCL、KVL 的相量图。元件的相量图见表 9-3。

KCL、KVL 的相量图可用平行四边形法则或者三角形法则作出，例如，$\dot{U}=\dot{U}_1+\dot{U}_2$ 的相量图如图 9-8 所示。有时也用多边形法则如图 9-9 所示，$\dot{U}=\dot{U}_1+\dot{U}_2+\dot{U}_3$ 的相量图。

表 9-3 　　　　　　　　　　　元　件　的　相　量　图

相量	R	L	C	RL 支路	RC 支路
相量图	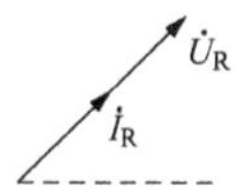	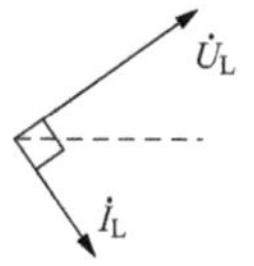	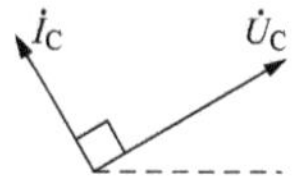	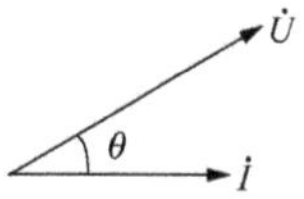	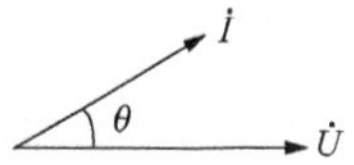
关系式	$U_R=RI_R$	$U_L=\omega L I_L$	$U_C=\dfrac{1}{\omega C}I_C$	串联 $U=\sqrt{R^2+X^2}I$，$\theta=\arctan\dfrac{X}{R}$ 并联 $I=\sqrt{G^2+B^2}U$，$\theta=\arctan\dfrac{B}{G}$	

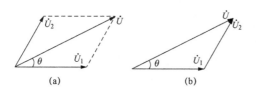

图 9-8　相量求和的相量图
（a）平行四边形法则；（b）三角形法则

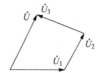

图 9-9　多边形法则

【例 9-4】 在图 9-10（a）所示正弦稳态电路中，$I_1=3\text{A}$，$I_2=5\text{A}$，$U=65\text{V}$，$r=4\Omega$，$\omega=3000\text{rad/s}$，且 u 与 i 同相。试求 R、L 和 C。

【解】 设 $\dot{U}_C$ 的参考方向如图 9-10（b）所示。以 $\dot{U}_C$ 为参考相量，即 $\dot{U}_C=U_C\angle 0°$，因为 $\dot{U}$ 与 $\dot{I}$ 同相，所以，电路并联部分的输入阻抗为一电阻。因此，$\dot{U}_C$ 和 $\dot{I}$ 同相。$\dot{I}_1$ 超前 $\dot{U}_C90°$，$\dot{I}_2$ 滞后 $\dot{U}_C$，且 $\dot{I}$、$\dot{I}_1$ 和 $\dot{I}_2$ 构成一个直角三角形，电路的相量图如图 9-10（c）

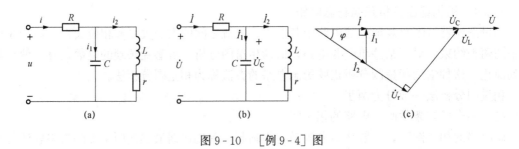

图 9-10　　[例 9-4] 图

所示。由相量图得

$$I = \sqrt{I_2^2 - I_1^2} = \sqrt{5^2 - 3^2} = 4\text{A}, \varphi = \arcsin\frac{I_1}{I_2} = \arcsin\frac{3}{5} = 36.9°$$

$$U_r = rI_2 = 4 \times 5 = 20\text{V}, U_L = U_r\tan\varphi = 20\tan36.9° = 15\text{V}$$

$$U_C = \sqrt{U_r^2 + U_L^2} = \sqrt{20^2 + 15^2} = 25\text{V}$$

所以

$$X_L = \frac{U_L}{I_2} = \frac{15}{5} = 3\Omega, L = \frac{X_L}{\omega} = \frac{3}{3000} = 1\text{mH}$$

$$|X_C| = \frac{U_C}{I_1} = \frac{25}{3}\Omega, C = \frac{1}{|X_C|\omega} = \frac{1}{\dfrac{25}{3} \times 3000} = 40\mu\text{F}$$

又因为
$$U_R = U - U_C = 65 - 25 = 40\text{V}$$

所以
$$R = \frac{U_R}{I} = \frac{40}{4} = 10\Omega$$

9.2.5　谐振

1. 谐振的概念

含有电感 L 和电容 C，且无独立源的二端网络，如果在某一频率下，端口电压与端口电流同相，则称该二端网络发生了谐振。谐振时，二端网络与外电路无能量交换，能量交换过程在二端网络中 L 与 C 之间进行。

谐振时，二端网络输入阻抗或导纳的虚部为零，即

$$\text{Im}[Z_{in}] = 0 \quad 或者 \quad \text{Im}[Y_{in}] = 0 \quad （谐振条件）$$

利用上述条件可确定网络的谐振频率。

常见的基本谐振电路分为串联谐振、并联谐振和耦合谐振三种。

2. 串联谐振和并联谐振

串联谐振和并联谐振电路的基本特性见表 9-4。

表 9-4　　　　　　　　　　　　串联谐振和并联谐振电路的基本特性

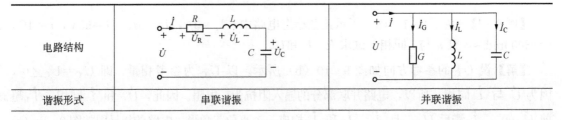

电路结构		
谐振形式	串联谐振	并联谐振

续表

别　名	电压谐振	电流谐振
谐振条件	$X_0=\omega_0 L-\dfrac{1}{\omega_0 C}=0$	$B_0=\omega_0 C-\dfrac{1}{\omega_0 L}=0$
谐振频率	$\omega_0=\dfrac{1}{\sqrt{LC}}$, $f_0=\dfrac{1}{2\pi\sqrt{LC}}$	$\omega_0=\dfrac{1}{\sqrt{LC}}$, $f_0=\dfrac{1}{2\pi\sqrt{LC}}$
输入阻抗	$Z_0=R$（电阻性），$\lvert Z(\omega)\rvert$ 最小	$Y_0=G$（呈电阻性），$\lvert Y(\omega)\rvert$ 最小
谐振时电流和电压	U 一定，谐振电流有效值 I_0 最大 $\dot U_R=\dot U$,　$\dot U_L=jQ\dot U$,　$\dot U_C=-jQ\dot U$	I 一定，谐振电压有效值 U_0 最大 $\dot I_R=\dot I$,　$\dot I_L=-jQ\dot I$,　$\dot I_C=jQ\dot I$
对外特性	$\circ\!-\!\!\infty\!\!-\!\!\Vert\!-\!\rightarrow\circ\!-\!\!-\!\circ$	$\circ\!-\!\boxed{\infty\ \Vert}\!-\!\rightarrow\circ\!-\!\!-\!\circ$
品质因数	$Q=\dfrac{\omega_0 L}{R}=\dfrac{1}{\omega_0 CR}=\dfrac{1}{R}\sqrt{\dfrac{L}{C}}=\dfrac{\rho}{R}$	$Q=\dfrac{\omega_0 C}{G}=\dfrac{1}{\omega_0 LG}=\dfrac{1}{G}\sqrt{\dfrac{C}{L}}=\dfrac{1}{G\rho}$
特性阻抗	$\rho=\sqrt{\dfrac{L}{C}}$	$\rho=\sqrt{\dfrac{L}{C}}$
电磁总能量	$W(t)=CQ^2 U$	$W(t)=LQ^2 I^2$
通用曲线表达式	$\dfrac{I}{I_0}=\dfrac{1}{\sqrt{1+Q^2\left(\dfrac{\omega}{\omega_0}-\dfrac{\omega_0}{\omega}\right)^2}}$	$\dfrac{U}{U_0}=\dfrac{1}{\sqrt{1+Q^2\left(\dfrac{\omega}{\omega_0}-\dfrac{\omega_0}{\omega}\right)^2}}$
通频带宽度	$BW=\omega_0/Q$	$BW=\omega_0/Q$

【例 9 - 5】　图 9 - 11（a）所示正弦稳态电路中，$U=50V$，$R_1=10\Omega$，$R_2=15\Omega$，$L_1=0.5mH$，$L_2=0.1mH$，$C_1=0.2\mu F$，$C_2=1\mu F$，电流表 A_2 的示数为零。求电流表 A_1、A_3 和功率表 W 的示数。

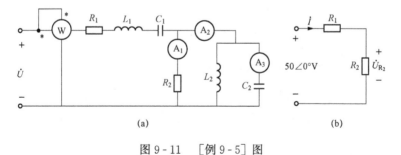

图 9 - 11　[例 9 - 5] 图

【解】　因为电流表 A_2 的示数为零，说明 L_2、C_2 并联分支发生并联谐振，其谐振频率为

$$\omega_0=\frac{1}{\sqrt{L_2 C_2}}=\frac{1}{\sqrt{0.1\times10^{-3}\times10^{-6}}}=10^5\,\text{rad/s}$$

则　　$X_{L_1}=\omega_0 L_1=10^5\times0.5\times10^{-3}=50\Omega$，$\quad X_{C_1}=-\dfrac{1}{\omega_0 C_1}=-\dfrac{1}{10^5\times0.2\times10^{-6}}=-50\Omega$

因为 $X_{L_1}+X_{C_1}=0$，说明 L_1、C_1 串联分支对 ω_0 发生串联谐振，等效电路如图 9 - 11（b）所示。

$$\dot{I} = \frac{\dot{U}}{R_1 + R_2} = \frac{50\angle 0^\circ}{10 + 15} = 2\angle 0^\circ \text{A}$$

所以，电流表 A_1 的示数为 2A。

$$P = (R_1 + R_2)I^2 = (10 + 15) \times 2^2 = 100\text{W}$$

则功率表 W 的示数为 100W。

$$\dot{U}_{R_2} = R_2 \dot{I} = 15 \times 2\angle 0^\circ = 30\angle 0^\circ \text{V}$$
$$I_{C_2} = \omega_0 C_2 U_{R_2} = 10^5 \times 10^{-6} \times 30 = 3\text{A}$$

所以，电流表 A_3 的示数为 3A。

3. 纯 LC 网络谐振频率的确定

纯 LC 网络中感性支路和容性支路的串联连接和并联连接可分别发生串联谐振和并联谐振。

方法 1：先求出输入阻抗或输入导纳，然后令其等于零可求出谐振频率。

方法 2：谐振条件可变为

感性支路的感抗＋容性支路的容抗＝0

利用上述条件可确定相应的谐振频率。

方法 3：由于发生串联谐振时，支路两端节点等电位，因此，两端节点可短接，从而转换为求等效的并联谐振频率；发生并联谐振时，总支路电流为零，感性支路和容性支路流过的电流相同，因此，可断开转化为求等效的串联谐振频率。

【例 9-6】 求图 9-12（a）所示电路的谐振频率。

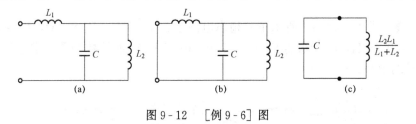

图 9-12 ［例 9-6］图

【解】〖方法 1〗该二端网络的输入阻抗为

$$Z = \mathrm{j}\omega L_1 + \frac{\mathrm{j}\omega L_2\left(-\mathrm{j}\frac{1}{\omega C}\right)}{\mathrm{j}\omega L_2 - \mathrm{j}\frac{1}{\omega C}} = \mathrm{j}\omega L_1 - \mathrm{j}\frac{\omega L_2}{\omega^2 L_2 C - 1} = \mathrm{j}\omega\left[\frac{\omega^2 L_1 L_2 C - (L_1 + L_2)}{\omega^2 L_2 C - 1}\right]$$

令分子为零，即 $\omega^2 L_1 L_2 C - (L_1 + L_2) = 0$，则串联谐振频率为

$$\omega_{0s} = \sqrt{\frac{L_1 + L_2}{L_1 L_2 C}}$$

令分母为零，即 $\omega^2 L_2 C - 1 = 0$，则并联谐振频率为

$$\omega_{0p} = \frac{1}{\sqrt{L_2 C}}$$

〖方法 2〗 L_2 和 C 的并联谐振频率为

$$\omega_{0p} = \frac{1}{\sqrt{L_2 C}}$$

令 L_2 和 C 并联的容抗与 L_1 的感抗之和为零，即

$$\omega L_1 - \frac{1}{\omega C - \frac{1}{\omega L_2}} = \omega L_1 - \frac{\omega L_2}{\omega^2 L_2 C - 1} = \omega \left[\frac{\omega^2 L_1 L_2 C - (L_1 + L_2)}{\omega^2 L_2 C - 1} \right] = 0$$

则有 $\omega^2 L_1 L_2 C - (L_1 + L_2) = 0$，故串联谐振频率为

$$\omega_{0s} = \sqrt{\frac{L_1 + L_2}{L_1 L_2 C}}$$

〖方法 3〗L_2 和 C 的并联谐振频率为

$$\omega_{0p} = \frac{1}{\sqrt{L_2 C}}$$

发生串联谐振时二端网络端口相当于短路，电路变为图 9 - 12（b）。图中 L_1 和 L_2 并联合一，如图 9 - 12（c）所示。则串联谐振频率为

$$\omega_{0s} = \frac{1}{\sqrt{(L_1 // L_2) C}} = \sqrt{\frac{L_1 + L_2}{L_1 L_2 C}}$$

9.3 重 点 与 难 点

本章的重点是相量模型的分析方法（电阻电路方法的推广）、正弦稳态电路的功率和相量图分析法以及谐振。难点为功率的不同定义、相量图分析法以及谐振的判定方法。

9.4 第 9 章习题选解（含部分微视频）

9 - 1 见 [例 9 - 1]。

9 - 2 如图 9 - 13 所示正弦稳态电路中，已知 $u_a(t) = 10\sin(\omega t + 45°)$ V，$u_b(t) = 5\sin(\omega t - 135°)$ V，$\omega = 1000$ rad/s，$|Z_C| = 10\Omega$。试求负载阻抗 Z_L。

【解】 因为 $u_a(t) = 10\sin(\omega t + 45°)$ V，$u_b(t) = 5\sin(\omega t - 135°)$ V，所以 $\dot{U}_{am} = 10\angle 45°$ V，$\dot{U}_{bm} = 5\angle -135°$ V

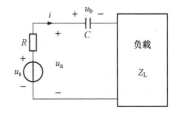

图 9 - 13 题 9 - 2 图

又因为 $Z_C = -\text{j}10\Omega$，所以 $\dot{I}_m = \dfrac{\dot{U}_{bm}}{Z_C} = \dfrac{5\angle -135°}{-\text{j}10} = 0.5\angle -45°$ A

因此

$$Z_{in} = \frac{\dot{U}_{am}}{\dot{I}_m} = \frac{10\angle 45°}{0.5\angle -45°} = \text{j}20\Omega$$

而 $Z_{in} = Z_C + Z_L$，所以 $Z_L = Z_{in} - Z_C = \text{j}20 - (-\text{j}10) = \text{j}30\Omega$

9 - 3 如图 9 - 14 所示正弦稳态电路中，N_0 为不含独立电源的网络。已知 $R = 4\Omega$，$C = 0.01$ F，$u(t) = 4\sqrt{2}\sin(10t + 15°)$ V，$i(t) = 0.5\sin(10t + 60°)$ A。试求网络 N_0 两种形式的最简等效电路及其元件参数值。

【解】因为 $u(t) = 4\sqrt{2}\sin(10t + 15°)$ V，$i(t) = 0.5\sin(10t + 60°)$ A，所以

$$\dot{U} = 4\angle 15°\text{V}, \dot{I} = \frac{0.5}{\sqrt{2}}\angle 60°\text{A}$$

则二端网络的总阻抗为

$$Z = \frac{\dot{U}}{\dot{I}} = \frac{4\angle 15°}{\frac{0.5}{\sqrt{2}}\angle 60°} = 8\sqrt{2}\angle -45° = (8-\text{j}8)\Omega$$

而 RC 串联支路的阻抗为

$$Z_{RC} = 4 - \text{j}\frac{1}{\omega C} = (4-\text{j}10)\Omega$$

所以，网络 N_0 的阻抗为

$$Z_0 = Z - Z_{RC} = 8 - \text{j}8 - (4-\text{j}10) = 4 + \text{j}2 = R_0 + \text{j}X_0$$

即

$$R_0 = 4\Omega, \quad X_0 = 2\Omega > 0$$

因此

$$L = \frac{X_0}{\omega} = \frac{2}{10} = 0.2\text{H}$$

网络 N_0 的串联型最简等效电路如图 9-15（a）所示。

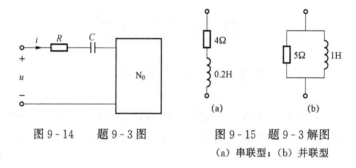

图 9-14   题 9-3 图

图 9-15   题 9-3 解图

(a) 串联型；(b) 并联型

网络 N_0 的导纳为

$$Y_0 = \frac{1}{Z_0} = \frac{1}{4+\text{j}2} = \frac{4-\text{j}2}{20} = 0.2 - \text{j}0.1 = G_0 + \text{j}B_0$$

即

$$G_0 = 0.2\text{S}, \quad B_0 = -0.1\text{S} < 0$$

所以

$$L_0 = -\frac{1}{B_0\omega} = -\frac{1}{-0.1\times 10} = 1\text{H}$$

网络 N_0 的并联型最简等效电路如图 9-15（b）所示。

9-4 如图 9-16 所示正弦稳态电路中，$U=100\text{V}$，$U_C=100\sqrt{3}\text{V}$，$X_C=-100\sqrt{3}\Omega$。阻抗 Z 的阻抗角 $|\theta|=60°$。求阻抗 Z 和电路的输入阻抗 Z_i。

【解】 设电流 $\dot{I}$ 的参考方向如图 9-17 所示。因为 $X_C = -100\sqrt{3}\Omega$，$U_C = 100\sqrt{3}\text{V}$，所以

$$I = \frac{U_C}{|X_C|} = \frac{100\sqrt{3}}{100\sqrt{3}} = 1\text{A}$$

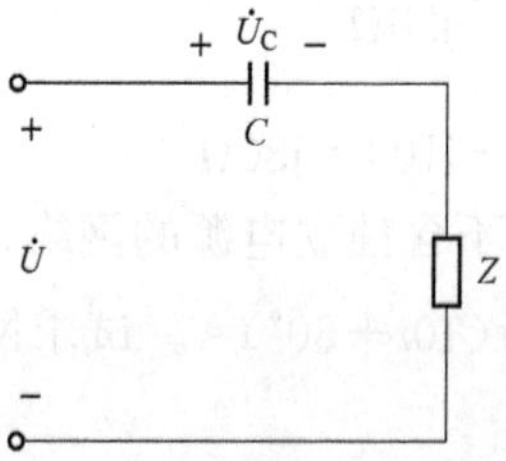

图 9-16   题 9-4 图

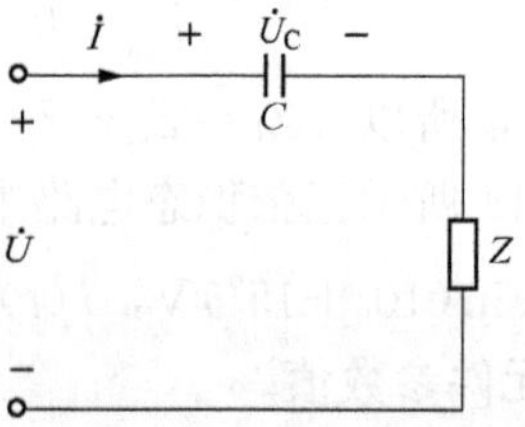

图 9-17   题 9-4 解图

则 $\qquad |Z_i|=\dfrac{U}{I}=\dfrac{100}{1}=100\Omega$

又因为 $U=100\mathrm{V}<U_C=100\sqrt{3}\mathrm{V}$，所以阻抗 Z 应为感性阻抗，即 $\theta=60°$

设 $Z=|Z|\angle 60°=|Z|\cos 60°+\mathrm{j}|Z|\sin 60°=R+\mathrm{j}X=R+\mathrm{j}\sqrt{3}R$，则

$Z_i=Z+\mathrm{j}X_C=R+\mathrm{j}\sqrt{3}R-\mathrm{j}100\sqrt{3}=R+\mathrm{j}(\sqrt{3}R-100\sqrt{3})$

所以 $\qquad |Z_i|^2=R^2+(\sqrt{3}R-100\sqrt{3})^2=100^2$

即 $\qquad R^2-150R+5000=0$

解之得 $\qquad R_1=100\Omega,\quad X_1=\sqrt{3}R_1=100\sqrt{3}\Omega$

或者 $\qquad R_2=50\Omega,\quad X_2=\sqrt{3}R_2=50\sqrt{3}\Omega$

所以 $\qquad Z=R_1+\mathrm{j}X_1=(100+\mathrm{j}100\sqrt{3})\Omega$ 或 $Z=R_2+\mathrm{j}X_2=(50+\mathrm{j}50\sqrt{3})\Omega$

当 $Z=R_1+\mathrm{j}X_1=(100+\mathrm{j}100\sqrt{3})\Omega$ 时，$Z_i=Z+\mathrm{j}X_C=100+\mathrm{j}\sqrt{3}100-\mathrm{j}100\sqrt{3}=100\Omega$。

当 $Z=R_2+\mathrm{j}X_2=(50+\mathrm{j}50\sqrt{3})\Omega$ 时，$Z_i=Z+\mathrm{j}X_C=50+\mathrm{j}50\sqrt{3}-\mathrm{j}100\sqrt{3}=(50-\mathrm{j}50\sqrt{3})\Omega$。

注：相同性质的阻抗串联，总电压的有效值一定大于每个阻抗电压的有效值；容性阻抗和感性阻抗相串联，总电压的有效值有可能小于某一阻抗电压的有效值。

9-5　如图 9-18 所示正弦稳态电路中，$L=1\mathrm{H}$，$R_0=1\mathrm{k}\Omega$，$Z=3+\mathrm{j}5\Omega$。试求：（1）当 $\dot{I}_0=0$ 时，C 值为多少？（2）在 $\dot{I}_0=0$ 时，输入阻抗 Z_i 应为何值？

【解】 节点编号如图 9-19 所示。因为 $\dot{I}_0=0$，所以 $\dot{U}_{ab}=0$，说明 a、b 两点等电位，电桥平衡，所以

$$R_0^2=\dfrac{1}{\mathrm{j}\omega C}\cdot \mathrm{j}\omega L=\dfrac{L}{C}$$

则 $\qquad C=\dfrac{L}{R_0^2}=\dfrac{1}{10^6}=1\mu\mathrm{F}$

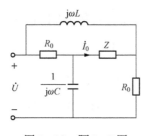
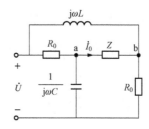

图 9-18　题 9-5 图　　　图 9-19　题 9-5 解图

当 $\dot{I}_0=0$ 时，Z 支路可断开，输入阻抗为

$$Z_i=\left(R_0+\dfrac{1}{\mathrm{j}\omega C}\right)\big/\!\big/\,(R_0+\mathrm{j}\omega L)=\dfrac{R_0^2+\mathrm{j}R_0\left(\omega L-\dfrac{1}{\omega C}\right)+\dfrac{L}{C}}{2R_0+\mathrm{j}\left(\omega L-\dfrac{1}{\omega C}\right)}$$

将 $R_0^2=\dfrac{L}{C}$ 代入上式得

$$Z_i = \frac{R_0^2 + jR_0\left(\omega L - \dfrac{1}{\omega C}\right) + R_0^2}{2R_0 + j\left(\omega L - \dfrac{1}{\omega C}\right)} = R_0 \times \frac{2R_0 + j\left(\omega L - \dfrac{1}{\omega C}\right)}{2R_0 + j\left(\omega L - \dfrac{1}{\omega C}\right)} = R_0 = 1\text{k}\Omega$$

注：交流电桥的平衡条件与电阻电桥的平衡条件类似。

9 - 6　如图 9 - 20 所示正弦稳态电路中，已知 $I_s=25\text{A}$，$I_R=15\text{A}$，$I_C=10\text{A}$。试求 I_L。

【解】 提示：利用电流三角形求解。

$$I_s = \sqrt{15^2 + (10 - I_L)^2} = 25 \quad \Rightarrow \quad I_L = 30\text{A}$$

9 - 7　如图 9 - 21 所示正弦稳态电路中，已知 $U=8\text{V}$，$Z=1-\text{j}0.5\ \Omega$，$Z_1=1+\text{j}\ \Omega$，$Z_2=3-\text{j}\ \Omega$。求各支路电流及电路的输入阻抗。

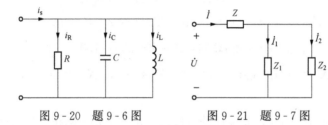

图 9 - 20　题 9 - 6 图　　　　图 9 - 21　题 9 - 7 图

【解】 提示：以电压为参考相量，即 $\dot{U}=8\angle0°\text{V}$，用分流公式求解。

$$Z_{in} = Z + Z_1 \mathbin{/\mkern-5mu/} Z_2 = 2\Omega, \dot{I} = \frac{\dot{U}}{Z} = \frac{8\angle0°}{2} = 4\angle0°\text{A}$$

$$\dot{I}_1 = \frac{Z_2}{Z_1 + Z_2} \times \dot{I} = 3 - \text{j} = 3.16\angle-18.4°\text{A}$$

$$\dot{I}_2 = \frac{Z_1}{Z_1 + Z_2} \times \dot{I} = 1 + \text{j} = \sqrt{2}\angle45°\text{A}$$

9 - 8　见 ［例 9 - 2］。

9 - 9　电路如图 9 - 22 所示，已知 $\dot{U}_1=4\angle0°\text{V}$。试求 $\dot{U}_s$。

【解】 提示：先由 KCL 求如图 9 - 23 中的电流 $\dot{I}$，再用 KVL 和等效阻抗求 $\dot{U}_s$。

$$\dot{I}_1 = \frac{\dot{U}_1}{2} = 2\angle0°\text{A}, \dot{I}_2 = \frac{\dot{U}_1}{1-\text{j}} = (2+\text{j}2)\text{A}; \dot{I} = \dot{I}_1 + \dot{I}_2 = 4.47\angle26.57°\text{A}$$

$$Z = (-\text{j}) \mathbin{/\mkern-5mu/} (2+\text{j}) = 0.5 - \text{j}1 = 1.118\angle-63.43°\Omega$$

$$\dot{U}_s = -\dot{I}Z - \dot{U}_1 = -8 + \text{j}3 = 8.54\angle159.4°\text{V}$$

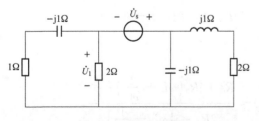

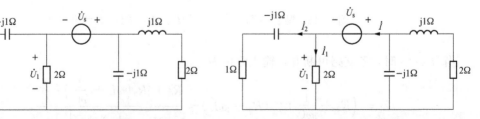

图 9 - 22　题 9 - 9 图　　　　　　图 9 - 23　题 9 - 9 解图

9 - 10　如图 9 - 24 所示电路中，已知 $X_C=-10\Omega$，$R=5\Omega$，$X_L=5\Omega$，各电表指示有效

值。试求 PA0 的示数及 PV0 的示数。

【解】 提示：取图 9-25 中的 $\dot{U}_1$ 为参考相量，即 $\dot{U}_1 = 100\angle0°\text{V}$。

$$\dot{I}_{C1} = \text{j}10\text{A}, \dot{I}_1 = 10 - \text{j}10\text{A}; \dot{I}_0 = \dot{I}_{C1} + \dot{I}_1 = 10\angle0°\text{A},$$

$$\dot{U}_0 = \text{j}X_C\dot{I}_0 + \dot{U}_1 = 100\sqrt{2}\angle-45°\text{V}$$

电流表 PA0 和电压表 PV0 的示数分别为 10A 和 141.4V。

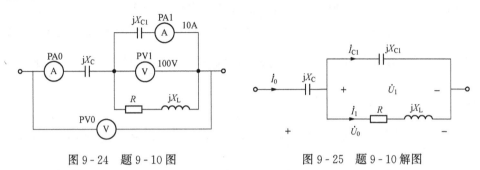

图 9-24　题 9-10 图　　　　　　图 9-25　题 9-10 解图

9-11　如图 9-26 为雷达显示器应用的移相电路。设 $\dot{U}_s = U_s\angle0°$，$R = \dfrac{1}{\omega C}$。试证明电压 $\dot{U}_1$、$\dot{U}_2$、$\dot{U}_3$、$\dot{U}_4$（对地的电位）的幅值相等，相位依次差 90°。

【证明】 提示：$\dot{U}_1$，$\dot{U}_2$ 和 $\dot{U}_3$ 利用分压公式得证；$\dot{U}_4$ 由分压公式和 KVL 得证。相位关系如图 9-27 所示。

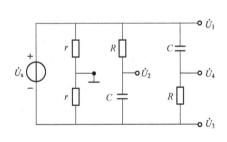

图 9-26　题 9-11 图

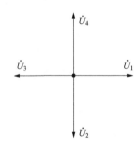

图 9-27　题 9-11 解图

9-12　如图 9-28 所示正弦稳态电路中，已知 $R_1 = 100\Omega$，$R_2 = 200\Omega$，$L_1 = L_2 = 1\text{H}$，$C = 100\mu\text{F}$，$\dot{U}_s = 100\sqrt{2}\angle0°\text{V}$，$\omega = 100\text{rad/s}$。试求各支路电流。

【解】 提示：电感 L_2 和电容 C 的并联支路相当于开路（阻抗为 ∞），所以，$\dot{I}_3 = 0$。

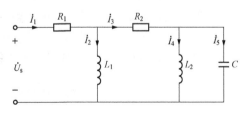

图 9-28　题 9-12 图

$$\dot{I}_1 = \dot{I}_2 = \frac{\dot{U}_s}{R_1 + \text{j}X_{L_1}} = 1\angle-45°\text{A}, \dot{I}_4 = \frac{\text{j}X_{L_1}\dot{I}_2}{\text{j}X_{L_2}} = 1\angle-45°\text{A}, \dot{I}_5 = -\dot{I}_4 = 1\angle135°\text{A}$$

9-13　试求下列不同情形下阻抗的有功功率 P、无功功率 Q 和功率因数 λ。（1）$\dot{I} = 2\angle40°\text{A}$，$\dot{U} = 450\angle70°\text{V}$；（2）$\dot{I} = 1.5\angle-20°\text{A}$，$Z = 5000\angle15°\Omega$；（3）$\dot{U} = 200\angle35°\text{V}$，

$Z=1500\angle-15°\Omega$；（4）$I=5.2$A，$U=220$V，$Q=400$var；（5）$\dot{I}=10\angle40°$A，$U=400$V，$\mathrm{Re}[Z]=25\Omega$，$\varphi_Z>0$。

【解】（1）因为　　$\widetilde{S}=\dot{U}\dot{I}^*=450\angle70°\times2\angle-40°=900\angle30°=(780+j450)$VA

所以　　　　　$P=780$W，$Q=450$var，$\lambda=\cos\theta=\dfrac{P}{S}=\dfrac{780}{900}=0.8667$（感性）

（2）因为　　$\dot{U}=Z\dot{I}=5000\angle15°\times1.5\angle-20°=7500\angle-5°$V

则　　　　　$\widetilde{S}=\dot{U}\dot{I}^*=7500\angle-5°\times1.5\angle20°=11250\angle15°=(10867+j2912)$VA

所以　　　　　$P=10867$W，$Q=-2912$var，$\lambda=\cos\theta=\dfrac{P}{S}=\dfrac{10867}{11250}=0.966$（容性）

（3）因为　　$\dot{I}=\dfrac{\dot{U}}{Z}=\dfrac{200\angle35°}{1500\angle-15°}=\dfrac{2}{15}\angle50°$A

则　　　　　$\widetilde{S}=\dot{U}\dot{I}^*=200\angle35°\times\dfrac{2}{15}\angle-50°=26.67\angle-15°=(25.76-j6.9)$VA

所以　　$P=25.76$W，$Q=-6.9$var，$\lambda=\cos\theta=\dfrac{P}{S}=\dfrac{25.76}{26.67}=0.966$（容性）

（4）因为　　$S=UI=220\times5.2=1144$VA

所以　　　　　$P=\sqrt{S^2-Q^2}=\sqrt{1144^2-400^2}=1072$W，$\lambda=\cos\theta=\dfrac{P}{S}=\dfrac{1072}{1144}=0.937$（感性）

（5）因为　　$S=UI=400\times10=4000$VA，$P=I^2\mathrm{Re}[Z]=10^2\times25=2500$W

所以　　$Q=\sqrt{S^2-P^2}=\sqrt{4000^2-2500^2}=3122$var，$\lambda=\cos\theta=\dfrac{P}{S}=\dfrac{2500}{4000}=0.625$（感性）

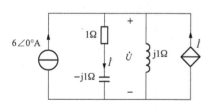

图 9-29　题 9-14 图

9-14　试求如图 9-29 所示正弦稳态电路中各元件吸收的有功功率，并验证有功功率守恒。

【解】提示：先由 KCL 和元件的 VAR 的相量形式得 $\dot{U}=6\angle90°$V，$\dot{I}=3\sqrt{2}\angle135°$A。

$P_s=-UI_s\cos(90°-0°)=0$，$P_R=I^2R=18$W，
$P_C=0$，$P_L=0$，$P_I=-UI\cos(90°-135°)=-18$W

$P_s+P_R+P_L+P_C+P_I=0$，电路中的有功功率守恒。

9-15　试求如图 9-30 所示正弦稳态电路中各元件的无功功率，并验证无功功率守恒。

【解】提示：如图 9-3 所示，由回路电流方程求得 $\dot{I}=2.5\sqrt{2}\angle-45°$A。

$Q_R=0$，$Q_L=I^2X_L=37.5$var，$Q_{2I}=2I\times I\sin0°=0$，$Q_s=-UI\sin\theta=-37.5$var

$Q_R+Q_L+Q_{2I}+Q_s=0$，电路中的无功功率守恒。

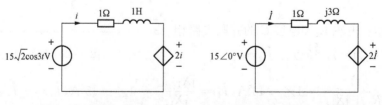

图 9-30　题 9-15 图　　　　　　　图 9-31　题 9-15 解图

9-16　如图 9-32 所示正弦稳态电路中，$i_C(t)=\sqrt{2}\sin(5t+90°)$A，$C=0.02$F，$L=$

1H，电路消耗的功率 $P=10$W。求该电路的功率因数 λ。

【解】提示：见图 9-33，$\dot{U}_R=\dot{U}_C=10\angle 0°$V，$\dot{I}_1=\dfrac{P}{U_R}\angle 0°=1\angle 0°$A；再由 KCL、KVL 和电感伏安关系方程求得

$$\dot{I}=\dot{I}_1+\dot{I}_C=\sqrt{2}\angle 45°\text{A},\dot{U}=\text{j}5\dot{I}+\dot{U}_C=5\sqrt{2}\angle 45°\text{V},$$
$$\lambda=\cos(\varphi_u-\varphi_i)=\cos(45°-45°)=1$$

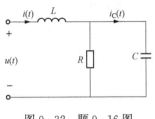
　　图 9-32　题 9-16 图

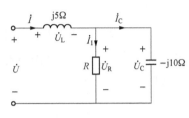
　　图 9-33　题 9-16 解图

9-17　如图 9-34 所示正弦稳态电路中，方框 N 部分的阻抗 $Z=(2+\text{j}2)\Omega$，各电流的有效值分别为 $I_R=5$A，$I_C=8$A，$I_L=3$A，电路消耗的总功率为 200W。试求电压 u 的有效值。

【解】提示：如图 9-35 所示，取 $\dot{U}_2=U_2\angle 0°$V。由 KCL 得 $\dot{I}=\dot{I}_R+\dot{I}_L+\dot{I}_C=5\sqrt{2}\angle 45°$A；根据有功功率守恒得 $R=4\Omega$。

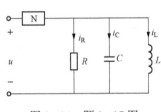
　　图 9-34　题 9-17 图

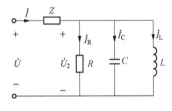
　　图 9-35　题 9-17 解图

由 KVL 得 $\dot{U}=Z\dot{I}+R\dot{I}_R=20\sqrt{2}\angle 45°$V，所以，总电压 u 的有效值为 28.28V。

9-18　如图 9-36 所示正弦稳态电路中，已知 $U=100$V。求功率表的示数。

【解】提示：见图 9-37，本题功率表测取的是电压 u_{ab} 和电流 i_2。设 $\dot{U}=100\angle 0°$V，$\dot{I}=\dfrac{\dot{U}}{Z}=2\angle 0°$A；利用分流公式得 $\dot{I}_2=2-\text{j}2$A；由 KVL，$\dot{U}_{ab}=30\dot{I}+10\dot{I}_2=(80-\text{j}20)$V；功率表的示数为 $P=\text{Re}[\widetilde{S}]=\text{Re}[\dot{U}_{ab}\dot{I}_2^*]=200$W。

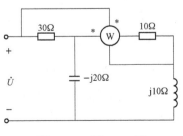
　　图 9-36　题 9-18 图

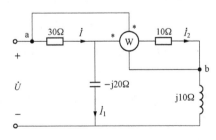
　　图 9-37　题 9-18 解图

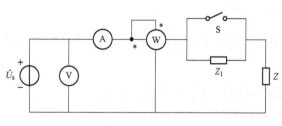

图 9-38 题 9-19 图

9-19 如图 9-38 所示正弦稳态电路中，当开关 S 闭合时，各表示数如下：电压表为 220V，电流表为 10A，功率表为 1000W；当开关 S 断开时，各电表示数依次为 220V，12A 和 1600W。求阻抗 Z_1（感性）和 Z。（微视频）

9-20 如图 9-39

题 9-19

所示正弦稳态电路中，$R_1 = R_2 = 10\Omega$，$L = 0.25\text{H}$，$C = 10^{-3}\text{F}$，电压表的示数为 20V，功率表的示数为 120W，试求电源发出的复功率 $\widetilde{S}$。

【解】所用电量的参考方向如图 9-40 所示。因为 $U_2 = 20\text{V}$，所以

$$I_2 = \frac{U_2}{R_2} = \frac{20}{10} = 2\text{A}$$

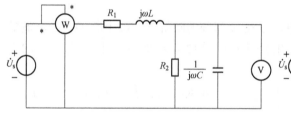

图 9-39 题 9-20 图

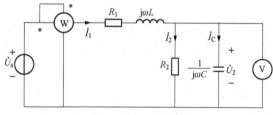

图 9-40 题 9-20 解图

电阻 R_2 消耗的功率为 $P_{R2} = I_2^2 R_2 = 2^2 \times 10 = 40\text{W}$

电阻 R_1 消耗的功率为 $P_{R1} = P - P_{R2} = 120 - 40 = 80\text{W}$（注：该电路只有电阻消耗功率）

因为 $P_{R1} = I_1^2 R_1$，所以 $I_1 = \sqrt{\dfrac{P_{R1}}{R_1}} = \sqrt{\dfrac{80}{10}} = 2\sqrt{2}\text{A}$

则 $I_C = \sqrt{I_1^2 - I_2^2} = \sqrt{(2\sqrt{2})^2 - 2^2} = 2\text{A}$（$\dot{I}_1$、$\dot{I}_2$ 和 $\dot{I}_C$ 组成电流三角形）

所以 $B_C = \omega C = \dfrac{I_C}{U_2} = \dfrac{2}{20} = 0.1\text{S}$，$\omega = \dfrac{B_C}{C} = \dfrac{0.1}{10^{-3}} = 100\text{rad/s}$，$X_L = \omega L = 100 \times 0.25 = 25\Omega$

根据功率守恒原理，电源发出的复功率为

$$\widetilde{S} = P + \text{j}(Q_L + Q_C) = P + \text{j}(X_L I_1^2 - \omega C U_2^2)$$
$$= 120 + \text{j}(25 \times (2\sqrt{2})^2 - 0.1 \times 20^2) = (120 + \text{j}160)\text{VA}$$

或者，以电压 $\dot{U}_2$ 为参考相量，即 $\dot{U}_2 = U_2 \angle 0° = 20 \angle 0°\text{V}$，则

$$\dot{I}_2 = 2\angle 0°\text{A}, \quad \dot{I}_C = 2\angle 90°\text{A}, \quad \dot{I}_1 = \dot{I}_2 + \dot{I}_C = 2 + \text{j}2 = 2\sqrt{2}\angle 45°\text{A}$$

所以 $\dot{U}_s = (R_1 + \text{j}X_L)\dot{I}_1 + \dot{U}_2 = (10 + \text{j}25) \times 2\sqrt{2}\angle 45° + 20\angle 0° = (-10 + \text{j}70)\text{V}$

$$\widetilde{S} = \dot{U}_s \dot{I}_1^* = (-10 + \text{j}70) \times 2\sqrt{2}\angle -45° = (120 + \text{j}160)\text{VA}$$

9-21 如图 9-41 所示电路中，$\dot{U} = 50\angle 0°\text{V}$，每一阻抗部分消耗的功率均为 250W，且电压的峰值为 100V。试完成（1）求阻抗 Z_1 和 Z_2；（2）若 $\omega = 800\pi\text{rad/s}$，求电路可能含有的元件及其数值。

【解】设电压、电流的参考方向如图 9 - 42 所示。

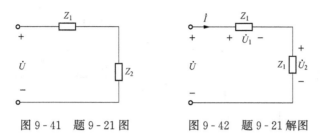

图 9 - 41　题 9 - 21 图　　　　　　图 9 - 42　题 9 - 21 解图

（1）因为 $P_1 = P_2 = 250\text{W}$，且两阻抗流过同一电流，所以 $R_1 = R_2$。又因为 $U_{1\text{m}} = U_{2\text{m}} = 100\text{V}$，所以

$$U_1 = U_2 = 50\sqrt{2}\text{V}, |Z_1| = |Z_2|$$

由于 $|Z_1| = \sqrt{R_1^2 + X_1^2}$，$|Z_2| = \sqrt{R_2^2 + X_2^2}$，因此

$$|X_1| = |X_2|$$

因为 $U_1 = U_2 = 50\sqrt{2}\text{V} > U = 50\text{V}$，所以，$X_1 = -X_2$。总阻抗为

$$Z = Z_1 + Z_2 = R_1 + jX_1 + R_2 + jX_2 = R_1 + R_2 = 2R_1$$

所以，$\dot{U}$ 与 $\dot{I}$ 同相。则

$$P = UI\cos\theta = UI = P_1 + P_2 = 500\text{W}$$

而 $U = 50\text{V}$，则

$$I = \frac{P}{U} = \frac{500}{50} = 10\text{A}$$

所以　　　　$R = R_1 + R_2 = 2R_1 = \frac{U}{I} = \frac{50}{10} = 5\Omega \Rightarrow R_1 = R_2 = 2.5\Omega$

$$|Z_1| = |Z_2| = \frac{U_1}{I} = \frac{50\sqrt{2}}{10} = 5\sqrt{2}\Omega \Rightarrow |X_1| = |X_2| = \sqrt{|Z_1|^2 - R_1^2} = \sqrt{(5\sqrt{2})^2 - 2.5^2} = 6.6\Omega$$

因此　　　　$\begin{cases} Z_1 = (2.5 + j6.6)\Omega \\ Z_2 = (2.5 - j6.6)\Omega \end{cases}$ 或 $\begin{cases} Z_1 = (2.5 - j6.6)\Omega \\ Z_2 = (2.5 + j6.6)\Omega \end{cases}$

（2）Z_1 和 Z_2 性质相反，一个为感性，另一个为容性。设阻抗的等效电路为串联型，则

$$R_1 = R_2 = 2.5\Omega, L = \frac{X_L}{\omega} = \frac{6.6}{800\pi} = 2.6\text{mH}, C = -\frac{1}{\omega X_C} = \frac{1}{800\pi \times 6.6} = 60.3\mu\text{F}$$

9 - 22　如图 9 - 43 所示正弦稳态电路中，流经阻抗 Z_1 和 Z_2 的电流分别为 $I_1 = 10\text{A}$，$I_2 = 20\text{A}$，其功率因数分别为 $\lambda_1 = \cos\theta_1 = 0.8(\theta_1 < 0)$，$\lambda_2 = \cos\theta_2 = 0.5(\theta_2 > 0)$，$U = 100\text{V}$，$\omega = 10^3\text{rad/s}$。试求：（1）电流表和功率表的示数以及电路的功率因数；（2）若电源的额定电流为 30A，则还能并联多大电阻？并求并联电阻后功率表的示数和电路的功率因数；（3）如使原电路的功率因数提高到 0.9，需并联多大电容？

【解】提示（见图 9 - 44）：

（1）取 $\dot{U} = 100\angle 0°\text{V}$。由 KCL，$\dot{I} = \dot{I}_1 + \dot{I}_2 = 10\angle 36.9° + 20\angle -60° = 21.26\angle -32.17°\text{A}$，$P = UI\cos\theta \approx 1800\text{W}$，$\lambda = \cos\theta = \cos 32.17° = 0.847$。

（2）由 KCL 方程 $\dot{I} = \dot{I} + \dot{I}_R$ 得 $30^2 = \left(18 + \frac{100}{R}\right)^2 + (11.32)^2$，$R = 10.22\Omega$。$\dot{I} =$

$30\angle-22.167°\text{A}$，$\lambda=\cos\theta=\cos22.167°=0.926$，$P=UI\cos\theta=2778\text{W}$。

（3）$\cos\theta=0.847\Rightarrow\tan\theta=0.628$；$\cos\theta'=0.9\Rightarrow\tan\theta'=0.484$；$C=\dfrac{P}{U^2\omega}(\tan\theta-\tan\theta')=25.92\mu\text{F}$。

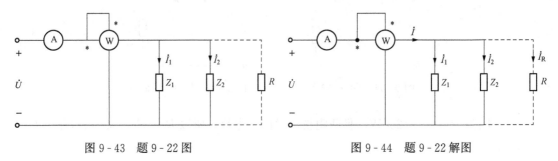

图 9-43　题 9-22 图　　　　　　　　图 9-44　题 9-22 解图

9-23　见［例 9-3］。

9-24　试列写图 9-45 所示正弦稳态电路网孔电流方程的相量形式。其中，$u_s(t)=5\sqrt{2}\sin(100t+30°)\text{V}$，$i_s(t)=3\sqrt{2}\cos(100t-60°)\text{A}$。

【解】 提示：见图 9-46，$i_s(t)=3\sqrt{2}\cos(100t-60°)=3\sqrt{2}\sin(100t+30°)\text{A}$，注意无伴电流源的处理方法。

$$\begin{cases}-\text{j}8\dot{I}_{m1}+(8-\text{j}5)\dot{I}_{m2}-(3-\text{j}8)\dot{I}_{m3}=5\angle30°\\\text{j}8\dot{I}_{m1}-3\dot{I}_{m2}+(4-\text{j}7)\dot{I}_{m3}=-5\angle30°\\-\dot{I}_{m1}+\dot{I}_{m2}=3\angle30°\end{cases}$$

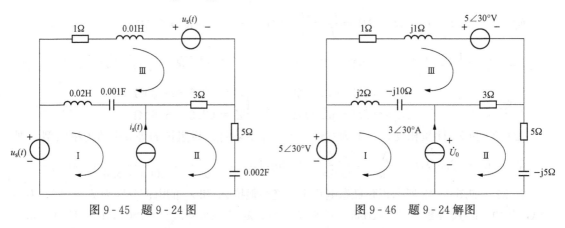

图 9-45　题 9-24 图　　　　　　　　图 9-46　题 9-24 解图

9-25　试用网孔法求图 9-47 所示正弦稳态电路中的电流 $i_1(t)$ 和 $i_2(t)$。已知 $u_s(t)=6\sin3000t\text{V}$。

【解】 提示：见图 9-48，网孔电流方程的相量形式为 $\begin{cases}(1000+\text{j}1000)\dot{I}_1-\text{j}1000\dot{I}_2=3\sqrt{2}\angle0°\\-\text{j}1000\dot{I}_1+(\text{j}1000-\text{j}1000)\dot{I}_2=-2000\dot{I}_1\end{cases}\Rightarrow$

$\begin{cases}\dot{I}_1=0\\\dot{I}_2=3\sqrt{2}\angle90°\text{mA}\end{cases}$　　$i_1(t)=0$，$i_2(t)=6\sin(3000t+90°)\text{mA}$。

第 9 章　正弦稳态电路的相量分析

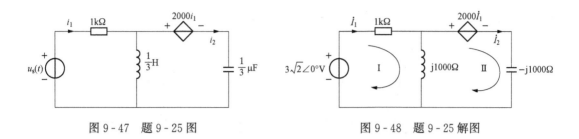

图 9-47　题 9-25 图　　　　　　　　图 9-48　题 9-25 解图

9-26　如图 9-49 所示正弦稳态电路中，$I_s=10\text{A}$，$\omega=5000\text{rad/s}$，$R_1=R_2=10\Omega$，$C=10\mu\text{F}$，$\mu=0.5$。用网孔法求各元件吸收的平均功率和无功功率。

【解】　提示：见图 9-50，设 $\dot{I}_s=10\angle0°\text{A}$，$\dot{U}_C=-\text{j}\dfrac{1}{\omega C}\times\dot{I}_s=-\text{j}200\text{V}$；网孔电流方

程为 $\begin{cases}\dot{I}_s=10\angle0°\\-10\dot{I}_s+(10+10)\dot{I}_2=-0.5\dot{U}_C=\text{j}100\end{cases}\Rightarrow\dot{I}_2=5\sqrt{2}\angle45°\text{A}$，$\dot{I}_1=\dot{I}_s-\dot{I}_2=$

$5\sqrt{2}\angle-45°\text{A}$，$\dot{U}=\dot{U}_C+R_2\dot{I}_2=50-\text{j}150\text{V}$。各元件吸收的复功率分别为 $\widetilde{S}_{I_s}=-\dot{U}\dot{I}_s^*=$
$-500+\text{j}1500\text{VA}$，$\widetilde{S}_C=\dot{U}_C\dot{I}_s^*=-\text{j}2000\text{VA}$，$\widetilde{S}_{R_1}=R_1I_1^2=500\text{VA}$，$\widetilde{S}_{R_2}=R_2I_2^2=500\text{VA}$，
$\widetilde{S}_{\mu\dot{U}_C}=-\mu\dot{U}_C\dot{I}_1^*=-500+\text{j}500\text{VA}$。

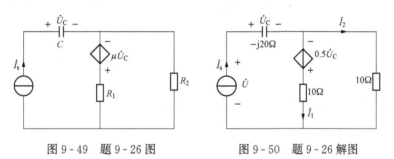

图 9-49　题 9-26 图　　　　　　　　图 9-50　题 9-26 解图

9-27　试列写图 9-51 所示正弦稳态电路节点电压方程的相量形式。其中 $u_s(t)=10\sqrt{2}\sin2t\text{V}$，$i_s(t)=\sqrt{2}\cos(2t+30°)\text{A}$。

【解】　提示：如图 9-52 所示，$i_s(t)=\sqrt{2}\cos(2t+30°)=\sqrt{2}\sin(2t+120°)\text{A}$，$\dot{I}_s=1\angle120°\text{A}$；注意无伴电压源的处理方法。

$$\begin{cases}\dot{U}_{n1}=10\angle0°\\-(1+\text{j}8)\dot{U}_{n1}+\left(1+\dfrac{1}{1+\text{j}8}\right)\dot{U}_{n2}+(1+\text{j}8)\dot{U}_{n3}=1\angle120°\\\dot{U}_{n2}-\dot{U}_{n3}=10\angle0°\end{cases}$$

9-28　试用节点法求图 9-53 所示电路流过电容的电流 $\dot{I}_C$。

【解】　提示：如图 9-54 所示，节点电压方程的相量形式为 $\begin{cases}(1+\text{j}1)\dot{U}_{n1}-\text{j}\dot{U}_{n2}=10\angle0°\\-\text{j}\dot{U}_{n1}+(0.5+\text{j}1)\dot{U}_{n2}=10\angle90°\end{cases}\Rightarrow$

$\dot{U}_{\mathrm{n1}}=4+\mathrm{j}2\mathrm{V}$，$\dot{U}_{\mathrm{n2}}=6+\mathrm{j}8\mathrm{V}$；$\dot{I}_{\mathrm{C}}=\dfrac{\dot{U}_{\mathrm{n1}}-\dot{U}_{\mathrm{n2}}}{-\mathrm{j}1}=6-\mathrm{j}2=6.32\angle-18.43°\mathrm{A}$。

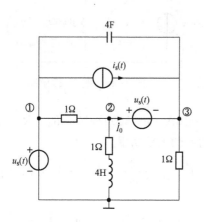

图 9-51　题 9-27 图

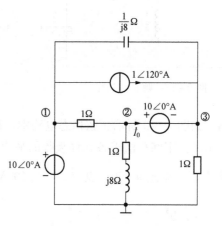

图 9-52　题 9-27 解图

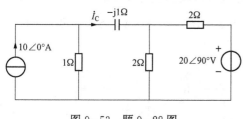

图 9-53　题 9-28 图

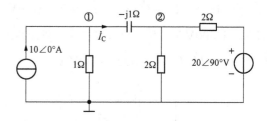

图 9-54　题 9-28 解图

9-29　试用叠加定理求图 9-55 所示电路中的电压 $\dot{U}$。

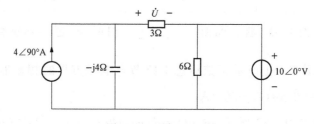

图 9-55　题 9-29 图

【解】提示：电压源 $10\angle0°\mathrm{V}$ 单独作用时，$\dot{U}'=6\angle-126.9°\mathrm{V}$；电流源 $4\angle90°\mathrm{A}$ 单独作用时，$\dot{U}''=9.6\angle53.1°\mathrm{V}$。则 $\dot{U}=\dot{U}'+\dot{U}''=3.6\angle53.1°\mathrm{V}$。

题 9-30

9-30　试求图 9-56 所示各一端口网络的戴维南（或诺顿）等效电路。（微视频）

【解】提示：求开路电压 $\dot{U}_{\mathrm{oc}}$ 时，$\dot{I}=0$，受控源相当于开路。$\dot{U}_{\mathrm{oc}}=\dfrac{R_3\dot{U}_{\mathrm{s}}}{R_1+R_2+R_3+\mathrm{j}\omega R_3 C(R_1+R_2)}$；求 Z_{eq} 时，由节点法得

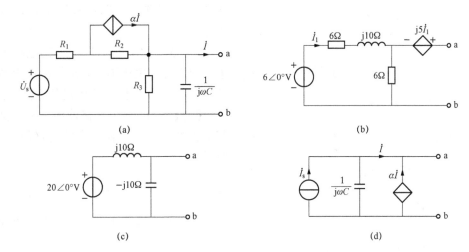

图 9 - 56　题 9 - 30 图

$$\left(\frac{1}{R_3}+\mathrm{j}\omega C+\frac{1}{R_1+R_2}\right)\dot{U}=\frac{\alpha R_2}{R_1+R_2}\dot{I}-\dot{I}\Rightarrow Z_{eq}=-\frac{\dot{U}}{\dot{I}}=\frac{[R_1+(1-\alpha)R_2]R_3}{R_1+R_2+R_3+\mathrm{j}\omega CR_3(R_1+R_2)}$$

戴维南等效电路如图 9 - 57（c）所示。

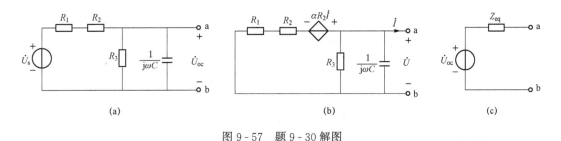

图 9 - 57　题 9 - 30 解图

9 - 31　试用戴维南定理求图 9 - 58 所示电路中的电流 $\dot{I}$。

【解】 提示：求 $\dot{U}_{oc}$ 时，由 KCL 得 $\dot{U}=3\angle0°\mathrm{V}$；$\dot{U}_{oc}=-3\dot{U}\times\mathrm{j}2+\dot{U}=(1-\mathrm{j}6)\dot{U}=$ $(3-\mathrm{j}18)\mathrm{V}$；$Z_{eq}=(0.3+\mathrm{j}0.2)\Omega$。$\dot{I}=10\angle0°\mathrm{A}$。

9 - 32　如图 9 - 59 所示正弦稳态电路中，$C=0.04\mu\mathrm{F}$，其他参数如图所示。已知当可调电阻 $R=1.5\mathrm{k}\Omega$ 时，$i(t)=\sqrt{2}\sin(10^5 t+30°)$ A。求 $R=0.5\mathrm{k}\Omega$ 时，该电阻消耗的功率。

【解】 提示：应用戴维南定理求解。$\dot{U}_{oc}=$ $2000\angle30°\mathrm{V}$，$Z_{eq}=500\Omega$（交流电桥平衡）。

$\dot{I}=2\angle30°\mathrm{A}$，$P_R=500I^2=2\mathrm{kW}$。

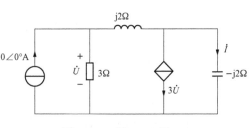

图 9 - 58　题 9 - 31 图

注：（1）交流电桥的平衡条件：对臂复阻抗乘积相等。

（2）如何选择分析计算电路的方法，要视具体电路的特点而定。本题的特点是电路部分元件参数未知，因而不能用列方程的电路一般分析方法。另一个特点是已知条件和求解量都

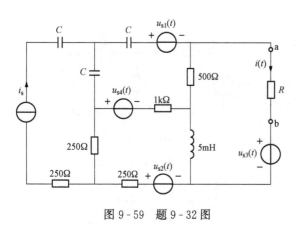

图 9-59　题 9-32 图

在同一条支路，故选择戴维南定理的方法较好。

9-33　如图 9-60 所示正弦稳态电路中，如果外加电压不变，R 改变时电流 I 保持不变，试问 L 和 C 应满足什么关系？

【解】将 R 所在支路抽出，其余部分用其诺顿等效电路代替，等效电路如图 9-61 所示。

其中　$\dot{I}_{sc} = \dfrac{\dot{U}}{j\omega L}$，$Y_0 = j\omega C + \dfrac{1}{j\omega L} = j\left(\omega C - \dfrac{1}{\omega L}\right)$

如果外加电压不变，R 改变时电流 I 保持不变，应有 $Y_0 = 0$ 成立，即 $\omega C - \dfrac{1}{\omega L} = 0$。

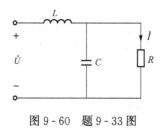

图 9-60　题 9-33 图

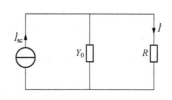

图 9-61　题 9-33 解图

所以 L 和 C 应满足　　　　　　　　　$$\omega = \frac{1}{\sqrt{LC}}$$

9-34　试求图 9-62 所示含源二端网络能提供的最大功率。已知 $u_s(t) = 2\cos(0.5t + 120°)$V，$\gamma = 1\Omega$。

【解】提示：$\dot{U}_{oc} = 0.63\angle 93.43°$V，$Z_{eq} = 0.8 - j0.4\Omega$；$P_{max} = \dfrac{U_{oc}^2}{4R_{eq}} = 0.125$W。

9-35　如图 9-63 所示正弦稳态电路中，负载 Z_L 可变。试问 Z_L 为何值时获得最大功率？并求最大功率 P_{max}。

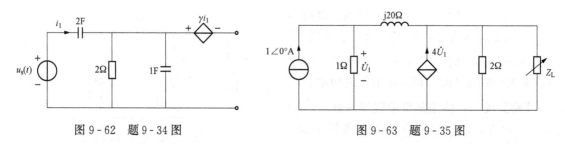

图 9-62　题 9-34 图　　　　　　　　　图 9-63　题 9-35 图

【解】提示：$\dot{I}_{sc} = 4\angle 2.15°$A，$Z_{eq} = 1.856 - j0.564\Omega$；$P_{max} = \dfrac{U_{oc}^2}{4R_{eq}} = \dfrac{(|Z_0|I_{sc})^2}{4R_{eq}} \approx 8.11$W。

9-36　RLC 串联电路的端电压 $u(t) = 10\sqrt{2}\sin(2500t + 15°)$V，当 $C = 8\mu$F 时，电路吸

收的功率最大，且 $P_{max}=100W$。求电感 L、电阻 R 和电路的 Q 值。

【解】$\dot{U}=10\angle15°V$。因为 $P=UI\cos\theta$，而 $C=8\mu F$ 时，电路吸收的功率最大，说明 $C=8\mu F$ 时，电压与电流同相，电路发生串联谐振，谐振频率为

$$\omega_0=\frac{1}{\sqrt{LC}}$$

则

$$L=\frac{1}{\omega_0^2C}=\frac{1}{2500^2\times8\times10^{-6}}=0.02H$$

又因为谐振时，$U_R=U=10V$，$P_R=P_{max}=\dfrac{U^2}{R}$，所以

$$R=\frac{U^2}{P_{max}}=\frac{10^2}{100}=1\Omega,\quad Q=\frac{\omega_0L}{R}=\frac{2500\times0.02}{1}=50$$

9-37　如图 9-64 所示正弦稳态电路中，$U=50V$，$R_1=10\Omega$，$R_2=15\Omega$，$L_1=0.5mH$，$L_2=0.1mH$，$C_1=0.2\mu F$，$C_2=1\mu F$，电流表 PA2 的示数为零。求电流表 PA1、PA3 和功率表 PW 的示数。

【解】电流表 PA2 的示数为零，说明 L_2、C_2 并联分支发生并联谐振，其谐振频率为

$$\omega_0=\frac{1}{\sqrt{L_2C_2}}=\frac{1}{\sqrt{0.1\times10^{-3}\times10^{-6}}}=10^5\,rad/s$$

则　　$X_{L_1}=\omega_0L_1=10^5\times0.5\times10^{-3}=50\Omega,\quad X_{C_1}=-\dfrac{1}{\omega_0C_1}=-\dfrac{1}{10^5\times0.2\times10^{-6}}=-50\Omega$

因为 $X_{L_1}+X_{C_1}=0$，说明 L_1、C_1 串联分支对 ω_0 发生串联谐振，等效电路如图 9-65 所示。

$$\dot{I}=\frac{\dot{U}}{R_1+R_2}=\frac{50\angle0°}{10+15}=2\angle0°A$$

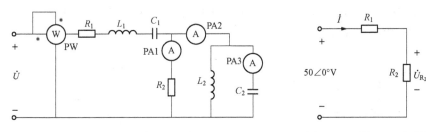
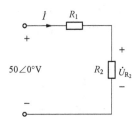

图 9-64　题 9-37 图　　　　　　　图 9-65　题 9-37 解图

所以，电流表 PA1 的示数为 2A。

$$P=(R_1+R_2)I^2=(10+15)\times2^2=100W$$

则功率表 PW 的示数为 100W。

$$\dot{U}_{R_2}=R_2\dot{I}=15\times2\angle0°=30\angle0°V,\quad I_{C_2}=\omega_0C_2U_{R_2}=10^5\times10^{-6}\times30=3A$$

所以，电流表 PA3 的示数为 3A。

9-38　试求图 9-66 所示各电路可能有的谐振频率。

【解】（1）并联谐振频率为　　　　　　　　$$\omega_{01}=\frac{1}{\sqrt{CL_2}}$$

串联谐振频率为　　　　　　　　$$\omega_{02}=\frac{1}{\sqrt{(L_1//L_2)C}}=\sqrt{\frac{L_1+L_2}{L_1L_2C}}$$

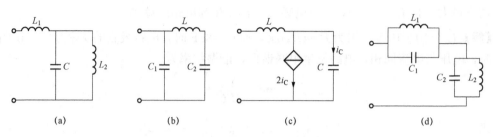

图 9 - 66　题 9 - 38 图

（2）串联谐振频率为

$$\omega_{01} = \frac{1}{\sqrt{C_2 L}}$$

并联谐振频率为

$$\omega_{02} = \sqrt{\frac{C_1 + C_2}{C_1 C_2 L}}$$

（3）电路的相量模型如图 9 - 67（a）所示。

电容与 CCCS 并联的端口伏安关系为 $\dot{I} = \dot{I}_C + 2\dot{I}_C = 3\dot{I}_C = j3\omega C \dot{U}_C$

故其可等效为 $3C$ 的电容，如图 9 - 67（b）所示。因此，电路的串联谐振频率为 $\omega_0 = \dfrac{1}{\sqrt{3LC}}$。

（4）并联谐振频率分别为

$$\omega_{01} = \frac{1}{\sqrt{C_1 L_1}}, \quad \omega_{02} = \frac{1}{\sqrt{C_2 L_2}}$$

串联谐振频率为

$$\omega_{03} = \frac{1}{\sqrt{(C_1 + C_2)(L_1 // L_2)}} = \sqrt{\frac{L_1 + L_2}{L_1 L_2 (C_1 + C_2)}}$$

9 - 39　如图 9 - 68 所示正弦稳态电路中，$R_1 = 1\Omega$，$R_2 = 3\Omega$，$C_1 = 1\mu F$，$L_1 = 1H$，$C_2 = 250\mu F$，当 $u_s(t) = 8\sqrt{2}\cos\omega t\,V$ 时，$i_1(t) = 0$，且电压 $u_s(t)$ 与电流 $i(t)$ 同相。试求：（1）电感 L_2 的值；（2）电流 $i_{C1}(t)$。

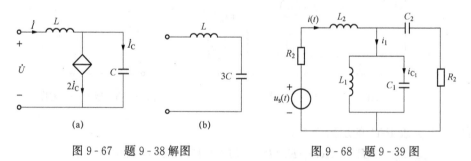

图 9 - 67　题 9 - 38 解图　　　　　图 9 - 68　题 9 - 39 图

【解】（1）求电感 L_2 的值。因为 $i_1(t) = 0$，所以 $L_1 C_1$ 并联分支发生并联谐振，相当于开路，谐振频率为

$$\omega_0 = \frac{1}{\sqrt{L_1 C_1}} = \frac{1}{\sqrt{1 \times 10^{-6}}} = 1000\text{rad/s}$$

又因为 $u_s(t)$ 与 $i(t)$ 同相，说明 $L_2 C_2$ 对 ω_0 发生串联谐振，即 $\omega_0 = \dfrac{1}{\sqrt{L_2 C_2}}$。

所以

$$L_2 = \frac{1}{\omega_0^2 C_2} = \frac{1}{(10^3)^2 \times 250 \times 10^{-6}} = 0.004\text{H}$$

（2）求电流 $i_{C_1}(t)$。因为 L_1C_1 并联分支发生并联谐振，相当于开路；L_2C_2 对 ω_0 发生串联谐振，相当于短路，如图 9-69（a）所示。则电流 $\dot{I}$ 为　　$\dot{I}=\dfrac{8\angle 0°}{1+3}=2\angle 0°\text{A}$

因为　　$X_{C_1}=-\dfrac{1}{\omega_0 C_1}=-\dfrac{1}{10^3\times 10^{-6}}=-1000\Omega$，　$X_{C_2}=-\dfrac{1}{\omega_0 C_2}=-\dfrac{1}{10^3\times 250\times 10^{-6}}=-4\Omega$

对于图 9-69（b）相量模型

$$\dot{U}_1=(3+\mathrm{j}X_{C_2})\dot{I}=(3-\mathrm{j}4)\times 2\angle 0°=10\angle -53.1°\text{V}$$

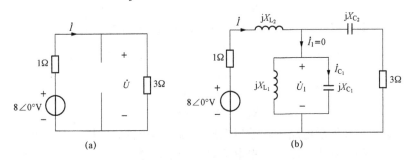

图 9-69　题 9-39 解图

所以　　　　　　　$\dot{I}_{C_1}=\dfrac{\dot{U}_1}{\mathrm{j}X_{C_1}}=\dfrac{10\angle -53.1°}{-\mathrm{j}1000}=0.01\angle 36.9°\text{A}=10\angle 36.9°\text{mA}$

因此　　　　　　　　　　$i_{C_1}(t)=10\sqrt{2}\cos(10^3 t+36.9°)\text{mA}$

9-40　如图 9-70 所示正弦稳态电路中，当开关 S 断开时，电流表的示数为 10A，功率表的示数为 600W。当开关 S 闭合时，电流表的示数仍为 10A，功率表的示数为 1000W，电压表的示数为 40V，求电路参数 R_1、R_2、X_L 和 X_C。

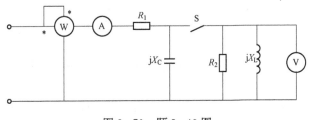

图 9-70　题 9-40 图

【解】所用电量的参考方向如图 9-71 所示。

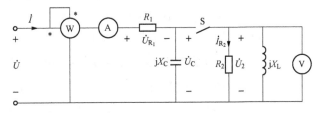

图 9-71　题 9-40 解图

（1）求电阻 R_1。因为开关 S 断开时，$P=I^2R_1=600\text{W}$，$I=10\text{A}$，所以 $R_1=\dfrac{P}{I^2}=\dfrac{600}{10^2}=6\Omega$。

（2）求电阻 R_2。因为开关 S 闭合时，$I=10\text{A}$，$P_{R_1}=I^2R_1=600\text{W}$，而 $P=P_{R_1}+P_{R_2}=1000\text{W}$（功率表的示数），所以　　$P_{R_2}=P-P_{R_1}=400\text{W}$

又因为 $U_2=40\text{V}$（电压表的示数），所以　$R_2=\dfrac{U_2^2}{P_{R_2}}=\dfrac{40^2}{400}=4\Omega$

（3）求 X_L 和 X_C。因为开关 S 闭合时，$I_{R_2}=\dfrac{U_2}{R_2}=\dfrac{40}{4}=10\text{A}$，因为 $I_{R_2}=I=10\text{A}$，说明 L、C 发生并联谐振（相当于开路），所以有 $X_L+X_C=0$。则

$$U=(R_1+R_2)I=(6+4)\times10=100\text{V}$$

又因为开关 S 断开时，$U_{R_1}=R_1I=6\times10=60\text{V}$，$U=100\text{V}$，所以

$$U_C=\sqrt{U^2-U_{R_1}^2}=\sqrt{100^2-60^2}=80\text{V}（电压三角形）$$

$$|X_C|=\frac{U_C}{I}=\frac{80}{10}=8\Omega$$

所以　　　　　　　　　　　　　　$X_L=|X_C|=8\Omega$

9-41　如图 9-72 所示电路中，端口电压 u 与端口电流 i 同相，而电流表 PA 的示数为 12A，电流表 PA2 的示数为 15A。试求电流表 PA1 的示数。

【解】 所用电流的参考方向如图 9-73 所示。以端口电压 $\dot U$ 为参考相量，RL 串联支路为感性支路，感性支路的电流滞后电压 [如图 9-73（b）中的 $\dot I_2$]，电容支路中的电流超前电压90°，采用三角形法则结合题意（端口电压 $\dot U$ 与端口电流 $\dot I$ 同相），电路的相量图如图 9-73（b）所示。

$$I_1=\sqrt{I_2^2-I^2}=\sqrt{15^2-12^2}=9\text{A}$$

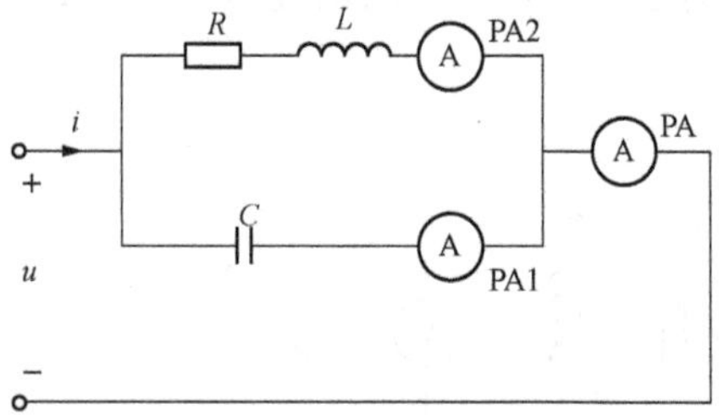

图 9-72　题 9-41 图 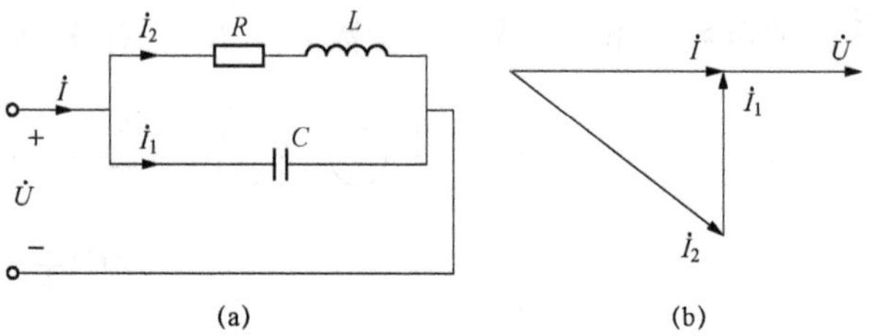　　　　　　　　　　图 9-73　题 9-41 解图

所以，电流表 PA1 的示数为 9A。

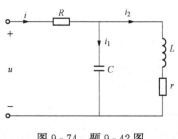

图 9-74　题 9-42 图

9-42　如图 9-74 所示正弦稳态电路中，已知 $I_1=3\text{A}$，$I_2=5\text{A}$，$U=65\text{V}$，$r=4\Omega$，且 u 与 i 同相。试用相量图法求 R、X_L 与 X_C 的值。

【解】 设 $\dot U_C$ 的参考方向如图 9-75（a）所示。以 $\dot U_C$ 为参考相量，即 $\dot U_C=U_C\angle0°$，感性支路电流 $\dot I_2$ 滞后电压 $\dot U_C$ 一个 φ 角，电容支路电流 $\dot I_1$ 超前电压 $\dot U_C$90°，因为 $\dot U$ 与 $\dot I$ 同相，而 $\dot U=\dot U_C+R\dot I$，所以 $\dot U_C$ 和 $\dot I$ 同相，电路的相量图如图 9-75（b）所示。

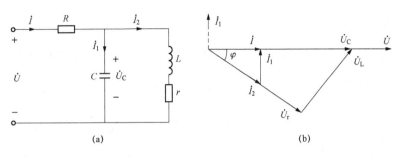

图 9 - 75　题 9 - 42 解图

在电流 $\dot{I}_1$、$\dot{I}_2$ 和 $\dot{I}$ 组成的直角电流三角形中，因为 $I_1=3A$，$I_2=5A$，所以

$$I = \sqrt{I_2^2 - I_1^2} = \sqrt{5^2 - 3^2} = 4A, \varphi = \arcsin \frac{I_1}{I_2} = \arcsin \frac{3}{5} = 36.9°$$

在电压 $\dot{U}_r$、$\dot{U}_r$ 和 $\dot{U}_L$ 组成的电压三角形中

$$U_r = rI_2 = 4 \times 5 = 20V, U_L = U_r \tan\varphi = 20\tan 36.9° = 15V$$

$$U_C = \sqrt{U_r^2 + U_L^2} = \sqrt{20^2 + 15^2} = 25V$$

所以
$$X_L = \frac{U_L}{I_2} = \frac{15}{5} = 3\Omega, \quad X_C = -\frac{U_C}{I_1} = -\frac{25}{3}\Omega$$

又因为
$$U_R = U - U_C = 65 - 25 = 40V$$

所以
$$R = \frac{U_R}{I} = \frac{40}{4} = 10\Omega$$

9 - 43　如图 9 - 76 所示为二端网络外加电压源的相量模型。已知 $I_R=3A$，$U_s=9V$，网络的输入阻抗 Z 的阻抗角度 $\varphi_Z=-36.9°$，且有 $\dot{U}_s$ 与 $\dot{U}_L$ 正交。用相量图法求 R、X_L 与 X_C 的值。

【解】 所用电量的参考方向如图 9 - 77（a）所示。以 $\dot{U}_L$ 为参考相量即 $\dot{U}_L = U_L\angle 0°$，电路的相量图如图 9 - 77（b）所示。

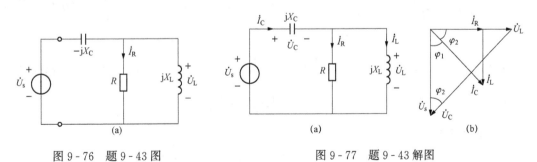

图 9 - 76　题 9 - 43 图　　　　　　图 9 - 77　题 9 - 43 解图

因为电路的输入阻抗 Z 为
$$Z = \frac{\dot{U}_s}{\dot{I}_C} = \frac{U_s\angle -90°}{I_C\angle -\varphi_2} = \frac{U_s}{I_C}\angle \varphi_Z$$

则
$$\varphi_Z = -90° + \varphi_2 = -36.9° \quad \Rightarrow \quad \varphi_2 = 90° - 36.9° = 53.1°$$

在电流三角形［图 9 - 77（b）所示电阻电流 $\dot{I}_R$、电感电流 $\dot{I}_L$ 和电容电流 $\dot{I}_C$ 组成的直角三角形］中，因为 $I_R=3A$，所以 $I_L = I_R\tan\varphi_2 = 3\times\tan 53.1° = 4A$。

则 $\quad I_C=\sqrt{I_R^2+I_L^2}=\sqrt{3^2+4^2}=5\mathrm{A}\quad$ 或 $\quad I_C=\dfrac{I_R}{\cos\varphi_2}=\dfrac{3}{\cos 53.1°}=5\mathrm{A}$

在电压三角形［图 9-77（b）所示电感电压 $\dot{U}_L$、电容电压 $\dot{U}_C$ 和电压源电压 $\dot{U}_s$ 组成的直角三角形］中，因为 $U_s=9\mathrm{V}$，所以 $\quad U_L=U_s\tan\varphi_2=9\tan 53.1°=9\times\dfrac{4}{3}=12\mathrm{V}$

则 $\quad U_C=\sqrt{U_s^2+U_L^2}=\sqrt{9^2+12^2}=15\mathrm{V}\quad$ 或 $\quad U_C=\dfrac{U_s}{\cos\varphi_2}=\dfrac{9}{\cos 53.1°}=15\mathrm{V}$

故有 $\quad R=\dfrac{U_R}{I_R}=\dfrac{U_L}{I_R}=\dfrac{12}{3}=4\Omega,\ X_L=\dfrac{U_L}{I_L}=\dfrac{12}{4}=3\Omega,\ X_C=-\dfrac{U_C}{I_C}=-\dfrac{15}{5}=-3\Omega$

9-44 如图 9-78 所示电路可用来测定电感线圈的参数 R 和 L。测定方法是调节电位器滑动端（c 端），使电压表示数最小，便可从已知参数中算出 R 和 L 之值。当 $U=100\mathrm{V}$，$f=50\mathrm{Hz}$，$R_3=6.5\Omega$，电位器调至 $R_1=5\Omega$，$R_2=15\Omega$，电压表的示数最小且为 $30\mathrm{V}$。试求待测电感线圈的参数 R 和 L。

【解】 设电流 $\dot{I}$ 参考方向如图 9-79（a）所示。以 $\dot{U}$ 为参考相量，即 $\dot{U}=100\angle 0°\mathrm{V}$。电路的相量图如图 9-79（b）所示。

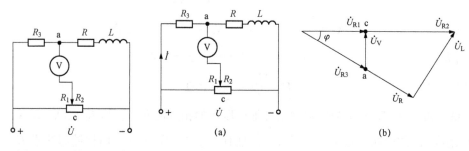

图 9-78　题 9-44 图　　　　　　　　图 9-79　题 9-44 解图

（1）求电阻 R。

$$U_{R1}=\dfrac{R_1}{R_1+R_2}U=\dfrac{5}{5+15}\times 100=25\mathrm{V},\varphi=\arctan\dfrac{U_V}{U_{R1}}=\arctan\dfrac{30}{25}=50.2°,$$

$$U_{R3}=\sqrt{U_{R1}^2+U_V^2}=\sqrt{25^2+30^2}=39.05\mathrm{V}$$

所以 $\quad I=\dfrac{U_{R3}}{R_3}=\dfrac{39.05}{6.5}=6.01\mathrm{A},\ U_R=U\cos\varphi-U_{R3}=100\cos 50.2°-39.05=24.96\mathrm{V}$

则 $$R=\dfrac{U_R}{I}=\dfrac{24.96}{6.01}=4.15\Omega$$

（2）求电感 L。

$$U_L=U\sin\varphi=100\times\sin 50.2=76.83\mathrm{V},$$

$$X_L=\dfrac{U_L}{I}=\dfrac{76.83}{6.01}=12.78\Omega,L=\dfrac{X_L}{\omega}=\dfrac{12.78}{314}=40.7\mathrm{mH}$$

9-45 如图 9-80 所示正弦稳态电路中，已知 $U=20\sqrt{3}\mathrm{V}$，$U_{df}=U_{de}=U_{fe}$，$R_1=10\Omega$，功率表示数 $P=60\mathrm{W}$。求 R、X_L 和 X_C。

【解】 所用电量的参考方向如图 9-81（a）所示。因为 $U_{df}=U_{de}$，所以

$$I_1=I_2,U_C=U_L,|\varphi_1|=|\varphi_2|$$

以电压 $\dot{U}_2$ 为参考相量，即 $\dot{U}_2=U_2\angle 0°$，作出电路的相量图如图 9-81（b）所示。

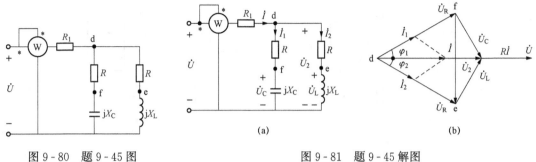

图 9-80　题 9-45 图　　　　　　　　　　　图 9-81　题 9-45 解图

因为 $U_{df}=U_{de}=U_{fe}$，所以 △fde 为等边三角形，则 $|\varphi_1|=|\varphi_2|=30°$；又因为 $\dot{I}=\dot{I}_1+\dot{I}_2$，所以，$\dot{I}$ 与 $\dot{U}_2$ 同相。

而 $\dot{U}=\dot{U}_2+R_1\dot{I}$，故 $\dot{I}$ 与 $\dot{U}$ 同相。因此，$P=UI\cos\theta=UI$，则 $I=\dfrac{P}{U}=\dfrac{60}{20\sqrt{3}}=\sqrt{3}$A。

因为 $\dot{I}$ 与 $\dot{U}$ 和 $\dot{U}_2$ 同相，所以，由 $\dot{U}=\dot{U}_2+R_1\dot{I}$ 可得 $U=U_2+R_1I$。则

$$U_2=U-R_1I=20\sqrt{3}-10\sqrt{3}=10\sqrt{3}\text{V}, U_R=U_{df}=U_{de}=U_2\cos 30°=10\sqrt{3}\times\dfrac{\sqrt{3}}{2}=15\text{V},$$

$$U_C=U_L=U_2\sin 30°=10\sqrt{3}\times\dfrac{1}{2}=5\sqrt{3}\text{V}$$

由于　　　　　　　　　　$P=P_{R1}+I_1^2R+I_2^2R=P_{R1}+2I_1^2R=P_{R1}+2P_R$

而　　　　　　　　　　　$P=60\text{W},\ P_{R1}=I^2R=(\sqrt{3})^2\times 10=30\text{W}$

所以　　　　　　　　　　$P_R=\dfrac{P-P_{R1}}{2}=\dfrac{60-30}{2}=15\text{W}$

因为 $P_R=I_1U_{df}=I_2U_{de}$，所以

$$I_1=I_2=\dfrac{P_R}{U_{df}}=\dfrac{15}{15}=1\text{A}, R=\dfrac{U_{df}}{I_1}=\dfrac{15}{1}=15\Omega,$$

$$X_C=-\dfrac{U_C}{I_1}=-\dfrac{5\sqrt{3}}{1}=-5\sqrt{3}\Omega, X_L=\dfrac{U_L}{I_2}=\dfrac{5\sqrt{3}}{1}=5\sqrt{3}\Omega$$

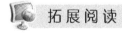 拓展阅读

振　荡　电　路

振荡电路是一种不需要外接激励就能将直流能源转换成具有一定频率和幅度，以及按一定波形输出交流能量的电路，按振荡波形可分为正弦波振荡电路和非正弦波振荡电路。正弦波振荡电路是电子技术中的一种基本电路，它在测量、通信、无线电技术、自动控制和热加工等许多领域有着广泛的应用。正弦波振荡电路有多种形式，图 9-82（a）给出的是文氏桥式振荡电路，它是一种 RC 有源振荡电路，其选频电路由 R 和 C 元件组成。

对于图 9-82（b）所示的电路，利用"虚断"特性，理想运放的反相输入端电压为

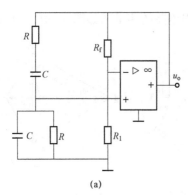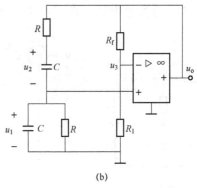

$$(a) \qquad\qquad\qquad (b)$$

图 9-82　振荡电路

$$\dot U_3 = \frac{R_1}{R_1+R_f}\dot U_o = k\dot U_o$$

式中：$k=\dfrac{R_1}{R_1+R_f}$。对同相输入端有

$$\dot U_o = \dot U_1 + \dot U_2 + j\omega CR\dot U_2$$

对正相输入端列 KCL 方程，得

$$j\omega C\dot U_2 = j\omega C\dot U_1 + \frac{\dot U_1}{R}$$

由理想运放的"虚短"特性，$\dot U_1 = \dot U_3$，则

$$\dot U_1 = k\dot U_o$$

将上式代入前两式得

$$\dot U_o = k\dot U_o + \dot U_2 + j\omega CR\dot U_2$$

$$j\omega C\dot U_2 = j\omega Ck\dot U_o + \frac{k\dot U_o}{R}$$

联立上述两式消去 $\dot U_2$ 得

$$\left[(j\omega)^2 kRC + j\omega(3k-1) + \frac{k}{RC}\right]\dot U_o = 0$$

非零解的充要条件为

$$(j\omega)^2 kRC + j\omega(3k-1) + \frac{k}{RC} = 0$$

这也是存在正弦电流的条件。即

$$\begin{cases} 3k-1 = 0 \\ -\omega^2 RCk + \dfrac{k}{RC} = 0 \end{cases}$$

故电路输出正弦波形的振荡条件为

$$k = 1/3$$

相应的振荡频率为

$$\omega_0 = \frac{1}{RC}$$

第 10 章　含耦合电感电路的分析

10.1　本章知识点思维导图

第 10 章的知识点思维导图见图 10 - 1。

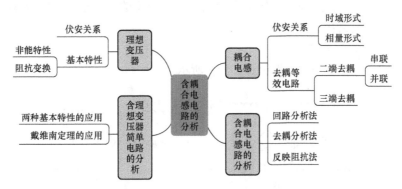

图 10 - 1　第 10 章的知识点思维导图

10.2　知识点归纳与学习指导

本章内容分为含耦合电感的电路和含理想变压器的简单电路两部分。

10.2.1　耦合电感

1. 耦合电感的伏安关系

耦合电感，又称互感，是一种双口电感元件，耦合电感的符号如图 10 - 2 所示。图中，打"·"的两个端子为同名端。在图示参考方向下，耦合电感的伏安关系为

$$\begin{cases} u_1 = L_1 \dfrac{\mathrm{d}i_1}{\mathrm{d}t} + M \dfrac{\mathrm{d}i_2}{\mathrm{d}t} \\[2mm] u_2 = M \dfrac{\mathrm{d}i_1}{\mathrm{d}t} + L_2 \dfrac{\mathrm{d}i_2}{\mathrm{d}t} \end{cases}$$

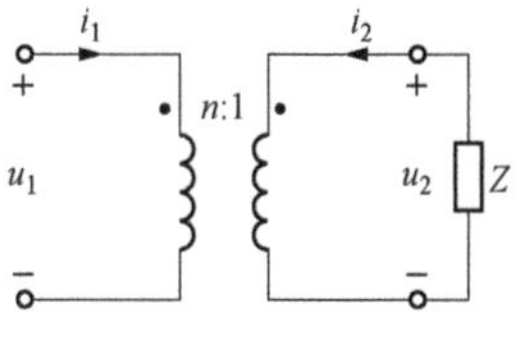

图 10 - 2　耦合电感的符号

耦合电感要用自感 L_1、L_2 和互感 M 三个参数来表征。耦合系数 $k = \dfrac{M}{\sqrt{L_1 L_2}}$ （$0 \leqslant k \leqslant 1$）。$k=1$ 时称为全耦合电感。

每个线圈除了自感电压 $L_1 \dfrac{\mathrm{d}i_1}{\mathrm{d}t}$、$L_2 \dfrac{\mathrm{d}i_2}{\mathrm{d}t}$ 外，还有互感电压 $M \dfrac{\mathrm{d}i_2}{\mathrm{d}t}$、$M \dfrac{\mathrm{d}i_1}{\mathrm{d}t}$。如果端口电压和电流采用关联参考方向，则式中的自感电压前总是带正号，而互感电压前则有正负两种可能。当两个电流从同名端流入时，取正号，从异名端流入时，取负号。正所谓"众人拾柴火焰高"，如果大家团结，心往一块使，就会有 $1+1>2$，充满正能量。

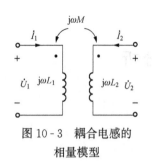

图 10-3　耦合电感的
相量模型

列写伏安关系的一般规律如下：

（1）自感电压的正极性位于产生该电压的电流的流入端钮。

（2）互感电压的正极性位于产生该电压的电流的流入端钮的同名端。

耦合电感的相量模型如图 10-3 所示。其伏安关系的相量形式为

$$\begin{cases} \dot{U}_1 = j\omega L_1 \dot{I}_1 + j\omega M \dot{I}_2 \\ \dot{U}_2 = j\omega M \dot{I}_1 + j\omega L_2 \dot{I}_2 \end{cases}$$

学习过程中，正确计入互感电压是掌握耦合电感的关键。显然，直流稳态时，耦合电感的两个线圈均处于短路状态。

2. 耦合电感的等效电路

耦合电感的含受控源等效电路如图 10-4 所示。

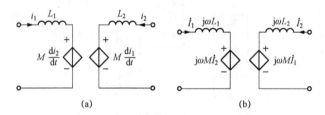

(a)　　　　　　　　　　　　　(b)

图 10-4　耦合电感的含受控源等效电路

（a）时域电路；（b）相量模型

外接端钮小于 4 的耦合电感可用去耦电路等效代替。

（1）三端耦合电感。同名端相连和异名端相连的三端耦合电感及其去耦等效电路分别如图 10-5 （a）、（b）所示。

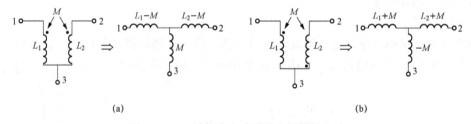

(a)　　　　　　　　　　　　　(b)

图 10-5　三端耦合电感及其去耦等效电路

（a）同名端相连；（b）异名端相连

（2）耦合电感的串联。耦合电感的串联如图 10-6 所示，对外等效为一个电感。等效电感值分别为

$$\text{顺接：} L = L_1 + L_2 + 2M \qquad\qquad \text{反接：} L = L_1 + L_2 - 2M$$

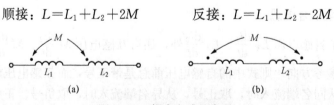

(a)　　　　　　　　　　　　　(b)

图 10-6　耦合电感的串联

（a）顺接；（b）反接

（3）耦合电感的并联。耦合电感的并联及其去耦等效电路如图 10 - 7 所示。对外等效为一个电感。耦合电感的并联可看成是三端耦合电感的端钮 1 和 2 连接在一起的一种特殊情况。

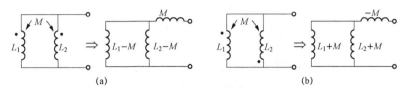

图 10 - 7　耦合电感的并联及其去耦等效电路
（a）同名端相连；（b）异名端相连

3. 含耦合电感电路的分析

（1）回路分析法。回路分析法是分析含耦合电感电路的一般方法。列写回路电流方程时先不考虑互感建立方程，然后再正确计入互感电压。该方法的关键在于正确地计入互感电压。

【例 10 - 1】　图 10 - 8（a）所示正弦稳态电路中，$R=5\Omega$，$\omega L_1=3\Omega$，$\omega L_2=12\Omega$，$\omega M=6\Omega$，$\dot{U}=5\angle0°\text{V}$。试求电流 $\dot{I}_0$。

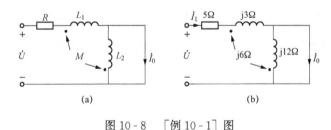

图 10 - 8　［例 10 - 1］图

【解】 端口电流 $\dot{I}_1$ 的参考方向如图 10 - 8（b）所示。

以 $\dot{I}_1$、$\dot{I}_0$ 为回路电流，则电路回路电流方程的相量形式为

$$\begin{cases}(5+\text{j}3+\text{j}12)\dot{I}_1-\text{j}12\dot{I}_0+\text{j}6(\dot{I}_0-\dot{I}_1)-\text{j}6\dot{I}_1=\dot{U} \\ -\text{j}12\dot{I}_1+\text{j}12\dot{I}_0+\text{j}6\dot{I}_1=0\end{cases}$$

整理得

$$\begin{cases}(5+\text{j}3)\dot{I}_1-\text{j}6\dot{I}_0=5\angle0° \\ -\text{j}6\dot{I}_1+\text{j}12\dot{I}_0=0\end{cases}$$

解之得

$$\dot{I}_0=0.5\angle0°\text{A}$$

（2）去耦分析法。去耦分析法又称为互感消去法，这一方法主要用于仅含三端和二端耦合电感的电路。先用去耦等效电路代替电路中的三端和二端耦合电感，然后再对获得的电路进行分析。

【例 10 - 2】　用去耦分析法重做［例 10 - 1］。

【解】 去耦等效电路如图 10 - 9 所示。

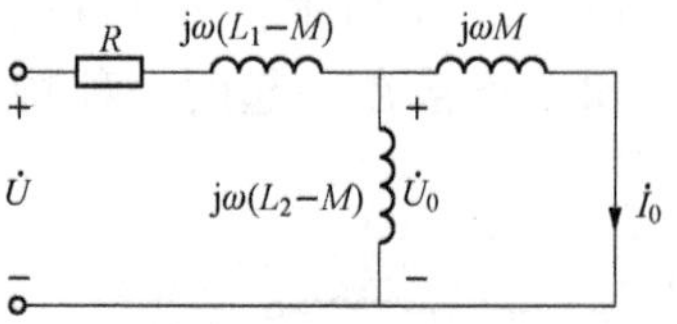

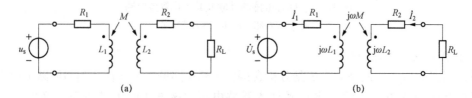

图 10-9　[例 10-2] 图

$$Z_1 = R + j\omega(L_1 - M) = 5 + j(3-6) = 5 - j3\,\Omega$$
$$Z_2 = j\omega(L_2 - M) = j(12 - 6) = j6\,\Omega,\ Z_3 = j\omega M = j6\,\Omega$$

则 $\dot{U}_0 = \dfrac{Z_2 /\!/ Z_3}{Z_1 + Z_2 /\!/ Z_3} \times \dot{U} = \dfrac{j3}{5 - j3 + j3} \times 5\angle 0° = 3\angle 90°\,\text{V}$

所以　　　$\dot{I}_0 = \dfrac{\dot{U}_0}{Z_3} = \dfrac{3\angle 90°}{j6} = 0.5\angle 0°\,\text{A}$

（3）反映阻抗法。反映阻抗法只适用于空芯变压器的简化电路模型，即耦合电感两侧电路只有磁的联系，没有电的联系（无电流通路），如图 10-10 所示。

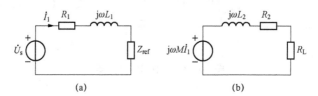

(a)　　　　　　　　　　　　　　　(b)

图 10-10　空芯变压器电路

（a）时域电路；（b）相量模型

二次侧对一次侧的影响可用反映阻抗 Z_{ref} 等效，如图 10-11（a）所示。其中 $Z_{\text{ref}} = \dfrac{(\omega M)^2}{Z_{22}}$，$Z_{22}$ 为二次侧回路的自阻抗。反映阻抗的性质与 Z_{22} 相反，并且与同名端的位置无关。求二次侧回路的电量可用图 10-11（b）所示的等效电路求解。

(a)　　　　　　　　　　　　　　　(b)

图 10-11　空芯变压器一次侧和二次侧的等效电路

（a）一次侧；（b）二次侧

10.2.2　理想变压器

1. 特性方程

理想变压器是一种双口线性电阻元件，电路符号如图 10-12 所示，其表征参数为变比 n。变比 n 定义为两线圈的匝数比。理想变压器的 VAR 为

$$\begin{cases} u_1 = n u_2 \\ i_2 = -n i_1 \end{cases}$$

理想变压器一边电压为零时，另一边电压也必然为零；同样，一边电流为零时，另一边电流也必然为零。

列写 VAR 的一般规律为：

（1）不论端口电流的参考方向如何，当两个端口电压参考方向的正极性位于同名端时，联系两个电压的方程中的变比 n 前取正号；否则取负号。

（2）不论端口电压的参考方向如何，当两个端口电流的参考方向都是从同名端流入时，联系两个电流的方程中的变比 n 前取负号；否则取正号。

2. 两个重要基本特性

（1）非能特性。理想变压器既不消耗能量，也不储存能量，它把输入到原边的能量同时全部由副边传送出去。这种既不消耗能量，也不储存能量的特性称为非能特性。

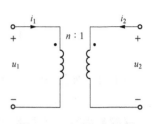

图 10-12　理想变压器
的电路符号

对于理想变压器这样的具有非能特性的多口元件，虽然总功率为零，但这并不意味着每个端口的功率也为零。也就是说，当某些端口的功率为正时，必然有另一些端口的功率为负。

（2）阻抗变换特性。如图 10-13 所示，一次侧的输入阻抗为 $Z_i = n^2 Z$。阻抗变换公式与同名端的位置无关。

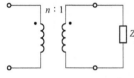

图 10-13　阻抗变换特性

对于含理想变压器的简单电路，联合应用上述两个重要基本特性可简化电路计算；亦可利用戴维南定理求解。

注：理想变压器作为一个电路元件，既可以改变交流也可以改变直流。但实际变压器是依据电磁感应工作的，只能改变交流，不能改变直流。

【例 10-3】　如图 10-14（a）所示电路中，$R_L = 4\Omega$。（1）求 40V 正弦电压源提供的功率；（2）求 R_L 吸收的功率。

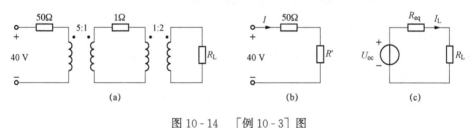

图 10-14　［例 10-3］图

【解】（1）将原电路等效为图 10-14（b）。

$$R' = \left(\frac{4}{2^2} + 1\right) \times 5^2 = 50\Omega, I = \frac{40}{50 + R'} = \frac{40}{50 + 50} = 0.4A$$

所以，40V 电压源提供的功率为 $P_{40V} = 40I = 40 \times 0.4 = 16W$

（2）将 R_L 支路抽出，其余部分用其戴维南等效电路代替，电路如图 10-14（c）所示。其中

$$U_{oc} = \frac{1}{5} \times 40 \times 2 = 16V, \quad R_{eq} = \left(\frac{50}{5^2} + 1\right) \times 2^2 = 12\Omega$$

则

$$I_L = \frac{U_{oc}}{R_{eq} + R_L} = \frac{16}{12 + 4} = 1A$$

或者

$$I_L = \frac{1}{2} \times 5 \times I = \frac{1}{2} \times 5 \times 0.4 = 1A$$

所以 R_L 吸收的功率为

$$P_{R_L} = I_L^2 R_L = 1 \times 4 = 4W$$

10.3　重　点　与　难　点

本章的重点是含耦合电感电路的分析以及含理想变压器简单电路的分析。难点为含耦合

电感电路的回路分析法中正确计入互感电压。

10.4　第10章习题选解（含部分微视频）

10-1　如图10-15所示正弦稳态电路中，已知 $u_s(t) = 100\sqrt{2}\sin 10^3 t\,\text{V}$，$R = 30\Omega$，$L_1 = 70\text{mH}$，$L_2 = 60\text{mH}$，$M = 40\text{mH}$，$C = 50\mu\text{F}$。求电流 $i(t)$。

【解】 去耦等效电路如图10-16（a）所示，其相量模型为图10-16（b）。

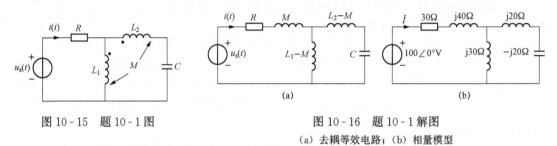

图10-15　题10-1图　　　　　　　　　　图10-16　题10-1解图

　　　　　　　　　　　　　　　　　　　　（a）去耦等效电路；（b）相量模型

显然 $L_2 - M$ 和 C 发生串联谐振，相当于短路，所以

$$\dot{I} = \frac{100\angle 0^\circ}{30 + \text{j}40} = \frac{100\angle 0^\circ}{50\angle 53.1^\circ} = 2\angle -53.1^\circ\text{A}, i(t) = 2\sqrt{2}\sin(10^3 t - 53.1^\circ)\text{A}$$

10-2　如图10-17所示正弦稳态电路中，已知 $u_s(t) = 100\cos 10^3 t\,\text{V}$，且 $u_s(t)$ 与 $i(t)$ 同相。求电容 C 和电流 $i(t)$。

【解】 原电路的去耦等效电路如图10-18（a）所示，进一步等效为图10-18（b）。其中

$$\dot{U}_{sm} = 100\angle 0^\circ\text{V}, L = 2 + \frac{3 \times 6}{3 + 6} = 4\text{H}$$

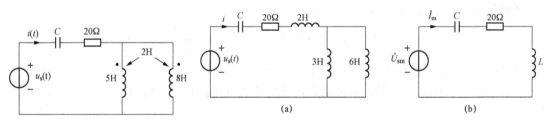

图10-17　题10-2图　　　　　　　　　　图10-18　题10-2解图

由于 $\dot{U}_{sm}$ 与 $\dot{I}_m$ 同相，故知电路发生了串联谐振，即 $\frac{1}{\omega C} = \omega L$，可得

$$C = \frac{1}{\omega^2 L} = \frac{1}{10^6 \times 4} = 0.25\mu\text{F}$$

又　　　　　　　$\dot{I}_m = \dfrac{\dot{U}_{sm}}{R} = \dfrac{100\angle 0^\circ}{20} = 5\angle 0^\circ\text{A}$（因为 L、C 串联分支相当于短路）

故　　　　　　　　　　　　$i(t) = 5\cos 10^3 t\,\text{A}$

10-3　如图10-19所示正弦稳态电路中，$u_s(t) = 100\sqrt{2}\sin 10t\,\text{V}$，$M = 1\text{H}$，$L_1 = 4\text{H}$，$L_2 = 3\text{H}$，$C_1 = 0.01\text{F}$，$C_2 = 0.005\text{F}$，$R_1 = 10\Omega$，$R_2 = 30\Omega$。试求：（1）电流 $i(t)$；（2）电源

提供的平均功率 P 和无功功率 Q。

【解】消去互感的等效电路如图 10 - 20（a）所示，其相量模型为图 10 - 20（b）。

M 与 C_1 发生串联谐振，相当于短路，则图 10 - 20（b）等效为图 10 - 20（c）。

L_2-M 与 C_2 发生并联谐振，相当于开路，图 10 - 20（c）进一步等效为图 10 - 20（d）。

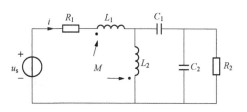

图 10 - 19　题 10 - 3 图

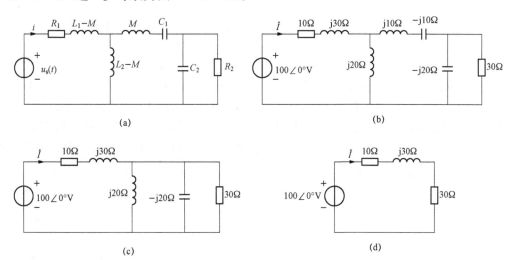

图 10 - 20　题 10 - 3 解图

(1)　$\dot{I}=\dfrac{100\angle 0^\circ}{10+30+j30}=\dfrac{100\angle 0^\circ}{40+j30}=2\angle -36.9^\circ\mathrm{A}$，$i(t)=2\sqrt{2}\sin(10t-36.9^\circ)\mathrm{A}$

(2)　电源提供的平均功率 P 和无功功率 Q 分别为

$$P=U_\mathrm{s}I\cos\theta=100\times 2\times\cos(0^\circ+36.9^\circ)=160\mathrm{W}$$

$$Q=U_\mathrm{s}I\sin\theta=100\times 2\times\sin(0^\circ+36.9^\circ)=120\mathrm{var}$$

10 - 4　如图 10 - 21 所示稳态电路中，$u_\mathrm{s}(t)=2.2\sqrt{2}\sin 10^4 t\,\mathrm{V}$，$R=50\Omega$，$L_1=20\mathrm{mH}$，$L_2=60\mathrm{mH}$，$C=1.5\mu\mathrm{F}$。试求：（1）互感 M 为何值时可使电路发生电压谐振；（2）谐振时电压 $\dot{U}_{L_1}$ 和电流 $\dot{I}_1$。

【解】提示：（1）去耦等效电路如图 10 - 22 所示。整个电路的阻抗为 $Z=R+j\omega\Big[L_1+M$ $+\dfrac{(\omega^2 MC+1)(L_2+M)}{1-\omega^2 L_2 C}\Big]$。电路发生电压谐振（即串联谐振）时，$\mathrm{Im}[Z]=0$，即 $0.15M^2+2M-100=0$。由此得 $M=20\mathrm{mH}$。

(2)　$\dot{I}=\dfrac{\dot{U}_\mathrm{s}}{R}=44\angle 0^\circ\mathrm{mA}$，由分流公式得 $\dot{I}_1=66\angle 0^\circ\mathrm{mA}$；$\dot{U}_{L_1}=j\omega(L_1+M)\dot{I}+(-j\omega M)\dot{I}_1=4.4\angle -90^\circ\mathrm{V}$。

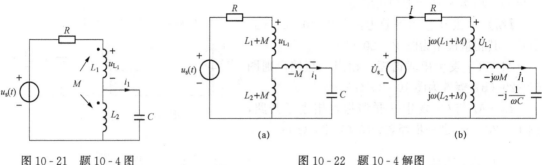

图 10 - 21　题 10 - 4 图

图 10 - 22　题 10 - 4 解图

（a）去耦等效电路；（b）相量模型

10 - 5　如图 10 - 23 所示稳态电路中，$u_s(t)=90\sqrt{2}\sin(1000t+15°)\text{V}$，$M=2\text{H}$，$L_1=5\text{H}$，$L_2=8\text{H}$，$C=0.25\mu\text{F}$，$R_1=10\Omega$，$R_2=20\Omega$，$\alpha=2$。试求电压源提供的功率 P_s。

【解】 提示：通过消去互感和等效可得图 10 - 24（a）所示。电压源提供的功率等于 10Ω 电阻消耗的功率。图 10 - 24（a）中电路等效为图 10 - 24（b）。电容与电感发生串联谐振，相当于短路；电源提供的功率为 $P_s=\dfrac{60^2}{10}=360\text{W}$。

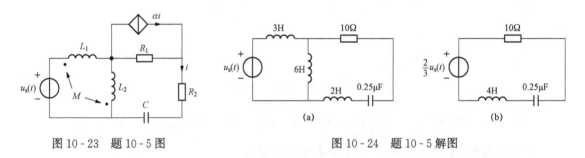

图 10 - 23　题 10 - 5 图

图 10 - 24　题 10 - 5 解图

10 - 6　如图 10 - 25 所示正弦稳态电路中，L_1、L_2、M、C 都已给定，当电源频率改变时，有可能分别使 $i_1=0$ 和 $i_2=0$，如果可能，分别求使 $i_1=0$ 和 $i_2=0$ 的频率。

【解】 去耦等效电路如图 10 - 26 所示。

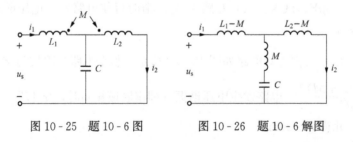

图 10 - 25　题 10 - 6 图

图 10 - 26　题 10 - 6 解图

要使 $i_2=0$，M、C 串联支路应发生串联谐振，相等于短路，所以使 $i_2=0$ 的频率为

$$\omega_{01}=\frac{1}{\sqrt{MC}}$$

要使 $i_1=0$，M、C 支路与 L_2-M 支路发生并联谐振，相当于开路，所以使 $i_1=0$ 的频率为

$$\omega_{02} = \frac{1}{\sqrt{L_2 C}}$$

10 - 7　试求图 10 - 27 所示各电路可能有的谐振频率。

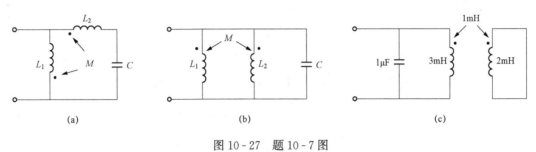

图 10 - 27　题 10 - 7 图

【解】（1）图 10 - 27（a）的去耦等效电路如图 10 - 28（a）所示。

串联谐振频率为

$$\omega_{01} = \frac{1}{\sqrt{(L_2 + M)C}}$$

$$\omega_{02} = \frac{1}{\sqrt{[L_2 + M + (-M) /\!/ (L_1 + M)]C}}$$

$$= \frac{1}{\sqrt{\left[L_2 + M + \dfrac{-M(L_1 + M)}{L_1}\right]C}} = \frac{1}{\sqrt{\dfrac{L_1 L_2 - M^2}{L_1}C}}$$

并联谐振频率为
$$\omega_{03} = \frac{1}{\sqrt{(L_1 + L_2 + 2M)C}}$$

（2）图 10 - 27（b）的去耦等效电路如图 10 - 28（b）所示。

等效电感为
$$L = M + (L_1 - M) /\!/ (L_2 - M) = \frac{L_1 L_2 - M^2}{L_1 + L_2 - 2M}$$

谐振频率为
$$\omega_0 = \frac{1}{\sqrt{LC}} = \frac{1}{\sqrt{\dfrac{L_1 L_2 - M^2}{L_1 + L_2 - 2M} \times C}}$$

（3）图 10 - 27（c）的去耦等效电路如图 10 - 28（c）所示。

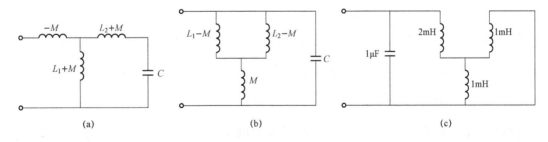

图 10 - 28　题 10 - 7 解图

等效电感为
$$L = 2 + 1 /\!/ 1 = 2.5 \text{mH}$$

谐振频率为
$$\omega_0 = \frac{1}{\sqrt{LC}} = \frac{1}{\sqrt{2.5 \times 10^{-3} \times 10^{-6}}} = 2 \times 10^4 \text{rad/s}$$

10-8　如图 10-29 所示正弦稳态电路中，$L_1=L_2=L_3=0.1\text{H}$，$M=0.04\text{H}$，$R_1=R_2=$ 320Ω，$C=5\mu\text{F}$，$u_s(t)=10\sqrt{2}\sin2\times10^3t\text{V}$。试求使 C、L_4 发生谐振时 L_4 之值，并计算此时的 $u_{ab}(t)$ 及电源发出的平均功率。

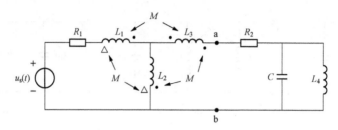

图 10-29　题 10-8 图

【解】 去耦等效电路如图 10-30（a）所示。

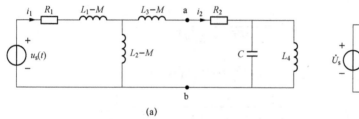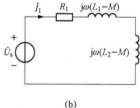

（a）　　　　　　　　　　　　　　　（b）

图 10-30　题 10-8 解图

因为 $\omega=2\times10^3\text{rad/s}$，要使 $C-L_4$ 发生谐振参数必须满足　$\omega=\dfrac{1}{\sqrt{L_4C}}$

故使 $C-L_4$ 发生谐振时 L_4 之值为　$L_4=\dfrac{1}{\omega^2C}=\dfrac{1}{(2\times10^3)^2\times5\times10^{-6}}=0.05\text{H}$

当 $C-L_4$ 谐振时，$\dot{I}_2=0$，所以等效电路如图 10-30（b）所示

$$\dot{I}_1=\frac{\dot{U}_s}{R_1+j\omega(L_1+L_2-2M)}=\frac{10\angle0^\circ}{320+j240}=0.025\angle-36.9^\circ\text{A}$$

$$\dot{U}_{ab}=j\omega(L_2-M)\dot{I}_1=j120\times0.025\angle-36.9^\circ=3\angle53.1^\circ\text{V}$$

所以　　　　　　　　　　$u_{ab}(t)=3\sqrt{2}\sin(2\times10^3t+53.1^\circ)\text{V}$

电源发出的平均功率为　　$P=U_sI_1\cos\theta=10\times0.025\times\cos(0^\circ+36.9^\circ)=0.2\text{W}$

10-9　如图 10-31 所示正弦稳态电路中，$U_s=120\text{V}$，$\dfrac{1}{\omega C}=\omega L_1=10\Omega$，$R=\omega L_2=$ $\omega M=8\Omega$。试计算各支路吸收的有功功率。

【解】 提示：去耦等效电路如图 10-32 所示。取 $\dot{U}_s=120\angle0^\circ\text{V}$，$\dot{I}=\dfrac{\dot{U}_s}{Z}=\dfrac{120\angle0^\circ}{4\sqrt{2}\angle45^\circ}$ $=15\sqrt{2}\angle-45^\circ\text{A}$；由分流公式得 $\dot{I}_1=15\angle0^\circ\text{A}$，$\dot{I}_2=15\angle-90^\circ\text{A}$。各支路吸收的功率分别为 $P_1=U_sI_1\cos\theta_1=1800\text{W}$，$P_2=U_sI_2\cos\theta_2=0$，$P_s=-U_sI\cos\theta=-1800\text{W}$。

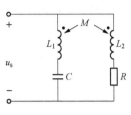

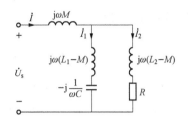

图 10 - 31　题 10 - 9 图　　　　　　　图 10 - 32　题 10 - 9 解图

10 - 10　如图 10 - 33 所示正弦稳态电路中，$u_s(t) = 10\sqrt{2}\sin t\text{V}$，$i_s(t) = 5\sqrt{2}\cos t\text{A}$，$L_1 = L_2 = 2\text{H}$，$M = 1\text{H}$，$R_3 = R_4 = R_5 = 2\Omega$，$C_6 = 0.5\text{F}$。试列写该电路的网孔电流相量方程。

【解】 电路的相量模型如图 10 - 34 所示。则由网孔法得

$$\begin{cases}(2+\text{j}2-\text{j}2)\dot{I}_{m1}+\text{j}2\dot{I}_{m2}-\text{j}2\dot{I}_{m3}-\text{j}\dot{I}_{m2} = 2\times5\angle90° \\ \text{j}2\dot{I}_{m1}+(2+\text{j}2-\text{j}2)\dot{I}_{m2}-2\dot{I}_{m3}-\text{j}(\dot{I}_{m1}-\dot{I}_{m3}) = 0 \\ -\text{j}2\dot{I}_{m1}-2\dot{I}_{m2}+(2+2+\text{j}2)\dot{I}_{m3}+\text{j}\dot{I}_{m2} = -10\angle0°\end{cases}$$

整理得网孔电流方程为

$$\begin{cases}2\dot{I}_{m1}+\text{j}\dot{I}_{m2}-\text{j}2\dot{I}_{m3} = \text{j}10 \\ \text{j}\dot{I}_{m1}+2\dot{I}_{m2}-(2-\text{j})\dot{I}_{m3} = 0 \\ -\text{j}2\dot{I}_{m1}-(2-\text{j})\dot{I}_{m2}+(4+\text{j}2)\dot{I}_{m3} = -10\end{cases}$$

注：列写方程的关键是正确计入互感电压。应用回路（网孔）法时，两个电流从同名端流入互感电压取正，异名端流入取负。

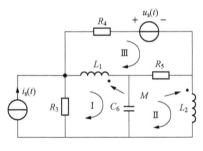
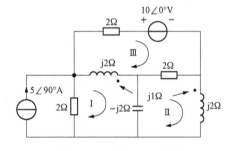

图 10 - 33　题 10 - 10 图　　　　　　　图 10 - 34　题 10 - 10 解图

10 - 11　如图 10 - 35 所示正弦稳态电路中，功率表的示数为 24W，$u_s(t) = 2\sqrt{2}\sin10t\text{V}$。试确定互感 M 的值。

【解】 相量模型如图 10 - 36 所示，副边总阻抗为　$Z_{22} = 1.5 + \text{j}2\Omega$

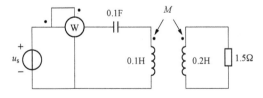
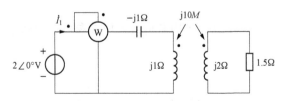

图 10 - 35　题 10 - 11 图　　　　　　　图 10 - 36　题 10 - 11 解图

副边反映到原边的阻抗为 $Z_{\text{refl}}=\dfrac{(10M)^2}{Z_{22}}=\dfrac{100M^2}{1.5+j2}\Omega$

原边总的等效阻抗为 $Z_1=Z_{11}+Z_{\text{refl}}=-j1+j1+\dfrac{100M^2}{1.5+j2}=\dfrac{100M^2}{2.5\angle53.1°}=40M^2\angle-53.1°\Omega$

原边电流为 $\dot{I}_1=\dfrac{\dot{U}_s}{Z_1}=\dfrac{2\angle0°}{40M^2\angle-53.1°}=\dfrac{1}{20M^2}\angle53.1°\text{A}$

$$P=I_1^2\text{Re}[Z_1]=\left(\dfrac{1}{20M^2}\right)^2\times(40M^2\cos53.1°)=\left(\dfrac{1}{20M^2}\right)^2\times24M^2=24$$

解之得 $M=50\text{mH}$

10-12 试求图 10-37 所示电路 a、b 端的输入阻抗 Z_{ab}。

【解】$Z_{\text{ab}}=\left\{\left[(24+j17)\times\dfrac{1}{2^2}-j4.25\right]//3\right\}\times3^2=2\times3^2=18\Omega$

10-13 如图 10-38 所示正弦稳态电路中的电流 $\dot{I}_1$ 和 $\dot{I}_2$。

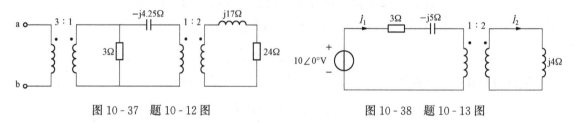

图 10-37　题 10-12 图　　　　　　　　图 10-38　题 10-13 图

【解】利用阻抗变换特性得 $\dot{I}_1=\dfrac{10\angle0°}{3-j5+\dfrac{1}{2^2}\times j4}=\dfrac{10\angle0°}{3-j4}=2\angle53.1°\text{A}$; $\dot{I}_2=\dfrac{1}{2}\dot{I}_1=$

$1\angle53.1°\text{A}$

10-14 见［例 10-3］。

10-15 如果使 10Ω 电阻获得最大功率，试确定如图 10-39 所示电路中理想变压器的变比 n。

【解】利用理想变压器的阻抗变换特性将原电路等效为图 10-40。

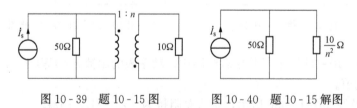

图 10-39　题 10-15 图　　图 10-40　题 10-15 解图

要使 10Ω 电阻获得最大功率参数必须满足 $50=\dfrac{10}{n^2}$

即 $n=\dfrac{1}{\sqrt{5}}$

10-16 试求图 10-41 所示电路中的电流 $\dot{I}$。

【解】所用电量的参考方向如图 10-42 所示。

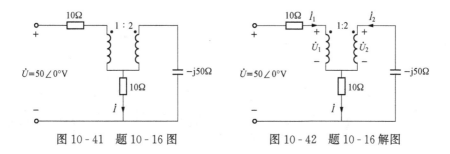

图 10 - 41　题 10 - 16 图　　　　　　　图 10 - 42　题 10 - 16 解图

以 $\dot{I}_1$、$\dot{I}_2$ 为网孔电流，网孔电流方程为

$$\begin{cases}(10+10)\dot{I}_1+10\dot{I}_2+\dot{U}_1=50\angle0° \\ 10\dot{I}_1+(10-j50)\dot{I}_2+\dot{U}_2=0\end{cases} \tag{1}$$

理想变压器的 VAR 为

$$\begin{cases}\dot{U}_2=2\dot{U}_1 \\ \dot{I}_1=-2\dot{I}_2\end{cases} \tag{2}$$

将式（2）代入式（1）整理得

$$\begin{cases}-30\dot{I}_2+0.5\dot{U}_2=50\angle0° \\ \dot{U}_2=(10+j50)\dot{I}_2\end{cases}$$

解之得

$$\dot{I}_2=\sqrt{2}\angle-135°\text{A}$$

所以

$$\dot{I}=\dot{I}_1+\dot{I}_2=-2\dot{I}_2+\dot{I}_2=-\dot{I}_2=\sqrt{2}\angle45°\text{A}$$

10 - 17　如图 10 - 43 所示正弦稳态电路中，已知 $u_s(t)=20\sqrt{2}\sin\omega t\text{V}$，$R_1=2\Omega$，$R_2=1\Omega$，$\dfrac{1}{\omega C_1}=4\Omega$，$\dfrac{1}{\omega C_2}=5\Omega$，$\dfrac{1}{\omega C_3}=4\Omega$，$\omega L_1=5\Omega$，$\omega L_2=4\Omega$，$\omega M=2\Omega$。求电阻 R_1 消耗的平均功率 P_{R_1}；电阻 R_2 消耗的平均功率 P_{R_2}；电源提供的无功功率 Q_s。（微视频）

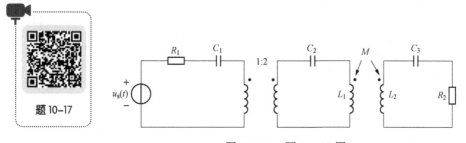

图 10 - 43　题 10 - 17 图

10 - 18　如图 10 - 44 所示正弦稳态电路中，$R_1=1\Omega$，$R_2=2\Omega$，$L_1=1\text{H}$，$L_2=2\text{H}$，$L_3=3\text{H}$，$C_3=3\text{F}$；$U_s=10\text{V}$，$U_0=5\text{V}$，电源提供的功率为 100W。试确定电容电流的有效值和互感 M 的值。

【解】　所用电量的参考方向如图 10 - 45 所示。电源提供的有功功率 $P_s=100\text{W}$。R_1 消耗的功率为

$$P_{R_1}=U_s^2/R_1=100\text{W}$$

由功率守恒可知 $P_s=P_{R_1}+P_{R_2}$，故 $P_{R_2}=P_s-P_{R_1}=R_2I_2^2=0\text{W}$。由此得 $I_2=0$。说明 C_3

与 L_3 发生了并联谐振。

所以电源角频率为 $\omega=\dfrac{1}{\sqrt{L_3 C_3}}=\dfrac{1}{3}\mathrm{rad/s}$

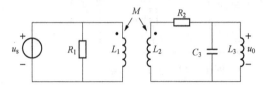
图 10-44 题 10-18 图

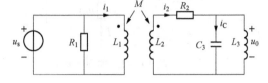
图 10-45 题 10-18 解图

则 $I_\mathrm{C}=\omega C_3 U_0=\dfrac{1}{3}\times 3\times 5=5\mathrm{A}$

又 $\dot{U}_\mathrm{s}=\mathrm{j}\omega L_1\dot{I}_1-\mathrm{j}\omega M\dot{I}_2=\mathrm{j}\omega L_1\dot{I}_1$，$\dot{U}_0=\mathrm{j}\omega M\dot{I}_1-\mathrm{j}\omega L_2\dot{I}_2-R_2\dot{I}_2=\mathrm{j}\omega M\dot{I}_1$

则 $U_\mathrm{s}=\omega L_1 I_1$，$U_0=\omega M I_1$

已知 $U_\mathrm{s}=10\mathrm{V}$，$U_0=5\mathrm{V}$，所以 $M=\dfrac{U_0}{U_\mathrm{s}}\times L_1=\dfrac{5}{10}\times 1=0.5\mathrm{H}$

10-19 试求图 10-46 所示双口网络的 Π 型等效电路。（微视频）

10-20 如图 10-47 所示正弦稳态电路中，$i_\mathrm{s}(t)=4\sqrt{2}\sin 100t\,\mathrm{A}$，负载阻抗 Z_L 可调。试求负载阻抗 Z_L 为何值时，其获得最大功率，并求此最大功率 $P_{\max}$。（微视频）

10-21 如图 10-48 所示电路中，$i(0_-)=0$，$u(0_-)=4\mathrm{V}$。试求 $t>0$ 时的电流 $i(t)$。（微视频）

题 10-19

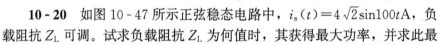

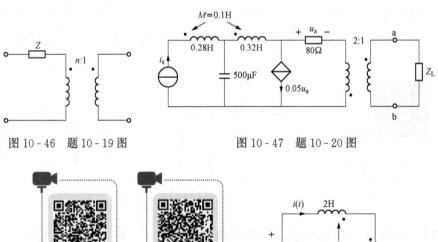

图 10-46 题 10-19 图   图 10-47 题 10-20 图

题 10-20   题 10-21

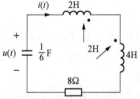
图 10-48 题 10-21 图

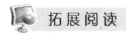拓展阅读

磁耦合无线电能传输技术

　　无线（即非接触）电能传输技术受到了广泛的研究和一定的实际应用。目前，无线电能

传输方式主要分为磁（场）耦合式、电（场）耦合
式、电磁辐射式和机械波耦合式几种。研究较多的
是磁（场）耦合式，称为磁耦合型无线电能传输，
它是利用耦合电感实现电能的无线传输。图 10 - 49
给出了磁耦合型无线电能传输的一种基本电路。

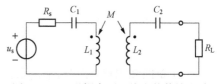

图 10 - 49　磁耦合型无线电能传输电路

　　试利用本章所学知识分析如何才能提高功率传输效率。

第11章 三 相 电 路

11.1 本章知识点思维导图

第11章的知识点思维导图见图11-1。

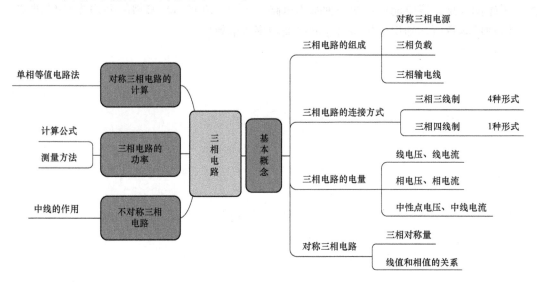

图 11-1 第 11 章的知识点思维导图

11.2 知识点归纳与学习指导

本章介绍三相电路的基本概念，并讨论简单三相电路的分析计算。

11.2.1 三相电路的基本概念

1. 对称三相电源

对称三相电源是指由 3 个频率相同、幅值相等、相位依次相差 120°的正弦电压按一定方式联结而成的电源，依次称为 A 相、B 相和 C 相，分别记为 u_A、u_B 和 u_C，它们的瞬时表达式为

$$u_A(t) = \sqrt{2}U\sin(\omega t + \varphi)$$
$$u_B(t) = \sqrt{2}U\sin(\omega t + \varphi - 120°)$$
$$u_C(t) = \sqrt{2}U\sin(\omega t + \varphi + 120°)$$

对应的相量为

$$\dot{U}_A = U\angle\varphi$$
$$\dot{U}_B = a^2\dot{U}_A = U\angle\varphi - 120°$$
$$\dot{U}_C = a\dot{U}_A = U\angle\varphi + 120°$$

式中单位相量算子 $a=1\angle 120°$。频率相同、幅值相等、相位依次相差 $120°$ 的 3 个正弦量称为三相对称量。任何一组三相对称量之和均为零。

相序是指三相电压经过同一量值（例如极大值）的先后次序。A 相超前于 B 相、B 相超前于 C 相的相序 A - B - C，称正序；B 相超前 A 相、C 相超前 B 相的相序 A - C - B，称为负序。三个正弦电压相位相等时称为零序。正序和负序分析方法相同，以正序为例说明。

三相电源有两种连接方式，一种为星形接法（Y 接法），如图 11 - 2 (a) 所示，其中连接点 N 称为电源中性点；另一种为三角形接法（△接法），如图 11 - 2 (b) 所示。

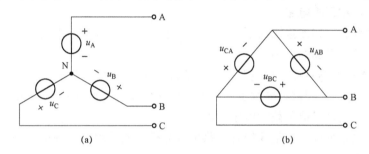

图 11 - 2 三相电源

(a) 星形接法；(b) 三角形接法

2. 三相负载

在三相电路中，负载由三部分所组成，每一部分称为负载的一相。如果三相负载各相完全相同，则称之为对称三相负载；否则为不对称三相负载。

三相负载有两种连接方式，星形接法（Y 接法）和三角形接法（△接法），分别如图 11 - 3 (a) 和图 11 - 3 (b) 所示。其中星形负载中的连接点 N′ 称为负载中性点。在对称情况下，$Z_A=Z_B=Z_C=Z_Y$，$Z_{AB}=Z_{BC}=Z_{CA}=Z_{\triangle}$。

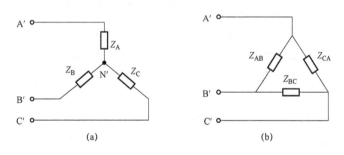

图 11 - 3 三相负载

(a) 星形接法；(b) 三角形接法

3. 三相连接线

三相连接线的简化模型，如图 11 - 4 所示。

端线阻抗 Z_l 可为零。

4. 三相电路

三相电路是由三相电源、三相连接线和三相负载连接而成的系统。根据电源和负载的连接方式不同，三相电路的连接方式可分为 Y - Y 连接、Y - △连接、△ - Y 连接、△ - △连接和 Y_0 - Y_0 连接几种基本三相电路。Y_0 - Y_0 连接属三相四线制，其他全为三相三线制。

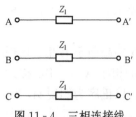

图 11-4　三相连接线
的简化模型

三相电源、三相连接线和三相负载都是对称的三相电路称为对称三相电路，否则为不对称三相电路。在三相电路中，电源（或负载）各相的电压称为相电压，流过各相的电流称为相电流；端线之间的电压称为线电压，流过各端线的电流称为线电流；流过中线的电流称为中线电流。

Y 接法可采用三相三线制或三相四线制，△接法只能采用三相三线制。

11.2.2　不对称三相电路

通常三相电源和三相连接线的不对称程度较小，一般可按对称来处理。三相电路的不对称主要是由三相负载引起的。

对于 Y - Y 连接的不对称三相电路，由于负载不对称会出现中性点位移（负载中性点与电源中性点不等电位），严重时导致负载设备不能正常工作。解决办法是采用 Y_0- Y_0 连接三相电路，中线的作用是强迫负载相电压对称。

不对称三相电路可按一般正弦稳态电路进行分析，如采用节点分析法分析。

11.2.3　对称三相电路

对称三相电路中的相电压、相电流、线电压和线电流分别均为三相对称量。且有①Y 接法时，线电流等于相应的相电流；线电压有效值等于相电压有效值的 $\sqrt{3}$ 倍，即 $U_v=\sqrt{3}U_p$，线电压在相位上超前相应的相电压 30°；②△接法时，线电压等于相应的相电压；线电流有效值等于相电流有效值的 $\sqrt{3}$ 倍，即 $I_v=\sqrt{3}I_p$，线电流在相位上落后相应的相电流 30°。因此，对称三相电路可归结为一相计算。

在端线阻抗不为零时，不论三相电源和负载为何种连接方式，均需等效变换为 Y 连接，此时各个中性点等电位，可合为一点，单相等值电路（A 相）如图 11-5 所示。注意，图中 $\dot I_A$ 为线电流（Y 接法时也是相电流），$\dot U_A$ 和 $\dot U_A{}'$ 分别为 Y 连接的电源和负载的 A 相相电压。由此根据实际连接方式确定 A 相相电流和相电压，再由对称性写出其他相电流、相电压和线电流、线电压。

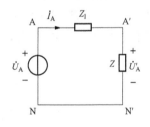

图 11-5　单相等值
电路（A 相）

【例 11-1】　如图 11-6（a）所示对称三相电路中，电源线电压 $U_l=380V$，Y 形负载的阻抗 $Z_Y=(8+j6)\Omega$，△形负载的阻抗 $Z_\triangle=(24+j18)\Omega$，线路阻抗 $Z_l=(1+j1)\Omega$，中线阻抗 $Z_N=(2+j)\Omega$。求负载的相电流、相电压以及总的线电流。

【解】　由于对称，中线阻抗 Z_N 不起作用，短路处理。将△形负载转换为 Y 形负载，以 A 相相电压 $\dot U_A$ 为参考相量，即

$$\dot U_A = \frac{380}{\sqrt 3}\angle 0°\text{V} = 220\angle 0°\text{V}$$

A 相的单相等值电路如图 11-6（b）所示。则

$$\dot I_A = \frac{\dot U_A}{Z_l + Z_Y \mathbin{/\!/} \dfrac{Z_\triangle}{3}} = \frac{220\angle 0°}{1+j+4+j3} = 34.4\angle -38.7°\text{A}$$

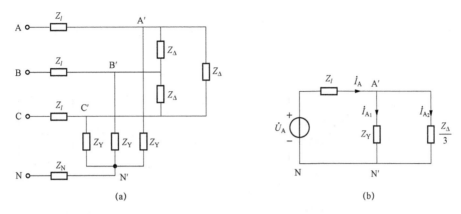

图 11-6 [例 11-1] 图

$$\dot{I}_{A_1} = \dot{I}_{A_2} = \frac{1}{2} \times \dot{I}_A = 17.2 \angle -38.7° \text{A}$$

所以

$$\dot{U}_{A'N'} = \dot{I}_{A_1} Z_Y = 17.2 \angle -38.7° \times (8 + \text{j}6) = 172 \angle -1.8° \text{V}$$

$$\dot{I}_{A'B'} = \frac{\dot{I}_{A_2}}{\sqrt{3}} \angle 30° = 9.93 \angle -8.7° \text{A}$$

$$\dot{U}_{A'B'} = \dot{I}_{A'B'} Z_\triangle = 9.93 \angle -8.7° \times (24 + \text{j}18) = 9.93 \angle -8.7° \times 30 \angle 36.9° \approx 298 \angle 28.2° \text{V}$$

或者

$$\dot{U}_{A'B'} = \sqrt{3} \dot{U}_{A'N'} \angle 30° = 298 \angle 28.2° \text{V}, \dot{I}_{A'B'} = \frac{\dot{U}_{A'B'}}{Z_\triangle} = 9.93 \angle -8.7° \text{A}$$

因此，Y 形负载的相电压为 172V、相电流为 17.2A；△形负载的相电压为 298V、相电流为 9.93A；总的线电流为 34.4A。

11.2.4 三相电路的功率

三相电路的功率为各相功率的总和。对称三相电路的瞬时功率为一常量，其值等于平均功率。

1. 计算公式

对称三相电路中功率的计算公式分别为

有功功率 $\quad P = 3P_p = 3U_p I_p \cos\theta = \sqrt{3} U_l I_l \cos\theta$

无功功率 $\quad Q = 3Q_p = 3U_p I_p \sin\theta = \sqrt{3} U_l I_l \sin\theta$

视在功率 $\quad S = \sqrt{P^2 + Q^2} = \sqrt{3} U_l I_l = 3U_p I_p = 3S_p$

功率因数 $\quad \cos\theta = \dfrac{P}{S} = \dfrac{P_p}{S_p}$

式中：θ 为相电压超前相电流的角度。一相的有功和无功也可以按正弦稳态电路方法求解。

2. 测量方法

不论对称与否，三相四线制用三瓦计法测量，如图 11-7 所示。三相总功率为三个功率表示数之和，即 $P = P_1 + P_2 + P_3$。在对称情况下，三个功率表示数相等。三相三线制用二瓦计法测量，如图 11-8 所示。三相总功率为两个功率表示数之和，即 $P = P_1 + P_2$。在对称

情况下有

$$P_1 = U_{AC}I_A\cos\theta_1 = U_1I_1\cos(\theta - 30°), P_2 = U_{BC}I_B\cos\theta_2 = U_1I_1\cos(\theta + 30°)$$

且有

$$Q = \sqrt{3}(P_1 - P_2)$$

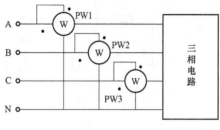
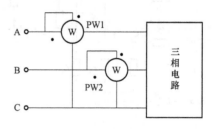

图 11 - 7　三瓦计法　　　　　　图 11 - 8　二瓦计法

【例 11 - 2】　某台电动机的功率为 2.5kW，功率因数为 0.866，对称三相电源的线电压为 380V，如图 11 - 9（a）所示。求图中两个功率表的示数。

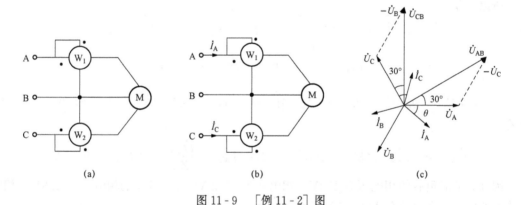

图 11 - 9　［例 11 - 2］图

【解】线电流为

$$I_1 = \frac{P}{\sqrt{3}U_1\cos\theta} = \frac{2500}{\sqrt{3}\times 380 \times 0.866} \approx 4.39\text{A}$$

因为功率因数 $\lambda = \cos\theta = 0.866$，所以 $\theta = \arccos 0.866 = 30°$。

所用电量的参考方向如图 11 - 9（b）所示。将负载按星形连接对待，以 $\dot{U}_A$ 为参考相量，作出电路的相量图如图 11 - 9（c）所示。由相量图可知，u_{AB} 超前 i_A 的角度为 $\theta + 30°$，u_{CB} 超前 i_C 的角度为 $\theta - 30°$。因此，功率表 W_1 和 W_2 的示数分别为

$$P_1 = U_{AB}I_A\cos(30° + \theta) = U_1I_1\cos(30° + \theta) = 380 \times 4.39\cos(30° + 30°) = 834.1\text{W}$$
$$P_2 = U_{CB}I_C\cos(\theta - 30°) = U_1I_1\cos(\theta - 30°) = 380 \times 4.39 \times \cos(30° - 30°) = 1668.2\text{W}$$

注：P_1 和 P_2 的公式可借助负载为星形连接的相量图得出。

11.3　重点与难点

本章的重点是对称三相电路的分析以及三相电路的功率。难点为不对称三相电路的计算。

11.4 第 11 章习题选解（含部分微视频）

11-1 对称 Y 连接的三相电源，已知相电压为 220V。试求其线电压，并写出以 A 相相电压为参考相量时的 $\dot{U}_{AB}$、$\dot{U}_{BC}$ 和 $\dot{U}_{CA}$。

【解】 因为 $U_p = 220V$，所以线电压 U_l 为

$$U_l = \sqrt{3}U_p = 380V$$

若以 A 相相电压 $\dot{U}_A$ 为参考相量，即 $\dot{U}_A = 220\angle 0°V$，则

$$\dot{U}_{AB} = \sqrt{3}\dot{U}_A\angle 30° = 380\angle 30°V, \dot{U}_{BC} = \dot{U}_{AB}\angle -120° = 380\angle -90°V,$$

$$\dot{U}_{CA} = \dot{U}_{AB}\angle 120° = 380\angle 150°V$$

11-2 如图 11-10 所示三角形连接的对称三相电路中，电源线电压有效值 $U_l = 380V$。若图中 m 点处发生断路。求电压的有效值 U_{AN} 和 U_{BN}。

【解】 以 $\dot{U}_A$ 为参考相量，即 $\dot{U}_A = \dfrac{380\angle 0°}{\sqrt{3}} = 220\angle 0°V$，则

$$\dot{U}_{AB} = 380\angle 30°V, \dot{U}_{BC} = 380\angle -90°V, \dot{U}_{CA} = 380\angle 150°V,$$

$$\dot{U}_{AC} = 380\angle -30°V$$

所以

$$\dot{U}_{AN} = \frac{1}{2}\dot{U}_{AC} = 190\angle -30°V$$

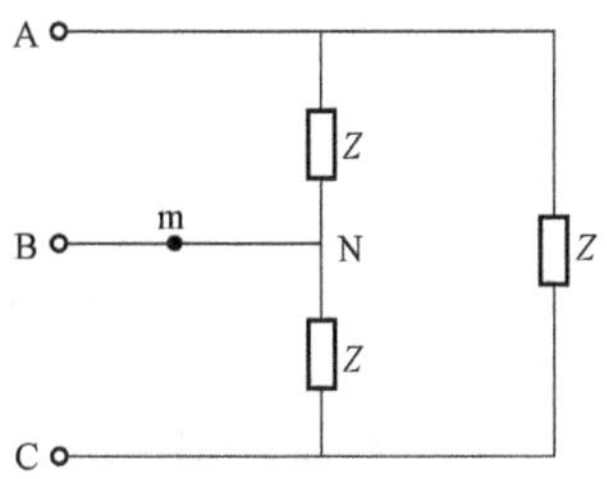

图 11-10 题 11-2 图

$$\dot{U}_{BN} = -\dot{U}_{AB} + \dot{U}_{AN} = -380\angle 30° + 190\angle -30° = -164.5 - j285 = 329\angle -120°V$$

因此，电压的有效值 U_{AN} 和 U_{BN} 分别为

$$U_{AN} = 190V, U_{BN} = 329V$$

11-3 如图 11-11 所示对称三相电路中，电源相电压 $U_p = 220V$。若图中 m 点处发生断路，求电压 $U_{N'N}$。

【解】 以 $\dot{U}_A$ 为参考相量，即 $\dot{U}_A = 220\angle 0°V$，则

$$\dot{U}_B = 220\angle -120°V, \dot{U}_C = 220\angle 120°V, \dot{U}_{BC} = 380\angle -90°V$$

所以

$$\dot{U}_{N'N} = \frac{1}{2}\dot{U}_{BC} + \dot{U}_C = 190\angle -90° + 220\angle 120°$$

$$= -j190 - 110 + j190.5 \approx 110\angle 180°V$$

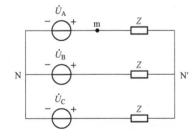

图 11-11 题 11-3 图

因此，电压的有效值 $U_{N'N} = 110V$。

11-4 一个三相四线制三相电路，电源是对称的，相电压有效值为 220V，中性线阻抗为零，$Z_A = Z_B = 48.4\Omega$，$Z_C = 242\Omega$。试完成：（1）求线电流 I_A、I_B、I_C 和中线电流 I_N。（2）若将中性线断开，其他条件不变，求此时负载的相电压。（微视频）

11-5 如图 11-12 所示电路中，对称三相电源的线电压为 380V，$R = X_L = -X_C = 100\Omega$，$R_0 = 200\Omega$，$R_Y = 300\Omega$。试求电阻 R_0 两端的电压。（微视频）

11-6 如图 11-13 所示电路中，三相电源对称，$X_L = -X_C$，R 可以调节，试说明 R 中

的电流与 R 无关。（微视频）

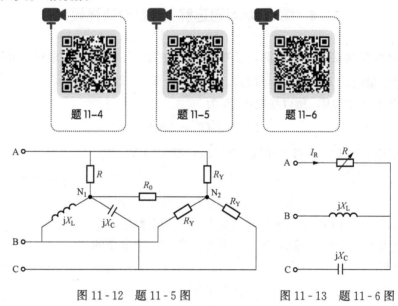

图 11-12　题 11-5 图　　　　图 11-13　题 11-6 图

11-7　试画出图 11-14 所示对称三相电路的单相等值电路。

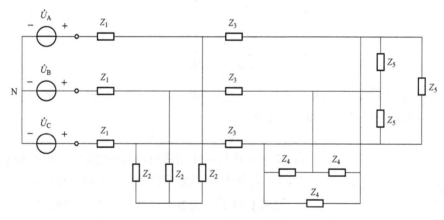

图 11-14　题 11-7 图

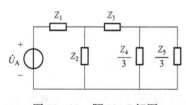

图 11-15　题 11-7 解图

【解】将三角形负载等效为星形负载，则电路中的各个中性点等电位，故得 A 相的单相等值电路如图 11-15 所示。

11-8　如图 11-16 所示对称三相电路中，已知电源线电压 $\dot{U}_{AB}=380\angle30°\text{V}$，负载阻抗 $Z=15+\text{j}18\Omega$，线路阻抗 $Z_L=1+\text{j}2\Omega$。试求负载的相电流 $\dot{I}_{A'B'}$ 和负载的相电压 $\dot{U}_{B'C'}$。

【解】因为 $\dot{U}_{AB}=380\angle30°\text{V}$，所以　$\dot{U}_A=\dfrac{\dot{U}_{AB}}{\sqrt{3}}\angle-30°=220\angle0°\text{A}$

A 相的单相等值电路如图 11 - 17 所示。则

$$\dot{I}_{A} = \frac{\dot{U}_{A}}{Z_{L} + \dfrac{Z}{3}} = \frac{220\angle 0°}{1 + j2 + 5 + j6} = \frac{220\angle 0°}{6 + j8} = 22\angle -53.1°A$$

所以

$$\dot{I}_{A'B'} = \frac{\dot{I}_{A}}{\sqrt{3}}\angle 30° = \frac{22}{\sqrt{3}}\angle -23.1°A$$

$$\dot{U}_{A'B'} = \dot{I}_{A'B'}Z = \frac{22}{\sqrt{3}}\angle -23.1° \times (15 + j18) = 297.6\angle 27.1°V$$

则

$$\dot{U}_{B'C'} = \dot{U}_{A'B'}\angle -120° = 297.6\angle -92.9°V$$

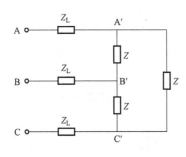

图 11 - 16 题 11 - 8 图

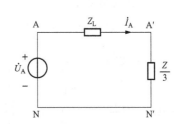

图 11 - 17 题 11 - 8 解图

11 - 9 见 [例 11 - 1]。

11 - 10 对称三相电源的线电压为 380V，对称三相负载 $Z = 6 + j8\Omega$，线路阻抗忽略不计。试求：（1）三相负载星形连接时，负载的相电流 I_{phY}，线电流 I_{lY}，三相有功功率 P_{Y}；（2）三相负载三角形连接时，负载的相电流 $I_{ph\triangle}$，线电流 $I_{l\triangle}$，三相有功功率 $P_{\triangle}$。（微视频）

题 11-10

11 - 11 如图 11 - 18 所示对称三相电路中，已知电源线电压的有效值为 380V，负载阻抗 $Z_{Y} = 5 + j6\Omega$，线路阻抗 $Z_{l} = 1 + j2\Omega$，中线阻抗 $Z_{N} = j3\Omega$。试求三相电源发出的平均功率。

【解】 设 $\dot{U}_{A} = \dfrac{380}{\sqrt{3}}\angle 0° = 220\angle 0°V$，则 A 相单相等值电路如图 11 - 19 所示。

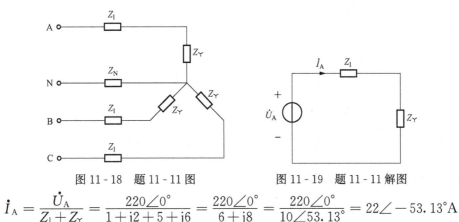

图 11 - 18 题 11 - 11 图   图 11 - 19 题 11 - 11 解图

$$\dot{I}_{A} = \frac{\dot{U}_{A}}{Z_{l} + Z_{Y}} = \frac{220\angle 0°}{1 + j2 + 5 + j6} = \frac{220\angle 0°}{6 + j8} = \frac{220\angle 0°}{10\angle 53.13°} = 22\angle -53.13°A$$

三相电源发出的总的平均功率为
$$P = 3U_A I_A \cos\theta = 3 \times 220 \times 22\cos 53.13° = 8712W$$
或
$$P = \sqrt{3}U_l I_l \cos\theta = \sqrt{3} \times 380 \times 22 \times \cos 53.13° = 8688W$$

11-12　如图 11-20 所示对称三相电路中，电源线电压为 300V，线路阻抗 $Z_L = 1 + j2\Omega$，三角形连接负载 $Z = 15 + j18\Omega$。试求三相电源提供的总功率 P。

【解】令 $\dot{U}_A = \dfrac{U_l \angle 0°}{\sqrt{3}} = \dfrac{300 \angle 0°}{\sqrt{3}}V$，则 A 相等值电路如图 11-21 所示。其中 $Z' = \dfrac{Z}{3} = 5 + j6\Omega$

$$\dot{I}_A = \frac{\dot{U}_A}{Z_L + Z'} = \frac{\frac{300}{\sqrt{3}} \angle 0°}{1 + j2 + 5 + j6} = \frac{\frac{300}{\sqrt{3}} \angle 0°}{6 + j8} = 10\sqrt{3} \angle -53.1°A$$

所以三相电源提供的总功率 P 为
$$P = \sqrt{3}U_l I_l \cos\theta = \sqrt{3} \times 300 \times 10\sqrt{3}\cos 53.1° = 5400W$$

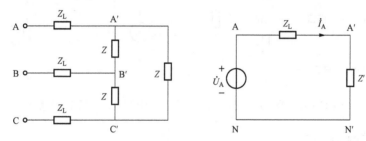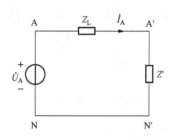

图 11-20　题 11-12 图　　　　　图 11-21　题 11-12 解图

11-13　如图 11-22 所示对称三相电路中，已知负载线电压有效值为 380V，负载阻抗 $Z = 12 + j9\Omega$，线路阻抗 $Z_L = 1 + j2\Omega$。试求三相电源提供的有功功率 P。

【解】令 $\dot{U}_{A'} = \dfrac{U_l'}{\sqrt{3}} \angle 0° = 220 \angle 0°V$，$Z_Y = \dfrac{Z}{3} = 4 + j3$，A 相等值电路如图 11-23 所示。则

$$\dot{I}_A = \frac{\dot{U}_{A'}}{Z_Y} = \frac{220 \angle 0°}{4 + j3} = 44 \angle -36.9°A$$

$$\dot{U}_A = (Z_L + Z_Y)\dot{I}_A = (1 + j2 + 4 + j3) \times 44 \angle -36.9° = 220\sqrt{2} \angle 8.1°V$$

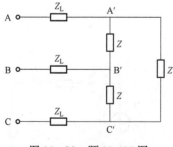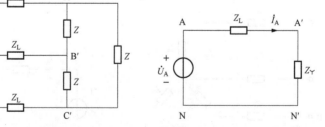

图 11-22　题 11-13 图　　　　　图 11-23　题 11-13 解图

所以三相电源提供的有功功率 P 为
$$P = 3U_p I_p \cos\theta = 3 \times 220\sqrt{2} \times 44 \times \cos 45° = 3 \times 220\sqrt{2} \times 44 \times \frac{\sqrt{2}}{2} = 29040W$$

11-14 对称三相电路如图 11-24 所示，已知电源侧线电压有效值为 380V，三角形负载阻抗 $Z_1 = 60 + j60\Omega$，星形负载阻抗 $Z_2 = 20 + j20\Omega$，线路阻抗 $Z_L = 1 + j\Omega$。试求：（1）负载侧线电压的有效值；（2）三相负载消耗的有功功率 P。

【解】 由题意设 $\dot{U}_A = \dfrac{380}{\sqrt{3}} \angle 0° = 220 \angle 0° V$。A 相等值电路如图 11-25 所示。

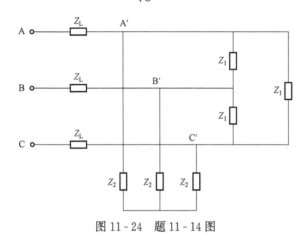

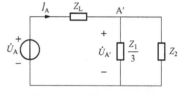

图 11-24 题 11-14 图

图 11-25 题 11-14 解图

因为

$$Z = \frac{Z_1}{3} /\!/ Z_2 = \frac{60 + j60}{3} /\!/ (20 + j20) = (20 + j20) /\!/ (20 + j20) = (10 + j10)\Omega$$

所以

$$\dot{I}_A = \frac{\dot{U}_A}{Z_L + Z} = \frac{220 \angle 0°}{(1 + j1) + (10 + j10)} = \frac{220 \angle 0°}{11 + j11} = \frac{220 \angle 0°}{11\sqrt{2} \angle 45°} = 10\sqrt{2} \angle -45° A$$

负载侧相电压 $\dot{U}_{A'} = \dot{I}_A Z = 10\sqrt{2} \angle -45° \times (10 + j10) = 10\sqrt{2} \angle -45° \times 10\sqrt{2} \angle 45°$
$= 200 \angle 0° V$

则负载侧线电压 $U_1 = \sqrt{3} U_{A'} = \sqrt{3} \times 200 = 200\sqrt{3} V$

三相负载消耗的有功功率 $P = \sqrt{3} U_1 I_1 \cos\theta = \sqrt{3} \times 200\sqrt{3} \times 10\sqrt{2} \times \cos 45° = 6000 W$

11-15 如图 11-26 所示对称三相电路中，已知负载端线电压有效值为 380V，$Z_1 = 16 + j12\Omega$，$Z_2 = 60\Omega$，线路阻抗 $Z_L = 1 + j1\Omega$。试求：（1）线电流 $\dot{I}_A$、$\dot{I}_B$ 和 $\dot{I}_C$；（2）电源端线电压的有效值；（3）三相电源提供的有功功率和无功功率。（微视频）

题 11-15

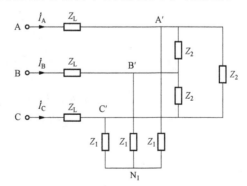

图 11-26 题 11-15 图

11-16　如图 11-27 所示对称三相电路中，已知负载端的线电压为 380V，线电流为 2A，负载的功率因数为 0.8（感性），线路阻抗 $Z_L=4+j3\Omega$。试求：（1）电源线电压的有效值；（2）三相电源提供的平均功率 P、无功功率 Q 和视在功率 S。

【解】（1）A 相等值电路如图 11-28 所示。令 $\dot{U}_{A'}=\dfrac{U_l}{\sqrt{3}}\angle 0°=220\angle 0°V$，因为 $I_A=2A$，所以

$$|Z|=\frac{U_{A'}}{I_A}=\frac{220}{2}=110\Omega$$

因为 $\theta=\arccos 0.8=36.9°$，所以

$$Z=110\angle 36.9°\Omega$$

$$\dot{I}_A=2\angle -36.9°A$$

$$\dot{U}_A=Z_L\dot{I}_A+\dot{U}_{A'}=(4+j3)\times 2\angle -36.9°+220\angle 0°=230\angle 0°V$$

所以

$$\dot{U}_{AB}=\sqrt{3}\dot{U}_A\angle 30°=\sqrt{3}\times 230\angle 30°=398.4\angle 30°V$$

所以电源线电压的有效值为 398.4V。

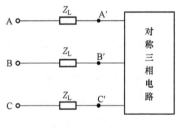

图 11-27　题 11-16 图

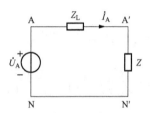

图 11-28　题 11-16 解图

（2）电源提供的平均功率 P

$$P=\sqrt{3}U_lI_l\cos\theta=\sqrt{3}\times 398.4\times 2\times\cos(0°+36.9°)=1104W$$

电源提供的无功功率 Q

$$Q=\sqrt{3}U_lI_l\sin\theta=\sqrt{3}\times 398.4\times 2\times\sin(0°+36.9°)=828.6var$$

电源提供的视在功率 S

$$S=\sqrt{3}U_lI_l=\sqrt{3}\times 398.4\times 2=1380VA$$

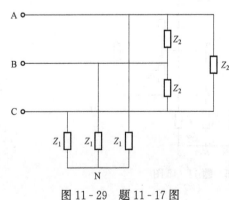

图 11-29　题 11-17 图

11-17　如图 11-29 所示对称三相电路中，星形负载阻抗 $Z_1=80-j60\Omega$，三角形连接的负载阻抗 $Z_2=60-j80\Omega$，若测得图中星形负载线电流有效值为 $\sqrt{3}A$，试求三角形负载的三相总功率 P。

【解】因为 $Z_1=80-j60=100\angle -36.9°\Omega$，$I_{l1}=\sqrt{3}A$，所以

$$I_{p1}=I_{l1}=\sqrt{3}A,\quad U_A=|Z_1|I_{p1}=100\sqrt{3}V,$$

$$U_{AB}=\sqrt{3}U_A=300V$$

因为 $Z_2=60-j80=100\angle -53.1°\Omega$，所以

$$I_{p2} = I_{AB} = \frac{U_{AB}}{|Z_2|} = \frac{300}{100} = 3\text{A}$$

因此,三角形连接负载的三相总功率 P 为

$$P = 3I_{p2}^2 R_2 = 3 \times 3^2 \times 60 = 1620\text{W}$$

11-18 见 [例 11-2]。

11-19 试说明图 11-30 所示对称三相电路中功率表读数的物理意义。

【解】 提示:按图 11-31（a）所示参考方向,并以相电压 $\dot{U}_A$ 为参考相量做出相量图 [图 11-31（b）]（感性负载）。电压 u_{AC} 超前电流 i_B 的角度为 $90° + \varphi$,故功率表的示数 $P = -U_lI_l\sin\varphi = -\frac{Q}{\sqrt{3}}$,物理意义是无功功率的 $\frac{1}{\sqrt{3}}$。

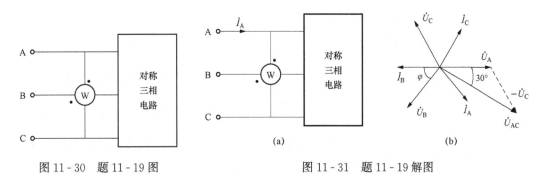

图 11-30 题 11-19 图 　　　　　　　　　图 11-31 题 11-19 解图

11-20 如图 11-32 所示对称三相电路中,电源线电压为 380V,线电流为 2A,功率表读数为零,求三相负载的总功率。（微视频）

11-21 如图 11-33 所示对称三相电路中,电源的线电压为 380V,负载阻抗 $Z = 50 + j50\sqrt{3}\,\Omega$。分别求功率表 PW1 和功率表 PW2 的示数。（微视频）

11-22 如图 11-34 所示电路中,对称三相电源的线电压为 380V,对称负载阻抗 $Z = 60 + j80\Omega$,$R = 190\Omega$。试分别求开关 S 闭合和断开时的线电流 I_A、I_B 和 I_C。

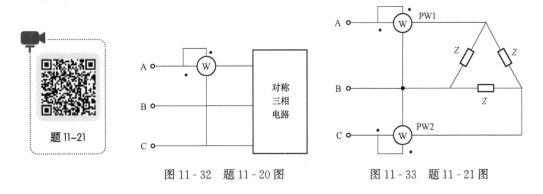

图 11-32 题 11-20 图 　　　　　　　　　图 11-33 题 11-21 图

【解】 提示:电流的参考方向如图 11-35（a）所示。取 $\dot{U}_A = \frac{U_l}{\sqrt{3}}\angle 0° = \frac{380}{\sqrt{3}}\angle 0° = 220\angle 0°\text{V}$。

（1）S断开时，A相等值电路如图 11-35（b）所示，得 $\dot{I}_{A1}=2.2\angle-53.1°A$；则 $\dot{I}_{B1}=2.2\angle-173.1°A$，$\dot{I}_{C1}=2.2\angle66.9°A$。所以 $I_A=I_B=I_C=2.2A$。

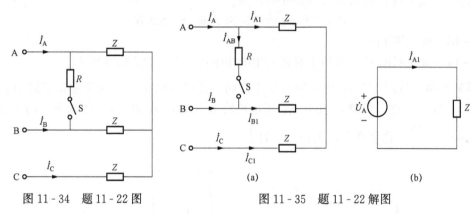

图 11-34　题 11-22 图　　　　图 11-35　题 11-22 解图

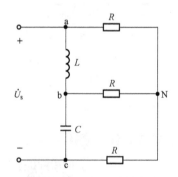

图 11-36　题 11-23 图
和 C 之值。（微视频）

（2）S闭合时，因三相负载电压不变，故其电流不变。而

$$\dot{U}_{AB}=\sqrt{3}\dot{U}_A\angle30°=380\angle30°V,\dot{I}_{AB}=\frac{\dot{U}_{AB}}{R}=2\angle30°A$$

由 KCL 得 $\dot{I}_A=\dot{I}_{A1}+\dot{I}_{AB}=3.15\angle-14°A$，$\dot{I}_B=\dot{I}_{B1}-\dot{I}_{AB}=4.1\angle-162.1°A$，$\dot{I}_C=\dot{I}_{C1}=2.2\angle66.9°A$。

所以 $I_A=3.15A$，$I_B=4.1A$，$I_C=2.2A$。

11-23　如图 11-36 所示电路为从单相电源获得对称三相电压的电路。外施电压为工频正弦电压的有效值为 U_s，负载电阻 $R=20\Omega$。试求使负载上得到对称三相电流所需的 L

11-24　如图 11-37 所示对称三相电路中，电源线电压为 380V，频率 $f=50Hz$，负载相阻抗 $Z=30+j40\Omega$，欲使功率因数提高到 0.9（滞后），接入一组电容，试求每相电容的电容值。

【解】 将三角形连接的电容转换为星形连接的电容，且以 A 相电压 $\dot{U}_A$ 为参考相量，即 $\dot{U}_A=\frac{380}{\sqrt{3}}\angle0°V$，A 相的单相等值电路如图 11-38 所示。

题 11-23

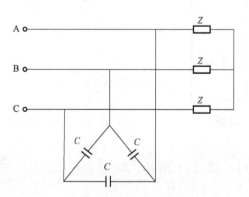

图 11-37　题 11-24 图

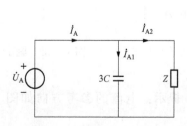

图 11-38　题 11-24 解图

（1）未接电容时 $\dot{I}_\mathrm{A}=\dot{I}_\mathrm{A2}=\dfrac{220\angle 0°}{30+\mathrm{j}40}=4.4\angle-53.1°\mathrm{A}$

三相负载吸收的有功功率和无功功率分别为

$$P=3U_\mathrm{p}I_\mathrm{p}\cos\theta_1=3\times 220\times 4.4\times\cos 53.1°=1743.62\mathrm{W},Q=P\tan\theta_1$$

（2）接入电容后，三相负载吸收的有功功率和无功功率不变，即

$$P=1743.62\mathrm{W},Q=P\tan\theta_1$$

电源提供的无功为 $\qquad Q_\mathrm{s}=P\tan\theta_2$

且 $\qquad\qquad\qquad\qquad \theta_2=\arccos 0.9=25.84°$

电容提供的无功为 $\qquad Q_\mathrm{C}=3\omega CU_1^2$

根据电路无功功率守恒得 $\qquad Q=Q_\mathrm{s}+Q_\mathrm{C}$

即 $\qquad\qquad\qquad\qquad P\tan\theta_1=P\tan\theta_2+3\omega CU_1^2$

则 $\qquad C=\dfrac{P}{3\omega U_1^2}(\tan\theta_1-\tan\theta_2)=\dfrac{1743.62}{3\times 314\times 380^2}\times(\tan 53.1°-\tan 25.84°)=10.876\mu\mathrm{F}$

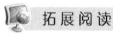 拓展阅读

对 称 分 量 法 简 介

电力系统的故障分析采用的分析方法是对称分量法。这种分析方法用于分析对称三相电路发生故障的情况。对称分量法把一组不对称的三相量分解为三组对称的正序、负序和零序三序分量之和，应用叠加定理，各序分量单独作用时转化为对称三相电路，进而可化为等值单相电路进行计算。

设 $\dot{U}_\mathrm{A}$、$\dot{U}_\mathrm{B}$、$\dot{U}_\mathrm{C}$ 为一组不对称三相量（以电压为例），则其可分解为三组对称的三序分量

$$\dot{U}_\mathrm{A}=\dot{U}_\mathrm{A1}+\dot{U}_\mathrm{A2}+\dot{U}_\mathrm{A0}=\dot{U}_1+\dot{U}_2+\dot{U}_0$$

$$\dot{U}_\mathrm{B}=\dot{U}_\mathrm{B1}+\dot{U}_\mathrm{B2}+\dot{U}_\mathrm{B0}=a^2\dot{U}_1+a\dot{U}_2+\dot{U}_0$$

$$\dot{U}_\mathrm{C}=\dot{U}_\mathrm{C1}+\dot{U}_\mathrm{C2}+\dot{U}_\mathrm{C0}=a\dot{U}_1+a^2\dot{U}_2+\dot{U}_0$$

式中：$\dot{U}_\mathrm{A1}$、$\dot{U}_\mathrm{B1}=a^2\dot{U}_\mathrm{A1}$ 和 $\dot{U}_\mathrm{C1}=a\dot{U}_\mathrm{A1}$ 为正序分量，如图 11-39（a）所示；$\dot{U}_\mathrm{A2}$、$\dot{U}_\mathrm{B2}=a\dot{U}_\mathrm{A2}$ 和 $\dot{U}_\mathrm{C2}=a^2\dot{U}_\mathrm{A2}$ 为负序分量，如图 11-39（b）所示；$\dot{U}_\mathrm{A0}$、$\dot{U}_\mathrm{B0}=\dot{U}_\mathrm{A0}$ 和 $\dot{U}_\mathrm{C0}=\dot{U}_\mathrm{A0}$ 为零序分量，如图 11-39（c）所示。

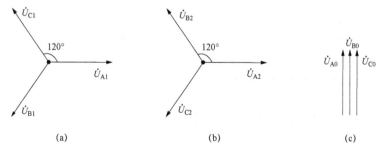

（a）　　　　　　　　　（b）　　　　　　　　　（c）

图 11-39　序对称分量

（a）正序；（b）负序；（c）零序

上述分解写成矩阵形式为

$$\begin{bmatrix} \dot{U}_A \\ \dot{U}_B \\ \dot{U}_C \end{bmatrix} = \begin{bmatrix} 1 & 1 & 1 \\ a^2 & a & 1 \\ a & a^2 & 1 \end{bmatrix} \begin{bmatrix} \dot{U}_1 \\ \dot{U}_2 \\ \dot{U}_0 \end{bmatrix}$$

简记为 $\dot{U}_{abc} = T\dot{U}_{120}$

其中对称分量法的变换矩阵 T 及其逆矩阵分别为

$$T = \begin{bmatrix} 1 & 1 & 1 \\ a^2 & a & 1 \\ a & a^2 & 1 \end{bmatrix}, \quad T^{-1} = \frac{1}{3} \begin{bmatrix} 1 & a & a^2 \\ 1 & a^2 & a \\ 1 & 1 & 1 \end{bmatrix}$$

于是有

$$\begin{bmatrix} \dot{U}_1 \\ \dot{U}_2 \\ \dot{U}_0 \end{bmatrix} = \frac{1}{3} \begin{bmatrix} 1 & a & a^2 \\ 1 & a^2 & a \\ 1 & 1 & 1 \end{bmatrix} \begin{bmatrix} \dot{U}_A \\ \dot{U}_B \\ \dot{U}_C \end{bmatrix}, \quad \dot{U}_{120} = T^{-1} \dot{U}_{abc}$$

对于不对称三相电流，由对称分量法可列出下列关系

$$\begin{bmatrix} \dot{I}_A \\ \dot{I}_B \\ \dot{I}_C \end{bmatrix} = \begin{bmatrix} 1 & 1 & 1 \\ a^2 & a & 1 \\ a & a^2 & 1 \end{bmatrix} \begin{bmatrix} \dot{I}_1 \\ \dot{I}_2 \\ \dot{I}_0 \end{bmatrix}, \quad \dot{I}_{abc} = T\dot{I}_{120}; \quad \begin{bmatrix} \dot{I}_1 \\ \dot{I}_2 \\ \dot{I}_0 \end{bmatrix} = \frac{1}{3} \begin{bmatrix} 1 & a & a^2 \\ 1 & a^2 & a \\ 1 & 1 & 1 \end{bmatrix} \begin{bmatrix} \dot{I}_A \\ \dot{I}_B \\ \dot{I}_C \end{bmatrix}, \quad \dot{I}_{120} = T^{-1} \dot{I}_{abc}$$

由于 $\dot{I}_0 = \frac{1}{3}(\dot{I}_A + \dot{I}_B + \dot{I}_C)$，而三相三线制中 $\dot{I}_A + \dot{I}_B + \dot{I}_C = 0$，因此，只有有中线的三相四线制电路才有零序电流，即零序电流必须以中线为通路，且中线电流 $\dot{I}_N = \dot{I}_A + \dot{I}_B + \dot{I}_C = 3\dot{I}_0$。

元件的正序［负序、零序］电压与正序［负序、零序］电流的比值称为元件的正序［负序、零序］阻抗。设对称三相线路的相量方程为 $\dot{U}_{abc} = Z_{abc} \dot{I}_{abc}$，式中

$$Z_{abc} = \begin{bmatrix} z_s & z_m & z_m \\ z_m & z_s & z_m \\ z_m & z_m & z_s \end{bmatrix}$$

其中 z_s 为每相的自阻抗，z_m 为相间的互阻抗。利用序相变换关系可得

$$Z_{120} = T^{-1} Z_{abc} T = \begin{bmatrix} z_s - z_m & 0 & 0 \\ 0 & z_s - z_m & 0 \\ 0 & 0 & z_s + 2z_m \end{bmatrix}$$

则线路的正、负及零序阻抗分别为 $Z_1 = Z_2 = z_s - z_m$，$Z_0 = z_s + 2z_m$。当相间无互阻抗时，$Z_1 = Z_2 = Z_0 = z_s$。

当三相对称电路（三相电源为正序）发生故障时，除了故障点外，其他部分的电路是对称的。为了转化为对称电路分析，将故障点的不对称电压和电流分解为对称分量，并用电源替代。按序分组，各序分量单独作用时，电路为对称三相电路，可化为等值单相电路进行计

算。应用戴维南定理，各序分量单独作用时故障点处的戴维南等效电路如图 11 - 40 所示。正序等效电路中的开路电压与三相电源有关，因三相电源为正序，故负序和零序等效电路的开路电压为 0。

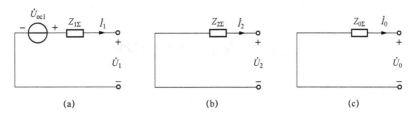

图 11 - 40 故障点三序网等效电路

(a) 正序；(b) 负序；(c) 零序

一般而言，由于旋转电机（发电机和电动机）的正序和负序阻抗不同，正序和负序戴维南等效阻抗不等。元件的零序阻抗与正、负序阻抗不等，且零序电流与正、负序电流的路径不同，故零序等效阻抗与正、负序等效阻抗不等。

当发生单相接地短路（A 相为例）时，短路点的边界条件为

$$\dot{U}_A = 0, \dot{I}_B = \dot{I}_C = 0$$

等价的序分量边界条件为

$$\dot{U}_A = \dot{U}_1 + \dot{U}_2 + \dot{U}_0 = 0, \dot{I}_1 = \dot{I}_2 = \dot{I}_0 = \frac{1}{3}\dot{I}_A$$

根据图 11 - 40 和上述等价条件，可得图 11 - 41 所示的等效复合序网。由该复合网可得

$$\dot{I}_1 = \dot{I}_2 = \dot{I}_0 = \frac{\dot{U}_{oc1}}{Z_{1\Sigma} + Z_{2\Sigma} + Z_{0\Sigma}}$$

$$\dot{U}_1 = \dot{U}_{oc1} - Z_{1\Sigma}\dot{I}_1, \dot{U}_2 = -Z_{2\Sigma}\dot{I}_2, \dot{U}_0 = -Z_{0\Sigma}\dot{I}_0$$

利用相序关系可得短路处的各相电流和电压。

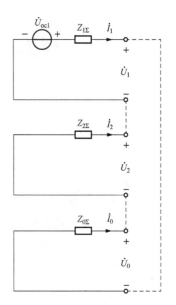

图 11 - 41 单相接地短路的等效复合序网

第 12 章　非正弦周期信号线性电路的稳态分析

12. 1　本章知识点思维导图

第 12 章的知识点思维导图见图 12 - 1。

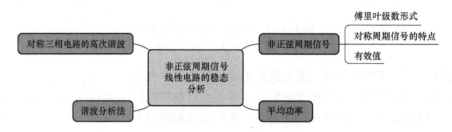

图 12 - 1　第 12 章的知识点思维导图

12. 2　知识点归纳与学习指导

本章介绍非正弦周期信号线性电路稳态分析的计算方法，重点为谐波分析法，它是叠加定理在非正弦周期信号线性电路稳态分析中的具体应用。

12. 2. 1　非正弦周期信号及其傅里叶级数

1. 非正弦周期信号

非正弦周期电压和电流都可用一个周期函数来表示，即

$$f(t) = f(t + kT)$$

式中：T 为周期函数 $f(t)$ 的周期，且 $k=0$，± 1，± 2，± 3，…。

2. 非正弦周期信号的傅里叶级数

满足狄里赫利条件的非正弦周期信号可分解为下列三角函数形式的傅里叶级数

$$f(t)= a_0 + \sum_{k=1}^{\infty}(a_k\cos k\omega t + b_k\sin k\omega t)= A_0 + \sum_{k=1}^{\infty}A_{km}\sin(k\omega t + \theta_k)$$

式中：$\omega=\dfrac{2\pi}{T}$。各个系数的计算公式如下：

$$
\left.
\begin{aligned}
a_0 &= \frac{1}{T}\int_0^T f(t)\mathrm{d}t = \frac{1}{T}\int_{-\frac{T}{2}}^{\frac{T}{2}} f(t)\mathrm{d}t \\[2mm]
a_k &= \frac{2}{T}\int_0^T f(t)\cos k\omega t\,\mathrm{d}t = \frac{1}{\pi}\int_0^{2\pi} f(t)\cos k\omega t\,\mathrm{d}(\omega t) = \frac{1}{\pi}\int_{-\pi}^{\pi} f(t)\cos k\omega t\,\mathrm{d}(\omega t) \\[2mm]
b_k &= \frac{2}{T}\int_0^T f(t)\sin k\omega t\,\mathrm{d}t = \frac{1}{\pi}\int_0^{2\pi} f(t)\sin k\omega t\,\mathrm{d}(\omega t) = \frac{1}{\pi}\int_{-\pi}^{\pi} f(t)\sin k\omega t\,\mathrm{d}(\omega t)
\end{aligned}
\right\}
$$

$$A_0 = a_0, A_{km} = \sqrt{a_k^2 + b_k^2},\ \theta_k = \arctan\frac{a_k}{b_k}$$

常数项 A_0 称为 $f(t)$ 的直流分量，它是 $f(t)$ 在一个周期内的平均值。$A_{1m}\sin(\omega t + \theta_1)$ 称为 $f(t)$ 的基波或一次谐波，$A_{2m}\sin(2\omega t + \theta_2)$ 称为 $f(t)$ 的二次谐波等。二次及二次以上的谐波统称为高次谐波。常把 k 为奇数的谐波称为奇次谐波；k 为偶数的谐波称为偶次谐波。

奇函数 $[f(t) = -f(-t)]$ 只含奇函数类型的谐波，即 $a_0 = 0$，$a_k = 0(k = 1, 2, 3, \cdots)$；偶函数 $[f(t) = f(-t)]$ 只含直流分量和属于偶函数类型的谐波，即 $b_k = 0(k = 1, 2, 3, \cdots)$；奇谐波函数 $\left[f(t) = -f\left(t \pm \dfrac{T}{2}\right) \right]$ 只有奇次谐波，无直流分量和偶次谐波，即 $a_0 = A_0 = 0$，$a_{2k} = b_{2k} = A_{2km} = 0(k = 1, 2, 3, \cdots)$。偶谐波函数 $\left[f(t) = f\left(t \pm \dfrac{T}{2}\right) \right]$ 只含直流分量和偶次谐波，无奇次谐波，即 $a_{2k+1} = b_{2k+1} = A_{(2k+1)m} = 0(k = 0, 1, 2, \cdots)$。

由于实际周期函数的各谐波幅值随着谐波次数的增高，总趋势是逐渐减小的。因此，在实际工程计算中，只要取级数的前几项就能够近似表示原来的函数。

3. 非正弦周期信号的有效值

设非正弦周期电流 $i(t)$ 和电压 $u(t)$ 分别为

$$i(t) = I_0 + \sum_{k=1}^{\infty} I_{km}\sin(k\omega t + \theta_{ik}), u(t) = U_0 + \sum_{k=1}^{\infty} U_{km}\sin(k\omega t + \theta_{uk})$$

则它们的有效值分别为

$$I = \sqrt{\frac{1}{T}\int_0^T i^2 \mathrm{d}t} = \sqrt{I_0^2 + \sum_{k=1}^{\infty} I_k^2}, U = \sqrt{\frac{1}{T}\int_0^T u^2(t)\mathrm{d}t} = \sqrt{U_0^2 + \sum_{k=1}^{\infty} U_k^2}$$

即有效值等于其直流分量的平方及各次谐波分量有效值的平方之和的平方根。

12.2.2　非正弦周期信号电路的平均功率

设如图 12-2 所示中二端网络 N 的端口电压 $u(t)$ 和电流 $i(t)$ 为非正弦周期电压和电流，则该二端网络吸收的平均功率为

$$P = \frac{1}{T}\int_0^T p(t)\mathrm{d}t = \frac{1}{T}\int_0^T u(t)i(t)\mathrm{d}t P = P_0 + \sum_{k=1}^{\infty} P_k = U_0 I_0 + \sum_{k=1}^{\infty} U_k I_k \cos\theta_k$$

式中：$P_0 = U_0 I_0$ 为直流分量产生的功率，$P_k = U_k I_k \cos\theta_k$ 为 k 次谐波电压和电流产生的功率，其中 $\theta_k = \theta_{uk} - \theta_{ik}$ 为 k 次谐波电压和电流的相位差。

非正弦周期信号电路的平均功率是各次谐波的平均功率及直流分量功率的总和。不同谐波的电压、电流只能构成瞬时功率，不能构成平均功率。

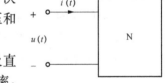

图 12-2　二端网络

对于线性电阻有

$$u_R = Ri_R, U_R = RI_R, P_R = U_R I_R = RI_R^2 = U_R^2/R$$

【例 12-1】　已知图 12-2 所示网络 N 的端电压和电流分别为

$$u(t) = \left[2\sqrt{2}\cos(t - 60°) + \sqrt{2}\cos(2t + 45°) + \frac{\sqrt{2}}{2}\cos(3t - 60°) \right] \text{V}$$

$$i(t) = \left[10\sqrt{2}\cos t + 5\sqrt{2}\cos(2t - 45°) \right] \text{A}$$

试求：（1）此网络 N 对基波呈现什么性质？（2）二次谐波的输入阻抗 Z_2。（3）网络 N 端口电压的有效值 U 及网络吸收的有功功率 P。

【解】 $u(t)=2\sqrt{2}\cos(t-60°)+\sqrt{2}\cos(2t+45°)+\dfrac{\sqrt{2}}{2}\cos(3t-60°)=u_1(t)+u_2(t)+u_3(t)$,

$i(t)=10\sqrt{2}\cos t+5\sqrt{2}\cos(2t-45°)=i_1(t)+i_2(t)$

（1）因为 $u_1(t)=2\sqrt{2}\cos(t-60°)\mathrm{V}$, $i_1(t)=10\sqrt{2}\cos t\mathrm{A}$, 所以

$$\dot{U}_1=2\angle-60°\mathrm{V},\quad \dot{I}_1=10\angle0°\mathrm{A},\quad Z_1=\frac{\dot{U}_1}{\dot{I}_1}=\frac{2\angle-60°}{10\angle0°}=0.2\angle-60°=|Z_1|\angle\theta$$

因为 $\theta=-60°<0$，所以此网络 N 对基波呈现容性。

（2）因为 $u_2(t)=\sqrt{2}\cos(2t+45°)\mathrm{V}$, $i_2(t)=5\sqrt{2}\cos(2t-45°)\mathrm{A}$, 所以

$$\dot{U}_2=1\angle45°\mathrm{V},\quad \dot{I}_2=5\angle-45°\mathrm{A},\quad Z_2=\frac{\dot{U}_2}{\dot{I}_2}=\frac{1\angle45°}{5\angle-45°}=0.2\angle90°=\mathrm{j}0.2\,\Omega$$

（3）$U=\sqrt{U_1^2+U_2^2+U_3^2}=\sqrt{2^2+1^2+0.5^2}=2.29\mathrm{V}$

$P=U_1I_1\cos\theta_1+U_2I_2\cos\theta_2+U_3I_3\cos\theta_3=2\times10\times\cos(-60°)+1\times5\times\cos(45°+45°)+0$

$\quad=10\mathrm{W}$

注：谐波下的阻抗称为谐波阻抗。不同次的谐波阻抗一般是不同的。

12.2.3　非正弦周期信号电路的稳态分析：谐波分析法

对非正弦周期信号线性电路进行稳态分析的方法称为谐波分析法。该方法的一般步骤为：

（1）将非正弦周期输入信号（电源）展成傅里叶级数。

（2）将电源按频率分组，分别计算直流分量和各次谐波分量单独作用产生的稳态响应。

当直流分量单独作用时，电感相当于短路，电容相当于开路，电路为一电阻性电路。可采用电阻电路的分析方法求出响应的直流分量。

当第 k 次谐波分量单独作用于电路时，电路相当于交流稳态电路。做出第 k 次谐波的相量模型，运用正弦稳态电路的相量分析法，求响应的第 k 次谐波分量。

（3）根据叠加定理，将响应的直流分量和各次谐波分量进行时域叠加，写出响应的时域表达式。

（4）计算响应的有效值或求解功率。

使用谐波分析法时应注意以下几点：

（1）不同频率的谐波分量叠加时，不能采用相量相加，只能在时域中按瞬时值表达式叠加。

（2）电感和电容的电抗随频率而变，因此，它们的谐波电抗对不同次的谐波是不同的。对 k 次谐波而言（此时的电路频率为 $k\omega$，而不是 ω），k 次谐波感抗 $X_{Lk}=k\omega L$，是基波感抗的 k 倍，而 k 次谐波容抗 $X_{Ck}=-\dfrac{1}{k\omega C}$ 是基波容抗的 $\dfrac{1}{k}$ 倍。

（3）在非正弦周期稳态电路中，有时题目中给出的是电感和电容的基波电抗，这点在做题的过程中应特别注意。对于同时含有电感和电容的电路，注意分析是否发生串联或并联谐振，以简化计算。

正确画出直流分量单独作用的电路和各次谐波分量单独作用的相量模型是本章基本功之一。

【例 12 - 2】 图 12 - 3（a）所示电路中，已知直流电流源 $I_s=4\mathrm{A}$，正弦电压源 $u_s(t)=$

$5\sqrt{2}\cos(t+30°)$V。（1）求电流 $i(t)$ 及其有效值；（2）求电路消耗的平均功率 P。

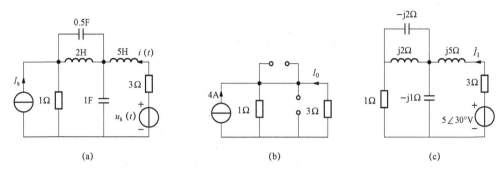

图 12 - 3　[例 12 - 2] 图

【解】（1）直流电流源 $I_s=4$A 单独作用。电路如图 12 - 3（b）所示。

$$I_0=-\frac{1}{3+1}\times 4=-1\text{A},P_0=(3\,/\!/\,1)\times 4^2=\frac{3\times 1}{3+1}\times 16=12\text{W}$$

（2）正弦电压源 $u_s(t)=5\sqrt{2}\cos(t+30°)$V 单独作用，相量模型如图 12 - 3（c）所示。0.5F 电容与 2H 电感发生并联谐振，相当于开路，所以

$$\dot{I}_1=\frac{5\angle 30°}{3+j5-j1}=\frac{5\angle 30°}{3+j4}=1\angle-23.1°\text{A},i_1(t)=\sqrt{2}\cos(t-23.1°)\text{A}$$

$$P_1=I_1^2\times 3=1^2\times 3=3\text{W}$$

因此

$$i(t)=I_0+i_1(t)=-1+\sqrt{2}\cos(t-23.1°)\text{A}$$

$$I=\sqrt{I_0^2+I_1^2}=\sqrt{(-1)^2+1^2}=\sqrt{2}\text{A},\ P=P_0+P_1=12+3=15\text{W}$$

注：（1）包含直流和多个频率的正弦信号电源的电路为非正弦周期信号电路。（2）本题属于正向求解问题；这类问题大多知道电路结构、元件参数和电源等条件，求解电路的电压、电流或者功率。基本的思路就是按照谐波分析法来求解。需要注意的是，电容和电感对于不同的谐波分量呈现出不同的阻抗。

【例 12 - 3】　图 12 - 4 所示电路中，电压源 $u_s(t)=10+10\sqrt{2}\cos(1000t+30°)+8\cos(2000t+45°)$V，直流电流源 $I_s=1$A，$C_1=100\mu$F，电流 $i(t)=\sqrt{2}\cos(1000t+30°)$A，电阻 R 中流过的直流电流为 0.5A（方向如图所示）。

试求 R、L、C_2 和 R_3 的值及 R_3 上的电压 u_{R_3}。

【解】　由已知条件可知，电流 $i(t)$ 与电压源 $u_s(t)$ 中的基波分量同频同相，而 2 次谐波分量为零，说明 LC_1 支路对 $u_s(t)$ 中的基波频率发生串联谐振，而 LC_1C_2 回路对 2 次谐波频率发生并联谐振。

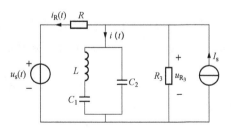

图 12 - 4　[例 12 - 3] 图

因为 LC_1 支路对基波角频率 $\omega_1=10^3$rad/s 发生串联谐振，所以

$$L=\frac{1}{\omega_1^2 C_1}=\frac{1}{(10^3)^2\times 10^{-4}}=10\text{mH}$$

因为 LC_1C_2 回路对 2 次谐波角频率 $\omega_2=2\times10^3\,\mathrm{rad/s}$ 发生并联谐振，所以回路的等效电容为

$$C'=\frac{1}{\omega_2^2 L}=\frac{1}{(2\times10^3)^2\times10^{-2}}=25\mu\mathrm{F}$$

而

$$C'=\frac{C_1C_2}{C_1+C_2}=\frac{10^{-4}C_2}{10^{-4}+C_2}=25\mu\mathrm{F}$$

解之得

$$C_2=33.3\mu\mathrm{F}$$

（1）当 $u_s(t)$ 中基波分量 $u_{s1}(t)$ 单独作用时，LC_1 支路发生串联谐振，相当于短路，其等效电路如图 12-5（a）所示。

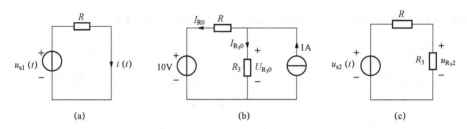

图 12-5　［例 12-3］解图

$$u_{s1}(t)=10\sqrt{2}\cos(1000t+30°)\mathrm{V},\,i(t)=\sqrt{2}\cos(1000t+30°)\mathrm{A}$$

所以

$$R=\frac{u_{s1}(t)}{i(t)}=10\Omega$$

此时原电路中的 R_3 被短路，其电压分量 $u_{R_31}=0$。

（2）当 $u_s(t)$ 中的直流分量 U_{s0} 和直流电流源 $I_s=1\mathrm{A}$ 共同作用时，电容 C_1、C_2 开路，电路如图 12-5（b）所示。因为 $I_{R0}=0.5\mathrm{A}$，所以

$$U_{R_30}=RI_{R0}+U_{s0}=10\times0.5+10=15\mathrm{V},\,I_{R_30}=1-I_{R0}=1-0.5=0.5\mathrm{A}$$

则

$$R_3=\frac{U_{R_30}}{I_{R_30}}=\frac{15}{0.5}=30\Omega$$

（3）当 $u_s(t)$ 中的 2 次谐波分量单独作用时，由于 LC_1C_2 回路发生并联谐振，相当于开路，电路如图 12-5（c）所示。图中 $u_{s2}(t)=8\cos(2000t+45°)\mathrm{V}$，所以

$$u_{R_32}=\frac{R_3}{R_3+R}u_{s2}(t)=6\cos(2000t+45°)\mathrm{V}$$

因此

$$u_{R_3}(t)=U_{R_30}+u_{R_31}(t)+u_{R_32}(t)=15+6\cos(2000t+45°)\mathrm{V}$$

注：本题属于反向求解问题。这类问题大多已知电路的结构和电路中的一些电压、电流（具体数值或比例关系）或者功率的情况等，求解电路的元件参数，如电阻、电感和电容等。

12.2.4　对称三相电路的高次谐波

1. 三相发电机输出电压的特点

三相发电机实际产生的电压含有一定的谐波分量，三个对称的非正弦周期相电压在时间上依次滞后 1/3 周期，但变化规律相似。

三相发电机输出电压的表达式为

$$u_A = \sqrt{2}U_1\sin(\omega t + \theta_1) + \sqrt{2}U_3\sin(3\omega t + \theta_3) +$$
$$\sqrt{2}U_5\sin(5\omega t + \theta_5) + \sqrt{2}U_7\sin(7\omega t + \theta_7) + \cdots$$
$$u_B = \sqrt{2}U_1\sin(\omega t + \theta_1 - 120°) + \sqrt{2}U_3\sin(3\omega t + \theta_3) +$$
$$\sqrt{2}U_5\sin(5\omega t + \theta_5 + 120°) + \sqrt{2}U_7\sin(7\omega t + \theta_7 - 120°) + \cdots$$
$$u_C = \sqrt{2}U_1\sin(\omega t + \theta_1 + 120°) + \sqrt{2}U_3\sin(3\omega t + \theta_3) +$$
$$\sqrt{2}U_5\sin(5\omega t + \theta_5 - 120°) + \sqrt{2}U_7\sin(7\omega t + \theta_7 + 120°) + \cdots$$

其中，$6k+1$（$k=0，1，2，\cdots$）次谐波的相序为 A、B、C，即为正序，如基波、7 次、13 次和 19 次谐波等；$6k-1$（$k=1，2，3，\cdots$）次谐波的相序为 A、C、B，即为负序，如 5 次、11 次和 17 次谐波等；$3k$（$k=1，2，3，\cdots$）次谐波的相序为零序，即 A、B、C 三相同相位，如 3 次、9 次和 15 次谐波等。

注意这里所说的正序、负序和零序的概念与电力系统故障分析的三个序量的不同。

2. 星形连接电源的线电压和相电压的关系

相电压中含有全部谐波分量，相电压的有效值为

$$U_p = \sqrt{U_{p1}^2 + U_{p3}^2 + U_{p5}^2 + \cdots}$$

因零序分量相互抵消，线电压中不含零序对称组谐波分量，因此，线电压的有效值为

$$U_l = \sqrt{U_{l1}^2 + U_{l5}^2 + U_{l7}^2 + \cdots} = \sqrt{3}\sqrt{U_{p1}^2 + U_{p5}^2 + U_{p7}^2 + \cdots} < \sqrt{3}U_p$$

3. 星形连接负载的线电压和相电压的关系

正序和负序组的谐波在电源中性点和负载中性点间产生的电压为零，$\dot{U}_{NN'} = 0$。此时分别按对称三相电路归结为单相等效电路，用相量法进行计算。

对于零序组分量：线电压中不含零序谐波分量。

（1）无中线时，因无零序电流通路，线电流以及负载相电流和相电压不含零序组分量；中性点间电压只含有零序组分量。

（2）有中线时，具有零序电流通路，线电流以及负载相电流和相电压含有零序组分量，且中线电流为一相相电流的 3 倍。

4. 三角形连接中线电压和相电压的关系

电源回路中，正序、负序组对称电压之和为零；零序组沿回路电压之和不为零，回路中存在零序组的环流，并在电源内阻上产生零序分量，从而线电压中不含零序分量。

三角形电源侧线电压只含正序、负序组分量，线电压和相电压间关系为

$$U_l = \sqrt{3}\sqrt{U_{p1}^2 + U_{p5}^2 + U_{p7}^2 + \cdots}$$

三角形负载线电压只含正序、负序组分量，线电压和相电压间关系，与电源侧一致。

12.3　重点与难点

本章的重点是非正弦周期信号电路的谐波分析法，包括有效值和平均功率的计算方法。难点是反向求解问题的分析计算。

12.4　第12章习题选解（含部分微视频）

12-1　周期性矩形脉冲如图12-6所示，试求其傅里叶级数。

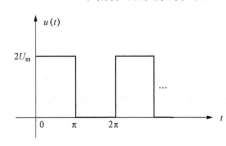

图12-6　题12-1图

【解】提示：基波频率 $\omega=\dfrac{2\pi}{T}=1\text{rad/s}$；根据系数公式得 $a_0=\dfrac{U_\text{m}}{\pi}$，$a_k=0$，$b_k=\dfrac{2U_\text{m}}{\pi}\times\dfrac{1-\cos k\pi}{k}$；所以

$$f(t)=\frac{U_\text{m}}{\pi}+\frac{4U_\text{m}}{\pi}\left(\sin t+\frac{\sin 3t}{3}+\frac{\sin 5t}{5}+\cdots\right)。$$

12-2　见［例12-1］。

12-3　5Ω电阻两端的电压 $u(t)=5+10\sqrt{2}\sin t+5\sqrt{2}\sin 3t(\text{V})$，试求电阻所消耗的功率 P。

【解】电阻所消耗的功率 $P=\dfrac{U^2}{R}=\dfrac{5^2+10^2+5^2}{5}=30\text{W}$。

12-4　如图12-7所示稳态电路中，已知 $u(t)=[10+100\sqrt{2}\cos(\omega t+10°)+50\sqrt{2}\cos 3\omega t]$ V，$R=6\Omega$，$\omega L=2\Omega$，$\dfrac{1}{\omega C}=18\Omega$。试求电流 $i(t)$ 及电压表、电流表的示数。

【解】(1) 直流分量 $U_0=10$V 单独作用。电感短路、电容开路处理。

$$I_0=0,U_{10}=0$$

(2) 基波分量 $u_1(t)=100\sqrt{2}\cos(\omega t+10°)$V 单独作用。相量模型如图12-8（a）所示。

$$\dot I_1=\frac{100\angle 10°}{6+\text{j}2-\text{j}18}=\frac{100\angle 10°}{6-\text{j}16}=5.85\angle 79°\text{A},i_1(t)=5.85\sqrt{2}\cos(\omega t+79°)\text{A}$$

$$\dot U_{11}=\dot I_1\times(6+\text{j}2)=5.85\angle 79°\times 6.325\angle 18.43°=37\angle 97.43°\text{V}$$

(3) 三次谐波分量 $u_3(t)=50\sqrt{2}\cos 3\omega t$ V 单独作用。相量模型如图12-8（b）所示。

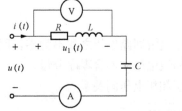

图12-7　题12-4图

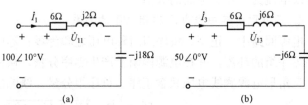

图12-8　题12-4解图

$$\dot I_3=\frac{50\angle 0°}{6}=\frac{25}{3}\angle 0°\text{A},i_3(t)=\frac{25}{3}\sqrt{2}\cos 3\omega t\text{A}$$

$$\dot{U}_{13} = \dot{I}_3 (6+j6) = \frac{25}{3}\angle 0° \times 6\sqrt{2}\angle 45° = 50\sqrt{2}\angle 45°\text{V}$$

（4）时域叠加　　$i(t) = I_0 + i_1(t) + i_3(t) = \left[5.85\sqrt{2}\cos(\omega t + 79°) + \frac{25}{3}\sqrt{2}\cos 3\omega t\right]\text{A}$

有效值　　　　$U_1 = \sqrt{U_{10}^2 + U_{11}^2 + U_{13}^2} = \sqrt{37^2 + (50\sqrt{2})^2} = 80\text{V}$，

$$I = \sqrt{I_1^2 + I_3^2} = \sqrt{5.85^2 + \left(\frac{25}{3}\right)^2} = 10.18\text{A}$$

电压表示数为 80V，电流表示数为 10.18A。

12 - 5　如图 12 - 9 所示稳态电路中，已知 $u_s(t) = 100\sqrt{2}\sin\omega t + 120\sqrt{2}\sin(3\omega t + 60°)\text{V}$，$\omega L_1 = 20\Omega$，$\omega L_2 = 30\Omega$，$\dfrac{1}{\omega C_1} = 180\Omega$，$\dfrac{1}{\omega C_2} = 30\Omega$，$R = 20\Omega$。试求电流 $i(t)$。

【解】（1）基波分量单独作用。相量模型如图 12 - 10（a）所示。L_2 和 C_2 发生串联谐振，相当于短路。

$$\dot{I}_1 = \frac{100\angle 0°}{20} = 5\angle 0°\text{A}, \quad i_1(t) = 5\sqrt{2}\sin\omega t\,\text{A}$$

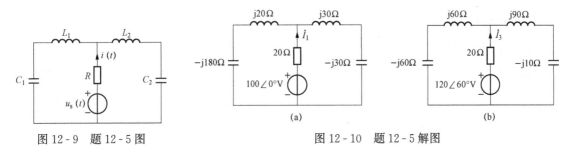

图 12 - 9　题 12 - 5 图　　　　　　　　　　图 12 - 10　题 12 - 5 解图

（2）三次谐波分量单独作用，相量模型如图 12 - 10（b）所示。L_1 和 C_1 发生串联谐振，相当于短路。

$$\dot{I}_3 = \frac{120\angle 60°}{20} = 6\angle 60°\text{A}, \quad i_3(t) = 6\sqrt{2}\sin(3\omega t + 60°)\text{A}$$

（3）时域叠加　　$i(t) = i_1(t) + i_3(t) = 5\sqrt{2}\sin\omega t + 6\sqrt{2}\sin(3\omega t + 60°)\text{A}$

12 - 6　如图 12 - 11 所示稳态电路中，$u_s(t) = 120 + 100\sqrt{2}\sin(\omega t + 30°) + 150\sqrt{2}\sin 3\omega t\,\text{V}$，$\omega L_1 = 5\Omega$，$\dfrac{1}{\omega C_1} = 45\Omega$，$\omega L_2 = 15\Omega$，$\dfrac{1}{\omega C_2} = 15\Omega$，$R_1 = 30\Omega$，$R_2 = 10\Omega$。试求电流 $i(t)$ 和电源提供的平均功率。（微视频）

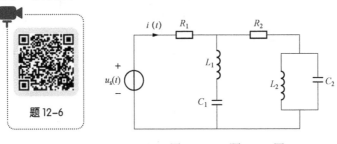

图 12 - 11　题 12 - 6 图

12 - 7　如图 12 - 12 所示稳态电路中，$i_s(t)=10+5\cos(2\omega_1 t+30°)$A，$\omega_1 L=50\Omega$，$\dfrac{1}{\omega_1 C}=200\Omega$。试求电压 $u_R(t)$ 和有效值 U_R。

【解】 提示：直流分量单独作用时，电容开路，电感短路，$i=0$，$5i=0$，可得如图 12 - 13（a）所示电路。$U_{R0}=150$V；二次谐波分量单独作用的相量模型如图 12 - 13（b）所示。电路对二次谐波分量发生串联谐振，LC 串联分支相当于短路，由 KCL 方程得 $\dot I_{2m}=7.5\angle30°$A，且 $\dot U_{R2m}=-5\dot I_{2m}=37.5\angle-150°$V；所以 $u_R(t)=U_{R0}+u_{R2}(t)=150+37.5\cos(2\omega_1 t-150°)$V，$U_R=\sqrt{U_{R0}^2+U_{R2}^2}=152.33$V。

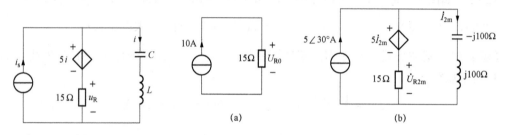

图 12 - 12　题 12 - 7 图　　　　　　图 12 - 13　题 12 - 7 解图

12 - 8　见 [例 12 - 2]。

12 - 9　如图 12 - 14 所示稳态电路中，已知 $u_s(t)=18+20\sin\omega t$V，$i_s(t)=9\sin(3\omega t+60°)$A，$\omega L_1=2\Omega$，$\omega L_2=3\Omega$，$\dfrac{1}{\omega C_1}=18\Omega$，$R=9\Omega$。试求电流 $i_2(t)$。

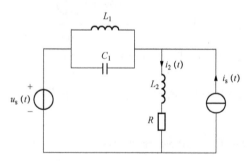

图 12 - 14　题 12 - 9 图

【解】 提示：（1）直流分量单独作用电路如图 12 - 15（a），$I_{20}=2$A；基波分量单独作用的相量模型如图 12 - 15（b）所示，$i_{21}(t)=1.92\sin(\omega t-30.3°)$A；三次谐波单独作用的相量模型如图 12 - 15（c）所示。L_1 和 C_1 发生并联谐振，相当于开路，$\dot I_{23m}=9\angle60°$A。$i_2(t)=2+1.92\sin(\omega t-30.3°)+9\sin(3\omega t+60°)$A。

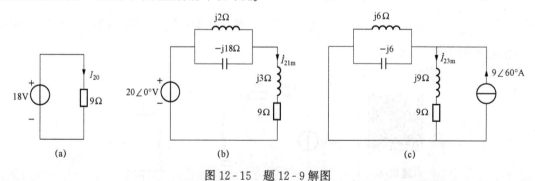

图 12 - 15　题 12 - 9 解图

12 - 10　如图 12 - 16 所示稳态电路中，$i_s(t)=2+\cos 10^4 t$A，$u_s(t)=2\cos(10^4 t+90°)$V。试求电感电流 $i_L(t)$ 及两电源发出的功率之和。

【解】提示：直流分量单独作用的电路如图 12-17（a）所示。$I_{L0} = -1A$，$P_0 =$ $(1/\!/1) \times 2^2 = 2W$；基波单独作用的相量模型如图 12-17（b）所示。由网孔法得 $\dot{I}_1 = \sqrt{2}\angle 0°A$，$\dot{I}_2 = (\sqrt{2} - j0.75\sqrt{2})A$，$\dot{I}_{L1} = \dot{I}_1 - \dot{I}_2 = j0.75\sqrt{2}A$；两个电阻消耗功率 $P_1 = 2.5W$。两电源发出的功率之和 $P = P_0 + P_1 = 2 + 2.5 = 4.5W$，$i_L(t) = I_{L0} + i_{L1}(t) = -1 + 1.5\cos(10^4 t + 90°)A$。

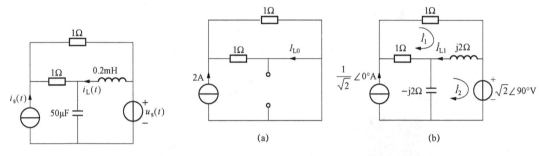

图 12-16　题 12-10 图　　　　　　图 12-17　题 12-10 解图

12-11　如图 12-18 所示稳态电路中，已知 $u(t) = 6 + 8\sin 2t V$，$i_L(t) = 1.5 + 2\sin(2t - 90°)A$，求参数 R、L 和 C 的值。

【解】（1）$U_0 = 6V$ 单独作用，电路如图 12-19（a）所示。

$$R = \frac{U_0}{I_{L0}} = \frac{6}{1.5} = 4\Omega$$

（2）$u_1(t) = 8\sin 2t V$ 单独作用，相量模型如图 12-19（b）所示。图中 $\dot{U}_1 = 4\sqrt{2}\angle 0°$ V，$\dot{I}_{L1} = \sqrt{2}\angle -90°A$，因为电感电流 $\dot{I}_{L1}$ 滞后电压 $\dot{U}_1$ 90°，说明电路发生并联谐振，相当于断路，所以

$$X_L = \frac{U_1}{I_{L1}} = \frac{4\sqrt{2}}{\sqrt{2}} = 4\Omega, L = \frac{X_L}{\omega} = \frac{4}{2} = 2H$$

$$|X_C| = X_L = 4\Omega（因为电路处于谐振状态）$$

$$C = \frac{1}{|X_C|\omega} = \frac{1}{4 \times 2} = 0.125F$$

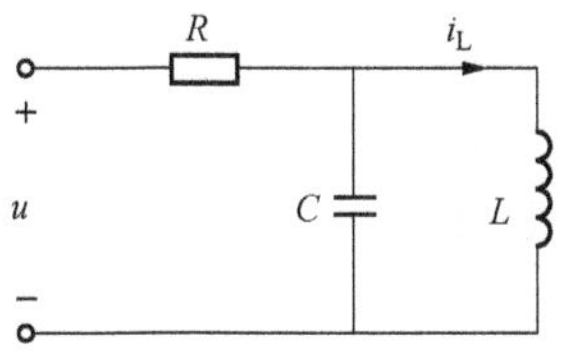

图 12-18　题 12-11 图 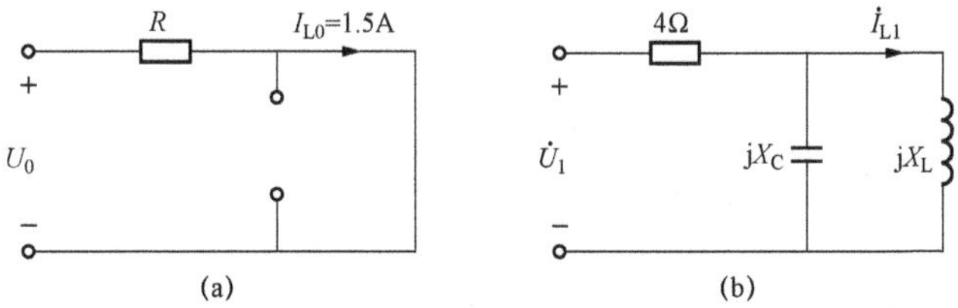　　　　　　图 12-19　题 12-11 解图

12-12　见 [例 12-3]。

12-13　如图 12-20 所示电路为滤波电路，要求 $4\omega_1$ 的谐波电流全部传至负载，而基波电流无法到达负载。已知电容 $C = 1\mu F$，$\omega_1 = 1000 rad/s$。试求电感 L_1 和 L_2。（微视频）

12-14　如图 12-21 所示稳态电路中，$u_s(t)$ 为非正弦波，其中含有 $3\omega_1$ 及 $7\omega_1$ 的谐波

分量。若要求在输出电压 $u(t)$ 中不含两个谐波分量，问 L 和 C 应取何值？（微视频）

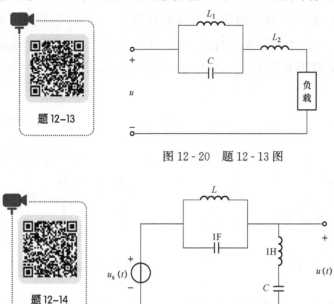

图 12-20　题 12-13 图

图 12-21　题 12-14 图

12-15　在图 12-22 所示的对称三相电路中，电源 A 相电压 $u_A(t)=100\sin\omega t+40\sin3\omega t\,\mathrm{V}$，负载的基波阻抗 $Z=R+\mathrm{j}\omega L=6+\mathrm{j}8\,\Omega$。试求：（1）开关 S 闭合时负载相电压、线电压、相电流及中性线电流的有效值；（2）开关 S 打开时负载相电压、线电压、相电流及两中性点间电压的有效值。

【解】（1）S 闭合时。

1）基波分量 $u_{A1}(t)=100\sin\omega t\,\mathrm{V}$ 单独作用。单相等值电路如图 12-23（a）所示。

$$\dot{I}_{A1}=\frac{\dot{U}_{A1}}{Z}=\frac{\frac{100}{\sqrt{2}}\angle 0°}{6+\mathrm{j}8}=\frac{\frac{100}{\sqrt{2}}\angle 0°}{10\angle 53.1°}=\frac{10}{\sqrt{2}}\angle -53.1°\mathrm{A},i_{A1}(t)=10\sin(\omega t-53.1°)\mathrm{A}$$

2）3 次谐波 $u_{A3}(t)=40\sin3\omega t\,\mathrm{V}$ 单独作用。相量模型如图 12-23（b）所示。

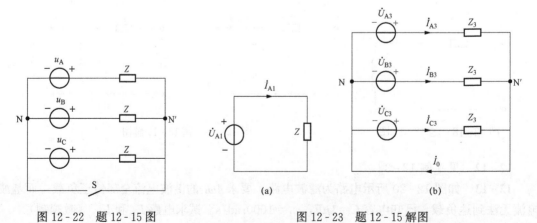

图 12-22　题 12-15 图

图 12-23　题 12-15 解图

（a）基波分量相量模型；（b）3 次谐波分量相量模型

$$\dot{U}_{A3} = \dot{U}_{B3} = \dot{U}_{C3} = \frac{40}{\sqrt{2}}\angle 0°\text{V}, \dot{I}_{A3} = \dot{I}_{B3} = \dot{I}_{C3} = \frac{\dot{U}_{A3}}{Z_3} = \frac{\frac{40}{\sqrt{2}}\angle 0°}{6+\text{j}24} \approx 1.14\angle -75.96°\text{A}$$

$$\dot{I}_0 = 3\dot{I}_{A3} \approx 3.42\angle -75.96°\text{A}$$

因此，负载端相电压的有效值为　　　$U_\text{p} = \sqrt{\frac{1}{2}(100^2 + 40^2)} \approx 76.16\text{V}$

负载端线电压的有效值为　　　$U_1 = \sqrt{3}\times\frac{100}{\sqrt{2}} \approx 122.5\text{V}$

相电流的有效值为　　　$I_\text{p} = \sqrt{\frac{10^2}{2} + 1.14^2} \approx 7.16\text{A}$

中性线电流的有效值为　　　$I_0 = 3.42\text{A}$

（2）S 打开时。

1）基波分量 $u_{A1}(t)$ 单独作用时与 S 闭合时相同，即

$$i_{A1}(t) = 10\sin(\omega t - 53.1°)\text{A}$$

2）3 次谐波 $u_{A3}(t) = 40\sin 3\omega t\,\text{V}$ 单独作用

$$\dot{I}_{A3} = \dot{I}_{B3} = \dot{I}_{C3} = 0$$

所以，S 打开时，负载端相电压的有效值为 $U_\text{p} = U_{A1} = \frac{100}{\sqrt{2}} \approx 70.7\text{V}$

负载端线电压的有效值为　　　$U_1 = \sqrt{3}\times\frac{100}{\sqrt{2}} \approx 122.5\text{V}$

相电流的有效值为　　　$I_\text{p} = I_{A1} = \frac{10}{\sqrt{2}} \approx 7.07\text{A}$

两中性点间电压的有效值为　　　$U_{N'N} = U_{A3} = \frac{40}{\sqrt{2}} \approx 28.28\text{V}$

12 - 16　如图 12 - 24 所示电路中的电源为对称三相电源，A 相电压源的电压为

$$u_A(t) = 48\sqrt{2}\sin\omega t + 16\sqrt{2}\sin 3\omega t + 12\sqrt{2}\sin 5\omega t\,\text{V}$$

且 $R = 24\Omega$，$\omega L_1 = \omega L_2 = \omega L_3 = 2\Omega$，$\omega M = 1\Omega$，$\frac{1}{\omega C} = 25\Omega$。求线电流的有效值和三相电源提供的总功率。（微视频）

题 12-16

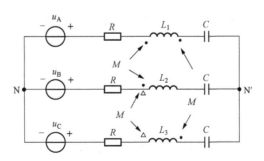

图 12 - 24　题 12 - 16 图

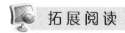 **拓展阅读**

非正弦周期信号电路的无功功率

在电力系统中，随着电力电子装置、电弧炉等非线性负荷的广泛应用，使电网中的电压、电流不再是单一频率的工频正弦波，而是最普遍的任意波形周期电压和周期电流。

从理论上讲，电能、磁能、电磁能的无损交换是电路的本质规律，无功功率概念的提出，正是为了描述电路中电能、磁能、电磁能3种能量形式在转换时的守恒关系。对任意周期电压、电流条件下无功功率的定义为：电路中的无功功率是在电功率、磁功率或电磁功率形式中封闭的能量交换，上述能量形式的功率交换服从普遍的能量守恒定律，在一个周期中电能、磁能或电磁能量的总和不变，无功功率则是在电能、磁能和电磁能形式中封闭的相应的功率。

任意周期电压和电流系统中某一端口上的有功功率可表示为

$$P = \sum_{k=0}^{\infty} P_k = U_0 I_0 + \sum_{k=1}^{\infty} U_k I_k \cos\theta_k$$

目前电磁学中对于电磁的瞬时功率及有功功率的界定是明确的，而对于任意周期电压、电流条件下无功功率的定义却众说纷纭，多有歧义。目前影响较大和应用较多的无功功率定义主要有三种：Budeanu 的频域定义，Fryze 的时域定义以及 Akagi 的瞬时无功功率定义。

1. Budeanu 的频域无功功率定义

C. I. Budeanu 在 1927 年提出的非正弦条件下的无功功率定义为

$$Q_B = \sum_{k=1}^{\infty} Q_k = \sum_{k=1}^{\infty} U_k I_k \sin\theta_k$$

该定义于 1977 年被 ANSI/IEEE 标准所采纳，在电工界广为流传。

Budeanu 的无功功率定义分别考虑了各次谐波在线性电抗上单独形成的无功功率，但却没有考虑不同次谐波的电流、电压分量耦合形成的无功功率；这导致视在功率 $S=UI$、有功功率 P 和无功功率 Q_B 不满足功率三角形。为此，Budeanu 引入没有物理意义的畸变功率 $D=\sqrt{S^2-P^2-Q_B^2}$ 计及不同次谐波电压和电流之间产生的无功功率。另外，在同一谐波源中，某次谐波的无功功率为感性无功功率，而另一次谐波的无功功率可能为容性无功功率，Budeanu 无功功率可能会出现不同频率的无功功率数值上互相抵消的情况，这显然是不合理的。

2. Fryze 的时域无功功率定义

S. Fryze 在 1932 年提出了一种时域无功功率定义。将非正弦电流相对于非正弦电压分解为有功电流和无功电流 2 个分量

$$i_p(t) = Gu(t), i_q(t) = i(t) - i_p(t)$$

其中 $G=P/U^2$。显然，$P=UI_p$。因 $i_p(t)$ 与 $i_q(t)$ 正交，于是有

$$I^2 = I_p^2 + I_q^2$$

将上式两边同时乘以 U^2，可得

$$U^2 I^2 = U^2 I_p^2 + U^2 I_q^2$$

即 $S^2 = P^2 + Q_F^2$ 满足功率三角形。其中 $Q_F = UI_q$ 称为 Fryze 的时域无功功率。

Fryze 无功功率定义的优点是因没有进行傅里叶级数展开而便于测量，且当完全补偿负

荷的 $i_q(t)$ 时，电网仅向负荷提供有功电流。尽管 Fryze 的时域定义有诸多优点，但至今仍未被普遍接受。其原因可能是由于对电流为什么那样分解以及是否还有更好的分解，缺乏强有力的说明和严格的论证；无法识别感性无功功率和容性无功功率等。

3. Akagi 的瞬时无功定义

瞬时无功定义是 Akagi 针对非正弦三相电路于 1983 年提出的。其基本思想是利用变换域的电压和电流定义有功功率和无功功率。

对三相电压和三相电流分别进行克拉克（Clarke）变换（即 α-β 变换），转换到 α-β 两相正交的坐标系上进行研究，其变换表达式为

$$\begin{bmatrix} u_\alpha \\ u_\beta \end{bmatrix} = \sqrt{\frac{2}{3}} \begin{bmatrix} 1 & -1/2 & -1/2 \\ 0 & \sqrt{3}/2 & \sqrt{3}/2 \end{bmatrix} \begin{bmatrix} u_A \\ u_B \\ u_C \end{bmatrix}, \quad \begin{bmatrix} i_\alpha \\ i_\beta \end{bmatrix} = \sqrt{\frac{2}{3}} \begin{bmatrix} 1 & -1/2 & -1/2 \\ 0 & \sqrt{3}/2 & \sqrt{3}/2 \end{bmatrix} \begin{bmatrix} i_A \\ i_B \\ i_C \end{bmatrix}$$

变换到 α-β 坐标系以后，负荷的瞬时有功功率和无功功率分别定义为

$$p = u_\alpha i_\alpha + u_\beta i_\beta, \quad q = u_\alpha i_\beta - u_\beta i_\alpha$$

Akagi 瞬时无功理论突破了传统以平均值为基础的功率定义，采用了瞬时无功功率定义，在三相系统谐波抑制和无功补偿算法中得到了广泛应用。但是该方法所定义的瞬时无功功率不同于我们平时所认为的无功功率，它代表的是三相之间的功率交换，而不是电源与负载之间的功率交换。另外，Akagi 的瞬时无功功率理论中各种功率的物理意义还不是特别清晰，例如各相的瞬时无功功率与总的瞬时无功功率之间的关系等。

由于无功功率没有公认、普适、正确的数学描述，至今仍是电工学科亟需解决的问题。20 世纪 80 年代后，关于无功功率的新定义和理论不断推出，有兴趣的读者可以参阅有关文献。

检测题 4（第 8 章～第 12 章）

1. 图检 4-1 所示正弦稳态电路中，电流表 A_1、A_2 和 A_3 的示数分别为 4A、6A 和 9A。(1) 求图中电流表 A 的示数；(2) 如果维持电流表 A_1 的示数不变，而把电源的频率提高一倍，再求电流表 A 的示数。

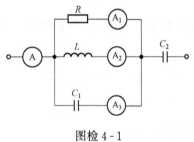

图检 4-1

2. 图检 4-2 所示正弦稳态电路中，已知电流 $\dot{I}_2 = 10\angle0°$A。求（1）电流 $\dot{I}_1$、$\dot{I}$ 和电压 $\dot{U}$；（2）电路吸收的有功功率 P 和无功功率 Q。

3. 图检 4-3 所示正弦稳态电路中，已知 $R = 5\Omega$，$X_L = 5\Omega$，$X_C = -10\Omega$，电压表 V_1 的示数为 100V。求电压表 V 的示数和电流表 A 的示数。

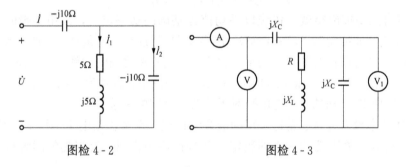

图检 4-2   图检 4-3

4. 图检 4-4 所示正弦稳态电路中，已知 $R_1 = R_2 = 10\Omega$，$L = 0.25$H，$C = 10^{-3}$F，电压表的示数为 20V，功率表的示数为 120W，求电压源发出的复功率 $\widetilde{S}$。

5. 图检 4-5 所示正弦稳态电路中，已知 $\omega = 10^4$rad/s，$\dot{U}_s = 100\angle0°$V，$R = 100\Omega$，$L_1 = 20$mH，$L_2 = 60$mH，$M = 20$mH。求：

(1) 调节电容 C，使 R 获得最大功率，C 为多少？

(2) 调节电容 C，使 I 最小，C 为多少？I 为多少？

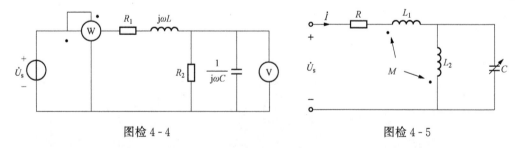

图检 4-4   图检 4-5

6. 图检 4-6 所示正弦稳态电路中，若 $u_s(t) = 100\sqrt{2}\sin5t$V。求电流 $i(t)$。

7. 图检 4-7 所示对称三相电路中，已知电源线电压 $\dot{U}_{AB} = 380\angle30°$V，负载阻抗 $Z = 15 + j18\Omega$，线路阻抗 $Z_1 = 1 + j2\Omega$。求负载的相电流 $\dot{I}_{A'B'}$，相电压 $\dot{U}_{B'C'}$ 和三相电源提供的总

功率 P。

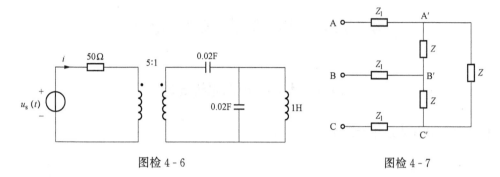

图检 4 - 6　　　　　　　　　　　　　　　　图检 4 - 7

8. 图检 4 - 8 所示稳态电路中，$i_s(t)=3+4.5\sin\omega t+5\sqrt{2}\cos 2\omega t\,\text{A}$，$R=4\Omega$，$\dfrac{1}{\omega C_1}=8\Omega$，$\dfrac{1}{\omega C_2}=12\Omega$，$\omega L=3\Omega$。求（1）电压 $u(t)$ 及其有效值；（2）电阻 R 消耗的平均功率 P。

9. 图检 4 - 9 所示稳态电路中，已知 $\omega M=2\Omega$，$\omega L_2=1.25\Omega$，$R=\dfrac{1}{\omega C}=\omega L_1=10\Omega$，$\omega L_3=10\Omega$，$u_s(t)=10+20\sqrt{2}\sin\omega t+10\sqrt{2}\sin 3\omega t\,\text{V}$，$i_s(t)=5\sqrt{2}\sin(\omega t-90°)\,\text{A}$。求：（1）电流 $i_1(t)$ 和电压 $u_C(t)$；（2）电源 $u_s(t)$ 提供的平均功率。

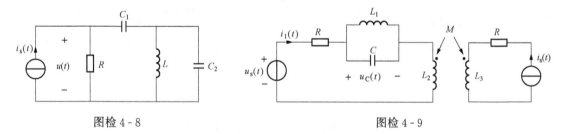

图检 4 - 8　　　　　　　　　　　　　　　　图检 4 - 9

第13章 简单非线性电路

13.1 本章知识点思维导图

第13章的知识点思维导图见图13-1。

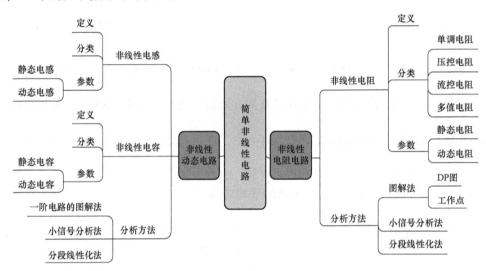

图13-1 第13章的知识点思维导图

13.2 知识点归纳与学习指导

本章介绍非线性电路的基本概念及简单非线性电路的分析计算方法，包括图解法、小信号分析法、分段线性化法等。

13.2.1 非线性元件

1. 非线性二端元件

非线性二端元件见表13-1。

表13-1　　　　　　　　　　　　非线性二端元件

元件	非线性电阻	非线性电容	非线性电感
定义	不满足欧姆定律的电阻	不能用电压和电荷的线性齐次方程表征的电容	不能用电流和磁链的线性齐次方程表征的电感
分类	单调电阻、压控电阻、流控电阻、多值电阻	单调电容、压控电容、荷控电容、多值电容	单调电感、流控电感、链控电感、多值电感
静态参数	$R_s = \dfrac{u_Q}{i_Q}$	$C_s = \dfrac{q_Q}{u_Q}$	$L_s = \dfrac{\psi_Q}{i_Q}$

续表

元件	非线性电阻	非线性电容	非线性电感
动态参数	$R_d = \dfrac{du}{di}\Big|_Q$	$C_d = \dfrac{dq}{du}\Big|_Q$	$L_d = \dfrac{d\psi}{di}\Big|_Q$
备注	非线性元件的静态参数和动态参数一般都是相应电量的函数		

半导体 PN 结二极管是最常见的一种非线性单调电阻，电路符号如图 13-2（a）所示，其特性方程为 $i = I_s(e^{\frac{u}{U_T}} - 1)$。中国的光伏发电产业，技术水平世界领先，市场规模世界第一。而光伏系统的主要组成部件，太阳能电池的核心结构就是二极管。

理想二极管是一种典型的多值电阻，其电路符号和伏安特性曲线分别如图 13-2（a）和图 13-2（b）所示。理想二极管的 VAR 为

$$\begin{cases} u = 0 & i > 0 \quad （导通） \\ i = 0 & u < 0 \quad （截止） \end{cases}$$

对于图 13-3 所示的理想二极管电路，当 $U_s > 0$ 时，理想二极管 VD 导通，相当于短路；当 $U_s < 0$ 时，理想二极管 VD 截止，相当于开路。

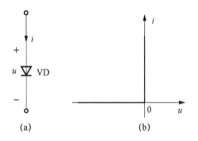

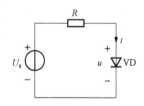

图 13-2 二极管

（a）电路符号；（b）理想二极管特性曲线

图 13-3 理想二极管电路

2. 运算放大器

第 5 章讨论了运算放大器的低频线性应用模型，这里讨论的是大信号低频应用非线性模型。运放相当于一个非线性电压控制电压源，其输出电压 u_o 与输入电压 u_d 之间的关系称为转移特性曲线。运放的符号及其 $u_o \sim u_d$ 特性曲线如图 13-4 所示，其特性方程可表示为

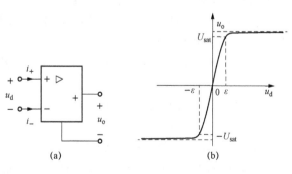

图 13-4 运放的符号及其 $u_o \sim u_d$ 特性曲线

（a）电路符号；（b）转移特性

$$\begin{cases} i_+ = i_- = 0 \\ u_o = f(u_d) \end{cases}$$

13.2.2 简单非线性电阻电路的分析

1. 非线性电阻电路的方程

非线性电阻电路的方程为非线性代数方程。对于压控型非线性电阻电路，可用节点法建

立其节点电压方程；对于流控型非线性电阻电路，可用回路（网孔）法建立其回路（网孔）电流方程。

2. 非线性电阻的串并联

表征电阻性二端网络端口伏安关系的特性曲线称为该二端网络的驱动点特性图，简称DP图。与线性电阻一样，非线性电阻二端网络可等效成一个非线性电阻。

（1）对于两个非线性电阻串联的二端网络，任一端口电流下的端口电压等于该电流下两个电阻电压之和。从图解的角度看，这意味着把同一电流值下两条曲线上的电压相加。这样，通过取一系列两个电阻共同允许的电流值，可逐点求出其DP图。

（2）对于两个非线性电阻并联，同一电压下两条曲线上的电流相加，通过取一系列两个电阻共同允许的电压值，可逐点求出其DP图。

对于只含二端电阻和直流电源混联的二端网络，只要重复应用电阻串联和并联的图解方法，就可得到网络的DP图。二端网络的DP图可以看成是等效非线性电阻的DP图。这一方法称为曲线相加法。

【例 13 - 1】 画出图 13 - 5（a）电路的端口伏安特性曲线（VD 为理想二极管）。

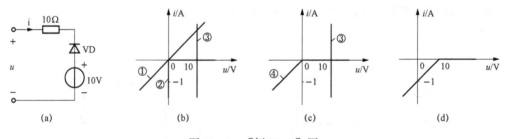

图 13 - 5 ［例 13 - 1］图

【解】〖方法 1〗电阻、理想二极管和电压源的特性曲线分别如图 13 - 5（b）中的曲线①、②和③所示。三个元件串联，流过相同的电流。由于理想二极管的电流不大于零，故它们共同允许的电流范围是电流 $i \leqslant 0$。取电阻和理想二极管特性曲线上对应的电压相加，可得图 13 - 5（c）中的曲线④；再将曲线④和电压源特性曲线上对应的电压相加即可求得电路的端口伏安特性曲线，如图 13 - 5（d）所示。

〖方法 2〗对于含理想二极管的简单非线性电路，可通过判断理想二极管的工作状态进行求解。

当端口电压 $u < 10V$ 时，理想二极管 D 导通，相当于短路。此时端口 VAR 为

$$u = 10i + 10$$

当 $u > 10V$ 时，理想二极管 VD 截止，相当于开路。此时端口 VAR 为 $i = 0$。

综上可得图 13 - 5（d）所示的端口伏安特性曲线。

3. 非线性电阻电路的直流工作点

直流电阻电路的解称为该电路的直流工作点或者静态工作点，简称工作点。确定直流工作点的过程称为直流分析。直流电阻电路会出现多个直流工作点。简单非线性电阻电路的工作点可由曲线相交法来确定。

例如，对于图 13 - 6（a）所示结构的电阻电路，AB 左右两边两个二端网络在 $u \sim i$ 平面上的 DP 图分别如图 13 - 6（b）中的曲线②和曲线①所示，两条曲线的交点 Q 便是所要求的

工作点。

对于非线性电阻混联组成的电路，可先应用非线性电阻的串并联化简方法将电路等效成图 13-6（a）所示结构的电路，然后再用曲线相交法确定工作点。

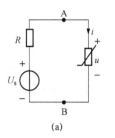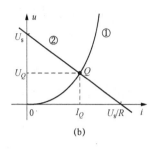

图 13-6 负载线法求工作点示例

对于单一非线性电阻电路，一般先将非线性电阻以外的线性二端网络用戴维南等效电路代替，求出非线性电阻的电压或电流，然后再进一步求其他量。

（1）当非线性电阻为理想二极管时，可先确定理想二极管的工作状态。若处于导通状态，则用短路线代替；若处于截止状态，则用开路线代替；从而将非线性电路转化为线性电路进行分析；

（2）当非线性电阻的特性方程为 $u=a+bi+ci^2$ 或 $i=a+bu+cu^2$ 时，可用解析方法确定工作点；

（3）当非线性电阻的特性曲线为分段线性化曲线时，先用曲线相交法确定工作直线段，然后写出该工作直线段的方程与戴维南等效电路方程联立求解。具体示例见主教材［例 13-8］。

4. 非线性电阻电路的小信号分析法

小信号分析法是工程上分析非线性电路的一种极其重要的方法，其使用前提是电路中的时变电源（小信号电源）幅值远远小于直流电源的幅值。小信号分析法的步骤如下：

（1）将小信号电源置零，确定电路的直流工作点。

（2）求非线性电阻的小信号电阻或小信号电导。

（3）作出小信号等效电路并求扰动量。小信号等效电路与原电路具有完全相同的电路结构，其差别仅在于把原电路的直流电源置零，非线性电阻用其直流工作点处的小信号电阻或小信号电导代替。

（4）将直流工作点与扰动量相加即可得所求电压或电流。

【例 13-2】 图 13-7（a）所示电路中，$R_1=2\Omega$，$R_2=1\Omega$，$U_s=4V$，$u_s(t)=0.01\cos t V$，非线性电阻 R_3 的特性方程为 $u_3=2i_3^2$。试用小信号分析法求电压 $u_0(t)$。

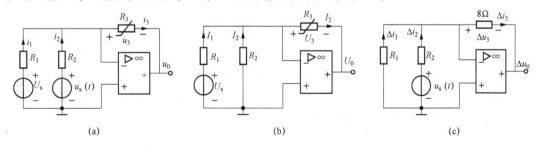

图 13-7 ［例 13-2］图

【解】（1）求直流工作点。将小信号电压源 $u_s(t)$ 置零，如图 13-7（b）所示。根据理想运放的虚短特性可知，电阻 R_2 中电流为零。利用理想运放的虚短、虚断特性分别有

$$I_1=\frac{U_s}{R_1}=\frac{4}{2}=2A, \quad I_3=I_1=2A, \quad U_3=2I_3^2=2\times 2^2=8V$$

（2）确定小信号电阻。

$$R_\mathrm{d} = \frac{\mathrm{d}u}{\mathrm{d}i}\Big|_Q = 4I_3\big|_{I_3=2} = 8\Omega$$

（3）求扰动量。将直流电压源 U_s 置零，小信号等效电路如图 13-7（c）所示。根据理想运放的虚短特性可知，电阻 R_1 中电流为零。利用理想运放的虚短、虚断特性分别有

$$\Delta i_2 = \frac{u_\mathrm{s}(t)}{R_2} = \frac{0.01\cos t}{1} = 0.01\cos t\,\mathrm{A}, \Delta i_3 = \Delta i_2 = 0.01\cos t\,\mathrm{A},$$

$$\Delta u_3 = 8\Delta i_3 = 8 \times 0.01\cos t = 0.08\cos t\,\mathrm{V}$$

（4）求电压 u_0（t）。

$$u_0(t) = -u_3 = -(U_3 + \Delta u_3) = -8 - 0.08\cos t\,\mathrm{V}$$

5. 分段线性化法

分段线性化法是目前分析非线性电路的一种最一般的解析法，这种方法是先把电路中的每一个非线性元件的特性曲线用分段线性化特性曲线逼近，然后再把非线性电路转化成一系列的线性电路进行分析。需要去除虚解。

采用分段线性化表示电阻的伏安特性曲线后，每段折线都可用戴维南等效电路或诺顿等效电路替代，如图 13-8（a）、（b）所示。

对于运算放大器，其 $u_0 \sim u_\mathrm{d}$ 之间的转移特性曲线常用图 13-9（a）或图 13-9（b）中的三段分段线性化特性曲线逼近。第①段称为负饱和区，第②段称为线性区，第③段称为正饱和区。

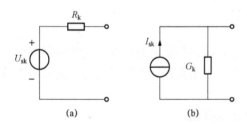

图 13-8   与第 k 段折线对应的等效电路
（a）戴维南等效电路；（b）诺顿等效电路

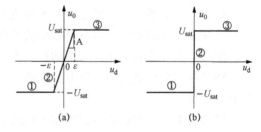

图 13-9   运放的两种常用分段线性化特性曲线
（a）有限增益模型；（b）理想模型

对于图 13-9（a）所示的特性曲线，运放工作在负饱和区时，可用如图 13-10（a）所示的等效电路替代；工作在线性区时，可用如图 13-10（b）所示的等效电路替代；工作在正饱和区时，可用如图 13-10（c）所示的等效电路替代。

对于图 13-9（b）所示的特性曲线，运放工作在正、负饱和区的等效电路与图 13-10（a）、（c）相同。当运放工作在线性区时，开环放大倍数为无穷大，为理想运放。

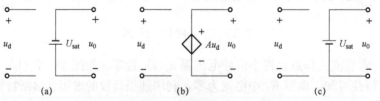

图 13-10   运放的有限增益分段线性化模型
（a）负饱和区；（b）线性区；（c）正饱和区

13.2.3　简单非线性动态电路

非线性动态电路的方程为非线性微分方程。与线性动态电路类似，非线性动态电路的方程分为输入﹣输出方程和状态方程两类。

（1）分析分段线性化一阶电路的一般步骤为：

1）由所给定的初始状态在 DP 图上确定初始点。

2）根据 DP 图和储能元件的 VAR 确定动态路径。

3）画出动态路径各折线段所对应的等效电路，并应用一阶线性电路的分析方法进行求解。

（2）非线性动态电路的小信号分析与非线性电阻电路的小信号分析具有相同的原理，其分析步骤如下：

1）令小信号电源置零，电容开路，电感短路，求电路的平衡点（直流工作点）。

2）求平衡点 Q 处的小信号动态参数。

$$R_{dQ} = \frac{\mathrm{d}u}{\mathrm{d}i}\bigg|_{Q}, L_{dQ} = \frac{\mathrm{d}\psi}{\mathrm{d}i}\bigg|_{Q}, C_{dQ} = \frac{\mathrm{d}q}{\mathrm{d}u}\bigg|_{Q}$$

3）作出小信号等效电路并求扰动量。小信号等效电路与原电路的结构完全相同，把原电路中的直流电源置零，非线性元件用其平衡点处的小信号动态参数代替就可得到相应的小信号等效电路。

4）求所需的电压、电流。将平衡点的值与扰动量相加即为所求。

13.3　重 点 与 难 点

本章的重点是单一非线性电阻电路的分析、求非线性电阻混联二端网络的 DP 图以及小信号分析法。难点为用曲线相加法确定非线性电阻混联二端网络的 DP 图。

13.4　第 13 章习题选解（含部分微视频）

13﹣1　某电阻的伏安特性曲线如图 13﹣11 所示，试写出该元件的伏安关系式，并说明该元件是线性的还是非线性的。

【解】 由给定的伏安特性曲线可写出该元件的伏安关系为

$$i = 0.5 \times (u-5) = 0.5u - 2.5$$

由于该电阻元件的伏安特性曲线不是过原点的一条直线，所以该电阻元件是非线性电阻元件。

13﹣2　试求非线性电阻 $u = 2i + \frac{1}{3}i^3$ 在 $i=1$A 和 $i=$ 3A 时的增量电阻以及非线性电阻 $i=u^5$ 在 $u=2$V 和 $u=$ －1V 时的增量电导。

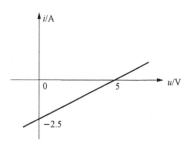

图 13﹣11　题 13﹣1 图

【解】（1）非线性电阻 $u = 2i + \frac{1}{3}i^3$ 在 $i=1$A 和 $i=3$A 时的增量电阻分别为

$$R_d\big|_{i=1A} = \frac{du}{di}\bigg|_{i=1A} = \frac{d}{di}\left(2i + \frac{1}{3}i^3\right)\bigg|_{i=1A} = (2+i^2)\big|_{i=1A} = 3\Omega$$

$$R_d\big|_{i=3A} = \frac{du}{di}\bigg|_{i=3A} = \frac{d}{di}\left(2i + \frac{1}{3}i^3\right)\bigg|_{i=3A} = (2+i^2)\big|_{i=3A} = 11\Omega$$

（2）非线性电阻 $i=u^5$ 在 $u=2V$ 和 $u=-1V$ 时的增量电导分别为

$$G_d\big|_{u=2V} = \frac{di}{du}\bigg|_{u=2V} = \frac{d}{du}(u^5)\big|_{u=2V} = 5u^4\big|_{u=2V} = 80S$$

$$G_d\big|_{u=-1V} = \frac{di}{du}\bigg|_{u=-1V} = \frac{di}{du}(u^5)\big|_{u=-1V} = 5u^4\big|_{u=-1V} = 5S$$

13-3 若通过非线性电阻的电流为 $i(t)=\cos\omega t\,A$，要求在非线性电阻两端得到倍频电压 $u(t)=\cos2\omega t\,V$，求此非线性电阻的伏安关系。

【解】 由题意知，非线性电阻中的电流为 $\qquad i(t)=\cos\omega t\,A$

考虑到 $\qquad\qquad\qquad\qquad\qquad \cos2\omega t = 2(\cos\omega t)^2 - 1$

因此非线性电阻的伏安关系为 $\qquad\qquad\qquad u=2i^2-1$

13-4 非线性电感的韦安关系为 $\psi=i^3$。当有 2A 电流通过该电感时，试求此时的静态电感和动态电感。

【解】 静态电感为 $\qquad\qquad L_s\big|_{i=2A} = \frac{\psi}{i}\bigg|_{i=2A} = \frac{i^3}{i}\bigg|_{i=2A} = i^2\big|_{i=2A} = 4H$

动态电感为 $\qquad\qquad L_d\big|_{i=2A} = \frac{d\psi}{di}\bigg|_{i=2A} = 3i^2\big|_{i=2A} = 12H$

13-5 用于电子调谐的变容二极管的库伏特性可表示为 $q = -\frac{3}{2}C_0\Phi_0\left(1-\dfrac{u}{\Phi_0}\right)^{\frac{2}{3}}$，其中：$C_0$ 和 Φ_0 为与器件有关的常数。试求增量电容的表达式。

【解】 增量电容的表达式

$$C_d = \frac{dq}{du} = \frac{d}{du}\left[-\frac{3}{2}C_0\Phi_0\left(1-\frac{u}{\Phi_0}\right)^{\frac{2}{3}}\right]$$

$$= -\frac{3}{2}C_0\Phi_0\left(1-\frac{u}{\Phi_0}\right)^{-\frac{1}{3}}\times\frac{2}{3}\times\left(-\frac{1}{\Phi_0}\right) = C_0\left(1-\frac{u}{\Phi_0}\right)^{-\frac{1}{3}}$$

13-6 电路如图 13-12 所示，其中非线性电阻的伏安关系为 $u_3=20i_3^{\frac{1}{2}}$。试列出此电路的网孔电流方程。

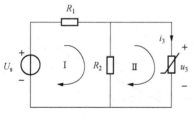

图 13-12　题 13-6 图

【解】 此电路的网孔电流方程为

$$\begin{cases}(R_1+R_2)i_{m1} - R_2i_{m2} = U_s \\ -R_2i_{m1} + u_3 = 0\end{cases}$$

将非线性电阻的伏安关系 $u_3 = 20i_3^{\frac{1}{2}} = 20i_{m2}^{\frac{1}{2}}$ 代入，得

$$\begin{cases}(R_1+R_2)i_{m1} - R_2i_{m2} = U_s \\ -R_2i_{m1} + R_2i_{m2} + 20i_{m2}^{\frac{1}{2}} = 0\end{cases}$$

13-7 如图 13-13 所示电路中，非线性电阻的伏安关系分别为 $i_3=5u_3^{\frac{1}{2}}$，$i_4=10u_4^{\frac{1}{2}}$，$i_5=15u_5^{\frac{2}{5}}$。试列出电路的节点电压方程。

【解】 由 KCL 和 KVL 得

$$\begin{cases} G_1 u_{n1} + i_3 + G_2(u_{n1} - u_{n3}) = 0 \\ -i_3 + i_4 + i_5 = 0 \\ -G_2(u_{n1} - u_{n3}) - i_4 = i_s \end{cases} \quad (1)$$

利用非线性电阻的伏安关系，将电流用节点电压表示，即

$$i_3 = 5u_3^{\frac{1}{2}} = 5(u_{n1} - u_{n2})^{\frac{1}{2}},\ i_4 = 10u_4^{\frac{1}{2}} = 10(u_{n2} - u_{n3})^{\frac{1}{2}},$$
$$i_5 = 15u_5^{\frac{2}{5}} = 15u_{n2}^{\frac{2}{5}}$$

将以上诸式代入式（1）整理得电路的节点电压方程为

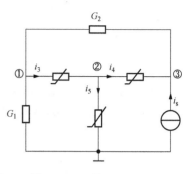

图 13 - 13　题 13 - 7 图

$$\begin{cases} (G_1 + G_2)u_{n1} + 5(u_{n1} - u_{n2})^{\frac{1}{2}} - G_2 u_{n3} = 0 \\ -5(u_{n1} - u_{n2})^{\frac{1}{2}} + 10(u_{n2} - u_{n3})^{\frac{1}{2}} + 15u_{n2}^{\frac{2}{5}} = 0 \\ -G_2 u_{n1} + G_2 u_{n3} - 10(u_{n2} - u_{n3})^{\frac{1}{2}} = i_s \end{cases} \quad (2)$$

13 - 8　如图 13 - 14 所示电路中，VD 为理想二极管，试完成：（1）分别画出电路的伏安特性曲线。（2）如果将理想二极管反接，则电路的伏安特性曲线如何变化？（微视频）

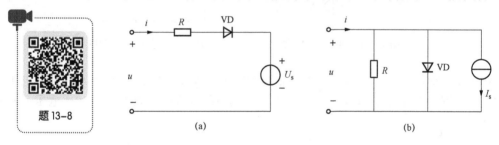

图 13 - 14　题 13 - 8 图

13 - 9　如图 13 - 15 所示电路中，VD 为理想二极管。试分别求 $I_s = 6\text{mA}$ 和 $I_s = -6\text{mA}$ 两种情况下二极管中的电流 I_d。

【解】 将二极管抽出，其他部分用其戴维南等效电路代替，电路如图 13 - 16 （a）所示。

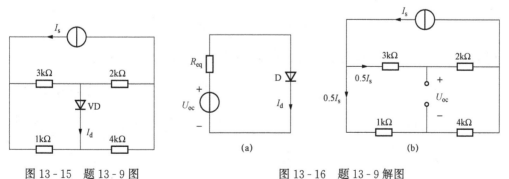

图 13 - 15　题 13 - 9 图

图 13 - 16　题 13 - 9 解图
（a）戴维南等效电路；（b）求 U_{oc} 电路

（1）求 U_{oc}。电路如图 13 - 16 （b）所示。

$$U_{oc} = -3000 \times 0.5I_s + 1000 \times 0.5I_s = -1000I_s$$

（2）求 R_{eq}。

$$R_{eq} = \frac{(3+1) \times (4+2)}{3+1+4+2} = \frac{4 \times 6}{10} = 2.4\text{k}\Omega$$

（3）求 I_d。在图 13-16（a）中，当 $I_s = 6\text{mA}$ 时，$U_{oc} = -1000I_s = -6\text{V}$，二极管 VD 截止，所以 $I_d = 0$；当 $I_s = -6\text{mA}$ 时，$U_{oc} = -1000I_s = 6\text{V}$，所以二极管 D 导通，相当于短路。则

$$I_d = \frac{U_{oc}}{R_{eq}} = \frac{6}{2.4 \times 10^3} = 2.5\text{mA}$$

13-10 如图 13-17 所示电路中，已知非线性电阻的特性方程为 $u = i^2 (i > 0)$，试求电压 u。

【解】 提示：将非线性电阻以外的线性二端网络用其戴维南等效电路代替，如图 13-18 所示。电路的方程为 $\begin{cases} u = 4 - 3i \\ u = i^2 \end{cases}$；故 $i = -4\text{A}$（舍去），$i = 1\text{A}$，$u = i^2 = 1\text{V}$。

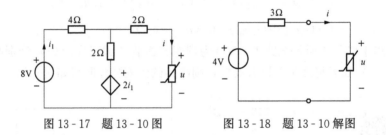

图 13-17　题 13-10 图　　　　　图 13-18　题 13-10 解图

13-11 如图 13-19 所示电路中，非线性电阻的 VAR 为 $u = i^2 (i > 0)$，其中电压和电流的单位分别为 V 和 A。试求：（1）a、b 左端网络的戴维南等效电路；（2）电压 u 和电流 i；（3）电流 i_0。

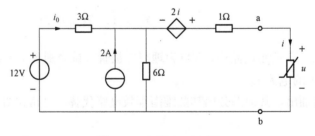

图 13-19　题 13-11 图

【解】 提示：（1）ab 左端网络的戴维南等效电路如图 13-20（a）所示。

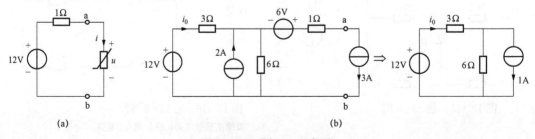

图 13-20　题 13-11 解图

（a）戴维南等效电路；（b）替代电路

（2）由电路方程 $\begin{cases} u=-i+12 \\ u=i^2 \end{cases}$ 得 $i=-4$A（舍去），$i=3$A，故 $u=i^2=9$V。

（3）用 3A 的电流源代替非线性电阻，如图 13-20（b）所示，$i_0=\dfrac{12}{3+6}+\dfrac{6}{3+6}\times 1=2$A。

13-12　试求如图 13-21（a）所示电路中非线性电阻消耗的功率。图中，非线性电阻的 VAR 特性曲线如图 13-21（b）所示。

【解】　提示：非线性电阻抽出后二端网络的戴维南等效电路如图 13-22（a）所示。

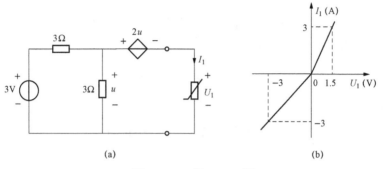

（a）　　　　　　　　　　　　　　（b）

图 13-21　题 13-12 图

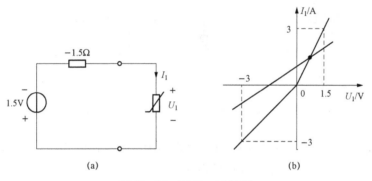

（a）　　　　　　　　　　　　　　（b）

图 13-22　题 13-12 解图

由图解法［见图 13-22（b）］可知，非线性电阻工作在第 1 象限。电路方程为

$$\begin{cases} U_1=1.5I_1-1.5 \\ U_1=0.5I_1 \end{cases} \Rightarrow \begin{cases} I_1=1.5\text{A} \\ U_1=0.75\text{V} \end{cases}$$

则非线性电阻消耗的功率为 $P=U_1\times I_1=0.75\times 1.5=1.125$W。

13-13　如图 13-23 所示电路中，已知非线性电阻的伏安关系为 $u=i^2$。试求 u、i 和 i_1。（微视频）

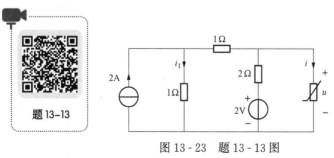

题 13-13

图 13-23　题 13-13 图

13-14　如图 13-24 所示电路中，$U_s = 20V$，$u_s(t) = \sin t \, V$，$R = 1\Omega$，非线性电阻的 VAR 为 $u = i^2 (i > 0) V$。试求电路中的电流 $i(t)$。

【解】（1）求电路的直流工作点。令 $u_s(t) = 0$，由 KVL 得

$$Ri + i^2 = U_s \Rightarrow i^2 + i - 20 = 0$$

解之得
$$i = 4A$$

所以
$$I_Q = 4A$$

（2）求动态电阻 R_{dQ}。

$$R_{dQ} = \left.\frac{du}{di}\right|_Q = 2i\big|_Q = 2 \times 4 = 8\Omega$$

（3）求 Δi。电路如图 13-25 所示。

$$\Delta i = \frac{u_s}{1+8} = \frac{1}{9}\sin t \, A$$

（4）求电流 $i(t)$。

$$i(t) = I_Q + \Delta i = 4 + \frac{1}{9}\sin t \, A$$

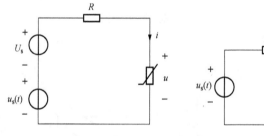

图 13-24　题 13-14 图　　　　　图 13-25　题 13-14 解图

13-15　如图 13-26 所示电路中，非线性电阻的特性方程为 $i = g(u) = u^2 (u > 0) A$，信号源 $u_s(t) = (2\cos\omega t) \, mV$。试求电路中的电压 $u(t)$。

【解】（1）求电路的直流工作点。令 $u_s(t) = 0$，电路如图 13-27（a）所示。

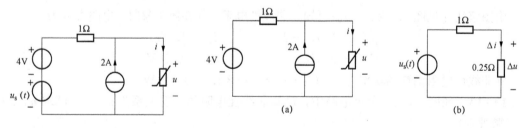

图 13-26　题 13-15 图　　　　　图 13-27　题 13-15 解图

由题图 13-27（a）得

$$\begin{cases} i = 2 + \dfrac{4-u}{1} = 6 - u \\ i = u^2 \end{cases}$$

解之得
$$u = 2V, \quad u = -3V \text{（舍去）}$$

则
$$U_Q = 2V$$

（2）求动态电阻 R_{dQ}。

$$R_{dQ} = \frac{du}{di}\bigg|_Q = \frac{1}{\frac{di}{du}}\bigg|_Q = \frac{1}{2u}\bigg|_Q = \frac{1}{2\times2} = 0.25\,\Omega$$

（3）求 Δu 和 Δi。小信号等效电路如图 13-27（b）所示。

$$\Delta i = \frac{u_s(t)}{1+0.25} = \frac{2\times10^{-3}\cos\omega t}{1.25} = 1.6\times10^{-3}\cos\omega t\,A$$

$$\Delta u = R_{dQ}\Delta i = 0.25\times1.6\times10^{-3}\cos\omega t = 0.4\times10^{-3}\cos\omega t\,V$$

（4）求电压。

$$u(t) = U_Q + \Delta u = 2 + 0.4\times10^{-3}\cos\omega t\,V$$

13-16　如图 13-28 所示电路中，非线性电阻的特性方程为 $u=i^2\,(i>0)$，其中电压和电流的单位分别为 V 和 A。试求：（1）a、b 左侧网络的戴维南等效电路；（2）$i_s(t)=0$ 时非线性电阻的电压 u 和电流 i；（3）求 $i_s(t)=0.03\sin t\,A$ 时的电压 $u(t)$ 和电流 $i(t)$。（微视频）

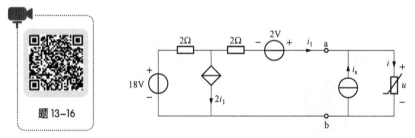

图 13-28　题 13-16 图

13-17　在如图 13-29（a）所示的电路中，非线性电阻的分段线性化特性曲线如图 13-29（b）所示，用分段线性化法求非线性电阻的电流 i。

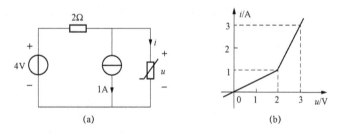

图 13-29　题 13-17 图

【解】 由图 13-29（b）可以看出，i 轴可分为两个区：Ⅰ区 $i\leqslant1A$，Ⅱ区 $i>1A$。非线性电阻在各区的特性方程为

$$Ⅰ区:u=2i;\,Ⅱ区:u=0.5i+1.5$$

非线性电阻工作在两个区的等效电路分别如图 13-30（a）和图 13-30（b）所示。求解这两个电路分别可得

$$I_{Q1}=0.5A,\,I_{Q2}=0.2A$$

显然，$I_{Q1}=0.5A$ 落在Ⅰ区，所以，它是电路的真实解；而 $I_{Q2}=0.2A$ 并不落在Ⅱ区，故其

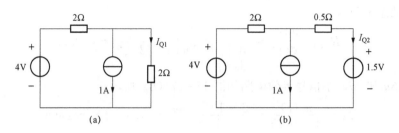

图 13-30　题 13-17 解图

不是电路的真实解。因此，所求非线性电阻电流 $i=0.5$A。

13-18　试求如图 13-31 所示网络的 DP 图（运放采用理想模型）。（微视频）

13-19　如图 13-32 所示动态电路中，非线性压控电阻的伏安关系为 $i_R=au_R+bu_R^2$。（1）列写以 u_C 为输出的微分方程；（2）若电容的起始电压 $u_C(0_-)=U_0$，求 $t\geqslant0$ 时的电压 $u_C(t)$。（微视频）

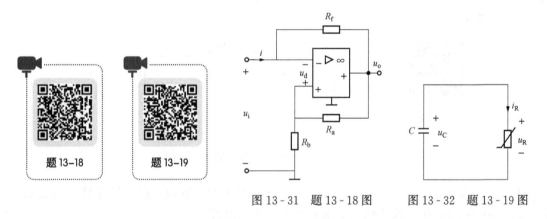

题 13-18　题 13-19

图 13-31　题 13-18 图　　　图 13-32　题 13-19 图

13-20　电路如图 13-33（a）所示，$u_C(0_-)=3$V，非线性电阻的特性曲线如图 13-33（b）所示。试求：$t>0$ 时的 $u(t)$ 和 $i(t)$。

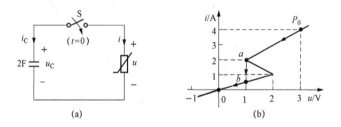

图 13-33　题 13-20 图

【解】（1）确定动态路径。由 $i_C=C\dfrac{\mathrm{d}u_C}{\mathrm{d}t}$，$u_C=u$，$i_C=-i$ 得

$$i=-C\frac{\mathrm{d}u}{\mathrm{d}t}$$

当 $i>0$ 时，$\dfrac{\mathrm{d}u}{\mathrm{d}t}<0$，$u$ 下降；$i<0$ 时，u 增加。动态路径如图 13-33（b）所示，原点

为稳定平衡点。

（2）分段计算暂态响应。

1）$P_0 \rightarrow a$ 段。该段的戴维南等效电路参数为 $U_{oc} = -1V$，$R_{eq} = R_1 = 1\Omega$。

$$u(0_+) = u_C(0_-) = 3V, u(\infty) = -1V, \tau = R_1 C = 1 \times 2 = 2s$$

其中 R_1 是 $P_0 a$ 段的动态电阻。则

$$\left. \begin{array}{l} u(t) = (-1 + 4e^{-0.5t})V \\ i(t) = -C\dfrac{du}{dt} = 4e^{-0.5t}A \end{array} \right\} \quad (0 \leqslant t < t_a)$$

由 $u(t_a) = (-1 + 4e^{-0.5t_a}) = 1V$，得　$t_a = 2\ln2 \approx 1.4s$

2）$b \rightarrow 0$ 段。该段的等效电路为一电阻 $R_2 = 2\Omega$。

$$u(t_{a+}) = 1V, u(\infty) = 0, \tau = R_2 C = 2 \times 2 = 4s$$

其中 R_2 是 $b0$ 段的动态电阻。则

$$\left. \begin{array}{l} u(t) = e^{-0.25(t-t_a)}V \\ i(t) = -C\dfrac{du}{dt} = 0.5e^{-0.25(t-t_a)}A \end{array} \right\} \quad (t > t_a)$$

注：（1）用分段线性化分析简单（一阶）非线性动态电路的步骤：1）确定动态路径；2）沿着动态路径，对应每一段计算一个线性动态电路。

（2）动态点会出现跳跃现象，如本题从 a 到 b 的过程。跳跃是指电容电流而不是电容电压。

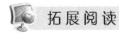 拓展阅读

非线性代数方程的牛顿—拉夫逊数值解法

当电路中含有非线性元件时，电路的方程为非线性方程，在进行数值计算时，一般通过牛顿—拉夫逊方法将非线性方程转化为线性方程。

牛顿—拉夫逊法是一种求解非线性代数方程常用的迭代方法，下面介绍该方法的基本原理。

对于非线性代数方程

$$f(x) = 0 \tag{13-1}$$

设其真解为 x^*，即 $f(x^*) = 0$。给定初始猜测值为 $x^{(0)}$，它与真解的误差为 $\Delta x^{(0)}$，则式（13-1）可改写成

$$f(x^{(0)} + \Delta x^{(0)}) = 0 \tag{13-2}$$

将式（13-2）进行泰勒级数展开得

$$f(x^{(0)} + \Delta x^{(0)}) = f(x^{(0)}) + f'(x^{(0)})\Delta x^{(0)} + \frac{f''(x^{(0)})}{2!}(\Delta x^{(0)})^2 + \cdots$$

如果 $x^{(0)}$ 接近真解，则 $\Delta x^{(0)}$ 相对来讲足够小，故可以略去所有 $\Delta x^{(0)}$ 的高次项，则

$$f(x^{(0)} + \Delta x^{(0)}) \approx f(x^{(0)}) + f'(x^{(0)})\Delta x^{(0)} \tag{13-3}$$

式（13-3）对应于点 $[x^{(0)}, f(x^{(0)})]$ 处的切线方程，如图 13-34 所示。将式（13-3）代入式（13-2）可求得

$$\Delta x^{(0)} = \frac{f(x^{(0)})}{f'(x^{(0)})} \tag{13-4}$$

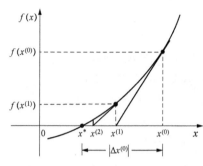

图 13-34　牛顿—拉夫逊法的图解

一般而言，$x^{(0)} + \Delta x^{(0)}$ 并不等于真解 x^*，记作 $x^{(1)}$，即

$$x^{(1)} = x^{(0)} + \Delta x^{(0)} \tag{13-5}$$

由图 13-34 可以看出，$x^{(1)}$ 比 $x^{(0)}$ 更接近于真解。

将 $x^{(1)}$ 作为新的初值代入式（13-4），再求出新的修正量。重复这一过程，直到相邻两次迭代解的差值小于某一给定的允许误差值 $\varepsilon > 0$，或者说 $| \Delta x^{(n)} | \leqslant \varepsilon$（$n$ 为迭代次数），则可认为第 $n+1$ 步的迭代值 $x^{(n+1)}$ 是方程（13-1）的解。对应式（13-4）和式（13-5）的一般迭代式为

$$\Delta x^{(n)} = -\frac{f(x^{(n)})}{f'(x^{(n)})} = -\frac{f(x^{(n)})}{J_n} \text{ 或者 } f(x^{(n)}) = -J_n \Delta x^{(n)} \tag{13-6a}$$

$$x^{(n+1)} = x^{(n)} + \Delta x^{(n)} \tag{13-6b}$$

式中：$J_n = f'(x^{(n)})$。

由上述讨论可知，牛顿—拉夫逊法的核心思想是把非线性代数方程 $f(x) = 0$ 用点 $x^{(n)}$，$f(x^{(n)})$ 处的切线方程 $\hat{f}(x^{(n+1)}) = 0$ 代替，即牛顿—拉夫逊的一般迭代公式为

$$\hat{f}(x^{(n+1)}) = f(x^{(n)}) + J_n \Delta x^{(n)} = J_n x^{(n+1)} + f(x^{(n)}) - J_n x^{(n)} \triangleq J_n x^{(n+1)} + F_n(x^{(n)}) \tag{13-7}$$

式中：$F_n(x^{(n)}) = f(x^{(n)}) - J_n x^{(n)}$。

特别地，对于下列形式的方程

$$y = f(x) \tag{13-8}$$

则有

$$y^{(n+1)} = f(x^{(n+1)})$$

相应的切线方程为

$$y^{(n+1)} = f(x^{(n)}) + f'(x^{(n)})(x^{(n+1)} - x^{(n)})$$

即

$$y^{(n+1)} = f'(x^{(n)})x^{(n+1)} + f(x^{(n)}) - f'(x^{(n)})x^{(n)}$$

简记为

$$y^{(n+1)} = J_n x^{(n+1)} + Y_n(x^{(n)}) \tag{13-9a}$$

其中，

$$J_n = f'(x_n), Y_n(x^{(n)}) = f(x^{(n)}) - f'(x^{(n)})x^{(n)} \tag{13-9b}$$

图 13-35（a）所示压控电阻的特性方程为

$$i = g(u)$$

根据式（13-9），第 $n+1$ 步迭代的切线方程为

$$i^{(n+1)} = G_n(u^{(n)}) \cdot u^{(n+1)} + I_{sn}(u^{(n)}) \tag{13-10}$$

其中，$G_n(u^{(n)}) = g'(u^{(n)})$ 为小信号电导，$I_{sn}(u^{(n)}) = g(u^{(n)}) - G_n(u^{(n)}) u^{(n)}$。方程（13-10）对应电导 $G_n(u^{(n)})$ 与电流源 $I_{sn}(u^{(n)})$ 并联的电路，如图 13-35（b）所示。这一电路称为非线性电阻的离散电路模型。

对偶地，流控电阻 $u = r(i)$ 的切线方程为

$$u^{(n+1)} = R_n(i^{(n)}) \cdot i^{(n+1)} + U_{sn}(i^{(n)})$$

式中：$R_n(i^{(n)}) = r'(i^{(n)})$ 为小信号电阻，$U_{sn}(i^{(n)}) = r(i^{(n)}) - R_n(i^{(n)})i^{(n)}$。该方程表示电阻 $R_n(i^{(n)})$ 与电压源 $U_{sn}(i^{(n)})$ 串联的电路，如图 13 - 35（c）所示，或者等效为电阻 $R_n(i^{(n)})$ 与电流源 $I_{sn}(i^{(n)})$ 并联的电路，其中，$I_{sn}(i^{(n)}) = \dfrac{1}{R_n(i^{(n)})}r(i^{(n)}) - i^{(n)}$。

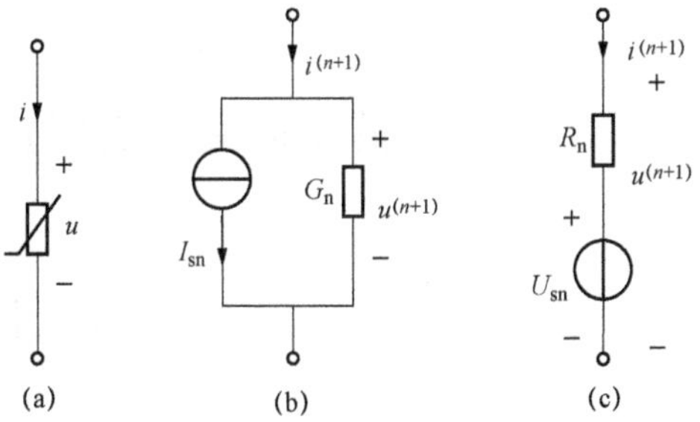

设非线性电阻用下列一般方程表征

$$f(u, i) = 0$$

则有

$$f(u^{(n+1)}, i^{(n+1)}) = 0$$

对相应的切线方程整理得

$$Mu^{(n+1)} + Ni^{(n+1)} = V_{sn}(u^{(n)}, i^{(n)})$$

式中：$M = \left.\dfrac{\partial f(u, i)}{\partial u}\right|_{(u^{(n)}, i^{(n)})}$，$N = \left.\dfrac{\partial f(u, i)}{\partial i}\right|_{(u^{(n)}, i^{(n)})}$，$V_{sn}(u^{(n)}, i^{(n)}) = Mu^{(n)} + Ni^{(n)} - f(u^{(n)}, i^{(n)})$。

上述结果表明，非线性电阻的线性离散电路模型是由其小信号模型外加独立电源构成的。

应用上述方法亦可得出非线性电容和非线性电感的线性离散电路模型。

图 13 - 35　非线性电阻的离散电路模型

（a）非线性电阻；（b）流控型非线性电阻；

（c）压控型非线性电阻

第14章　线性动态电路的复频域分析

14.1　本章知识点思维导图

第 14 章的知识点思维导图见图 14-1。

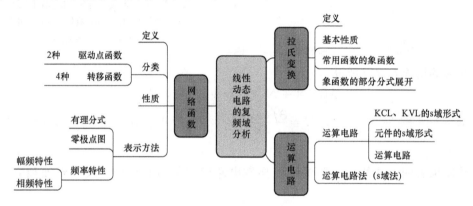

图 14-1　第 14 章的知识点思维导图

14.2　知识点归纳与学习指导

本章主要由线性动态电路的运算电路分析法和网络函数两大部分内容组成。

14.2.1　拉氏变换

1. 拉氏变换的定义

拉普拉斯正变换 $F(s) = \int_{0_-}^{\infty} f(t) e^{-st} \, dt$

拉普拉斯反变换 $f(t) = \dfrac{1}{2\pi j} \int_{\sigma-j\infty}^{\sigma+j\infty} F(s) e^{st} \, ds$

其中，$F(s)$ 称为象函数，$f(t)$ 称为原函数，其定义域为 $[0, \infty)$。

2. 常用函数的象函数

常用函数的象函数见表 14-1。这些常用函数的象函数需要记忆。

表 14-1　　　　　　　　　　常 用 函 数 的 象 函 数

原函数	象函数	原函数	象函数
$\delta(t)$	1		
$\varepsilon(t)$	$\dfrac{1}{s}$	$e^{-\alpha t}$	$\dfrac{1}{s+\alpha}$
t	$\dfrac{1}{s^2}$	$t e^{-\alpha t}$	$\dfrac{1}{(s+\alpha)^2}$

续表

原函数	象函数	原函数	象函数
$\dfrac{1}{n!}t^n$	$\dfrac{1}{s^{n+1}}$	$\dfrac{1}{n!}t^n\mathrm{e}^{-\alpha t}$	$\dfrac{1}{(s+\alpha)^{n+1}}$
$\sin\omega t$	$\dfrac{\omega}{s^2+\omega^2}$	$\mathrm{e}^{-\alpha t}\sin\omega t$	$\dfrac{\omega}{(s+\alpha)^2+\omega^2}$
$\cos\omega t$	$\dfrac{s}{s^2+\omega^2}$	$\mathrm{e}^{-\alpha t}\cos\omega t$	$\dfrac{s+\alpha}{(s+\alpha)^2+\omega^2}$

3. 基本性质

主要涉及的基本性质有唯一性质、线性性质、时域微分性质、时域积分性质、时域延迟性质、频域位移性质和卷积定理。时域延迟性质主要用于换路时刻不在 $t=0$ 的情况；掌握频域位移性质有助于记忆常用函数的象函数，如表 14-1 中右部分的原函数为左部分的原函数乘以 $\mathrm{e}^{-\alpha t}$，则右部分的象函数可由左部分的象函数频域位移得出。

将拉氏变换的线性性质和时域微分性质相结合可将线性常系数微分方程转化为代数方程。利用拉氏变换的性质可求出一些复杂原函数的象函数。

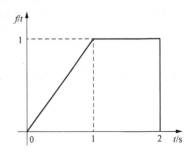

图 14-2　[例 14-1] 图

【例 14-1】　$f(t)$ 的波形如图 14-2 所示，求其象函数。

【解】　由图可得函数 $f(t)$ 的时域表达式为

$$f(t)=t\varepsilon(t)-t\varepsilon(t-1)+\varepsilon(t-1)-\varepsilon(t-2)$$
$$=t\varepsilon(t)-(t-1)\varepsilon(t-1)-\varepsilon(t-2)$$

则根据拉氏变换的线性性质和时域延迟性质可得其象函数为

$$F(s)=\frac{1}{s^2}-\frac{1}{s^2}\mathrm{e}^{-s}-\frac{1}{s}\mathrm{e}^{-2s}$$

4. 象函数的部分分式展开

由象函数求原函数，应先将象函数部分分式展开，再查表获得原函数。这一方法需要牢固掌握。

线性时不变动态电路的象函数通常为 s 的有理分式，即 s 的两个实系数多项式之比

$$F(s)=\frac{b_m s^m+b_{m-1}s^{m-1}+\cdots+b_1 s+b_0}{s^n+a_{n-1}s^{n-1}+\cdots+a_1 s+a_0}=\frac{N(s)}{D(s)}$$

部分分式展开定理适用于有理真分式。如果有理分式为假分式（$m\geqslant n$），则应先把有理假分式化为一个多项式与有理真分式之和，再对真分式进行部分分式展开。具体展开方式分为下列三种情况：

（1）$D(s)=0$ 的根为不等实根

$$F(s)=\frac{b_m s^m+b_{m-1}s^{m-1}+\cdots+b_1 s+b_0}{(s-p_1)(s-p_2)\cdots(s-p_n)}=\sum_{k=1}^{n}\frac{A_k}{s-p_k}$$

式中各项留数由下式确定

$$A_k=(s-p_k)F(s)\big|_{s=p_k}$$

则对应的原函数为

$$f(t) = \sum_{k=1}^{n} A_k e^{p_k t} \varepsilon(t)$$

（2）$D(s) = 0$ 的根中有重根。设 $s = p_1$ 为 l 阶重根，其余 $n-l$ 个根均为单根，则

$$F(s) = \frac{b_m s^m + b_{m-1} s^{m-1} + \cdots + b_1 s + b_0}{(s-p_1)^l (s-p_{l+1}) \cdots (s-p_n)} = \sum_{k=1}^{l} \frac{A_k}{(s-p_1)^{l+1-k}} + \sum_{j=l+1}^{n} \frac{A_j}{s-p_j}$$

式中各项留数为

$$A_k = \frac{1}{(k-1)!} \frac{d^{k-1}}{ds^{k-1}} \left[(s-p_1)^l F(s) \right] \big|_{s=p_1} (k=1,2,\cdots,l)$$

$$A_j = (s-p_j) F(s) \big|_{s=p_j} (j=l+1, l+2, \cdots, n)$$

则对应的原函数为

$$f(t) = \left[\sum_{k=1}^{l} \frac{A_k}{(l-k)!} t^{l-k} \right] e^{p_1 t} + \sum_{j=l+1}^{n} A_j e^{p_j t}$$

（3）$D(s) = 0$ 的根中有共轭复根。当 $D(s) = 0$ 有共轭复根时，虽然仍可按（1）和（2）中的方法进行，但常用下列较为简便的方法。

设 $D(s) = 0$ 有一对共轭单根 $s_{1,2} = -\alpha \pm j\omega$，则

$$F(s) = \cdots + \left(\frac{K}{s+\alpha-j\omega} + \frac{K^*}{s+\alpha+j\omega} \right) + \cdots = \cdots + \left(\frac{|K| \angle \theta}{s+\alpha-j\omega} + \frac{|K| \angle(-\theta)}{s+\alpha+j\omega} \right) + \cdots$$

式中：K^* 为 K 的共轭。对应的原函数为

$$f(t) = \cdots + 2|K| e^{-\alpha t} \cos(\omega t + \theta) \varepsilon(t) + \cdots$$

或者

$$F(s) = \cdots + \left(\frac{K}{s+\alpha-j\omega} + \frac{K^*}{s+\alpha+j\omega} \right) + \cdots = \cdots + \frac{A(s+\alpha) + B\omega}{(s+\alpha)^2 + \omega^2} + \cdots$$

则

$$f(t) = \cdots + (A e^{-\alpha t} \cos\omega t + B e^{-\alpha t} \sin\omega t) + \cdots$$

【例 14 - 2】 求下列象函数的原函数。

（1）$F(s) = \dfrac{s+4}{s^3+3s^2+2s}$；（2）$F(s) = \dfrac{s+3}{(s+1)^2 (s+2)}$；（3）$F(s) = \dfrac{s+2}{s^3+2s^2+2s}$。

【解】（1）$F(s) = \dfrac{s+4}{s^3+3s^2+2s} = \dfrac{s+4}{s(s+1)(s+2)} = \dfrac{A}{s} + \dfrac{B}{s+1} + \dfrac{C}{s+2}$

$A = sF(s) \big|_{s=0} = \dfrac{s+4}{(s+1)(s+2)} \Big|_{s=0} = 2$，$B = (s+1) F(s) \big|_{s=-1} = \dfrac{s+4}{s(s+2)} \Big|_{s=-1} = -3$

$C = (s+2) F(s) \big|_{s=-2} = \dfrac{s+4}{s(s+1)} \Big|_{s=-2} = 1$

则 $$F(s) = \frac{2}{s} - \frac{3}{s+1} + \frac{1}{s+2}$$

取拉氏反变换，得 $$f(t) = 2 - 3e^{-t} + e^{-2t} \quad (t > 0)$$

（2）〖方法 1〗$F(s) = \dfrac{s+3}{(s+1)^2 (s+2)} = \dfrac{A}{(s+1)^2} + \dfrac{B}{s+1} + \dfrac{C}{s+2}$

$A = (s+1)^2 F(s) \big|_{s=-1} = \dfrac{s+3}{s+2} \Big|_{s=-1} = 2$　$B = \dfrac{d}{ds} \left[(s+1)^2 F(s) \right] \Big|_{s=-1} = \dfrac{d}{ds} \left[\dfrac{s+3}{s+2} \right] \Big|_{s=-1}$

$= \dfrac{-1}{(s+2)^2} \Big|_{s=-1} = -1$

$$C = (s+2)F(s) \big|_{s=-2} = \frac{s+3}{(s+1)^2} \Big|_{s=-2} = 1$$

则　　　　　　　$F(s) = \dfrac{s+3}{(s+1)^2(s+2)} = \dfrac{2}{(s+1)^2} - \dfrac{1}{s+1} + \dfrac{1}{s+2}$

所以　　　　　　$f(t) = (2t-1)\mathrm{e}^{-t} + \mathrm{e}^{-2t} \quad (t>0)$

〖方法 2〗$F(s) = \dfrac{s+3}{(s+1)^2(s+2)} = \dfrac{A}{(s+1)^2} + \dfrac{B}{s+1} + \dfrac{C}{s+2}$

按方法 1 先确定 A 和 C，得

$$F(s) = \frac{s+3}{(s+1)^2(s+2)} = \frac{2}{(s+1)^2} + \frac{B}{s+1} + \frac{1}{s+2}$$

上式不论 s 取何值，等式都应该成立。可令 s 取合适值，如 $s=0$，代入上式得

$$\frac{3}{2} = 2 + B + \frac{1}{2}$$

所以，$B=-1$。则

$$F(s) = \frac{s+3}{(s+1)^2(s+2)} = \frac{2}{(s+1)^2} - \frac{1}{s+1} + \frac{1}{s+2}$$

因此　　　　　　$f(t) = (2t-1)\mathrm{e}^{-t} + \mathrm{e}^{-2t} \quad (t>0)$

(3) 〖方法 1〗$F(s) = \dfrac{s+2}{s^3+2s^2+2s} = \dfrac{s+2}{s(s^2+2s+2)} = \dfrac{1}{s} - \dfrac{0.5}{s+1-\mathrm{j}} - \dfrac{0.5}{s+1+\mathrm{j}}$

所以　　　　　　　　　　　$f(t) = 1 - \mathrm{e}^{-t}\cos t \quad (t>0)$

〖方法 2〗$F(s) = \dfrac{s+2}{s^3+2s^2+2s} = \dfrac{s+2}{s(s^2+2s+2)} = \dfrac{1}{s} - \dfrac{0.5}{s+1-\mathrm{j}} - \dfrac{0.5}{s+1+\mathrm{j}}$

$$= \frac{1}{s} - \frac{s+1}{(s+1)^2+1}$$

则　　　　　　　　　　　　$f(t) = 1 - \mathrm{e}^{-t}\cos t \quad (t>0)$

14.2.2　运算电路

1. 基尔霍夫定律的复频域形式

$$\text{KCL 的复频域形式：} \sum I(s) = 0$$
$$\text{KVL 的复频域形式：} \sum U(s) = 0$$

KCL 和 KVL 方程复频域形式的列写规律与时域相同。

2. 元件的复频域形式

(1) 二端电路元件的 s 域模型见表 14-2。

表 14-2　　　　　　　　　　　　二端电路元件的 s 域模型

元件	电　阻	电　感	电　容
串联形式			
	$U_R(s) = RI_R(s)$	$U_L(s) = sLI_L(s) - Li_L(0_-)$	$U_C(s) = \dfrac{1}{sC}I_C(s) + \dfrac{u_C(0_-)}{s}$

元件	电 阻	电 感	电 容
并联形式	$I_R(s)$ G $U_R(s)$	$I_L(s)$ $i_L(0_-)$ s sL $U_L(s)$	$Cu_C(0_-)$ $I_C(s)$ $1/sC$ $U_C(s)$
	$I_R(s) = GU_R(s)$	$I_L(s) = \dfrac{1}{sL}U_L(s) + \dfrac{i_L(0_-)}{s}$	$I_C(s) = sCU_C(s) - Cu_C(0_-)$

表 14-2 中，$\dfrac{1}{sC}$ 和 sL 分别称为电容和电感的复频率阻抗或运算阻抗；$\dfrac{u_C(0_-)}{s}$ 为附加电压源的电压，它反映了电容起始状态在动态电路中的作用；$\dfrac{i_L(0_-)}{s}$ 为附加电流源的电流，它反映了电感起始状态在电路中的作用。串联形式和并联形式的两种 s 域模型是相互等效的。

（2）多口电阻元件。仅需将电压、电流的时间函数换成象函数即可。

（3）独立电源。将已知时间函数用象函数表示。

（4）耦合电感。三端或二端耦合电感在时域可先去耦，再对每一个电感画复频域模型。耦合电感及其复频域模型如图 14-3 所示。注意，复频域模型附加电源方向与同名端的位置和电流的方向有关。

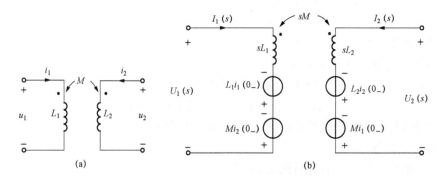

图 14-3 耦合电感及其复频域模型
(a) 耦合电感；(b) 复频域模型

3. 运算电路

运算电路又称为复频域模型，是一种运用象函数能方便地对动态电路进行分析和计算的一种假想模型，与原电路具有相同的拓扑结构。从原电路可按下列方法画出相应的运算电路。

把动态电路中的电压和电流用象函数表示，参考方向保持不变；电压源的电压和电流源的电流分别变换为象函数，而电路符号不变；其他电路元件分别用 s 域模型替换。运算电路中各支路电压、电流的象函数既服从基尔霍夫定律 s 域形式的约束，又满足元件伏安关系的 s 域形式。

正确画出运算电路是本章的基本功之一，必须牢固掌握。重点是电容和电感的 s 域模型。

4. 元件的运算阻抗和运算导纳

在零状态下，电阻、电感和电容的复频域方程可统一地写成下列形式

$$U(s) = Z(s)I(s) \quad 或 \quad I(s) = Y(s)U(s)$$

式中：$Z(s)$ 称为元件的复频率阻抗或运算阻抗；$Y(s)$ 称为元件的复频率导纳或运算导纳。二端元件的运算阻抗和运算导纳见表 14-3。

表 14-3 　　　　　　　　　　　二端元件的运算阻抗和运算导纳

元件名称	运算阻抗	运算导纳
电阻	$Z_R(s) = R$	$Y_R(s) = G$
电感	$Z_L(s) = sL$	$Y_L(s) = \dfrac{1}{sL}$
电容	$Z_C(s) = \dfrac{1}{sC}$	$Y_C(s) = sC$

由于运算电路与电阻电路之间的相似性，电阻电路的各种分析方法可推广到运算电路，只需将时域电压、电流换为电压、电流的象函数，电阻、电导换成运算阻抗、运算导纳。

14.2.3 线性动态电路的复频域分析法

复频域分析法不需要考虑电路是否存在电容电压和电感电流的跃变。有无跃变，分析过程完全相同。复频域分析法的一般步骤如下。

（1）求 $t=0_-$ 时刻的电容电压和电感电流。

（2）画出运算电路。

（3）求响应的象函数。

（4）将响应的象函数进行部分分式展开。

（5）求响应的时域形式。

【例 14-3】 图 14-4（a）所示电路在开关 S 打开前处于稳态，$t=0$ 时将开关 S 打开，试求 $t \geqslant 0$ 时的电感电流 $i_L(t)$ 及电容电压 $u_C(t)$。

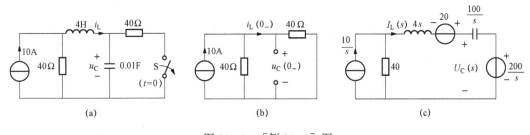

图 14-4 ［例 14-3］图

【解】（1）求 $i_L(0_-)$ 和 $u_C(0_-)$。$t=0_-$ 的电路如图 14-4（b）所示。则

$$i_L(0_-) = \frac{1}{2} \times 10 = 5\text{A}, \quad u_C(0_-) = 40 i_L(0_-) = 40 \times 5 = 200\text{V}$$

（2）求 $I_L(s)$ 和 $U_C(s)$。运算电路如图 14-4（c）所示。由网孔分析法得

$$\left(40 + 4s + \frac{100}{s}\right) I_L(s) = \frac{400}{s} + 20 - \frac{200}{s}$$

则
$$I_L(s) = \frac{\dfrac{200}{s} + 20}{40 + 4s + \dfrac{100}{s}} = \frac{5(s+10)}{(s+5)^2} = \frac{5}{s+5} + \frac{25}{(s+5)^2}$$

$$U_C(s) = \frac{100}{s} I_L(s) + \frac{200}{s} = \frac{500(s+10)}{s(s+5)^2} + \frac{200}{s} = \frac{400}{s} - \frac{200}{s+5} - \frac{500}{(s+5)^2}$$

（3）求 $i_L(t)$ 和 $u_C(t)$。取拉氏反变换得

$$i_L(t) = 5e^{-5t}(1+5t)\,\text{A}\,(t \geqslant 0), \quad u_C(t) = 400 - 100e^{-5t}(2+5t)\,\text{V}\,(t \geqslant 0)$$

14.2.4　网络函数

1. 定义

网络函数 $H(s)$ 定义为电路的零状态响应 $y_{zs}(t)$ 的象函数 $Y_{zs}(s)$ 与激励 $e(t)$ 的象函数 $E(s)$ 的比值，即

$$H(s) = \frac{Y_{zs}(s)}{E(s)}$$

网络函数仅与电路的拓扑结构和元件参数有关，而与外加输入波形无关。它反映了电路的固有动态性能。

网络函数 $H(s)$ 是复频率 s 的函数，它比正弦稳态下的网络函数 $H(j\omega)$ 有着更为丰富的内容。且对于有损耗的稳定电路有

$$H(j\omega) = H(s)\big|_{s=j\omega}$$

特别注意，求网络函数时，电路应为零状态。

2. 分类

网络函数分为驱动点函数（即驱动点阻抗和驱动点导纳）与转移函数（即转移阻抗、转移导纳、电压转移函数和电流转移函数）两大类型，网络函数的分类见表 14-4。

表 14-4　　　　　　　　　　　　　网 络 函 数 的 分 类

名称			定义式
驱动点函数	激励和响应位于同一端口	驱动点阻抗函数	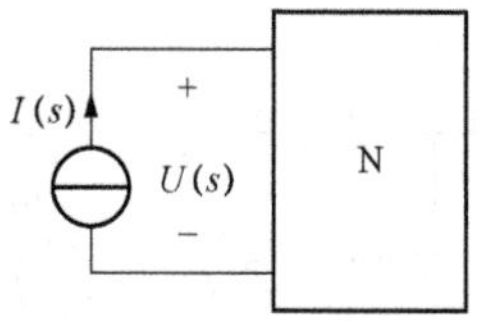 $Z(s) = \dfrac{U(s)}{I(s)}$
		驱动点导纳函数	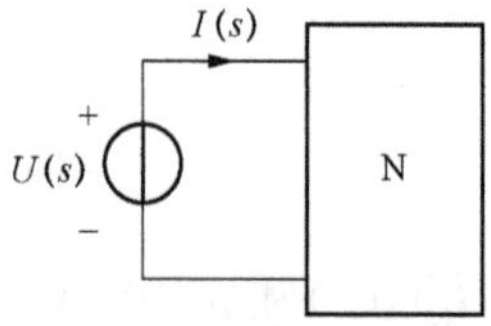 $Y(s) = \dfrac{I(s)}{U(s)}$
转移函数	激励和响应位于不同的端口	电压转移函数	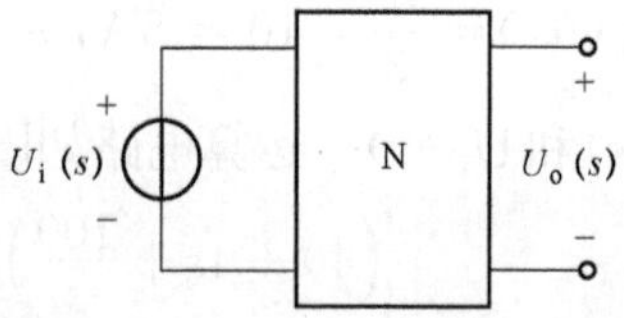 $A_u(s) = \dfrac{U_o(s)}{U_i(s)}$

续表

名称			定义式
转移函数	激励和响应位于不同的端口	电流转移函数	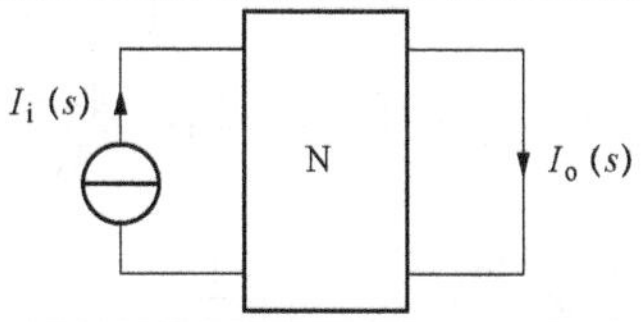 $I_i(s)$　N　$I_o(s)$　$A_i(s) = \dfrac{I_o(s)}{I_i(s)}$
		转移阻抗函数	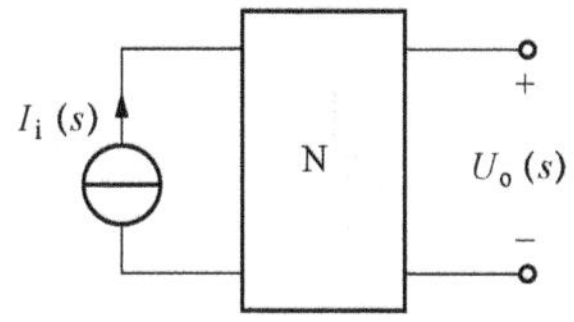 $I_i(s)$　N　$U_o(s)$　$Z_T(s) = \dfrac{U_o(s)}{I_i(s)}$
		转移导纳函数	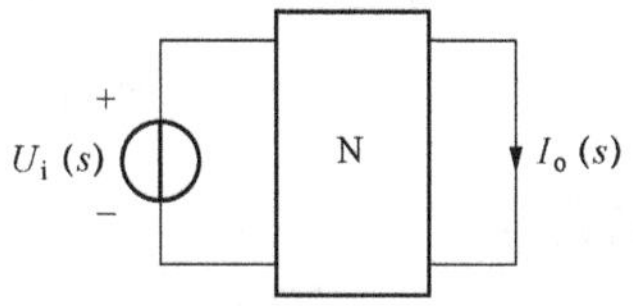 $U_i(s)$　N　$I_o(s)$　$Y_T(s) = \dfrac{I_o(s)}{U_i(s)}$

3. 性质

(1) 线性时不变电路的网络函数是 s 的实系数有理函数。

(2) $h(t) = \mathscr{L}^{-1}[H(s)]$。与冲激响应 $h(t)$ 一样，网络函数 $H(s)$ 在 s 域中可描述网络的特性。

(3) 网络函数的极点为对应电路变量的固有频率（或自然频率）。

4. 网络函数的零点与极点

$H(s)$ 分母多项式的根称为网络函数的极点；分子多项式的根称为网络函数的零点。线性时不变电路的零点和极点只能是实数或者共轭复数。

5. 网络函数的极零点图

网络函数的极点和零点在 s 平面上的位置分布图。

6. 求网络函数的方法

(1) 用定义式求。分析运算电路先找出 $Y_{zs}(s)$ 和 $E(s)$ 二者的关系，再代入 $H(s) = Y_{zs}(s)/E(s)$ 求得。

(2) 由冲激响应 $h(t)$ 求。

$$H(s) = L[h(t)]$$

(3) 由网络函数的零、极点（图）来求。

$$H(s) = H_0 \frac{\prod\limits_{i=1}^{m}(s - z_i)}{\prod\limits_{j=1}^{n}(s - p_j)}$$

(4) 由频域网络函数 $H(j\omega)$ 来求。

$$H(s) = H(j\omega)\big|_{j\omega = s}$$

【例 14 - 4】　电路如图 14 - 5（a）所示。求网络函数 $H(s) = \dfrac{U(s)}{U_s(s)}$ 以及当 $u_s(t) =$

$100\sqrt{2}\cos 10t$ V时的正弦稳态电压 $u(t)$。

【解】（1）求网络函数 $H(s)=\dfrac{U(s)}{U_s(s)}$。运算电路如图 14-5（b）所示。

$$Z(s)=2\,/\!/\left(4+\frac{10}{s}\right)=\frac{4s+10}{3s+5},\ U(s)=\frac{Z(s)}{Z(s)+10+0.5s}\times U_s(s)$$

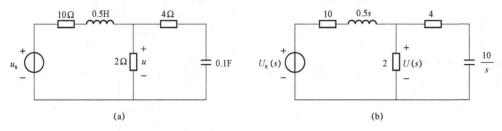

图 14-5　〔例 14-4〕图

所以网络函数为

$$H(s)=\frac{U(s)}{U_s(s)}=\frac{Z(s)}{Z(s)+10+0.5s}=\frac{8s+20}{3s^2+73s+120}$$

（2）求正弦稳态电压 $u(t)$。因为

$$H(j\omega)=H(s)\big|_{s=j\omega}=\frac{j8\omega+20}{3(j\omega)^2+j73\omega+120}$$

所以

$$\dot U=H(j\omega)\big|_{\omega=10}\times 100\angle 0°=\frac{20+j80}{3\times(j10)^2+j73\times 10+120}\times 100\angle 0°$$

$$=\frac{20+j80}{-180+j730}\times 100\angle 0°=10.97\angle -27.89°\text{V}$$

因此，正弦稳态电压为

$$u(t)=10.97\sqrt{2}\cos(10t-27.89°)\text{V}$$

注：求网络函数时，电路取零状态。

7. 频率特性

网络函数一般是频率的复函数，可写成下面形式

$$H(j\omega)=H(\omega)\angle\theta(\omega)$$

式中：$H(\omega)=\left|\dot R\right|/\left|\dot E\right|$，称为幅频特性，反映网络函数的模与频率之间的关系。$\theta(\omega)=\varphi_R-\varphi_E$，称为相频特性，反映网络函数的相角与频率的关系。且有 $H(\omega)=H(-\omega)$，$\theta(\omega)=-\theta(-\omega)$。幅频特性和相频特性统称为频率特性。幅频特性和相频特性的曲线表示分别称为幅频特性曲线和相频特性曲线，二者统称为频率特性曲线。

幅频特性的幅值不小于其最大值的 $\dfrac{1}{\sqrt{2}}$ 的频率范围定义为电路的通频带，记作 BW。幅频特性的幅值下降到最大值的 $\dfrac{1}{\sqrt{2}}$ 时所对应的频率称为截止频率（亦称转折频率或者半功率点频率），记为 ω_c。

【例 14-5】 求图 14-6（a）所示正弦稳态电路的电压转移函数 $\dfrac{\dot U_2}{\dot U_1}$ 的幅频特性和相频特

性。其中 $R_1 = R_2 = 1\text{k}\Omega$，$C_1 = 1\mu\text{F}$，$C_2 = 0.01\mu\text{F}$。

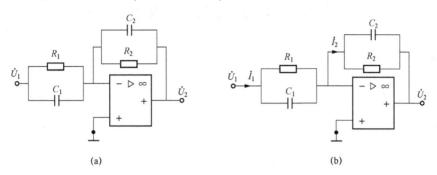

图 14-6　［例 14-5］图

【解】所用电量的参考方向如图 14-6（b）所示。令

$$Y_1 = \frac{1}{R_1} + j\omega C_1, Y_2 = \frac{1}{R_2} + j\omega C_2$$

由运放的虚短特性得

$$\dot{I}_1 = Y_1\dot{U}_1 = \left(\frac{1}{R_1} + j\omega C_1\right)\dot{U}_1, \dot{I}_2 = -Y_2\dot{U}_2 = -\left(\frac{1}{R_2} + j\omega C_2\right)\dot{U}_2$$

利用运放的虚断特性得

$$\dot{I}_1 = \dot{I}_2$$

即

$$\left(\frac{1}{R_1} + j\omega C_1\right)\dot{U}_1 = -\left(\frac{1}{R_2} + j\omega C_2\right)\dot{U}_2$$

所以电压转移函数为

$$\frac{\dot{U}_2}{\dot{U}_1} = -\frac{\frac{1}{R_1} + j\omega C_1}{\frac{1}{R_2} + j\omega C_2} = -\frac{R_2 + j\omega C_1 R_1 R_2}{R_1 + j\omega C_2 R_1 R_2} = -\frac{1 + j10^{-3}\omega}{1 + j10^{-5}\omega} = -\frac{10^5 + j100\omega}{10^5 + j\omega}$$

则幅频特性为

$$\frac{U_2}{U_1} = \sqrt{\frac{10^{10} + 10^4\omega^2}{10^{10} + \omega^2}} = 100\sqrt{\frac{10^6 + \omega^2}{10^{10} + \omega^2}}$$

相频特性为

$$\theta(\omega) = 180° + \arctan\left(\frac{100\omega}{10^5}\right) - \arctan\left(\frac{\omega}{10^5}\right) = 180° + \arctan\left(\frac{\omega}{10^3}\right) - \arctan\left(\frac{\omega}{10^5}\right)$$

14.3　重 点 与 难 点

本章的重点是线性动态电路的复频域分析法和网络函数。难点为灵活运用网络函数求解问题。

14.4 第 14 章习题选解（含部分微视频）

14-1 求下列各函数的象函数。

(1) $f(t)=1-e^{-2t}$;   (2) $f(t)=3\sin t+2\cos t$;   (3) $f(t)=\cos(2t+45°)$;

(4) $f(t)=e^{-2t}\cos t+e^{-2t}$;   (5) $f(t)=e^{-t}\varepsilon(t)+e^{-(t-1)}\varepsilon(t-1)+\delta(t-2)$

【解】 (1) $F(s)=\dfrac{1}{s}-\dfrac{1}{s+2}=\dfrac{2}{s(s+2)}$

(2) $F(s)=\dfrac{3}{s^2+1}+\dfrac{2s}{s^2+1}=\dfrac{3+2s}{s^2+1}$

(3) 因为 $f(t)=\cos(2t+45°)=\cos45°\cos2t-\sin45°\sin2t$，所以 $F(s)=$

$\dfrac{\sqrt{2}}{2}\left(\dfrac{s}{s^2+4}-\dfrac{2}{s^2+4}\right)=\dfrac{s-2}{\sqrt{2}(s^2+4)}$

(4) $F(s)=\dfrac{s+2}{(s+2)^2+1}+\dfrac{1}{s+2}=\dfrac{2s^2+8s+9}{s^3+6s^2+13s+10}$

(5) $F(s)=\dfrac{1}{s+1}+\dfrac{1}{s+1}e^{-s}+e^{-2s}=\dfrac{1}{s+1}(1+e^{-s})+e^{-2s}$

14-2 求下列各象函数的原函数。

(1) $F(s)=\dfrac{2s+1}{s^2+5s+6}$;   (2) $F(s)=\dfrac{s^3+5s^2+9s+7}{(s+1)(s+2)}$;   (3) $F(s)=\dfrac{1}{(s+1)(s+2)^2}$;

(4) $F(s)=\dfrac{s^2+6s+5}{s(s^2+4s+5)}$; (5) $F(s)=\dfrac{1+e^{-s}+e^{-2s}}{s^2+3s+2}$

【解】 (1) 根据部分分式展开定理

$$F(s)=\dfrac{2s+1}{s^2+5s+6}=\dfrac{2s+1}{(s+2)(s+3)}=\dfrac{k_1}{s+2}+\dfrac{k_2}{s+3}$$

其中 $k_1=(s+2)F(s)|_{s=-2}=\dfrac{2s+1}{s+3}\Big|_{s=-2}=-3$, $k_2=(s+3)F(s)|_{s=-3}=\dfrac{2s+1}{s+2}\Big|_{s=-3}=5$

即 $$F(s)=\dfrac{-3}{s+2}+\dfrac{5}{s+3}$$

取拉氏反变换（查表法）得 $f(t)=5e^{-3t}-3e^{-2t}\ (t>0)$

(2) 因为 $F(s)=\dfrac{s^3+5s^2+9s+7}{(s+1)(s+2)}=s+2+\dfrac{s+3}{(s+1)(s+2)}=s+2+\dfrac{2}{s+1}-\dfrac{1}{s+2}$，所以

$$f(t)=\delta'(t)+2\delta(t)+(2e^{-t}-e^{-2t})\varepsilon(t)$$

(3) 根据部分分式展开定理

$$F(s)=\dfrac{1}{(s+1)(s+2)^2}=\dfrac{k_1}{s+1}+\dfrac{k_2}{(s+2)^2}+\dfrac{k_3}{s+2}$$

其中 $k_1=(s+1)F(s)|_{s=-1}=\dfrac{1}{(s+2)^2}\Big|_{s=-1}=1$, $k_2=(s+2)^2F(s)|_{s=-2}=\dfrac{1}{s+1}\Big|_{s=-2}=-1$

$$k_3=\dfrac{\mathrm{d}}{\mathrm{d}s}\left[(s+2)^2F(s)\right]\Big|_{s=-2}=\dfrac{\mathrm{d}}{\mathrm{d}s}\left(\dfrac{1}{s+1}\right)\Big|_{s=-2}=-1$$

则 $$F(s)=\dfrac{1}{(s+1)(s+2)^2}=\dfrac{1}{s+1}-\dfrac{1}{(s+2)^2}-\dfrac{1}{s+2}$$

所以
$$f(t)=(\mathrm{e}^{-t}-t\mathrm{e}^{-2t}-\mathrm{e}^{-2t})\varepsilon(t)$$

（4）因为
$$F(s)=\frac{s^2+6s+5}{s(s^2+4s+5)}=\frac{1}{s}+\frac{2}{s^2+4s+5}=\frac{1}{s}+\frac{2}{(s+2)^2+1}$$

所以
$$f(t)=(1+2\mathrm{e}^{-2t}\sin t)\varepsilon(t)$$

（5）因为
$$F(s)=\frac{1+\mathrm{e}^{-s}+\mathrm{e}^{-2s}}{s^2+3s+2}=\frac{1}{(s+1)(s+2)}(1+\mathrm{e}^{-s}+\mathrm{e}^{-2s})$$
$$=\Big(\frac{1}{s+1}-\frac{1}{s+2}\Big)(1+\mathrm{e}^{-s}+\mathrm{e}^{-2s})$$

所以
$$f(t)=(\mathrm{e}^{-t}-\mathrm{e}^{-2t})\varepsilon(t)+[\mathrm{e}^{-(t-1)}-\mathrm{e}^{-2(t-1)}]\varepsilon(t-1)+$$
$$[\mathrm{e}^{-(t-2)}-\mathrm{e}^{-2(t-2)}]\varepsilon(t-2)$$

14 - 3 电路如图 14 - 7 所示，已知
$R_1=2\Omega$，$R_2=1\Omega$，$L=1\mathrm{H}$，$C=2\mathrm{F}$，$U_s=$
$4\mathrm{V}$，$I_s=2\mathrm{A}$。开关 S 闭合前，电路已达稳
态，$t=0$ 时开关 S 闭合。试画出相应的运
算电路。

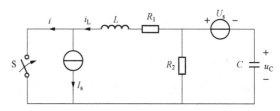

图 14 - 7 题 14 - 3 图

【解】（1）求 $u_C(0_-)$ 和 $i_L(0_-)$。

$t<0$ 时，电路处于直流稳态，电感短
路，电容开路，所以

$$i_L(0_-)=I_s=2\mathrm{A}, \quad u_C(0_-)=-U_s-R_2i_L(0_-)=-4-2=-6\mathrm{V}$$

（2）运算电路如图 14 - 8 所示。

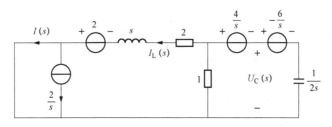

图 14 - 8 题 14 - 3 解图

14 - 4 如图 14 - 9 所示电路中，$u_C(0_-)=0$，$i_L(0_-)=1\mathrm{A}$，$u_s(t)=\varepsilon(t)\ \mathrm{V}$。试
画出相应的运算电路。

【解】 运算电路如图 14 - 10 所示。

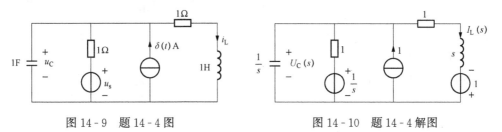

图 14 - 9 题 14 - 4 图   图 14 - 10 题 14 - 4 解图

14 - 5 如图 14 - 11 所示电路中，开关 S 动作前处于稳态，$t=0$ 时开关 S 断开。试用运
算法求 $t>0$ 时电流 $i_L(t)$。

【解】（1）求 $u_C(0_-)$ 和 $i_L(0_-)$。$t=0_-$ 的电路如图 14 - 12（a）所示。由图可得

$$i_L(0_-)=\frac{12}{6+6}=1\text{A},u_C(0_-)=6i_L(0_-)=6\text{V}$$

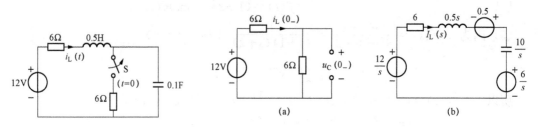

图 14 - 11　题 14 - 5 图

图 14 - 12　题 14 - 5 解图

（a）$t=0_-$ 的电路；（b）运算电路

（2）求 $I_L(s)$。运算电路如图 14 - 12（b）所示。

回路电流方程为

$$\left(6+0.5s+\frac{10}{s}\right)I_L(s)=\frac{12}{s}+0.5-\frac{6}{s}$$

整理得

$$(s^2+12s+20)I_L(s)=s+12$$

解之得

$$I_L(s)=\frac{s+12}{s^2+12s+20}=\frac{s+12}{(s+2)(s+10)}=\frac{1.25}{s+2}-\frac{0.25}{s+10}$$

$$i_L(t)=(1.25e^{-2t}-0.25e^{-10t})\varepsilon(t)\text{A}$$

14 - 6　如图 14 - 13 所示电路原已稳定，$t=0$ 时开关断开，试用复频域分析法求 $t\geqslant0$ 时的电容电压 $u_C(t)$。

【解】提示：由 0_- 时刻电路 ［图 14 - 14（a）］可得 $u_C(0_-)=0$，$i_L(0_-)=2\text{A}$；运算电路 ［图 14 - 14（b）］的回路电流方程为 $\left(\frac{2}{s}+2s+5\right)I_L(s)=4+\frac{10}{s}$，则 $I_L(s)=$ $\dfrac{2s+5}{s^2+2.5s+1}$。电容电压的象函数为 $U_C(s)=\dfrac{2}{s}I_L(s)=\dfrac{10}{s}-\dfrac{32/3}{s+0.5}+\dfrac{2/3}{s+2}$，原函数为 $u_C(t)$ $=10-\dfrac{32}{3}e^{-0.5t}+\dfrac{2}{3}e^{-2t}\text{V}$ $(t\geqslant0)$。

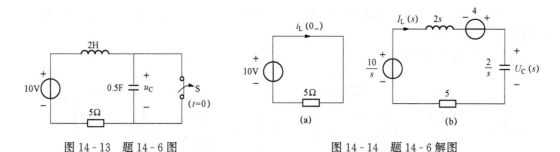

图 14 - 13　题 14 - 6 图

图 14 - 14　题 14 - 6 解图

（a）$t=0_-$ 的电路；（b）运算电路

14 - 7　如图 14 - 15 所示电路，在开关 S 闭合前电路已处于稳态。$t=0$ 时开关 S 闭合。试用运算法求开关 $t>0$ 时的电压 $u(t)$。

【解】提示：由 0_- 时刻电路 ［图 14 - 16（a）］可得 $i_L(0_-)=1\text{A}$。运算电路 ［图 14 - 16

（b）］的节点电压方程为 $\left(\dfrac{1}{s+1}+\dfrac{1}{s+1}+1\right)U(s)=\dfrac{s+2}{s(s+1)}-\dfrac{1}{s+1}\Rightarrow U(s)=\dfrac{2}{s(s+3)}=$

$\dfrac{2}{3}\left(\dfrac{1}{s}-\dfrac{1}{s+3}\right)\Rightarrow u(t)=\dfrac{2}{3}(1-\mathrm{e}^{-3t})\varepsilon(t)$

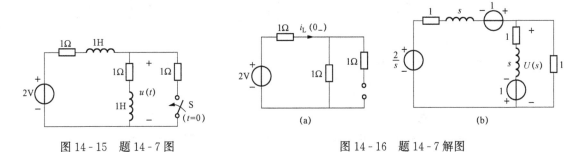

图 14-15　题 14-7 图　　　　　　　图 14-16　题 14-7 解图

（a）$t=0_-$ 的电路；（b）运算电路

14-8　如图 14-17 所示电路中，开关 S 在 $t=0$ 时闭合，开关 S 闭合前电路处于稳态。试求 $t\geqslant0$ 时的电流 $i(t)$。

【解】提示：由 0_- 时刻电路 ［图 14-18（a）］可得 $i(0_-)=0$，$i_1(0_-)=0.5\mathrm{A}$。运算电路 ［图 14-18（b）］的网孔电流方程为 $\begin{cases}(2+2s)I_1(s)-2I(s)=\dfrac{1}{s}+1\\[2mm]-2I_1(s)+(3s+4)I(s)=0\end{cases}\Rightarrow I(s)=\dfrac{0.5}{s}-$

$\dfrac{0.4}{s+\dfrac{1}{3}}-\dfrac{0.1}{s+2}\Rightarrow i(t)=\left(0.5-0.4\mathrm{e}^{-\frac{t}{3}}-0.1\mathrm{e}^{-2t}\right)\varepsilon(t)\ \mathrm{A}$

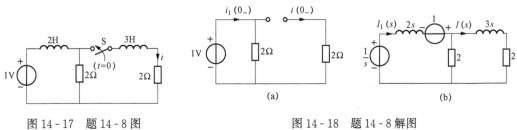

图 14-17　题 14-8 图　　　　　　　图 14-18　题 14-8 解图

（a）$t=0_-$ 的电路；（b）运算电路

14-9　如图 14-19 所示电路中，已知 $R_1=3\Omega$，$R_2=2\Omega$，$L=1\mathrm{H}$，$C=1\mathrm{F}$，$u_s(t)=[30\varepsilon(-t)+15\varepsilon(t)]\mathrm{V}$，试求 $t\geqslant0$ 时的电流 $i(t)$。（微视频）

14-10　如图 14-20 所示电路原已稳态，开关 S 在 $t=0$ 时闭合。试求 $t\geqslant0$ 时的电流 $i_2(t)$。

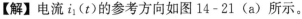

题 14-9

【解】电流 $i_1(t)$ 的参考方向如图 14-21（a）所示。

〖方法一〗（1）求 $i_1(0_-)$ 和 $i_2(0_-)$。因为 $t<0$ 时电路已达稳态（两个线圈均处于短路状态），故由图 14-21（a）得

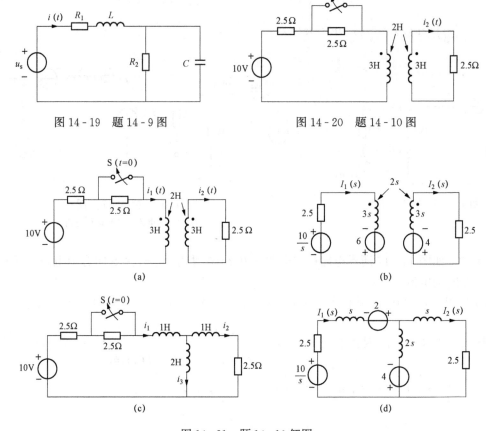

图 14-19　题 14-9 图　　　　　　　　图 14-20　题 14-10 图

图 14-21　题 14-10 解图

$$i_1(0_-) = \frac{10}{2.5 + 2.5} = 2\text{A}, \quad i_2(0_-) = 0$$

（2）求 $I_2(s)$。运算电路如图 14-21（b）所示。由图 14-21（b）可得

$$\begin{cases} (2.5 + 3s)I_1(s) - 2sI_2(s) = \dfrac{10}{s} + 6 \\ -2sI_1(s) + (2.5 + 3s)I_2(s) = -4 \end{cases}$$

解之得　　　　　$$I_2(s) = \frac{2}{s^2 + 3s + 1.25} = \frac{1}{s + 0.5} - \frac{1}{s + 2.5}$$

（3）求 $i_2(t)$。

$$i_2(t) = (\text{e}^{-0.5t} - \text{e}^{-2.5t})\varepsilon(t) \text{ A}$$

【方法二】图 14-21（a）的去耦等效电路如图 14-21（c）所示。因为 $t<0$ 时，电路已达稳态，由图 14-21（c）得

$$i_1(0_-) = i_3(0_-) = \frac{10}{2.5 + 2.5} = 2\text{A}, \quad i_2(0_-) = 0$$

$t>0$ 时。运算电路如图 14-21（d）所示。由图 14-21（d）得

$$\begin{cases}(2.5+s+2s)I_1(s)-2sI_2(s)=\dfrac{10}{s}+2+4\\-2sI_1(s)+(2.5+s+2s)I_2(s)=-4\end{cases}$$

解之得
$$I_2(s)=\frac{2}{s^2+3s+1.25}=\frac{1}{s+0.5}-\frac{1}{s+2.5}$$

所以
$$i_2(t)=(\mathrm{e}^{-0.5t}-\mathrm{e}^{-2.5t})\varepsilon(t)\ \mathrm{A}$$

14-11　如图 14-22 所示电路中，$i_s(t)=\delta(t)\mathrm{A}$，$u_s(t)=3+3\varepsilon(t)\mathrm{V}$，$t<0$ 时电路处于稳态。试求 $t>0$ 时的电容电压 $u_C(t)$。

【解】 提示：由 0_- 时刻电路 [图 14-23 (a)] 可得 $u_C(0_-)=3\mathrm{V}$，$i_L(0_-)=u_C(0_-)=3\mathrm{A}$。运算电路 [图 14-23 (b)] 的节点电压方程为

$$\begin{cases}\left(1+\dfrac{s}{5}\right)U_C(s)-U(s)=1+\dfrac{3/s}{5/s}\\-U_C(s)+\left(1+\dfrac{1}{s}\right)U(s)=\dfrac{3+6/s}{s}-U_C(s)\end{cases}\Rightarrow$$

$$U_C(s)=\frac{8s^2+23s+30}{s(s+5)(s+1)}\Rightarrow u_C(t)=(6-3.75\mathrm{e}^{-t}+5.75\mathrm{e}^{-5t})\varepsilon(t)\mathrm{V}$$

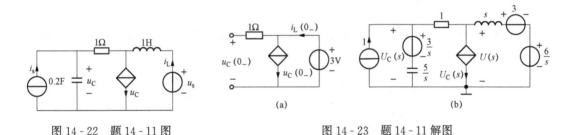

图 14-22　题 14-11 图　　　　　　　　　图 14-23　题 14-11 解图

14-12　如图 14-24 所示电路中，$u_s(t)=\mathrm{e}^{-5t}\varepsilon(t)\mathrm{V}$，试求电流 $i(t)$ 的零状态响应。

【解】 根据题意可知，$u_C(0_-)=0$，$i_L(0_-)=0$，则原电路对应的运算电路如图 14-25 所示。由图可得

$$I(s)=\frac{\dfrac{1}{s+5}}{1+0.1s+(1+1)/\!/\dfrac{2}{s}}\times\frac{\dfrac{2}{s}}{1+1+\dfrac{2}{s}}=\frac{10}{(s+5)^2(s+6)}=\frac{10}{(s+5)^2}-\frac{10}{s+5}+\frac{10}{s+6}$$

所以
$$i(t)=[10(t-1)\mathrm{e}^{-5t}+10\mathrm{e}^{-6t}]\varepsilon(t)\ \mathrm{A}$$

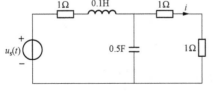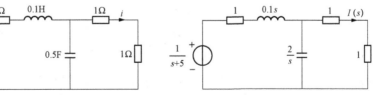

图 14-24　题 14-12 图　　　　　　　　　图 14-25　题 14-12 解图

14-13　如图 14-26 所示电路已达稳态，$t=0$ 时开关 S 断开。试求 $t>0$ 时电容电压 $u_C(t)$。（微视频）

14-14　如图 14-27 所示电路中，$u_C(0_-)=1V$，$i_L(0_-)=1A$。试求 $t>0$ 时的电流 $i_R(t)$。（微视频）

题 14-13　　题 14-14

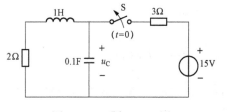

图 14-26　题 14-13 图

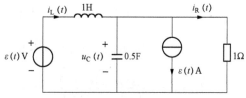

图 14-27　题 14-14 图

14-15　如图 14-28 所示电路在开关 S 动作前已进入稳态，$t=0$ 时开关 S 断开，试求 $t>0$ 时的电流 $i(t)$ 和开关两端的电压 $u_k(t)$。（微视频）

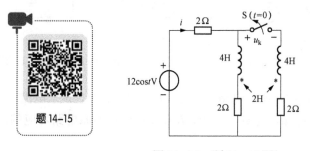

题 14-15

图 14-28　题 14-15 图

14-16　如图 14-29（a）所示电路中，已知 $R_1=6\Omega$，$R_2=3\Omega$，$L=1H$，$\mu=1$。求当 $u_s(t)$ 为图 14-29（b）所示的波形时电路的零状态响应 $i_L(t)$。

【解】 $t\geqslant0$ 时的运算电路如图 14-30 所示。

由图 14-30 电路得
$$\begin{cases} 9I_1(s)-3I_2(s)=U_s(s) \\ -3I_1(s)+(3+s)I_2(s)=-U_L(s) \end{cases}$$

补充方程
$$U_L(s)=sI_L(s)=sI_2(s)$$

联立解得
$$I_L(s)=I_2(s)=\frac{1}{6}\times\frac{U_s(s)}{s+1}$$

又因为 $u_s(t)=12[\varepsilon(t)-\varepsilon(t-2)]$，故 $U_s(s)=\dfrac{12}{s}(1-e^{-2s})$。

所以
$$I_L(s)=I_2(s)=\frac{1}{6}\times\frac{U_s(s)}{s+1}=\frac{2}{s(s+1)}(1-e^{-2s})=\left(\frac{2}{s}-\frac{2}{s+1}\right)(1-e^{-2s})$$

则
$$i_L(t)=2(1-e^{-t})\varepsilon(t)-2\left[1-e^{-(t-2)}\right]\varepsilon(t-2)\text{A}$$

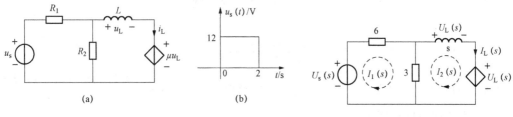

图 14 - 29　题 14 - 16 图　　　　　　　　　　图 14 - 30　题 14 - 16 解图

14 - 17　试求图 14 - 31 所示电路的网络函数 $H(s)=\dfrac{U_0(s)}{U_s(s)}$，并绘出零极点图。

【解】 运算电路如图 14 - 32（a）所示。

令
$$Z_1=s+1,\ Z_2=\frac{1\times\dfrac{1}{s}}{1+\dfrac{1}{s}}=\frac{1}{s+1}$$

所以
$$U_0(s)=\frac{Z_2}{Z_1+Z_2}U_s(s)=\frac{\dfrac{1}{s+1}}{s+1+\dfrac{1}{s+1}}U_s(s)=\frac{1}{s^2+2s+2}U_s(s)$$

则
$$H(s)=\frac{U_0(s)}{U_s(s)}=\frac{1}{s^2+2s+2}$$

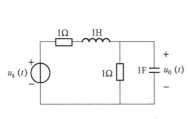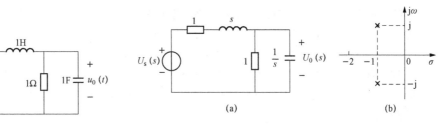

图 14 - 31　题 14 - 17 图　　　　　　　　图 14 - 32　题 14 - 17 解图

显然，$H(s)$ 没有零点，有 2 个极点：$p_1=-1+j$，$p_2=-1-j$。其零极点图如图 14 - 32（b）所示。

14 - 18　某线性时不变电路的单位阶跃响应为 $s(t)=(2-e^{-t}-e^{-2t})\varepsilon(t)$。试求该电路的网络函数 $H(s)$，并绘出零极点图。

【解】 单位阶跃响应的象函数 $S(s)=\dfrac{2}{s}-\dfrac{1}{s+2}-\dfrac{1}{s+1}=\dfrac{3s+4}{s(s+1)(s+2)}$，所以网络函数 $H(s)$ 为
$$H(s)=sS(s)=\frac{3s+4}{(s+1)(s+2)}$$

显然，$H(s)$ 有一个零点：$z_1=-\dfrac{4}{3}$；2 个极点：$p_1=-1$，$p_2=-2$。其零极点图如图 14 - 33 所示。

14 - 19　某线性时不变电路的冲激响应为 $h(t)=(e^{-t}+2e^{-2t})\varepsilon(t)$。试求：（1）相应的

网络函数 $H(s)$，并绘出零极点图；(2) 电路的单位阶跃响应。

【解】 (1) 因为 $h(t)=(\mathrm{e}^{-t}+2\mathrm{e}^{-2t})\varepsilon(t)$，所以网络函数 $H(s)$ 为

$$H(s)=\frac{1}{s+1}+\frac{2}{s+2}=\frac{3s+4}{(s+1)(s+2)}$$

显然，$H(s)$ 有一个零点：$z_1=-\dfrac{4}{3}$；2 个极点：$p_1=-1$，

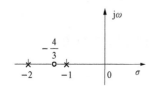

图 14-33　题 14-18 解图

$p_2=-2$。其零极点图如图 14-34 所示。

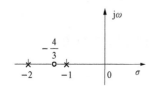

图 14-34　题 14-19 解图

(2) 求电路的单位阶跃响应 $s(t)$。

因为 $H(s)=\dfrac{3s+4}{(s+1)(s+2)}$，所以 $S(s)=\dfrac{1}{s}H(s)=$

$$\frac{3s+4}{s(s+1)(s+2)}=\frac{2}{s}-\frac{1}{s+2}-\frac{1}{s+1}$$

因此，单位阶跃响应 $s(t)$ 为

$$s(t)=(2-\mathrm{e}^{-t}-\mathrm{e}^{-2t})\varepsilon(t)$$

14-20　某线性时不变电路的单位阶跃响应 $s(t)=(1-\mathrm{e}^{-2t})\varepsilon(t)$。试求：求当输入 $f(t)=0.5\mathrm{e}^{-3t}\varepsilon(t)$ 时，电路的零状态响应 $y_{\mathrm{zs}}(t)$。

【解】因为 $S(s)=\dfrac{1}{s}-\dfrac{1}{s+2}=\dfrac{2}{s(s+2)}$，所以，电路的网络函数为 $H(s)=sS(s)=\dfrac{2}{s+2}$。

又因为 $F(s)=\dfrac{0.5}{s+3}$，所以 $Y_{\mathrm{zs}}(s)=H(s)F(s)=\dfrac{1}{(s+2)(s+3)}=\dfrac{1}{s+2}-\dfrac{1}{s+3}$

则 $\qquad\qquad y_{\mathrm{zs}}(t)=(\mathrm{e}^{-2t}-\mathrm{e}^{-3t})\varepsilon(t)$

14-21　如图 14-35 所示电路中的 N 为 RC 线性网络，零输入响应 $u_{\mathrm{zi}}(t)=-\mathrm{e}^{-10t}\varepsilon(t)$ V；在激励为 $u_{\mathrm{s}}(t)=12\varepsilon(t)$ V 时，全响应 $u_{\mathrm{o}}(t)=(6-3\mathrm{e}^{-10t})\varepsilon(t)$ V。现将激励改为 $u_{\mathrm{s}}(t)=6\mathrm{e}^{-5t}\varepsilon(t)$ V（原初始状态不变），再求其全响应 $u_{\mathrm{o}}(t)$。（微视频）

14-22　如图 14-36 所示电路中，已知当 $L=2\mathrm{H}$，$i_{\mathrm{s}}(t)=\delta(t)$ A 时，零状态响应 $u(t)=2\mathrm{e}^{-t}\varepsilon(t)$ V。试求当 $L=4\mathrm{H}$，$i_{\mathrm{s}}(t)=3\mathrm{e}^{-2t}\varepsilon(t)$ A 时的零状态响应 $u(t)$。

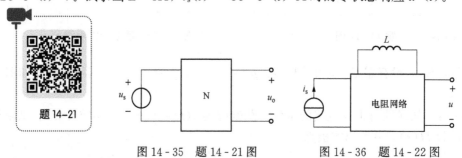

题 14-21

图 14-35　题 14-21 图　　　　图 14-36　题 14-22 图

【解】 (1) $L=2\mathrm{H}$ 时的网络函数为

$$H(s)=\frac{U(s)}{I_{\mathrm{s}}(s)}=\mathscr{L}[u(t)]=\frac{2}{s+1}$$

(2) 求 $u(t)$。由 $H(s)$ 计算 $L=4\mathrm{H}$ 时的网络函数 $H'(s)$。因为

$$H(s)=\frac{2}{s+1}=\frac{2}{\dfrac{2s}{2}+1}$$

所以只要将 $H(s)$ 中的 $2s$ 写成 $4s$ 即得 $L=4\text{H}$ 时的网络函数 $H'(s)$，即

$$H'(s)=\frac{2}{\frac{4s}{2}+1}=\frac{2}{2s+1}=\frac{1}{s+0.5}$$

当 $L=4\text{H}$，$i_s(t)=3\text{e}^{-2t}\varepsilon(t)$ A 时，零状态响应的象函数为

$$U(s)=H'(s)I_s(s)=\frac{1}{s+0.5}\times\frac{3}{s+2}=\frac{2}{s+0.5}-\frac{2}{s+2}$$

所以　　　　　　　　　$u(t)=2(\text{e}^{-0.5t}-\text{e}^{-2t})\varepsilon(t)$ V

14-23　如图 14-37 所示电路中，已知当 $R=2\Omega$，$C=0.5\text{F}$，$u_s(t)=\text{e}^{-3t}\varepsilon(t)\text{V}$ 时，零状态响应 $u(t)=(0.6\text{e}^{-3t}-0.1\text{e}^{-0.5t})\varepsilon(t)\text{V}$。现将 R 换成 1Ω 电阻，将 C 换成 0.5H 电感，$u_s(t)$ 换成单位冲激电压源，即 $u_s(t)=\delta(t)\text{V}$，试求零状态响应 $u(t)$。（微视频）

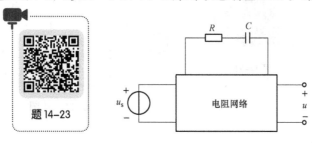

图 14-37　题 14-23 图

14-24　电路如图 14-38 所示。试求网络函数 $H(s)=U(s)/U_s(s)$ 以及当 $u_s(t)=100\sqrt{2}\cos10t$ V时的正弦稳态电压 $u(t)$。

【解】（1）求网络函数 $H(s)=U(s)/U_s(s)$。运算电路如图 14-39 所示。

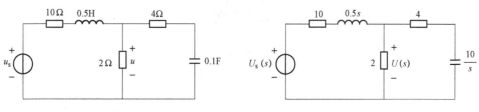

图 14-38　题 14-24 图　　　　　　　图 14-39　题 14-24 解图

$$Z(s)=2/\!\!/\left(4+\frac{10}{s}\right)=\frac{4s+10}{3s+5}$$

$$U(s)=\frac{Z(s)}{Z(s)+10+0.5s}\times U_s(s)$$

所以网络函数为　　　　$H(s)=\frac{U(s)}{U_s(s)}=\frac{Z(s)}{Z(s)+10+0.5s}=\frac{8s+20}{3s^2+73s+120}$

（2）求正弦稳态电压 $u(t)$。

因为 $H(\text{j}\omega)=H(s)\big|_{s=\text{j}\omega}=\dfrac{\text{j}8\omega+20}{3(\text{j}\omega)^2+\text{j}73\omega+120}$，所以

$$\dot{U}=H(\text{j}\omega)\big|_{\omega=10}\times100\angle0°=\frac{20+\text{j}80}{3\times(\text{j}10)^2+\text{j}73\times10+120}\times100\angle0°$$

$$=\frac{20+j80}{-180+j730}\times100\angle0°=10.97\angle-27.89°V$$

则
$$u(t)=10.97\sqrt{2}\cos(10t-27.89°)V$$

14-25 电路如图 14-40 所示，网络 N_0 为非含源线性网络。（1）已知当 $u_1(t)=\delta(t)V$，零状态响应 $u_o(t)=\delta(t)+(e^{-t}-4e^{-2t})\varepsilon(t)V$。试求当 $u_1(t)=3\sqrt{2}\cos(\sqrt{2}t)V$ 时的正弦稳态响应电压 $u_o(t)$。（2）若已知 $H(j\omega)=\dfrac{\dot{U}_o}{\dot{U}_1}=\dfrac{j\omega}{-\omega^2+j5\omega+6}$，试求单位冲激响应 $h(t)$。（微视频）

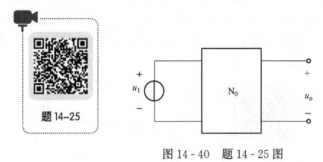

图 14-40 题 14-25 图

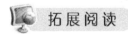

第 15 章　电路代数方程的矩阵形式

15.1　本章知识点思维导图

第 15 章的知识点思维导图见图 15-1。

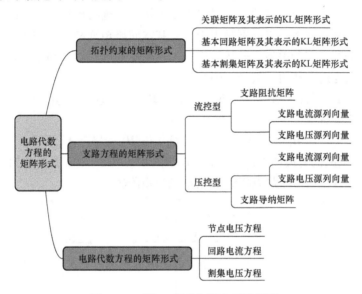

图 15-1　第 15 章的知识点思维导图

15.2　知识点归纳与学习指导

本章讨论线性电路代数方程的矩阵形式。学习本章前，应首先复习 3.5 节图论的基本知识，特别要掌握树、基本回路和基本割集的概念以及选取方法。

15.2.1　图的矩阵表示与基尔霍夫定律的矩阵形式

1. 图的矩阵表示

（1）关联矩阵 $\boldsymbol{A}$。关联矩阵描述了有向图中支路和节点的关联性质（连接方式）。它的行对应于节点，列对应于支路。描述支路和所有节点关联性质的矩阵称为增广关联矩阵；描述支路和独立节点关联性质的矩阵称为降阶关联矩阵，简称关联矩阵。设 $\boldsymbol{A}=[a_{ij}]$，则其任一元素 a_{ij} 定义如下：

$$a_{ij} = \begin{cases} +1 & \text{表示支路 } j \text{ 和节点 } i \text{ 关联,且它的方向为离开节点(正向关联)} \\ -1 & \text{表示支路 } j \text{ 和节点 } i \text{ 关联,且它的方向为指向节点(反向关联)} \\ 0 & \text{表示支路 } j \text{ 和节点 } i \text{ 非关联} \end{cases}$$

（2）基本回路矩阵 $\boldsymbol{B}_f$。基本回路矩阵描述了有向图中支路与基本回路的关联性质。它的行对应于基本回路，列对应于支路。设 $\boldsymbol{B}_f=[b_{ij}]$，则其任一元素 b_{ij} 定义如下：

$$b_{ij} = \begin{cases} +1 & \text{表示支路 } j \text{ 属于回路 } i \text{,且二者方向一致（正向关联）} \\ -1 & \text{表示支路 } j \text{ 属于回路 } i \text{,且二者方向相反（反向关联）} \\ 0 & \text{表示支路 } j \text{ 不属于回路 } i \end{cases}$$

（3）基本割集矩阵Q_f。基本割集矩阵描述了有向图中支路与基本割集的关联性质。它的行对应于基本割集，列对应于支路。设$Q_f = [q_{ij}]$，则其任一元素 q_{ij} 定义如下：

$$q_{ij} = \begin{cases} +1 & \text{表示支路 } j \text{ 属于割集 } i \text{,且二者方向一致（正向关联）} \\ -1 & \text{表示支路 } j \text{ 属于割集 } i \text{,且二者方向相反（反向关联）} \\ 0 & \text{表示支路 } j \text{ 不属于割集 } i \end{cases}$$

学习过程中，上述三个矩阵的列写规律需要记忆，正确写出这三个矩阵是本章的基本功之一。找对基本回路和基本割集分别是正确列写基本回路矩阵和基本割集矩阵的前提。

（4）A、B_f 和Q_f 之间的关系。若按先连支、后树支的顺序对支路编号，并取基本回路和基本割集编号分别为连支和树支编号，则

$$A = \begin{bmatrix} A_l & A_t \end{bmatrix} \qquad B_f = \begin{bmatrix} 1_l & B_t \end{bmatrix} \qquad Q_f = \begin{bmatrix} Q_l & 1_t \end{bmatrix}$$

式中 1 为单位矩阵。有

$$B_t^T = -A_t^{-1} A_l \qquad Q_l = -B_t^T = A_t^{-1} A_l$$

【例 15 - 1】 电路的有向图如图 15 - 2（a）所示。以 1、2、3 支路为树支，分别写出该有向图的关联矩阵 A、基本回路矩阵B_f 和基本割集矩阵Q_f。

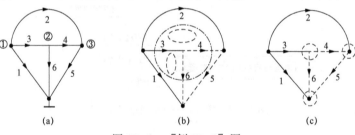

图 15 - 2 ［例 15 - 1］图

【解】关联矩阵 A 为

$$A = \begin{array}{c} n_1 \\ n_2 \\ n_3 \end{array} \begin{bmatrix} 1 & 1 & 1 & 0 & 0 & 0 \\ 0 & 0 & -1 & 1 & 0 & 1 \\ 0 & -1 & 0 & -1 & 1 & 0 \end{bmatrix}$$

（列标号 1 2 3 4 5 6）

基本回路如图 15 - 2（b）所示，基本回路矩阵 B_f 为

$$B_f = \begin{array}{c} l_1 \\ l_2 \\ l_3 \end{array} \begin{bmatrix} 0 & -1 & 1 & 1 & 0 & 0 \\ -1 & 1 & 0 & 0 & 1 & 0 \\ -1 & 0 & 1 & 0 & 0 & 1 \end{bmatrix}$$

（列标号 1 2 3 4 5 6）

基本割集如图 15 - 2（c）所示，基本割集矩阵 Q_f 为

$$Q_f = \begin{array}{c} q_1 \\ q_2 \\ q_3 \end{array} \begin{bmatrix} 1 & 0 & 0 & 0 & 1 & 1 \\ 0 & 1 & 0 & 1 & -1 & 0 \\ 0 & 0 & 1 & -1 & 0 & -1 \end{bmatrix}$$

（列标号 1 2 3 4 5 6）

2. 基尔霍夫定律的矩阵形式

关联矩阵、基本回路矩阵和基本割集矩阵表示的基尔霍夫定律的矩阵形式见表 15-1。

表 15-1　　　　　　　　　　**基尔霍夫定律的矩阵形式**

表示矩阵	KCL 方程	KVL 方程	说明
关联矩阵 $\boldsymbol{A}$	$\boldsymbol{A}\boldsymbol{i}_\mathrm{b}=0$	$\boldsymbol{u}_\mathrm{b}=\boldsymbol{A}^\mathrm{T}\boldsymbol{u}_\mathrm{n}$	$\boldsymbol{i}_\mathrm{b}$ 和 $\boldsymbol{i}_\mathrm{l}$ 分别为支路电流列向量和连支电流列向量；$\boldsymbol{u}_\mathrm{b}$、$\boldsymbol{u}_\mathrm{n}$ 和 $\boldsymbol{u}_\mathrm{t}$ 分别为支路电压列向量、节点电压列向量和树支电压列向量
基本回路矩阵 $\boldsymbol{B}_\mathrm{f}$	$\boldsymbol{i}_\mathrm{b}=\boldsymbol{B}_\mathrm{f}^\mathrm{T}\boldsymbol{i}_\mathrm{l}$	$\boldsymbol{B}_\mathrm{f}\boldsymbol{u}_\mathrm{b}=0$	
基本割集矩阵 $\boldsymbol{Q}_\mathrm{f}$	$\boldsymbol{Q}_\mathrm{f}\boldsymbol{i}_\mathrm{b}=0$	$\boldsymbol{u}_\mathrm{b}=\boldsymbol{Q}_\mathrm{f}^\mathrm{T}\boldsymbol{u}_\mathrm{t}$	

由表 15-1 可知，只有给出所有的树支电压或节点电压，才能确定出所有的支路电压；已知全部的连支电流，才能确定所有的支路电流。

15.2.2　支路方程的矩阵形式

复合支路（又称为一般支路或标准支路）由一个二端元件或多口元件的一个端口、电压源和电流源构成，如图 15-3 所示。图中下标 k 表示第 k 条支路，$\dot{U}_\mathrm{sk}$ 和 $\dot{I}_\mathrm{sk}$ 分别表示独立电压源的输出电压相量和独立电流源的输出电流相量；$\dot{U}_\mathrm{dk}$ 和 $\dot{I}_\mathrm{dk}$ 分别表示受控电压源输出电压相量和受控电流源的输出电流相量；Z_k（或 Y_k）表示支路阻抗（或导纳），它只能是一个二端元件或多口元件的一个端口。

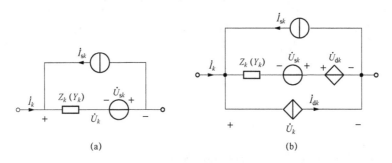

图 15-3　复合支路
（a）无受控源；（b）含受控源

图中规定，支路电压与支路电流采用关联参考方向，但独立电源的方向均与支路电压、电流的方向相反。复合支路规定了一条支路最多可包含的元件及其连接方式，但根据选用的分析方法，可以允许一条支路缺少其中某些元件。但应该注意，选择的分析方法不同，允许缺少的元件是有所区别的。如果支路中没有独立电压源（或电流源），相当于电压源电压（或电流源电流）为零。

压控型支路方程的矩阵形式：

$$\dot{\boldsymbol{I}}_\mathrm{b}=\boldsymbol{Y}_\mathrm{b}\dot{\boldsymbol{U}}_\mathrm{b}+\boldsymbol{Y}_\mathrm{b}\dot{\boldsymbol{U}}_\mathrm{s}-\dot{\boldsymbol{I}}_\mathrm{s}$$

流控型支路方程的矩阵形式：

$$\dot{\boldsymbol{U}}_\mathrm{b}=\boldsymbol{Z}_\mathrm{b}\dot{\boldsymbol{I}}_\mathrm{b}+\boldsymbol{Z}_\mathrm{b}\dot{\boldsymbol{I}}_\mathrm{s}-\dot{\boldsymbol{U}}_\mathrm{s}$$

式中：$\dot{\boldsymbol{U}}_\mathrm{b}$ 和 $\dot{\boldsymbol{I}}_\mathrm{b}$ 分别为支路电压列向量和支路电流列向量；$\dot{\boldsymbol{U}}_\mathrm{s}$ 和 $\dot{\boldsymbol{I}}_\mathrm{s}$ 分别为支路电压源电

压列向量和支路电流源电流列向量，$\dot{U}_\text{s}$ 和 $\dot{I}_\text{s}$ 的元素分别为相应支路的独立电压源电压（无独立电压源取 0）和独立电流源电流（无独立电流源取 0），电源方向与复合支路规定的一致时，直接填入，相反时加负号填入；Z_b 和 Y_b 分别称为支路阻抗矩阵和支路导纳矩阵，且有 $Y_\text{b} = Z_\text{b}^{-1}$。对于仅由二端元件组成的电路，$Y_\text{b}$ 和 Z_b 均为一对角矩阵，其对角元素分别为相应支路的导纳和阻抗，即

$$Y_\text{b} = \begin{bmatrix} Y_1 & 0 & \cdots & 0 \\ 0 & Y_2 & \cdots & 0 \\ \vdots & \vdots & \ddots & \vdots \\ 0 & 0 & \cdots & Y_\text{b} \end{bmatrix} = \text{diag}\begin{bmatrix} Y_1 & Y_2 & \cdots & Y_\text{b} \end{bmatrix}, Z_\text{b} = \text{diag}\begin{bmatrix} Z_1 & Z_2 & \cdots & Z_\text{b} \end{bmatrix}$$

如果电路含有受控源等多口元件，则 Z_b 和 Y_b 不再是对角矩阵。二端元件支路对应的行仍然只有对角元素不为 0，其值仍为相应支路的导纳和阻抗；含多口元件的支路对应的行出现非零的非对角元素，将独立源置零，写出该支路的 VAR 可填写相应的行元素。

【例 15 - 2】 电路及其有向图如图 15 - 4 所示，试写出该电路的支路阻抗矩阵 Z_b，支路导纳矩阵 Y_b，电压源列向量 U_s 和电流源列向量 I_s。

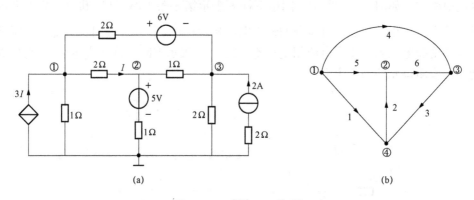

(a)　　　　　　　　　　　　　　　　(b)

图 15 - 4 　［例 15 - 2］图

【解】 支路电压源列向量和电流源列向量分别为

$$U_\text{s} = \begin{bmatrix} 0 & 5 & 0 & -6 & 0 & 0 \end{bmatrix}^\text{T}, I_\text{s} = \begin{bmatrix} 0 & 0 & 2 & 0 & 0 & 0 \end{bmatrix}^\text{T}$$

本题只有第 1 条支路因有耦合需单独处理。该支路的流控型方程为

$$U_1 = 1 \times (I_1 + 3I) = I_1 + 3I_5$$

则支路阻抗矩阵为

$$Z_\text{b} = \begin{bmatrix} 1 & 0 & 0 & 0 & 3 & 0 \\ 0 & 1 & 0 & 0 & 0 & 0 \\ 0 & 0 & 2 & 0 & 0 & 0 \\ 0 & 0 & 0 & 2 & 0 & 0 \\ 0 & 0 & 0 & 0 & 2 & 0 \\ 0 & 0 & 0 & 0 & 0 & 1 \end{bmatrix} \Omega$$

第 1 条支路的压控型方程为

$$I_1 = \frac{U_1}{1} - 3I = U_1 - 3 \times \frac{U_5}{2} = U_1 - 1.5U_5$$

所以，支路导纳矩阵为

$$
\boldsymbol{Y}_\mathrm{b} = \begin{bmatrix} 1 & 0 & 0 & 0 & -1.5 & 0 \\ 0 & 1 & 0 & 0 & 0 & 0 \\ 0 & 0 & 0.5 & 0 & 0 & 0 \\ 0 & 0 & 0 & 0.5 & 0 & 0 \\ 0 & 0 & 0 & 0 & 0.5 & 0 \\ 0 & 0 & 0 & 0 & 0 & 1 \end{bmatrix} \mathrm{S}
$$

注意，与电流源串联的电阻为多余元件，短路处理。

15.2.3　电路代数方程的矩阵形式

1. 节点电压方程的矩阵形式

$$
\boldsymbol{A}\boldsymbol{Y}_\mathrm{b}\boldsymbol{A}^\mathrm{T}\dot{\boldsymbol{U}}_\mathrm{n} = \boldsymbol{A}\dot{\boldsymbol{I}}_\mathrm{s} - \boldsymbol{A}\boldsymbol{Y}_\mathrm{b}\dot{\boldsymbol{U}}_\mathrm{s}
$$

节点导纳矩阵为 $\boldsymbol{Y}_\mathrm{n}=\boldsymbol{A}\boldsymbol{Y}_\mathrm{b}\boldsymbol{A}^\mathrm{T}$。显然，只要写出 $\boldsymbol{A}$、$\boldsymbol{Y}_\mathrm{b}$、$\dot{\boldsymbol{I}}_\mathrm{s}$ 和 $\dot{\boldsymbol{U}}_\mathrm{s}$ 四个矩阵，代入方程经过矩阵运算即可导出节点电压方程的矩阵形式。

2. 回路电流方程的矩阵形式

$$
\boldsymbol{B}_\mathrm{f}\boldsymbol{Z}_\mathrm{b}\boldsymbol{B}_\mathrm{f}^\mathrm{T}\dot{\boldsymbol{I}}_l = \boldsymbol{B}_\mathrm{f}\dot{\boldsymbol{U}}_\mathrm{s} - \boldsymbol{B}_\mathrm{f}\boldsymbol{Z}_\mathrm{b}\dot{\boldsymbol{I}}_\mathrm{s}
$$

回路阻抗矩阵为 $\boldsymbol{Z}_l=\boldsymbol{B}_\mathrm{f}\boldsymbol{Z}_\mathrm{b}\boldsymbol{B}_\mathrm{f}^\mathrm{T}$。显然，只要写出 $\boldsymbol{B}_\mathrm{f}$、$\boldsymbol{Z}_\mathrm{b}$、$\dot{\boldsymbol{U}}_\mathrm{s}$ 和 $\dot{\boldsymbol{I}}_\mathrm{s}$ 四个矩阵，代入方程经过矩阵运算即可导出回路电流方程的矩阵形式。

3. 割集电压方程的矩阵形式

割集分析法，简称割集法，是一种以树支电压为电路变量建立电路方程进行分析计算的方法，相应的电路方程称为割集电压方程，其矩阵形式为

$$
\boldsymbol{Q}_\mathrm{f}\boldsymbol{Y}_\mathrm{b}\boldsymbol{Q}_\mathrm{f}^\mathrm{T}\dot{\boldsymbol{U}}_\mathrm{t} = \boldsymbol{Q}_\mathrm{f}\dot{\boldsymbol{I}}_\mathrm{s} - \boldsymbol{Q}_\mathrm{f}\boldsymbol{Y}_\mathrm{b}\dot{\boldsymbol{U}}_\mathrm{s}
$$

割集导纳矩阵为 $\boldsymbol{Y}_\mathrm{t}=\boldsymbol{Q}_\mathrm{f}\boldsymbol{Y}_\mathrm{b}\boldsymbol{Q}_\mathrm{f}^\mathrm{T}$。显然，只要写出 $\boldsymbol{Q}_\mathrm{f}$、$\boldsymbol{Y}_\mathrm{b}$、$\dot{\boldsymbol{U}}_\mathrm{s}$ 和 $\dot{\boldsymbol{I}}_\mathrm{s}$ 四个矩阵，代入方程经过矩阵运算即可导出割集电压方程的矩阵形式。

15.3　重　点　与　难　点

本章的重点是节点电压方程的矩阵形式、回路电流方程的矩阵形式和割集电压方程的矩阵形式的列写。涉及关联矩阵、基本回路矩阵和基本割集矩阵以及支路电压源电压列向量、支路电流源电流列向量、支路阻抗矩阵和支路导纳矩阵等 7 个矩阵的列写。难点为基本回路矩阵和基本割集矩阵的列写以及含耦合支路时支路阻抗矩阵和支路导纳矩阵的列写。

15.4　第 15 章习题选解（含部分微视频）

15 - 1　（1）试分别写出图 15 - 5 所示各拓扑图的关联矩阵 $\boldsymbol{A}$。
（2）若已知一有向图的关联矩阵为

$$
\boldsymbol{A} = \begin{bmatrix} 1 & 0 & 0 & 1 & 0 & 0 & 1 \\ 0 & -1 & 0 & -1 & -1 & 0 & 0 \\ -1 & 0 & 0 & 0 & 1 & 1 & 0 \\ 0 & 0 & 1 & 0 & 0 & -1 & 0 \end{bmatrix}
$$

试画出此有向图。

【解】（1）1）关联矩阵 A 为

$$A = \begin{bmatrix} -1 & 1 & 0 & 0 & 0 & 1 \\ 0 & -1 & 1 & 1 & 0 & 0 \\ 0 & 0 & 0 & -1 & 1 & -1 \end{bmatrix}$$

2）关联矩阵 A 为

$$A = \begin{bmatrix} 1 & 0 & -1 & 0 & -1 & 0 & 0 & 0 & 0 \\ 0 & 0 & 1 & 1 & 0 & -1 & -1 & 0 & 0 \\ 0 & -1 & 0 & -1 & 0 & 0 & 0 & -1 & 0 \\ -1 & 1 & 0 & 0 & 0 & 0 & 0 & 0 & 0 \\ 0 & 0 & 0 & 0 & 0 & 1 & 1 & 1 & -1 \end{bmatrix}$$

（2）由已知的关联矩阵 A 可知，此有向图具有 5（行数＋1）个节点，7（列数）条支路。支路 1、4、5 和 6（列具有 2 个非零元素 1 和 -1）连接在两个非参考节点之间，如支路 1 连接在节点 1 和 3 之间，方向由节点 1 指向节点 3；支路 2、3 和 7（列具有 1 个非零元）与参考点相连，如支路 3 连接在节点 4 与参考节点之间，方向由节点 4 指向参考节点。由此可得有向图如图 15-6 所示。

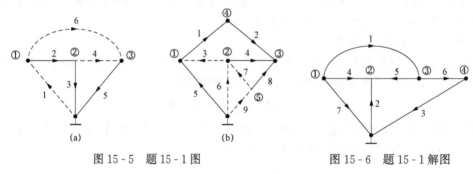

图 15-5　题 15-1 图　　　　　　　　　图 15-6　题 15-1 解图

15-2　在如图 15-5 所示各有向图中，实线为树。试分别写出它们的基本回路矩阵 B_f 和基本割集矩阵 Q_f。

【解】（1）以支路 1、4 和 6 为连支的基本回路分别为 $l_1(1,2,3)$，$l_2(3,4,5)$，$l_3(2,3,5,6)$。

基本回路矩阵 B_f 为

$$B_\mathrm{f} = \begin{bmatrix} 1 & 1 & 1 & 0 & 0 & 0 \\ 0 & 0 & -1 & 1 & 1 & 0 \\ 0 & -1 & -1 & 0 & 1 & 1 \end{bmatrix}$$

以支路 2、3 和 5 为树支的基本割集分别为 $q_1(1,2,6)$，$q_2(1,3,4,6)$，$q_3(4,5,6)$。

基本割集矩阵 Q_f 为

$$Q_\mathrm{f} = \begin{bmatrix} -1 & 1 & 0 & 0 & 0 & 1 \\ -1 & 0 & 1 & 1 & 0 & 1 \\ 0 & 0 & 0 & -1 & 1 & -1 \end{bmatrix}$$

（2）以支路 3、6、7 和 9 为连支的基本回路分别为

$$l_1(1,2,3,4),\ l_2(1,2,4,5,6),\ l_3(4,7,8),\ l_4(1,2,5,8,9)$$

基本回路矩阵 $\boldsymbol{B}_\mathrm{f}$ 为

$$\boldsymbol{B}_\mathrm{f} = \begin{bmatrix} 1 & 1 & 1 & -1 & 0 & 0 & 0 & 0 & 0 \\ -1 & -1 & 0 & 1 & -1 & 1 & 0 & 0 & 0 \\ 0 & 0 & 0 & 1 & 0 & 0 & 1 & -1 & 0 \\ -1 & -1 & 0 & 0 & -1 & 0 & 0 & 1 & 1 \end{bmatrix}$$

以支路 1、2、4、5 和 8 为树支的基本割集分别为

$q_1(1, 3, 6, 9)$，$q_2(2, 3, 6, 9)$，$q_3(3, 4, 6, 7)$，$q_4(5, 6, 9)$，$q_5(7, 8, 9)$

基本割集矩阵 $\boldsymbol{Q}_\mathrm{f}$ 为

$$\boldsymbol{Q}_\mathrm{f} = \begin{bmatrix} 1 & 0 & -1 & 0 & 0 & 1 & 0 & 0 & 1 \\ 0 & 1 & -1 & 0 & 0 & 1 & 0 & 0 & 1 \\ 0 & 0 & 1 & 1 & 0 & -1 & -1 & 0 & 0 \\ 0 & 0 & 0 & 0 & 1 & 1 & 0 & 0 & 1 \\ 0 & 0 & 0 & 0 & 0 & 0 & 1 & 1 & -1 \end{bmatrix}$$

15-3　电路及其有向图分别如图 15-7（a）、（b）所示，试写出该电路的支路导纳矩阵 $\boldsymbol{Y}_\mathrm{b}$、支路阻抗矩阵 $\boldsymbol{Z}_\mathrm{b}$、支路电压源列向量 $\dot{\boldsymbol{U}}_\mathrm{s}$ 和支路电流源列向量 $\dot{\boldsymbol{I}}_\mathrm{s}$。

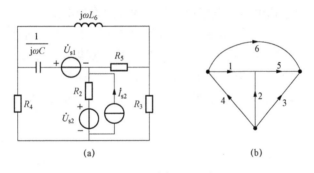

图 15-7　题 15-3 图

【解】（1）支路导纳矩阵为

$$\boldsymbol{Y}_\mathrm{b} = \mathrm{diag}\left[\mathrm{j}\omega C \quad \frac{1}{R_2} \quad \frac{1}{R_3} \quad \frac{1}{R_4} \quad \frac{1}{R_5} \quad \frac{1}{\mathrm{j}\omega L_6}\right]$$

（2）支路阻抗矩阵为

$$\boldsymbol{Z}_\mathrm{b} = \mathrm{diag}\left[\frac{1}{\mathrm{j}\omega C} \quad R_2 \quad R_3 \quad R_4 \quad R_5 \quad \mathrm{j}\omega L_6\right]$$

（3）支路电压源列向量和支路电流源列向量分别为

$$\dot{\boldsymbol{U}}_\mathrm{s} = \begin{bmatrix} -\dot{U}_\mathrm{s1} & \dot{U}_\mathrm{s2} & 0 & 0 & 0 & 0 \end{bmatrix}^\mathrm{T}, \quad \dot{\boldsymbol{I}}_\mathrm{s} = \begin{bmatrix} 0 & -\dot{I}_\mathrm{s2} & 0 & 0 & 0 & 0 \end{bmatrix}^\mathrm{T}$$

注：对由二端元件组成的支路，支路导纳（阻抗）矩阵相应行的对角元素为该支路的导纳（阻抗）。

15-4　如图 15-8（a）所示电路在 $t<0$ 时已处于稳态，其有向图如图 15-8（b）所示。试写出该电路对应的运算电路的关联矩阵、支路阻抗矩阵、支路导纳矩阵及支路电压源列向量和支路电流源列向量。

【解】 由 0_- 时刻电路可得 $u_\mathrm{C}(0_-)=1\mathrm{V}$，$i_\mathrm{L}(0_-)=1/1=1\mathrm{A}$。运算电路如图 15-9 所示。

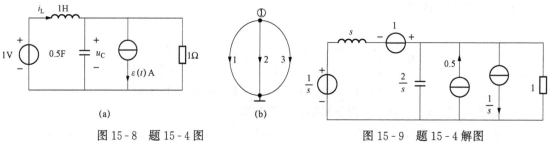

图 15-8　题 15-4 图　　　　　图 15-9　题 15-4 解图

关联矩阵为

$$A = \begin{bmatrix} 1 & 1 & 1 \end{bmatrix}$$

支路阻抗矩阵和支路导纳矩阵分别为

$$Z_b = \mathrm{diag}\begin{bmatrix} s & 2/s & 1 \end{bmatrix}, \quad Y_b = \mathrm{diag}\begin{bmatrix} 1/s & 0.5s & 1 \end{bmatrix}$$

支路电压源列向量和支路电流源列向量分别为

$$U_s(s) = \begin{bmatrix} -\dfrac{s+1}{s} & 0 & 0 \end{bmatrix}^T, \quad I_s(s) = \begin{bmatrix} 0 & 0.5 & -\dfrac{1}{s} \end{bmatrix}^T$$

注：各个矩阵的列写方法与电阻电路相同。但应特别注意，运算电路中的独立电源不仅包括外加独立电源，也包括电容、电感初始储能的等效附加电源。

15-5　如图 15-10（a）所示电路的有向图如图 15-10（b）所示，实线为树支，虚线为连支。试写出其关联矩阵 A、基本回路矩阵 B_f、基本割集矩阵 Q_f、支路电阻矩阵 R_b、支路电导矩阵 G_b 以及支路电压源列向量 U_s 和支路电流源列向量 I_s。

【解】 基本回路和基本割集分别如图 15-11 所示。有向图的关联矩阵 A、基本回路矩阵 B_f 和基本割集矩阵 Q_f 分别为

$$A = \begin{bmatrix} 1 & -1 & 0 & 0 & 0 \\ 0 & 1 & -1 & 1 & 0 \\ 0 & 0 & 0 & -1 & -1 \end{bmatrix}, \quad B_f = \begin{bmatrix} 1 & 1 & 1 & 0 & 0 \\ 0 & 0 & -1 & -1 & 1 \end{bmatrix}, \quad Q_f = \begin{bmatrix} 1 & -1 & 0 & 0 & 0 \\ 0 & -1 & 1 & 0 & 1 \\ 0 & 0 & 0 & 1 & 1 \end{bmatrix}$$

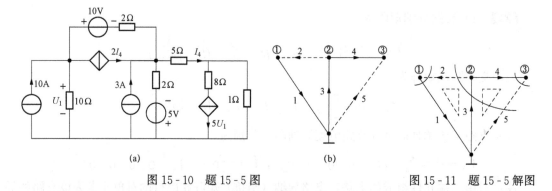

图 15-10　题 15-5 图　　　　　图 15-11　题 15-5 解图

支路电压源列向量 U_s 和支路电流源列向量 I_s 分别为

$$U_s = \begin{bmatrix} 0 & 10 & -5 & 0 & 0 \end{bmatrix}^T, \quad I_s = \begin{bmatrix} 10 & 0 & -3 & 0 & 0 \end{bmatrix}^T$$

为了写出支路电阻矩阵，应将支路方程写成流控型，即

$$U_2 = 2(I_2 + 2I_4) = 2I_2 + 4I_4, \quad U_5 = 1 \times (5U_1 + I_5) = 5 \times 10 I_1 + I_5 = 50 I_1 + I_5$$

则支路电阻矩阵为

$$\boldsymbol{R}_{\mathrm{b}} = \begin{bmatrix} 10 & 0 & 0 & 0 & 0 \\ 0 & 2 & 0 & 4 & 0 \\ 0 & 0 & 2 & 0 & 0 \\ 0 & 0 & 0 & 5 & 0 \\ 50 & 0 & 0 & 0 & 1 \end{bmatrix} \Omega$$

为了写出支路电导矩阵，应将支路方程写成压控型，即

$$I_2 = \frac{U_2}{2} - 2I_4 = 0.5U_2 - 2 \times \frac{U_4}{5} = 0.5U_2 - 0.4U_4, I_5 = -5U_1 + \frac{U_5}{1} = -5U_1 + U_5$$

则支路电导矩阵为

$$\boldsymbol{G}_{\mathrm{b}} = \begin{bmatrix} 0.1 & 0 & 0 & 0 & 0 \\ 0 & 0.5 & 0 & -0.4 & 0 \\ 0 & 0 & 0.5 & 0 & 0 \\ 0 & 0 & 0 & 0.2 & 0 \\ -5 & 0 & 0 & 0 & 1 \end{bmatrix} S$$

注：（1）支路电阻矩阵和支路电导矩阵与电路中的独立电源无关，故列写二者时可将独立源置零；（2）矩阵方程的右端项规定了复合支路中独立电源的方向。本例节点电压方程的矩阵形式为 $\boldsymbol{A}\boldsymbol{G}_{\mathrm{b}}\boldsymbol{A}^{\mathrm{T}}\boldsymbol{U}_{\mathrm{n}} = \boldsymbol{A}\boldsymbol{I}_{\mathrm{s}} - \boldsymbol{A}\boldsymbol{G}_{\mathrm{b}}\boldsymbol{U}_{\mathrm{s}}$。若设节点电压方程的矩阵形式为

$$\boldsymbol{A}\boldsymbol{G}_{\mathrm{b}}\boldsymbol{A}^{\mathrm{T}}\boldsymbol{U}_{\mathrm{n}} = \boldsymbol{A}\boldsymbol{I}_{\mathrm{s}} + \boldsymbol{A}\boldsymbol{G}_{\mathrm{b}}\boldsymbol{U}_{\mathrm{s}}$$

则独立电流源的方向与前一致，独立电压源的方向与前相反，此时支路电流源列向量 $\boldsymbol{I}_{\mathrm{s}}$ 同上，而支路电压源列向量 $\boldsymbol{U}_{\mathrm{s}}$ 应变为 $\boldsymbol{U}_{\mathrm{s}} = [0 \quad -10 \quad +5 \quad 0 \quad 0]^{\mathrm{T}}$。

15-6　正弦稳态电路及其有向图分别如图 15-12（a）、（b）所示。试写出该电路的支路阻抗矩阵 $\boldsymbol{Z}_{\mathrm{b}}$、支路导纳矩阵 $\boldsymbol{Y}_{\mathrm{b}}$、支路电压源列向量 $\dot{\boldsymbol{U}}_{\mathrm{s}}$ 和支路电流源列向量 $\dot{\boldsymbol{I}}_{\mathrm{s}}$。（微视频）

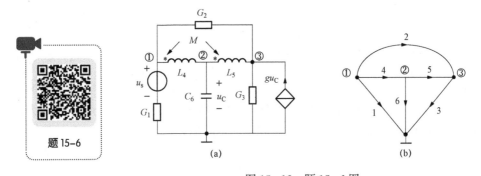

图 15-12　题 15-6 图

15-7　正弦稳态电路及其有向图分别如图 15-13（a）、（b）所示，试写出该电路相量形式的节点电压方程的矩阵形式。

【解】　关联矩阵和支路导纳矩阵分别为

$$\boldsymbol{A} = \begin{bmatrix} -1 & 1 & 0 & 0 & 1 & 0 \\ 0 & 0 & 1 & 0 & -1 & 1 \\ 0 & -1 & 0 & -1 & 0 & -1 \end{bmatrix}, \boldsymbol{Y}_{\mathrm{b}} = \mathrm{diag}\begin{bmatrix} \dfrac{1}{R_1} & \dfrac{1}{R_2} & \dfrac{1}{R_3} & \dfrac{1}{R_4} & \mathrm{j}\omega C & \dfrac{1}{\mathrm{j}\omega L} \end{bmatrix}$$

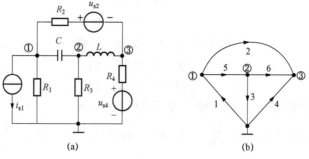

图 15 - 13　题 15 - 7 图

则节点导纳矩阵为

$$
\boldsymbol{Y}_n = \boldsymbol{A}\boldsymbol{Y}_b\boldsymbol{A}^{\mathrm{T}} =
\begin{bmatrix}
\dfrac{1}{R_1} + \dfrac{1}{R_2} + \mathrm{j}\omega C & -\mathrm{j}\omega C & -\dfrac{1}{R_2} \\[2ex]
-\mathrm{j}\omega C & \dfrac{1}{R_3} + \mathrm{j}\omega C + \dfrac{1}{\mathrm{j}\omega L} & -\dfrac{1}{\mathrm{j}\omega L} \\[2ex]
-\dfrac{1}{R_2} & -\dfrac{1}{\mathrm{j}\omega L} & \dfrac{1}{R_2} + \dfrac{1}{R_4} + \dfrac{1}{\mathrm{j}\omega L}
\end{bmatrix}
$$

支路电压源列向量和支路电流源列相量分别为

$$
\dot{\boldsymbol{I}}_s = \begin{bmatrix} \dot{I}_{s1} & 0 & 0 & 0 & 0 & 0 \end{bmatrix}^{\mathrm{T}}, \quad \dot{\boldsymbol{U}}_s = \begin{bmatrix} 0 & -\dot{U}_{s2} & 0 & \dot{U}_{s4} & 0 & 0 \end{bmatrix}^{\mathrm{T}}
$$

则

$$
\dot{\boldsymbol{j}}_n = \boldsymbol{A}\dot{\boldsymbol{I}}_s - \boldsymbol{A}\boldsymbol{Y}_b\dot{\boldsymbol{U}}_s = \begin{bmatrix} -\dot{I}_{s1} + \dfrac{\dot{U}_{s2}}{R_2} & 0 & -\dfrac{\dot{U}_{s2}}{R_2} + \dfrac{\dot{U}_{s4}}{R_4} \end{bmatrix}^{\mathrm{T}}
$$

因此，矩阵形式的节点电压方程为

$$
\begin{bmatrix}
\dfrac{1}{R_1} + \dfrac{1}{R_2} + \mathrm{j}\omega C & -\mathrm{j}\omega C & -\dfrac{1}{R_2} \\[2ex]
-\mathrm{j}\omega C & \dfrac{1}{R_3} + \mathrm{j}\omega C + \dfrac{1}{\mathrm{j}\omega L} & -\dfrac{1}{\mathrm{j}\omega L} \\[2ex]
-\dfrac{1}{R_2} & -\dfrac{1}{\mathrm{j}\omega L} & \dfrac{1}{R_2} + \dfrac{1}{R_4} + \dfrac{1}{\mathrm{j}\omega L}
\end{bmatrix}
\begin{bmatrix} \dot{U}_{n1} \\[1ex] \dot{U}_{n2} \\[1ex] \dot{U}_{n3} \end{bmatrix}
=
\begin{bmatrix} -\dot{I}_{s1} + \dfrac{\dot{U}_{s2}}{R_2} \\[2ex] 0 \\[2ex] -\dfrac{\dot{U}_{s2}}{R_2} + \dfrac{\dot{U}_{s4}}{R_4} \end{bmatrix}
$$

15 - 8　电路及其有向图如图 15 - 14（a）、（b）所示，图 15 - 14（b）中实线为树支。试分别写出该电路回路电流方程和割集电压方程的矩阵形式。（微视频）

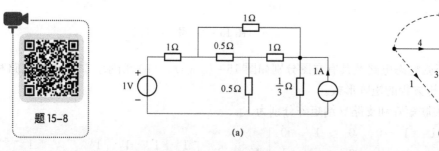

图 15 - 14　题 15 - 8 图

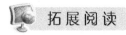 **拓展阅读**

线性动态电路的离散代数方程

运用数值计算的方法可借助计算机进行电路的辅助分析。其基本方法之一是将微分方程离散成代数方程，通过数值迭代进行暂态分析计算。微分方程离散成代数方程相当于把微分方程描述的元件离散转化为电阻元件（包括独立电源。由于电阻元件的方程本身就是代数方程，因此可直接使用，而无需离散处理）。

用数值积分方法迭代求解网络暂态过程时，把整个计算时间离散成一系列较小的时间间隔，一般采用固定步长 $h = \Delta t$，设计算开始时刻为 t_0，则有 $t_1 = t_0 + h$，$t_2 = t_1 + h$，…，$t_n = t_{n-1} + h$，共计算 n 步；在计算 t_{k+1} 时刻网络状态时，t_{k+1} 时刻以前的历史状态均已知，这样就可以逐点计算出网络中响应变化的波形。

目前已提出了多种求解微分方程的数值积分算法，如后向欧拉算法、梯形算法、吉尔（Gear）算法等。在此以梯形算法为例进行原理性说明。

设一阶微分方程及其初值如下

$$\dot{x} = f(x) \tag{15-1}$$

$$x(t_0) = x_0 \tag{15-2}$$

数值积分法基本的求解思路是：通过寻求解 $x(t)$ 在一系列离散点 t_1，t_2，…，t_n 处的近似解来得到其数值解。

对方程（15-1）取积分得

$$x(t) = x(t_0) + \int_{t_0}^{t} f[x(\tau)]\mathrm{d}\tau$$

令 $t = t_k$ 得

$$x(t_k) = x(t_0) + \int_{t_0}^{t_k} f[x(\tau)]\mathrm{d}\tau$$

则 $t = t_{k+1}$ 时，

$$x(t_{k+1}) = x(t_0) + \int_{t_0}^{t_{k+1}} f[x(\tau)]\mathrm{d}\tau = x(t_0) + \int_{t_0}^{t_k} f[x(\tau)]\mathrm{d}\tau + \int_{t_k}^{t_{k+1}} f[x(\tau)]\mathrm{d}\tau$$

$$= x(t_k) + \int_{t_k}^{t_{k+1}} f[x(\tau)]\mathrm{d}\tau$$

在步长 h 足够小时，用弦长代替弧段，积分 $\int_{t_k}^{t_{k+1}} f[x(\tau)]\mathrm{d}\tau$ 所代表的面积可用图 15-15 中阴影部分梯形的面积表示，即

$$\int_{t_k}^{t_{k+1}} f[x(\tau)]\mathrm{d}\tau \approx \frac{h}{2}\{f[x(t_k)] + f[x(t_{k+1})]\}$$

因此，微分方程 $\dot{x} = f(x)$ 的递推梯形积分公式为

$$x_{k+1} \approx x_k + \frac{h}{2}(f_k + f_{k+1}) \tag{15-3}$$

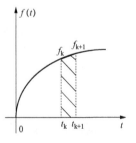

图 15-15　梯形积分
算法的原理图

式中：$x_k = x(t_k)$，$f_k = f[x(t_k)]$。

（1）电容的等值离散电路模型

如图 15-16（a）所示电容 C 的特性方程为

$$i_C(t) = C\frac{du_C(t)}{dt}$$

上式可改写为

$$\frac{du_C(t)}{dt} = \frac{1}{C}i_C(t) \tag{15-4}$$

运用梯形积分公式（15-3），式（15-4）变为

$$u_C(t_{k+1})C = u_C(t_k) + \frac{h}{2C}[i_C(t_k) + i_C(t_{k+1})]$$

简记为

$$i_C(t_{k+1}) = \frac{1}{R_C}u_C(t_{k+1}) + I_C(t_k) \tag{15-5}$$

式中：$R_C = \dfrac{h}{2C}$，$I_C(t_k) = -i_C(t_k) - \dfrac{1}{R_C}u_C(t_k)$。其中 R_C 表示电容 C 暂态计算时的等值离散电阻，在取定步长的情况下，它是定值。$I_C(t_k)$ 为反映历史记录的等值电流源，它随计算时间点变化。方程（15-5）对应的电路如图 15-16（b）所示，因电路反映了元件电压和电流在时间离散点的情况，故称为电容的离散电路模型。它表明，线性电容在 $k+1$ 步等效为阻值为 $h/2C$ 的电阻与电流值为 $I_C(t_k)$ 的电流源并联的线性电阻电路。

（2）电感的等值离散电路模型

如图 15-17（a）所示电感 L 的特性方程为

$$u_L(t) = L\frac{di_L}{dt}$$

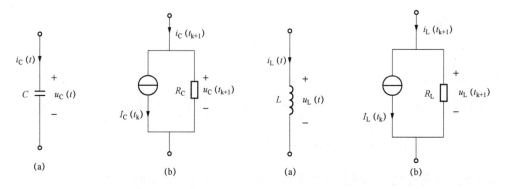

图 15-16　电容暂态等值离散电路模型　　　　图 15-17　电感暂态等值离散电路模型

上式可改写为

$$\frac{di_L}{dt} = \frac{1}{L}u_L(t) \tag{15-6}$$

根据梯形积分公式（15-3），式（15-6）变为

$$i_L(t_{k+1}) = i_L(t_k) + \frac{h}{2L}[u_L(t_k) + u_L(t_{k+1})]$$

简记为

$$i_L(t_{k+1}) = \frac{1}{R_L}u_L(t_{k+1}) + I_L(t_k) \tag{15-7}$$

式中：$R_L = \dfrac{2L}{h}$，$I_L(t_k) = i_L(t_k) + \dfrac{1}{R_L} u_L(t_k)$。其中 R_L 是电感 L 暂态计算时第 $k+1$ 步的等值电阻，在取定步长的情况下，它是定值；$I_L(t_k)$ 为暂态计算时电感的等值电流源，可由前一步流经电感的电流值和端点电压值计算得到。

由式（15-7）可得图 15-17（b）所示电感的暂态等值离散电路模型，电路中只包含电阻 R_L 和等值电流源 $I_L(t_k)$。

需要指出的是，不同的数值积分公式对应的元件等值离散电路参数是不同的。

基于储能元件的等值离散电路模型，可以直接建立线性动态电路的离散代数方程。

检测题 5（第 13 章～第 15 章）

1. 图检 5-1 所示电路中，分别求（1）非线性电阻为理想二极管；（2）非线性电阻的 VAR 为 $u=i^2(i>0)$ 两种情况下电路中的电压 u，电流 i 和 i_1。

2. 图检 5-2 所示电路中，非线性电阻的特性方程为 $i=g(u)=\begin{cases} u^2 & u>0 \\ 0 & u<0 \end{cases}$，信号源 $u_s(t)=2\cos\omega t$ mV，求电路中的电压 $u(t)$ 和电流 $i(t)$。

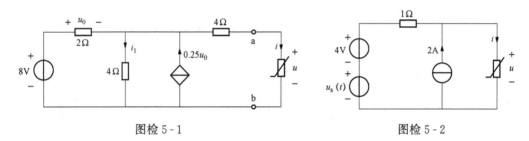

图检 5-1　　　　　　　　　　图检 5-2

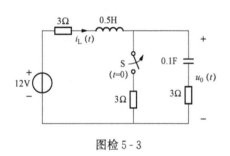

图检 5-3

3. 图检 5-3 所示电路开关 S 动作前处于稳态，$t=0$ 时开关 S 打开。试用运算法求 $t>0$ 时电流 $i_L(t)$ 和电压 $u_0(t)$。

4. 求图检 5-4 所示电路的网络函数 $H(s)=\dfrac{I_0(s)}{I_s(s)}$ 并画出其零极点图。

5. 图检 5-5 所示电路中，网络 N 为 RC 线性网络，零输入响应 $u(t)=-e^{-10t}\varepsilon(t)$ V；当输入 $u_s(t)=12\varepsilon(t)$ V 时，全响应 $u(t)=(6-3e^{-10t})\varepsilon(t)$ V。现若将输入改为 $u_s(t)=6e^{-5t}\varepsilon(t)$ V（原初始状态不变），再求其全响应 $u(t)$。

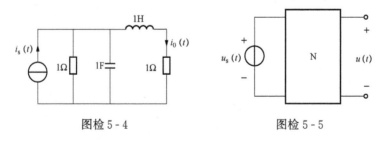

图检 5-4　　　　　　　　　　图检 5-5

6. 动态电路及其有向图分别如图检 5-6（a）和图检 5-6（b）所示，$u_3(0_-)=2$V，$u_4(0_-)=0$，$i_5(0_-)=3$A，$i_6(0_-)=-5$A。若以支路 1、3、6 为树支，试写出该电路对应的关联矩阵 $\boldsymbol{A}$、基本回路矩阵 $\boldsymbol{B}_f$、支路阻抗矩阵 $\boldsymbol{Z}_b(s)$、支路导纳矩阵 $\boldsymbol{Y}_b(s)$、支路电压源列向量 $\boldsymbol{U}_s(s)$ 和支路电流源列向量 $\boldsymbol{I}_s(s)$。其中 $R_1=1\Omega$，$R_2=0.25\Omega$，$C_3=2$F，$C_4=1$F，$L_5=4$H，$L_6=3$H，$i_s(t)=5\varepsilon(t)$ A。

7. 正弦交流电路及其有向图分别如图检 5-7（a）和图检 5-7（b）所示，其中 $u_{s2}=$

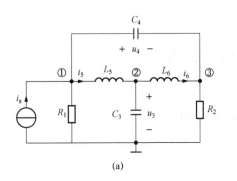
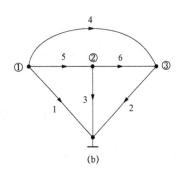

图检 5 - 6

$2\sqrt{2}\sin(2t+45°)$V，$u_{s3}=3\sqrt{2}\sin(2t-135°)$V，$i_{s6}=6\sqrt{2}\sin(2t+30°)$V。试写出该电路相量形式的节点电压方程的矩阵形式。（设节点电压方程的矩阵形式为 $\boldsymbol{A}\boldsymbol{Y}_b\boldsymbol{A}^{\mathrm{T}}\dot{\boldsymbol{U}}_n=\boldsymbol{A}\dot{\boldsymbol{I}}_s-\boldsymbol{A}\boldsymbol{Y}_b\dot{\boldsymbol{U}}_s$）

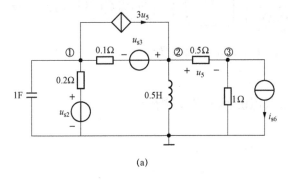
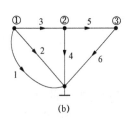

图检 5 - 7

第 16 章 分布参数电路

16.1 本章知识点思维导图

本章的知识点思维导图见图 16 - 1。

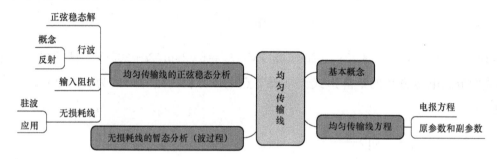

图 16 - 1 第 16 章的知识点思维导图

16.2 知识点归纳与学习指导

本章讨论典型的分布参数电路——（二线）均匀传输线。

16.2.1 均匀传输线的方程

由于电路参数的分布性，均匀传输线上的电压 u 和电流 i 不仅是时间 t 的函数，而且还与距离 x 有关。这是分布参数电路与集中参数电路的显著区别。均匀传输线由下列偏微分方程（称为电报方程）描述

$$-\frac{\partial u}{\partial x} = R_0 i + L_0 \frac{\partial i}{\partial t}$$

$$-\frac{\partial i}{\partial x} = G_0 u + C_0 \frac{\partial u}{\partial t}$$

式中：R_0、L_0、G_0 和 C_0 为均匀传输线单位长度的电阻、电感、电导和电容，统称为传输线的原始参数。

根据边界条件［传输线上某处 $x = x_0$ 的电流和电压，常见的是始端 $x = 0$ 或终端 $x = l$（l 为线长）和初始条件（换路时刻的条件）］，可以求解上述方程组。

16.2.2 均匀传输线的正弦稳态解

1. 均匀传输线的相量方程

正弦稳态下，均匀传输线的相量方程为

$$-\frac{\mathrm{d}\dot{U}}{\mathrm{d}x} = R_0 \dot{I} + \mathrm{j}\omega L_0 \dot{I} = Z_0 \dot{I}$$

$$-\frac{\mathrm{d}\dot{I}}{\mathrm{d}x} = G_0 \dot{U} + \mathrm{j}\omega C_0 \dot{U} = Y_0 \dot{U}$$

式中：$\dot{U}$ 和 $\dot{I}$ 分别表示 u 和 i 的相量，它们仅是距始端距离 x 的函数；$Z_0 = R_0 + j\omega L_0$ 和 $Y_0 = G_0 + j\omega C_0$ 分别为单位长度的串联阻抗和单位长度的并联导纳。

2. 均匀传输线的正弦稳态解

方程的通解为

$$\dot{U} = Ae^{-\gamma x} + Be^{\gamma x}, \quad \dot{I} = \frac{1}{Z_c}(Ae^{-\gamma x} - Be^{\gamma x})$$

式中：$\gamma = \sqrt{(R_0 + j\omega L_0)(G_0 + j\omega C_0)} = \alpha + j\beta$ 称为传播常数，其中 α 称为衰减常数，β 为相位常数；$Z_c = \sqrt{\dfrac{R_0 + j\omega L_0}{G_0 + j\omega C_0}} = |Z_c| \angle \varphi$ 称为均匀传输线的特性阻抗。γ 和 Z_c 统称为传输线的副参数。

★已知始端（$x = 0$）的电压 $\dot{U}_1$ 和电流 $\dot{I}_1$ 时，线上距离始端 x 处的电压和电流分别为

$$\dot{U}(x) = \frac{1}{2}(\dot{U}_1 + Z_c \dot{I}_1)e^{-\gamma x} + \frac{1}{2}(\dot{U}_1 - Z_c \dot{I}_1)e^{\gamma x} = \dot{U}_1 \cosh(\gamma x) - Z_c \dot{I}_1 \sinh(\gamma x)$$

$$\dot{I}(x) = \frac{1}{2}\left(\frac{\dot{U}_1}{Z_c} + \dot{I}_1\right)e^{-\gamma x} - \frac{1}{2}\left(\frac{\dot{U}_1}{Z_c} - \dot{I}_1\right)e^{\gamma x} = \dot{I}_1 \cosh(\gamma x) - \frac{\dot{U}_1}{Z_c}\sinh(\gamma x)$$

★已知终端（$x = l$）的电压 $\dot{U}_2$ 和电流 $\dot{I}_2$ 时，线上距离终端 x' 处的电压和电流分别为

$$\dot{U}(x') = \frac{1}{2}(\dot{U}_2 + Z_c \dot{I}_2)e^{\gamma x'} + \frac{1}{2}(\dot{U}_2 - Z_c \dot{I}_2)e^{-\gamma x'} = \dot{U}_2 \cosh(\gamma x') + Z_c \dot{I}_2 \sinh(\gamma x')$$

$$\dot{I}(x') = \frac{1}{2}\left(\frac{\dot{U}_2}{Z_c} + \dot{I}_2\right)e^{\gamma x'} - \frac{1}{2}\left(\frac{\dot{U}_2}{Z_c} - \dot{I}_2\right)e^{-\gamma x'} = \dot{I}_2 \cosh(\gamma x') + \frac{\dot{U}_2}{Z_c}\sinh(\gamma x')$$

3. 均匀传输线的输入阻抗

均匀传输线上距离终端 x' 处向终端看入的输入阻抗为

$$Z_{in}(x') = \frac{\dot{U}(x')}{\dot{I}(x')} = Z_c \frac{Z_2 + Z_c \tanh \gamma x'}{Z_c + Z_2 \tanh \gamma x'}$$

16.2.3 均匀传输线的行波和波的反射

传输线上的电压和电流均可看作是入射波（即正向行波：由始端向终端传播的波）和反射波（即反向行波：由终端向始端传播的波）两种行波叠加的结果，即

$$\dot{U} = \dot{U}^+ + \dot{U}^-, \quad \dot{I} = \dot{I}^+ - \dot{I}^-$$

其中，正向行波 $\dot{U}^+ = Ae^{-\gamma x} = A'e^{\gamma x'}$，$\dot{I}^+ = \dot{U}^+/Z_c$；反向行波 $\dot{U}^- = Be^{\gamma x} = B'e^{-\gamma x'}$，$\dot{I}^- = \dot{U}^-/Z_c$。

波的相位速度和波长分别为 $v_p = \dfrac{\omega}{\beta}$ 和 $\lambda = \dfrac{2\pi}{\beta}$。

线上某处的反射系数 N 定义为该处电压（电流）反射波与电压（电流）入射波之比，即

$$N = \frac{\dot{U}^-}{\dot{U}^+} = \frac{\dot{I}^-}{\dot{I}^+} = \frac{Z_{in} - Z_c}{Z_{in} + Z_c} = N_2 e^{-2\gamma x'}$$

式中：$N_2 = \dfrac{Z_2 - Z_c}{Z_2 + Z_c}$ 为终端处的反射系数，Z_2 为传输线终端的负载阻抗。这表明，反射是由不均匀点（称为反射点）引起的。

当 $Z_2 = Z_c$ 时，称传输线工作于匹配状态。此时①$N_2 = 0$，$N = 0$，线上无反射波存在；②线上任一处的输入阻抗等于特性阻抗，$Z_{in} = Z_c$；③传输到终端的功率称为自然功率。

半无限长的传输线上无反射波，可认为与匹配的有限长传输线状态相同。

【例 16-1】 图 16-2（a）所示均匀传输线正弦稳态电路中，电源两边的两段传输线完全相同，线长为 l、特性阻抗为 Z_c、传播常数为 γ。试求线上的电压和电流相量。

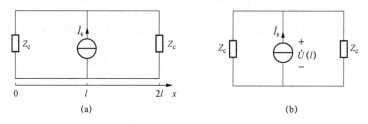

图 16-2　[例 16-1] 图

【解】设线上电压的参考方向为上正下负，电流的参考方向为 x 的正方向。当 $0 \leqslant x \leqslant l$ 时，线上只有反向行波，故

$$\dot{U}(x) = A\mathrm{e}^{\gamma x}, \ \dot{I}(x) = -\frac{A}{Z_c}\mathrm{e}^{\gamma x}$$

当 $l \leqslant x \leqslant 2l$ 时，线上只有正向行波，故

$$\dot{U}(x) = B\mathrm{e}^{-\gamma x}, \ \dot{I}(x) = \frac{B}{Z_c}\mathrm{e}^{-\gamma x}$$

从电流源两端分别向两边二端网络看进去的输入阻抗均为 Z_c，所以，$x = l$ 处的等效电路如图 16-2（b）所示。电流源两端的电压为

$$\dot{U}(l) = \frac{1}{2}Z_c\dot{I}_s$$

则 $A = \frac{1}{2}Z_c\dot{I}_s\mathrm{e}^{-\gamma l}$，$B = \frac{1}{2}Z_c\dot{I}_s\mathrm{e}^{\gamma l}$，因此

$$\dot{U}(x) = \frac{1}{2}Z_c\dot{I}_s\mathrm{e}^{\gamma(x-l)}, \dot{I}(x) = -\frac{1}{2}\dot{I}_s\mathrm{e}^{\gamma(x-l)} \qquad 0 \leqslant x \leqslant l$$

$$\dot{U}(x) = \frac{1}{2}Z_c\dot{I}_s\mathrm{e}^{\gamma(l-x)}, \dot{I}(x) = \frac{1}{2}\dot{I}_s\mathrm{e}^{\gamma(l-x)} \qquad l \leqslant x \leqslant 2l$$

注：本题为涉及均匀传输线的行波、输入阻抗、阻抗匹配和边界条件的综合概念性题目。

16.2.4　无损耗传输线

单位长度电阻 R_0 和单位长度电导 G_0 均为零的传输线称为无损耗传输线，简称无损耗线。

无损耗线的传播常数 γ 和特性阻抗 Z_c 分别为

$$\gamma = \mathrm{j}\omega\sqrt{L_0 C_0} = \mathrm{j}\beta, \ Z_c = \sqrt{L_0/C_0}$$

1. 概述

学习本部分内容要利用下列公式

$$\sinh(\mathrm{j}\beta x') = \mathrm{j}\sin(\beta x'), \cosh(\mathrm{j}\beta x') = \cos(\beta x'), \tanh(\mathrm{j}\beta x') = \mathrm{j}\tan(\beta x')$$

输入阻抗公式变为

$$Z_{in} = Z_c \frac{Z_2 + jZ_c \tan\beta x'}{Z_c + jZ_2 \tan\beta x'} = Z_c \frac{Z_2 + jZ_c \tan\frac{2\pi}{\lambda}x'}{Z_c + jZ_2 \tan\frac{2\pi}{\lambda}x'}$$

已知始端（$x=0$）的 $\dot{U}_1$ 和 $\dot{I}_1$ 时，线上的电压和电流分别为

$$\dot{U} = \dot{U}_1 \cos\frac{2\pi}{\lambda}x - j Z_c \dot{I}_1 \sin\frac{2\pi}{\lambda}x, \quad \dot{I} = \dot{I}_1 \cos\frac{2\pi}{\lambda}x - j\frac{\dot{U}_1}{Z_c}\sin\frac{2\pi}{\lambda}x$$

终端（$x=l$）的 $\dot{U}_2$ 和 $\dot{I}_2$ 已知时，线上的电压和电流分别为

$$\dot{U} = \dot{U}_2 \cos\frac{2\pi}{\lambda}x' + j Z_c \dot{I}_2 \sin\frac{2\pi}{\lambda}x', \quad \dot{I} = \dot{I}_2 \cos\frac{2\pi}{\lambda}x' + j\frac{\dot{U}_2}{Z_c}\sin\frac{2\pi}{\lambda}x'$$

【例 16 - 2】 两段特性阻抗分别为 $Z_{c1}=75\Omega$，$Z_{c2}=50\Omega$ 的无损耗线连接的传输线如图 16 - 3（a）所示，两段线的长度均为 0.125λ（λ 为线的工作波长）。已知终端所接负载 $Z_2 = 50 + j100\Omega$，试求 11′ 端口的输入阻抗。

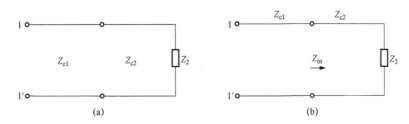

图 16 - 3 ［例 16 - 2］图

【解】 设第二条线始端的输入阻抗为 Z_{in}，如图 16 - 3（b）所示。则

$$Z_{in} = Z_{c2} \frac{Z_2 + jZ_{c2}\tan\left(\frac{2\pi}{\lambda}l\right)}{Z_{c2} + jZ_2\tan\left(\frac{2\pi}{\lambda}l\right)} = 50 \times \frac{50 + j100 + j50\tan\left(\frac{2\pi}{\lambda}\times\frac{\lambda}{8}\right)}{50 + j(50 + j100)\tan\left(\frac{2\pi}{\lambda}\times\frac{\lambda}{8}\right)}$$

$$= 50 - j100 = 111.8\angle -63.43°\Omega$$

$$Z_1 = Z_{c1} \frac{Z_2 + jZ_{c1}\tan\left(\frac{2\pi}{\lambda}l\right)}{Z_{c1} + jZ_2\tan\left(\frac{2\pi}{\lambda}l\right)} = 75 \times \frac{50 - j100 + j75\tan\left(\frac{2\pi}{\lambda}\times\frac{\lambda}{8}\right)}{75 + j(50 - j100)\tan\left(\frac{2\pi}{\lambda}\times\frac{\lambda}{8}\right)}$$

$$= 16.98 - j15.57 = 23.04\angle -42.51°\Omega$$

注：（1）本章的公式都是针对单条传输线而言的，若为多条传输线，则需先转化为单条线，再使用相应的公式。

（2）等效变换的方法在传输线网络中仍然适用。

2. 驻波

终端开路或短路（包括接电容或电感）的无损耗线上的电压和电流均为驻波。电压的波腹和波节相距 $\frac{\lambda}{4}$，交替出现，它们恰好是电流的波节和波腹。

3. 无损耗线的应用

（1）无损耗短路线的输入阻抗为 $Z_{sc} = jZ_c\tan\frac{2\pi}{\lambda}l$。当 $l < \frac{\lambda}{4}$ 时，无损耗短路线等效为

电感。

（2）无损耗开路线的输入阻抗为 $Z_{oc} = -jZ_c \cot \dfrac{2\pi}{\lambda} l$。当 $l < \dfrac{\lambda}{4}$ 时，无损耗开路线等效为电容。

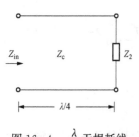

图 16 - 4　$\dfrac{\lambda}{4}$ 无损耗线

（3）$\dfrac{\lambda}{4}$ 无损耗线如图 16 - 4 所示，可用作阻抗变换器。

阻抗变换公式为

$$Z_{in} = \frac{Z_c^2}{Z_2}$$

利用 $\dfrac{\lambda}{4}$ 无损耗线可实现阻抗匹配。

上述无损耗线应用中的 3 个阻抗公式都是无损耗线一般输入阻抗公式的特例。

16.2.5　无损耗传输线的波过程

1. 概述

像集中参数的动态电路一样，当出现换路时，传输线上将发生暂态过程，称为波过程。

无损耗线上的暂态电压和暂态电流仍然可看作是波速为 $v = \dfrac{1}{\sqrt{L_0 C_0}}$ 的入射波和反射波两种行波叠加的结果为

$$u = u^+ + u^-, \quad i = i^+ - i^-$$

且有 $u^+ = z_c i^+$，$u^- = z_c i^-$，其中 $z_c = \sqrt{\dfrac{L_0}{C_0}}$ 称为波阻抗。

2. 波的反射与折射

（1）波的反射。反射也是由不均匀点（反射点）引起的。显然，半无限长线上只有入射波，没有反射波。对于有限长线，在入射波尚未到达终端（反射点）之前，波过程与半无限长线的情况相同。

反射点的反射波可用下列的柏德生法则计算。

柏德生法则：当入射波沿无损耗线投射到反射点时，对该反射点而言，传送入射波的无损耗线可等效为一个集中参数戴维南等效电路，其中电压源的电压等于反射点电压入射波的 2 倍，等效电阻等于无损耗线的波阻抗 z_c，如图 16 - 5 所示。

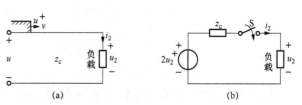

图 16 - 5　传输线网络及其等效电路
（a）传输线网络；（b）等效电路

当反射波抵达终端时，对始端来说又成了入射波。如果始端电源内阻 R_s 与波阻抗不相等，则在始端也会产生反射波，它为传输线的第二次入射波。第二次入射波再次向终端推进，到达终端后又一次产生反射，这样重复下去，就形成了多次反射。

（2）波的折射。入射波行进到波阻抗不同的传输线连接处时，不仅会产生反射波，而且将有电压和电流行波进入到连接处以后的传输线。这种进入另一条传输线的波称为折射波或透射波。

折射波与入射波之比称为折射系数。电压折射系数和电流折射系数分别为

$$\rho_u = \frac{u_2^+}{u_1^+} = \frac{2z_{c2}}{z_{c2}+z_{c1}}, \quad \rho_i = \frac{i_2^+}{i_1^+} = \frac{2z_{c1}}{z_{c2}+z_{c1}}$$

电压和电流的折射波可用如图 16-6 所示的计算折射波的等效电路来计算。

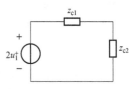

图 16-6 计算折射波的等效电路

波的折射有可能引起过电压现象，因此，在设计电器设备的绝缘水平时，必须考虑，以免遭受损坏。

16.3 重点与考点

本章的重点是传输线上行波、匹配等基本概念；无损耗线上电压、电流的特点及无损耗线的应用。难点为波过程。

16.4 第 16 章习题选解

16-1 某长度为 150km 的均匀传输线，始端与 200V 直流电压源相连，终端短路。已知传输线每单位长度的参数为 $R_0 = 1\Omega/\text{km}$，$G_0 = 5 \times 10^{-5}\text{S/km}$，试求终端的稳态电流 I_2。

【解】 由于激励为直流电压源，达到稳态后沿线的电压都不随时间变化。所以对应的传输线方程为

$$-\frac{\mathrm{d}U}{\mathrm{d}x} = R_0 I$$

$$-\frac{\mathrm{d}I}{\mathrm{d}x} = G_0 U$$

消去中间变量 I 可得

$$-\frac{\mathrm{d}^2 U}{\mathrm{d}x^2} = R_0 G_0 U$$

其解为

$$U = A_1 \mathrm{e}^{-\alpha x} + A_2 \mathrm{e}^{\alpha x}$$

其中 $\alpha = \sqrt{R_0 G_0} = \sqrt{50} \times 10^{-3} \text{ km}^{-1}$，$A_1$ 和 A_2 由图 16-7 边界条件确定。

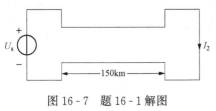

图 16-7 题 16-1 解图

因 $x=0$ 处，$U=200\text{V}$；$x=l=150\text{ km}$ 处，$U=0$，于是有

$$A_1 + A_2 = 200, \quad A_1 \mathrm{e}^{-\alpha l} + A_2 \mathrm{e}^{\alpha l} = 0$$

解之得 $A_1 = 227.24$，$A_2 = -27.24$。

因此

$$U = (227.24\mathrm{e}^{-\sqrt{50}\times10^{-3}x} - 27.24\mathrm{e}^{\sqrt{50}\times10^{-3}x}) \text{ V}$$

$$I_2 = \frac{1}{R_0}\left(-\frac{\partial U}{\partial x}\right)_{x=l} = 1.11 \text{ A}$$

16-2 某架空线的原参数为 $R_0 = 0.027\Omega/\text{km}$，$L_0 = 9.5 \times 10^{-6}\text{H/km}$，$G_0 = 0.0216\mu\text{S/km}$，$C_0 = 19.9\text{nF/km}$，试求工作频率为 50Hz 时的传播常数 γ、特性阻抗 Z_c、相速 v_p 和波长 λ。

【解】 $Z_0 = R_0 + \mathrm{j}\omega L_0 = 0.027 + \mathrm{j}2\pi \times 50 \times 9.5 \times 10^{-6} = 0.027 + \mathrm{j}0.002983$

$= 0.027\angle 6.30° \ \Omega$

$$Y_0 = G_0 + j\omega C_0 = 0.0216 \times 10^{-6} + j2\pi \times 50 \times 19.9 \times 10^{-9} = 0.216 \times 10^{-7} + j62.486 \times 10^{-7}$$
$$= 62.486 \times 10^{-7} \angle 89.80° \text{ S}$$

$$\gamma = \sqrt{Z_0 Y_0} = \sqrt{0.027 \angle 6.30° \times 62.486 \times 10^{-7} \angle 89.80°} = 41.07 \times 10^{-5} \angle 48.05°$$
$$= (27.43 + j30.56) \times 10^{-5} \text{ 1/km}$$

$$Z_c = \sqrt{\frac{Z_0}{Y_0}} = \sqrt{\frac{0.027 \angle 6.30°}{62.486 \times 10^{-7} \angle 89.80°}} = 0.657 \times 10^5 \angle -41.75° \text{ Ω}$$

$$v_p = \frac{\omega}{\beta} = \frac{2\pi \times 50}{30.56 \times 10^{-5}} = 0.0103 \times 10^8 \text{ m/s}$$

$$\lambda = \frac{2\pi}{\beta} = \frac{2\pi}{30.56 \times 10^{-5}} = 2.06 \times 10^8 \text{ m}$$

16-3 某电缆的传播常数 $\gamma = 0.0637 e^{j46.25°} \text{ km}^{-1}$，特性阻抗 $Z_c = 35.7 e^{-j11.8°}$ Ω。电缆始端电压源电压 $u_s(t) = \sin 5000t \text{ V}$，终端负载阻抗 $Z_2 = Z_c$。试求沿线电压、电流分布函数 $u(x, t)$ 和 $i(x, t)$。若电缆长为 100km，求信号由始端到终端的时间延迟。

【解】 本题为终端匹配的无反射线。

传播常数 $\gamma = 0.0637 e^{j46.25°} = 0.044 + j0.046 \text{ km}^{-1}$，则衰减常数 $\alpha = 0.044 \text{ km}^{-1}$，相位常数 $\beta = 0.046 \text{ km}^{-1}$。始端电压振幅相量 $\dot{U}_{sm} = 1 \angle 0° \text{ V}$，距始端距离 x 处的电压、电流振幅相量分别为

$$\dot{U}_m = \dot{U}_{sm} e^{\gamma x} = e^{-0.044x} e^{-j0.046x} = e^{-0.044x} \angle -0.046x \text{ V}$$
$$\dot{I}_m = \frac{\dot{U}_m}{Z_c} = \frac{e^{-0.044x} \angle -0.046x}{35.7 \angle -11.8°} = 0.028 e^{-0.044x} \angle (11.8° - 0.046x) \text{ A}$$

则
$$u(x, t) = e^{-0.044x} \sin(5000t - 0.046x) \text{ V}$$
$$i(x, t) = 28 e^{-0.044x} \sin(5000t - 0.046x + 11.8°) \text{ mA}$$

相速
$$v_p = \frac{\omega}{\beta} = \frac{5000}{0.046} \approx 108696 \text{ km/s}$$

则时间延迟为
$$\tau = \frac{l}{v_p} = \frac{100}{108696} = 0.92 \text{ ms}$$

16-4 某 220kV 三相输电线从发电厂经 240km 送电到某枢纽变电站。线路参数为 $R_0 = 0.08$ Ω/km，$\omega L_0 = 0.4$ Ω/km，$\omega C_0 = 2.8 \times 10^{-6}$ S/km，G_0 忽略不计。如果输送到终端的复功率为 $160 + j16$ MVA，终端电压为 195kV，试计算始端电压、电流、复功率和传输效率。

【解】（1）求特性阻抗和传播常数。

由题意可得
$$Z_0 = R_0 + j\omega L_0 = 0.08 + j0.4 = 0.408 \angle 78.69° \text{ Ω/km}$$
$$Y_0 = j\omega C_0 = j2.8 \times 10^{-6} = 2.8 \times 10^{-6} \angle 90° \text{ S/km}$$

则特性阻抗和传播常数分别为

$$Z_c = \sqrt{\frac{Z_0}{Y_0}} = \sqrt{\frac{0.408 \angle 78.69°}{2.8 \times 10^{-6} \angle 90°}} = 381.68 \angle -5.655° \text{ Ω}$$

$$\gamma = \sqrt{Z_0 Y_0} = \sqrt{0.408 \angle 78.69° \times 2.8 \times 10^{-6} \angle 90°} = 1.069 \angle 84.35° \text{ km}^{-1}$$

（2）求终端电流。

$$\gamma l = 240 \times 1.069 \angle 84.35° = 0.256 \angle 84.35° = 0.0253 + j0.255$$

$$\text{ch}\gamma l = 0.968\angle 0.378°, \text{sh}\gamma l = 0.254\angle 84.47°$$

负载功率因数角为 $$\theta_2 = \arctan\frac{16}{160} = 5.71°$$

负载电流有效值 $$I_2 = \frac{P_2}{\sqrt{3}U_{2l}\cos\theta_2} = \frac{160\times10^6}{\sqrt{3}\times195\times10^3\cos 5.71°} = 0.476 \text{ kA}$$

负载相电压有效值 $$U_2 = \frac{U_{2l}}{\sqrt{3}} = \frac{195}{\sqrt{3}} = 112.58 \text{ kV}$$

设 $\dot{U}_2 = U_2\angle 0° = 112.58\angle 0°$ kV，则负载电流为 $\dot{I}_2 = 0.476\angle -5.71°$ kA。

（3）求始端电压与电流。

$$\dot{U}_1 = \dot{U}_2\cosh(\gamma l) + Z_c\dot{I}_2\sinh(\gamma l)$$

$$= 112.58\angle 0°\times 0.968\angle 0.378° + 0.476\angle -5.71°\times 381.68\angle -5.66°\times 0.254\angle 84.47°$$

$$= 122.36 + j44.84 = 130.32\angle 20.13° \text{ kV}$$

$$\dot{I}_1 = \dot{I}_2\cosh(\gamma l) + \frac{\dot{U}_2}{Z_c}\sinh(\gamma l)$$

$$= 0.476\angle -5.71°\times 0.968\angle 0.378° + \frac{112.58\angle 0°}{381.68\angle -5.66°}\times 0.254\angle 84.47°$$

$$= 0.459 + j0.032 = 0.460\angle 4.00° \text{ kA}$$

始端电压、电流分别为

$$U_{1l} = \sqrt{3}U_1 = \sqrt{3}\times 130.32 = 225.7 \text{ kV}, I_1 = 0.460 \text{ kA}$$

（4）求始端复功率、传输效率。

$$\widetilde{S} = 3\dot{U}_1\dot{I}_1^* = 3\times 130.32\angle 20.13°\times 0.460\angle -4.00°$$

$$= 179.72\angle 16.13° = 172.65 + j49.92 \text{ MVA}$$

$$\eta = \frac{P_2}{P_1}\times 100\% = \frac{160}{172.65}\times 100\% = 92.67\%$$

16 - 5　如图 16 - 8 所示电路中，两段均匀传输线长度均为 l，在正弦稳态下，其特性阻抗为 Z_c，传播常数为 γ，已知 $Z_2 = Z_3 = Z_c$，求 11′端口的输入阻抗 Z_1。

【解】 因为第二段传输线工作于匹配状态，从 22′端向 33′看进去的输入阻抗 $Z_{23} = Z_c$。所以 22′端的总阻抗为

$$Z_{22} = Z_2 /\!/ Z_{23} = 0.5Z_c$$

由于 $Z_{22}\neq Z_c$，故第一段传输线工作在非匹配状态，在如图 16 - 9 所示的等效电路中，根据传输线的稳态解以及输入阻抗的定义，得

$$Z_1 = \frac{\dot{U}_1}{\dot{I}_1} = Z_c\frac{Z_{22} + Z_c\text{th}\gamma l}{Z_c + Z_{22}\text{th}\gamma l}$$

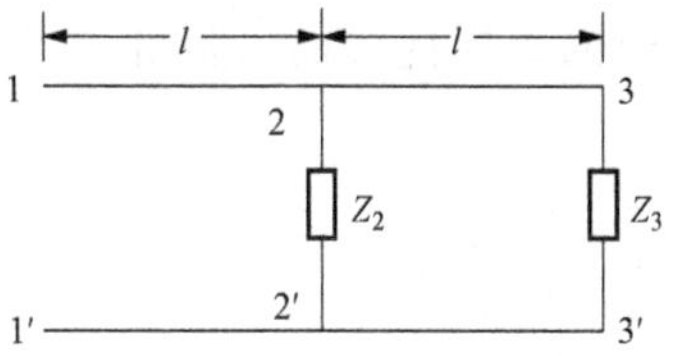

图 16 - 8　题 16 - 5 图 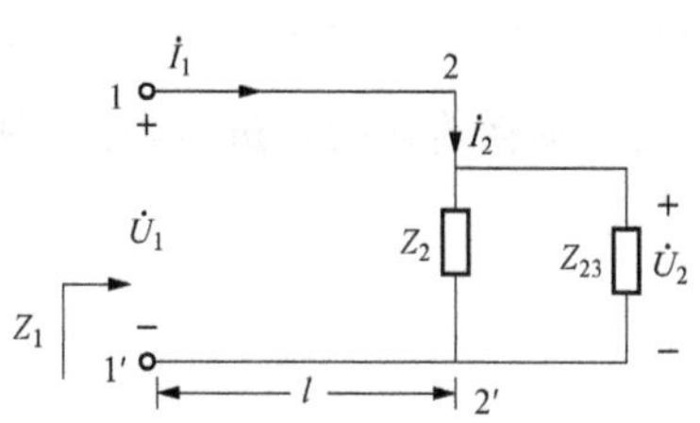　　　　　　　图 16 - 9　题 16 - 5 解图

把 $Z_{22}=0.5Z_c$ 代入上式，整理得 $Z_1=Z_c\dfrac{1+2\tanh\gamma l}{2+\tanh\gamma l}$

注：本题为求解均匀传输线输入阻抗的一般问题，包括了传输线与连接的阻抗匹配和不匹配两种情况，具有一定的代表性。

16 - 6 见例［16 - 1］。

16 - 7 线长为 l_1 的无损耗均匀传输线的特性阻抗 $Z_{c1}=100\Omega$，负载阻抗 $Z_2=400\Omega$。为了使 l_1 无损耗线上无反射波，在其终端接上线长为 $\dfrac{\lambda}{4}$ 的无损耗线作阻抗变换器，如图 16 - 10 所示，求线长为 $\dfrac{\lambda}{4}$ 的无损耗线的特性阻抗 Z_{c2}。

【解】 当 $2 - 2'$ 处的等效阻抗 $Z_{22'}=Z_{c1}$ 时，l_1 无损耗线上无反射，即 $Z_{22'}=Z_{in2}=\dfrac{Z_{c2}^2}{Z_2}=Z_{c1}$。

所以　　　　　　　$Z_{c2}=\sqrt{Z_{c1}\times Z_2}=\sqrt{100\times400}=200\Omega$

16 - 8 两段无损线连接如图 16 - 11 所示，其特性阻抗分别为：$Z_{c1}=60\Omega$，$Z_{c2}=80\Omega$。终端负载电阻 $R_L=80\Omega$。为使整个无损线上不存在反射波，求在 $22'$ 之间应接入多大的电阻 R。

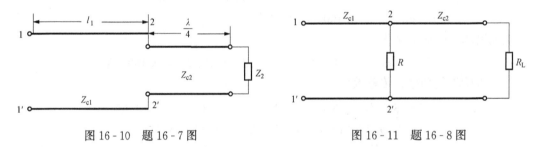

图 16 - 10　题 16 - 7 图　　　　　　　　图 16 - 11　题 16 - 8 图

【解】 $Z_{c2}=80\Omega$ 的传输线匹配，故应接入的电阻 R 满足 $Z_{c1}=R\,/\!/\,Z_{c2}$。

所以　　　　　　　$R=\dfrac{Z_{c1}Z_{c2}}{Z_{c2}-Z_{c1}}=\dfrac{60\times80}{80-60}=240\Omega$

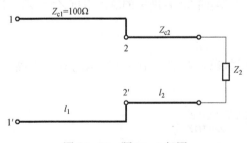

图 16 - 12　题 16 - 9 解图

16 - 9 某无损耗线的特性阻抗 $Z_{c1}=100\Omega$，其终端负载 $Z_2=25\Omega$。为使负载与传输线匹配。可在传输线与负载之间连接一段无损耗线，求所加无损耗线的最短长度及其特性阻抗。

【解】 根据题意做出如图 16 - 12 所示的传输线电路示意图。

为了使 Z_2 与特性阻抗为 $Z_{c1}=100\Omega$ 的传输线匹配，需在 Z_2 与 l_1 之间插入一段长为 l_2，特性阻抗为 Z_{c2} 的无损耗传输线，进行阻抗变换。根据无损耗线输入阻抗公式，从 $2 - 2'$ 端口看进去的输入阻抗为

$$Z_{in}=Z_{c2}\dfrac{Z_2+jZ_{c2}\tan\left(\dfrac{2\pi}{\lambda}l_2\right)}{Z_{c2}+jZ_2\tan\left(\dfrac{2\pi}{\lambda}l_2\right)}$$

要求 $Z_{in} = Z_{c1}$ 电阻），则需要　　　　　$\dfrac{Z_{c2}}{Z_2} \tan\left(\dfrac{2\pi}{\lambda} l_2\right) = \dfrac{Z_2}{Z_{c2}} \tan\left(\dfrac{2\pi}{\lambda} l_2\right)$

若 $Z_{c2} = Z_2$ 时，$Z_{in} = Z_{c2} = 25\Omega \neq Z_{c1}$，因此 $Z_{c2} \neq Z_2$。则要满足上式条件，须有 $\tan\left(\dfrac{2\pi}{\lambda} l_2\right)$ $\to \infty$。

故知插入无损耗线的最短长度 $l_2 = \dfrac{\lambda}{4}$，且有 $Z_{in} = \dfrac{Z_{c2}^2}{Z_2} = Z_{c1}$。

因此，插入无损耗线的特性阻抗为　　　　　$Z_{c2} = \sqrt{Z_{c1} Z_2} = \sqrt{100 \times 25} = 50\Omega$

16 - 10　已知三段无损耗均匀传输线 l_1、l_2、l_3，接线如图 16 - 13 所示；传输线的长度分别为：$l_1 = \dfrac{\lambda}{4}$，$l_2 = \dfrac{\lambda}{2}$，$l_3 = \dfrac{\lambda}{8}$；其特性阻抗分别为：$Z_{c1} = 200\Omega$，$Z_{c2} = 400\Omega$，$Z_{c3} = 400\Omega$，电源电压 $u_s(t) = 200\sqrt{2}\sin\omega t$ V。试求传输线 l_1 首端电流 i_1。

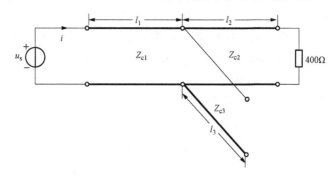

图 16 - 13　题 16 - 10 图

【解】 l_3 的输入阻抗为　　　　　$Z_{in3} = -jZ_{c3}\cot(\beta l_3) = -j400\cot\left(\dfrac{2\pi}{\lambda} \times \dfrac{\lambda}{8}\right) = -j400\Omega$

l_2 的输入阻抗为　　　　　$Z_{in2} = Z_{c2} = 400\Omega$（匹配）

l_1 终端的负载阻抗为　　　　　$Z_{L1} = \dfrac{Z_{in2} \times Z_{in3}}{Z_{in2} + Z_{in3}} = \dfrac{400 \times (-j400)}{400 - j400} = \dfrac{-j400}{1-j} = 200\sqrt{2}\angle -45°\Omega$

l_1 的输入阻抗为　　　　　$Z_{in1} = \dfrac{Z_{c1}^2}{Z_{L1}} = 100\sqrt{2}\angle 45°\Omega$

所以　　　　　$\dot{I}_1 = \dfrac{\dot{U}_s}{Z_{in1}} = \dfrac{200\angle 0°}{100\sqrt{2}\angle 45°} = \sqrt{2}\angle -45°$ A

因此　　　　　$i_1(t) = 2\sin(\omega t - 45°)$ A

16 - 11　两段无损耗均匀传输线连接如图 16 - 14 所示。$l_1 = 0.75$m，$l_2 = 1.5$m，特性阻抗分别为 $Z_{c1} = 100\Omega$，$Z_{c2} = 400\Omega$，电源电压 $u_s(t) = 100\sqrt{2}\sin 2 \times 10^8 \pi t$ V，相速 $v_p = 3 \times 10^8$ m/s，$R_s = 50\Omega$，$R_{L1} = R_{L2} = 400\Omega$。求两个负载各自消耗的功率。

【解】 因为 $u_s(t) = 100\sqrt{2}\sin 2 \times 10^8 \pi t$ V，所以电源频率 $f = 10^8$ Hz，波长为 $\lambda = \dfrac{1}{f} \times v_p = 10^{-8} \times 3 \times 10^8 = 3$m。

所以　　　　　$l_1 = 0.75$m$=\lambda/4$，$l_2 = 1.5$m$=\lambda/2$

第二条线的输入阻抗为　　　　　$Z_{in2} = R_{L2} = 400\Omega$（匹配）

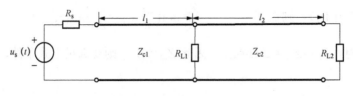

图 16 - 14　题 16 - 11 图

第一条线的终端阻抗为　　　　$Z=R_{L1}/Z_{in2}=200\Omega$

第一条线的输入阻抗为　　　　$Z_{in1}=\dfrac{Z_{c1}^2}{Z}=\dfrac{100^2}{200}=50\Omega$（阻抗变换器）

则第一条线的始端电流有效值为　　　$I_1=\dfrac{U_s}{R_s+Z_{in1}}=\dfrac{100}{50+50}=1A$

传输到第一条线始端的功率为　　　$P=50I_1^2=50W$

两个负载各自消耗的功率为　　　$P_{L1}=P_{L2}=25W$

16 - 12　如图 16 - 15 所示稳态电路中，无损耗均匀传输线的长度为 $l=75m$，特性阻抗 $Z_c=200\Omega$，$R_2=400\Omega$，电源内阻 $R_s=100\Omega$，电压源 $u_s(t)=200\sqrt{2}\sin6\times10^6\pi t V$，波速为光速，试求距始端 25m 处电压和电流。

【解】所用电量的参考方向如图 16 - 16 所示。因为 $f=3\times10^6 Hz$，$v_p=3\times10^8 m/s$，所以

$$\lambda=\frac{v_p}{f}=\frac{3\times10^8}{3\times10^6}=100m, l=75=\frac{75}{100}\lambda=3\times\frac{\lambda}{4}$$

所以，始端输入阻抗为　　　　　　$Z_{in}=\dfrac{Z_c^2}{R_2}=\dfrac{200^2}{400}=100\Omega$

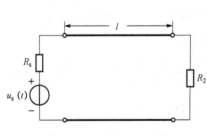

图 16 - 15　题 16 - 12 图

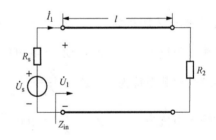

图 16 - 16　题 16 - 12 解图

电压源电压相量为　　$\dot{U}_s=200\angle0° V$，故传输线始端的电流和电压相量分别为

$$\dot{I}_1=\frac{\dot{U}_s}{R_s+Z_{in}}=\frac{200\angle0°}{100+100}=1\angle0°A, \dot{U}_1=Z_{in}\dot{I}_1=100\times1\angle0°=100\angle0°V$$

无损耗线上电压电流分别为

$$\dot{U}(x)=\dot{U}_1\cos\beta x-j Z_c\dot{I}_1\sin\beta x, \dot{I}(x)=\dot{I}_1\cos\beta x-j\frac{\dot{U}_1}{Z_c}\sin\beta x$$

因为 $x=25m$ 时，$x=\dfrac{\lambda}{4}$，所以 $\beta x=\dfrac{2\pi}{\lambda}\times\dfrac{\lambda}{4}=\dfrac{\pi}{2}$

则　$\dot{U}=-j Z_c\dot{I}_1=-j200\times1=200\angle-90° V$，$\dot{I}=-j\dfrac{\dot{U}_1}{Z_c}=-j\dfrac{100}{200}=0.5\angle-90° A$

因此　　$u(t) = 200\sqrt{2}\sin(6\times10^6\pi t - 90°)$ V，$i(t) = 0.5\sqrt{2}\sin(6\times10^6\pi t - 90°)$ A

16-13　某同轴电缆的特性阻抗 $Z_c = 50\Omega$，终端短路，工作波长为 3m，工作频率为 100MHz，问此电缆最短长度应为多少才能使其输入阻抗相当于一个 $0.25\mu H$ 的电感。

【解】 终端短路的无损耗线的输入阻抗为　　　　　　$Z_{sc} = jZ_c\tan\left(\dfrac{2\pi}{\lambda}l\right)$

电感的感抗为　　　　　　　　　　$X_L = 2\pi fL = 2\pi\times10^8\times0.25\times10^{-6} = 50\pi\Omega$

应使 $Z_{sc} = jX_L$，即 $50\tan\left(\dfrac{2\pi}{3}l\right) = 50\pi$

所以　　　　　　　　　　$l = \dfrac{3}{2\pi}\arctan\pi = \dfrac{3}{2\pi}\times1.263 = 0.603$m

16-14　终端开路的无损耗架空线的特性阻抗为 $Z_c = 400\Omega$，电源频率为 100MHz，若要使输入端相当于 100pF 的电容，问线长 l 最短应为多少？

【解】 当电源频率 $f = 100$MHz 时，对应的波长 λ 为 $\lambda = \dfrac{c}{f} = \dfrac{3\times10^8}{100\times10^6} = 3$m

由开路无损耗线的输入阻抗公式，得这段架空线的输入阻抗为

$$Z_{in} = -jZ_c\cot\beta l = -jZ_c\cot\dfrac{2\pi}{\lambda}l$$

100pF 的电容对应的容抗 Z'_C 为　　　　　　$Z'_C = -j\dfrac{1}{2\pi fC} = -j\dfrac{100}{2\pi}\Omega$

根据题意，有 $Z_{in} = Z'_C$，即　　　$-jZ_c\cot\dfrac{2\pi}{\lambda}l = -j\dfrac{100}{2\pi}$，则 $l = \dfrac{\lambda}{2\pi}\text{arccot}\dfrac{100}{2\pi Z_c}$，代入数据得

$$l = \dfrac{3}{2\times3.14}\text{arccot}\dfrac{100}{2\times3.14\times400} = 0.731\text{m}$$

16-15　某长度为 200m 的无损耗架空线，其原参数为 $L_0 = 2\mu H/m$，$C_0 = 5.55pF/m$，波长 $\lambda = 60$m，波速为光速。求终端接一个 $L = 10\mu H$ 的电感时，电压波和电流波距终端最近的波腹的位置。

【解】 因为 $\lambda = 60$m，$v_p = 3\times10^8$m/s，所以电源的频率为 $f = \dfrac{v_p}{\lambda} = \dfrac{3\times10^8}{60} = 5\times10^6$Hz。

则　　$X_L = 2\pi fL = 2\pi\times5\times10^6\times10\times10^{-6} = 100\pi\Omega$

$$Z_c = \sqrt{\dfrac{L_0}{C_0}} = \sqrt{\dfrac{2\times10^{-6}}{5.55\times10^{-12}}} = 600\Omega$$

电感等价于长度小于 $\dfrac{\lambda}{4}$ 的终端短路的无损耗线，其输入阻抗为 $Z_{sc} = jZ_c\tan\left(\dfrac{2\pi}{\lambda}l\right) = jX_L$。

则其长度为　　　　　　$l = \dfrac{\lambda}{2\pi}\arctan\left(\dfrac{X_L}{Z_c}\right) = \dfrac{60}{2\pi}\arctan\left(\dfrac{100\pi}{600}\right) = 4.606$m

电压波距终端最近的波腹的位置为　　　$d' = \dfrac{\lambda}{4} - l = \dfrac{60}{4} - 4.606 = 10.394$m

电流波距终端最近的波腹的位置为　　　$d'' = \dfrac{\lambda}{2} - l = \dfrac{60}{2} - 4.606 = 25.394$m

16-16　如图 16-17 所示均匀无损耗线，其特性阻抗 $Z_c = 300\Omega$，终端接有负载，$R = 200\Omega$，$C = 1\mu F$。一幅值为 $U_0 = 6$kV 的矩形电压入射波从始端传来，求入射波到达终端后产生的电压、电流的反射波。

【解】 入射波电压和电流分别为

$$u_+ = U_0 = 6\text{kV}, i_+ = \frac{u_+}{Z_c} = 20\text{A}$$

相应的柏德生法则计算如图 16-18 所示电路。电路为一阶 RC 串联电路，其时间常数为

$$\tau = (Z_c + R) \cdot C = (300 + 200) \times 1 \times 10^{-6} = 0.5\text{ms}$$

所以，终端电流为

$$i_2 = \frac{2U_0}{Z_c + R}\text{e}^{-\frac{t}{\tau}} = \frac{2 \times 6 \times 10^3}{300 + 200}\text{e}^{-2000t} = 24\text{e}^{-2000t} \text{ A}$$

终端电压为

$$u_2 = 2U_0 - Z_c i_2 = 12000 - 7200\text{e}^{-2000t} \text{ V}$$

由终端的边界条件，得终端的反射波电流 i_- 和反射波电压 u_- 分别为

$$i_- = i_+ - i_2 = 20 - 24\text{e}^{-2000t} \text{ A}, \quad u_- = Z_c i_- = 6000 - 7200\text{e}^{-2000t} \text{ V}$$

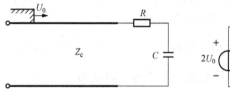　　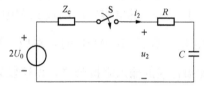

图 16-17　题 16-16 图　　　　　　图 16-18　题 16-16 解图

16-17　求图 16-19（a）、（b）所示的两个双口网络的等效条件。图中传输线为无损耗传输线。

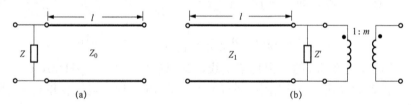

图 16-19　题 16-17 图

【解】 两个双口网络等效时，它们的传输参数矩阵相等，即

$$\begin{bmatrix} 1 & 0 \\ \dfrac{1}{Z} & 1 \end{bmatrix} \begin{bmatrix} \cosh\gamma l & Z_0\sinh\gamma l \\ \dfrac{1}{Z_0}\sinh\gamma l & \cosh\gamma l \end{bmatrix} = \begin{bmatrix} \cosh\gamma l & Z_1\sinh\gamma l \\ \dfrac{1}{Z_1}\sinh\gamma l & \cosh\gamma l \end{bmatrix} \begin{bmatrix} 1 & 0 \\ \dfrac{1}{Z'} & 1 \end{bmatrix} \begin{bmatrix} \dfrac{1}{m} & 0 \\ 0 & m \end{bmatrix}$$

由此得

$$Z_1 = Z_0 \frac{Z}{Z + pZ_0}, \quad Z' = \frac{Z^2}{Z + pZ_0}, \quad m = \frac{Z + pZ_0}{Z}$$

式中：$p = \tanh\gamma l$。

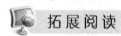 拓展阅读

无损耗线的贝杰龙模型

贝杰龙模型就是利用无损耗线波过程的特征方程，经过一定的转换，把无损耗传输线等值转换为电阻性网络的一种模型，其为无损传输线的数值求解打开了方便之门。下面介绍贝杰龙模型的推导过程。

无损耗线波动方程的通解形式为

$$u(x,t) = u^+ (x - v_{\mathrm{p}}t) + u^- (x + v_{\mathrm{p}}t)$$

$$i(x,t) = \frac{1}{z_{\mathrm{c}}} u^+ (x - v_{\mathrm{p}}t) - \frac{1}{z_{\mathrm{c}}} u^- (x + v_{\mathrm{p}}t)$$

式中：$u^+ (x - v_{\mathrm{p}}t)$ 和 $u^- (x + v_{\mathrm{p}}t)$ 分别为正向行波（入射波）和反向行波（反射波）。

由上述通解形式可得下列特征方程

$$u(x,t) + z_{\mathrm{c}}i(x,t) = 2u^+ (x - v_{\mathrm{p}}t) \tag{16 - 1}$$

$$u(x,t) - z_{\mathrm{c}}i(x,t) = 2u^- (x + v_{\mathrm{p}}t) \tag{16 - 2}$$

对正向行波而言，若取 $x - v_{\mathrm{p}}t =$ 常数，则 $u^+ (x - v_{\mathrm{p}}t)$ 的值不变。由正向行波的特征方程（16-1）可以看出，此时 $u(x, t) + z_{\mathrm{c}}i(x, t)$ 的值不变。其物理意义可以这样解释：因为线路均匀无损，所以电磁波沿线路向前传播时不发生畸变和衰减。当观察者沿 x 正方向以速度 v_{p} 和正向行波一起行进时（即此时 $x - v_{\mathrm{p}}t =$ 常数），则在 t 时刻，他在 x 处观察到的电压值瞬时值 $u(x, t)$ 和电流瞬时值 $i(x, t)$ 代入式（16-1）计算得到的 $u(x, t) + z_{\mathrm{c}}i(x, t)$ 值始终保持不变，等于电压正向行波 $u^+ (x - v_{\mathrm{p}}t)$ 的 2 倍。这种情况从线路始端 $x = 0$ 直到线路末端 $x = l$ 都成立。

正向行波特征方程（16-1）可用图 16-20（a）的正向行波特征曲线表示。正向行波特征曲线在 $u \sim i$ 平面中是斜率为 $-z_{\mathrm{c}}$ 的直线，曲线的位置需要由边界条件和起始条件共同决定，一般可以由观察者在起始时刻在首端观察到的值来决定。

用类似的方法可得到反向行波特征方程（16-2）的物理意义及反向行波特征曲线，该曲线是斜率为 z_{c} 的直线，如图 16-20（b）所示。

对于单导体传输线如图 16-21 中的无损耗传输线，根据以上所述的特征方程的物理概念，若观察者在 $t - \tau$ 时刻从始端出发，其中 $\tau = l/v_{\mathrm{p}}$ 为波从始端传至终端的传播时间，则在 t 时刻到达终端。从正向行波特征方程式可以得到如下方程

$$u(0, t - \tau) + z_{\mathrm{c}}(0, t - \tau) = u(l, t) - z_{\mathrm{c}}i(l, t) \tag{16 - 3}$$

式中：$i(l, t)$ 的方向如图 16-21 所示。

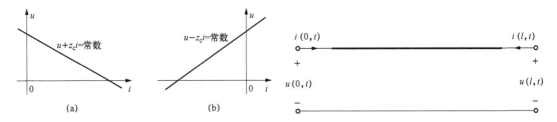

图 16 - 20 正向行波和反向行波特征曲线
(a) 正向行波特征曲线；(b) 反向行波特征曲线

图 16 - 21 单导体传输线

同理可得

$$u(l, t - \tau) + z_{\mathrm{c}}i(l, t - \tau) = u(0, t) - z_{\mathrm{c}}i(0, t) \tag{16 - 4}$$

将方程（16-3）和方程（16-4）改写为

$$\begin{cases} i(0, t) = \dfrac{1}{z_{\mathrm{c}}}u(0, t) + I_{s0} \\[2mm] i(l, t) = \dfrac{1}{z_{\mathrm{c}}}u(l, t) + I_{s1} \end{cases} \tag{16 - 5}$$

其中

$$\begin{cases} I_{s0} = \dfrac{1}{z_c}u(l,t-\tau) - i(l,t-\tau) \\ I_{s1} = \dfrac{1}{z_c}u(0,t-\tau) - i(0,t-\tau) \end{cases}$$

根据方程（16-4）可得单导体无损传输线的等值离散电路。这一电路是由贝杰龙首先提出的，故又称为贝杰龙等值计算电路模型，简称贝杰龙模型如图 16-22 所示。

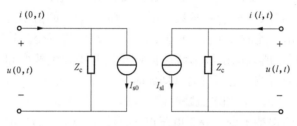

图 16-22　贝杰龙模型

由图 16-22 可知，均匀无损线的贝杰龙模型为集中参数电路，仅由电阻（阻值等于线路波阻抗）和电流源（其数值由传输线端口电压和电流的已知历史数值确定）的并联组成；在模型中，始端和终端端口是独立分开的，没有直接的拓扑联系；两端口之间互相的电磁联系是通过时延 τ 由反映历史记录的等值电流源来实现的。这会给电路的求解带来很大的方便。

当需要考虑传输线的损耗（通常电导可以忽略）时，常用的一种处理方法是，将传输线等分为两段，把每一段的损耗集中处理，平分放在两端，如图 16-23 所示。图中 $R_1 = R_0 l$。

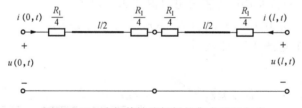

图 16-23　有损传输线损耗的集中处理方式

有损传输线损耗的集中处理方式如图 16-23 所示。其中传输线为无损耗传输线，可采用贝杰龙模型代换。

均匀无损耗线路的贝杰龙模型为诺顿等效电路，这种电路也称为暂态伴随电路或暂态计算的等值离散电路。计算波过程的特征线方法通常称为贝杰龙模型—特征线法。

附 录 检 测 题 参 考 答 案

检测题 1 (第 1 章～第 3 章) 答案

1. 各元件吸收的功率：$P_{1A} = -2W$，$P_{1\Omega} = 1W$，$P_{2\Omega} = 0.5W$，$P_{U_1} = 1.5W$，$P_{3\Omega} = 3W$，$P_{2I_2} = -4W$

2. $u_0 = -\dfrac{2}{3}u$，$i_0 = -\dfrac{2}{5}i$

3. 0.4Ω

4. (a) $I = 1A$；(b) $I = 3A$

5. $\begin{cases} 2U_{n1} - U_{n2} - 0.5U_{n3} = 6 \\ -U_{n1} + 2U_{n2} = 9 \\ -0.5U_{n1} + 1.5U_{n3} = -7 \end{cases}$

6. $\begin{cases} U_{n1} = 8 \\ -U_{n1} + 1.5U_{n2} - 0.5U_{n3} = 0，U_{n1} = 8V，U_{n2} = 6V，U_{n3} = 2V \\ -0.5U_{n1} + 2U_{n3} = 0 \end{cases}$

      $I = 5A$，$U = 5V$

7. $\begin{cases} 8I_{m1} - 4I_{m2} - 2I_{m3} = -12 \\ -4I_{m1} + 10I_{m2} - 3I_{m3} = 30 \\ -2I_{m1} - 3I_{m2} + 8I_{m3} = -9 \end{cases}$

8. $\begin{cases} 7I_{m1} - 6I_{m2} + I_{m3} = 0 \\ -3I_{m1} + 4I_{m2} = 5 \\ -I_{m1} + I_{m3} = 5 \end{cases}$

9. $I = 3.2A$。该题采用回路法可用一个方程求出电流。

检测题 2 (第 4 章和第 5 章) 答案

1. $u = 17V$，$i = 3A$

2. $R = 6\Omega$

3. $R = \dfrac{5}{3}\Omega$

4. $i = \dfrac{7}{3}A$

5.

6. $I=2\text{A}$

7. $R_\text{L}=1\Omega$，$P_\text{max}=4\text{W}$

8. $R_\text{L}=2\Omega$，$P_\text{max}=0.25\text{W}$，$P_{U_1}=15\text{W}$

9. $R=1\Omega$

检测题 3（第 6 章和第 7 章）答案

1. $i(t)=3+2\text{e}^{-\frac{2}{3}t}\text{A}$　$(t>0)$

2. $i(t)=6-\text{e}^{-5t}\text{A}$　$(t>0)$

3. $u(t)=6+13.5\text{e}^{-1.25t}\text{V}$　$(t>0)$

4. $i_\text{L}(t)=(-12+13\text{e}^{-10t})\varepsilon(t)\text{A}$，$i(t)=13\text{e}^{-10t}\varepsilon(t)\text{A}$

5. $u_\text{k}(t)=(8+4\text{e}^{-6t}-6\text{e}^{-0.25t})\text{V}(t>0)$

6. $u_\text{C}(t)=1+4.5\text{e}^{-t}-1.5\text{e}^{-3t}\text{V}(t>0)$

7. $i_\text{L}(t)=(4+2\text{e}^{-t})\varepsilon(t)\text{A}$

8. $i_\text{L}(t)=(0.6-0.6\text{e}^{-5t})\varepsilon(t)\text{A}$

9. $u_\text{C}(t)=\dfrac{2}{3}\text{e}^{-t}\varepsilon(t)\text{V}$

10. $\begin{bmatrix}\dfrac{\text{d}u_\text{C}}{\text{d}t}\\[2mm]\dfrac{\text{d}i_\text{L}}{\text{d}t}\end{bmatrix}=\begin{bmatrix}-1&2\\-0.5&-0.5\end{bmatrix}\begin{bmatrix}u_\text{C}\\i_\text{L}\end{bmatrix}+\begin{bmatrix}1&0\\0&0.5\end{bmatrix}\begin{bmatrix}u_\text{s}(t)\\i_\text{s}(t)\end{bmatrix}$

检测题 4（第 8 章～第 12 章）答案

1. （1）电流表 A 的示数为 5A。

（2）电流表 A 的示数为 15.52A。

注：并联电路一般选择电压为参考相量。

2. （1）$\dot{I}_1=10\sqrt{2}\angle-135°\text{A}$，$\dot{I}=10\angle-90°\text{A}$，$\dot{U}=100\sqrt{2}\angle-135°\text{V}$

（2）$P=1000\text{W}$，$Q=-1000\text{var}$

3. 电压表 V 的示数为 $100\sqrt{2}\text{V}$，电流表 A 的示数为 10A。

4. $\tilde{S}=(120+\text{j}160)\text{VA}$

5. （1）$C=0.5\mu\text{F}$

(2) $C = \dfrac{1}{6}\mu F$，$I = 0$

6. $i(t) = 2\sqrt{2}\sin 5t\,A$

7. $\dot{I}_{A'B'} = \dfrac{22}{\sqrt{3}}\angle -23.1°\,A$，$\dot{U}_{B'C'} = 297.6\angle -92.9°\,V$，$P = 8688W$

8. $u(t) = 12 + 9\sqrt{2}\sin(\omega t - 45°) + 20\sqrt{2}\cos 2\omega t\,V$，有效值为 $25V$，$P = 156.25W$

9. $i_1(t) = 1 + \sqrt{2}\sin 3\omega t\,A$，$u_C(t) = 10\sqrt{2}\sin\omega t\,V + 3.75\sqrt{2}\sin(3\omega t - 90°)\,V$，$P = 20W$

检测题 5（第 13 章～第 15 章）答案

1. （1）$u = 0V$，$i = \dfrac{6}{5} = 1.2A$，$i_1 = i = 1.2A$。

（2）$u = 1V$，$i = 1A$，$i_1 = 1.25A$。

2. $u(t) = 2 + 0.4\times 10^{-3}\cos\omega t\,V$，$i(t) = 4 + 1.6\times 10^{-3}\cos\omega t\,A$

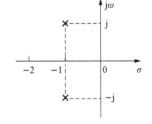

3. $i_L(t) = (e^{-10t} + e^{-2t})\,A$，$u_0(t) = (12 + 2e^{-10t} - e^{-2t})\,V$

4. $H(s) = \dfrac{1}{s^2 + 2s + 2}$，零极点图

5. $u(t) = (4e^{-5t} - 3e^{-10t})\,V$

6. $\boldsymbol{A} = \begin{bmatrix} 1 & 0 & 0 & 1 & 1 & 0 \\ 0 & 0 & 1 & 0 & -1 & 1 \\ 0 & 1 & 0 & -1 & 0 & -1 \end{bmatrix}$，$\boldsymbol{B}_f = \begin{bmatrix} 0 & 1 & -1 & 0 & 0 & 1 \\ -1 & 0 & 1 & 1 & 0 & -1 \\ -1 & 0 & 1 & 0 & 1 & 0 \end{bmatrix}$，$\boldsymbol{Y}_b(s) =$

$\mathrm{diag}\begin{bmatrix} 1 & 4 & 2s & s & \dfrac{1}{4s} & \dfrac{1}{3s} \end{bmatrix}$，$\boldsymbol{Z}_b(s) = \mathrm{diag}\begin{bmatrix} 1 & \dfrac{1}{4} & \dfrac{1}{2s} & \dfrac{1}{s} & 4s & 3s \end{bmatrix}$，$\boldsymbol{U}_s(s) =$

$\begin{bmatrix} 0 & 0 & -\dfrac{2}{s} & 0 & 0 & 0 \end{bmatrix}^T$，$\boldsymbol{I}_s(s) = \begin{bmatrix} \dfrac{5}{s} & 0 & 0 & 0 & -\dfrac{3}{s} & \dfrac{5}{s} \end{bmatrix}^T$

7. $\begin{bmatrix} 15+j2 & -7 & -3 \\ -10 & 9-j & 1 \\ 0 & -2 & 3 \end{bmatrix} \begin{bmatrix} \dot{U}_{n1} \\ \dot{U}_{n2} \\ \dot{U}_{n3} \end{bmatrix} = \begin{bmatrix} 40\angle 45° \\ 30\angle -135° \\ -6\angle 30° \end{bmatrix}$

(2) $C=\dfrac{1}{6}\mu\text{F}$, $I=0$

6. $i(t)=2\sqrt{2}\sin 5t\,\text{A}$

7. $\dot{I}_{\text{A'B'}}=\dfrac{22}{\sqrt{3}}\angle-23.1°\text{A}$, $\dot{U}_{\text{B'C'}}=297.6\angle-92.9°\text{V}$, $P=8688\text{W}$

8. $u(t)=12+9\sqrt{2}\sin(\omega t-45°)+20\sqrt{2}\cos 2\omega t\,\text{V}$, 有效值为 25V, $P=156.25\text{W}$

9. $i_1(t)=1+\sqrt{2}\sin 3\omega t\,\text{A}$, $u_{\text{C}}(t)=10\sqrt{2}\sin\omega t\,\text{V}+3.75\sqrt{2}\sin(3\omega t-90°)\,\text{V}$, $P=20\text{W}$

检测题 5 (第 13 章～第 15 章) 答案

1. (1) $u=0\text{V}$, $i=\dfrac{6}{5}=1.2\text{A}$, $i_1=i=1.2\text{A}$。

(2) $u=1\text{V}$, $i=1\text{A}$, $i_1=1.25\text{A}$。

2. $u(t)=2+0.4\times10^{-3}\cos\omega t\,\text{V}$, $i(t)=4+1.6\times10^{-3}\cos\omega t\,\text{A}$

3. $i_{\text{L}}(t)=(e^{-10t}+e^{-2t})\text{A}$, $u_0(t)=(12+2e^{-10t}-e^{-2t})\text{V}$

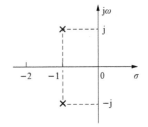

4. $H(s)=\dfrac{1}{s^2+2s+2}$, 零极点图

5. $u(t)=(4e^{-5t}-3e^{-10t})\text{V}$

6. $\boldsymbol{A}=\begin{bmatrix}1&0&0&1&1&0\\0&0&1&0&-1&1\\0&1&0&-1&0&-1\end{bmatrix}$, $\boldsymbol{B}_{\text{f}}=\begin{bmatrix}0&1&-1&0&0&1\\-1&0&1&1&0&-1\\-1&0&1&0&1&0\end{bmatrix}$, $\boldsymbol{Y}_{\text{b}}(s)=$

$\text{diag}\begin{bmatrix}1&4&2s&s&\dfrac{1}{4s}&\dfrac{1}{3s}\end{bmatrix}$, $\boldsymbol{Z}_{\text{b}}(s)=\text{diag}\begin{bmatrix}1&\dfrac{1}{4}&\dfrac{1}{2s}&\dfrac{1}{s}&4s&3s\end{bmatrix}$, $\boldsymbol{U}_{\text{s}}(s)=$

$\begin{bmatrix}0&0&-\dfrac{2}{s}&0&0&0\end{bmatrix}^{\text{T}}$, $\boldsymbol{I}_{\text{s}}(s)=\begin{bmatrix}\dfrac{5}{s}&0&0&0&-\dfrac{3}{s}&\dfrac{5}{s}\end{bmatrix}^{\text{T}}$

7. $\begin{bmatrix}15+\text{j}2&-7&-3\\-10&9-\text{j}&1\\0&-2&3\end{bmatrix}\begin{bmatrix}\dot{U}_{\text{n1}}\\\dot{U}_{\text{n2}}\\\dot{U}_{\text{n3}}\end{bmatrix}=\begin{bmatrix}40\angle45°\\30\angle-135°\\-6\angle30°\end{bmatrix}$